Herbert Bernstein
Messtechnik
De Gruyter Studium

Weitere empfehlenswerte Titel

Messtechnik in der Praxis
Herbert Bernstein, 2017
ISBN 978-3-11-052313-3, e-ISBN 978-3-11-052314-0,
e-ISBN (EPUB) 978-3-11-052319-5

Elektronik
Herbert Bernstein, 2016
ISBN 978-3-11-046310-1, e-ISBN 978-3-11-046315-6,
e-ISBN (EPUB) 978-3-11-046348-4

Elektrotechnik in der Praxis
Herbert Bernstein, 2016
ISBN 978-3-11-044098-0, e-ISBN 978-3-11-044100-0,
e-ISBN (EPUB) 978-3-11-043319-7

Bauelemente der Elektronik
Herbert Bernstein, 2015
ISBN 978-3-486-72127-0, e-ISBN 978-3-486-85608-8,
e-ISBN (EPUB) 978-3-11-039767-3, Set-ISBN 978-3-486-85609-5

Informations- und Kommunikationselektronik
Herbert Bernstein, 2015
ISBN 978-3-11-036029-5, e-ISBN (PDF) 978-3-11-029076-6, e-ISBN
(EPUB) 978-3-11-039672-0

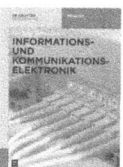

Herbert Bernstein

Messtechnik

Analog, digital und virtuell

2., korrigierte und ergänzte Auflage

DE GRUYTER
OLDENBOURG

Autor
Dipl.-Ing. Herbert Bernstein
81379 München
Bernstein-Herbert@t-online.de

Die erste Auflage des Buches ist mit dem Titel „Analoge, digitale und virtuelle Messtechnik erschienen".

ISBN 978-3-11-054217-2
e-ISBN (PDF) 978-3-11-054442-8
e-ISBN (EPUB) 978-3-11-054229-5

Library of Congress Cataloging-in-Publication Data
A CIP catalog record for this book has been applied for at the Library of Congress.

Bibliografische Information der Deutschen Nationalbibliothek
Die Deutsche Nationalbibliothek verzeichnet diese Publikation in der Deutschen Nationalbibliografie; detaillierte bibliografische Daten sind im Internet über http://dnb.dnb.de abrufbar.

© 2018 Walter de Gruyter GmbH, Berlin/Boston
Coverabbildung: kr7ysztof / E+ / Getty Images
Satz: PTP-Berlin, Protago-TEX-Production GmbH, Berlin
Druck und Bindung: CPI books GmbH, Leck
♾ Gedruckt auf säurefreiem Papier
Printed in Germany

www.degruyter.com

Vorwort zur 2. Auflage

Die vorliegende Einführung in die elektrische Messtechnik mit analogen, digitalen und virtuellen Messinstrumenten ist nach elektrotechnischen Gesichtspunkten gegliedert. Auf diese Weise lassen sich die wichtigsten Messinstrumente und Messverfahren ohne Überschneidungen behandeln.

Bei der Auswahl des Manuskripts wurde versucht, den Überblick nicht durch allzu viele Details zu erschweren. Dafür sind die aufgenommenen Schaltungen und Methoden etwas ausführlicher behandelt. Sie werden jeweils durch den Text, durch Formeln, Zeichnungen und Diagramme erläutert. Die mathematischen Ableitungen gehen dabei von sehr allgemeinen Voraussetzungen aus.

In Multisim ist der einzige komplette interaktive Schaltungssimulator implementiert, der es den Schülern, Studenten, Meistern, Techniker und Ingenieuren aller Fachrichtungen ermöglicht, Schaltungsänderungen bei laufender Schaltungssimulation durchzuführen und die Simulationsergebnisse in Echtzeit zu bewerten. Die Studenten interagieren mit den Schaltungen, indem sie 20 verschiedene virtuelle Instrumente (einschließlich Oszilloskop, Spektrumanalysator, Logikanalysator usw.) verwenden, die genau wie die entsprechenden realen Messgeräte aussehen und arbeiten. Außerdem bietet Multisim 24 verschiedene Analysen (einschließlich Monte-Carlo-, Worst-Case-, U/I-Analyse usw.), so dass man das Verhalten elektronischer Schaltungen genau untersuchen und verstehen kann. Nur ein Bruchteil dieser Analysen ist mit realen Instrumenten möglich.

MultiSIM BLUE von National Instruments ist als kostenlose Mouser-Edition erhältlich. MultiSIM BLUE stellt Entwicklern eine anwenderfreundliche und nahtlose Umgebung für die funktionstechnische Simulation linearer Schaltungen mithilfe der Berkeley SPICE Engine zur Verfügung. Im Gegensatz zu anderen Tools bietet MultiSIM BLUE ein vollständig interaktives Schaltungs-Interface mit einem Kontextmenü inklusive aller notwendigen Optionen. Das Mouser-Tool gibt es unter http://www.mouser.com/MultiSimBlue kostenlos zum Download.

Die virtuellen und somit nicht fehleranfälligen in Multisim implementierten Instrumente sehen genauso aus wie ihre realen Vorbilder und haben genau dieselben Funktionen. Teure und aufwendig zu wartende Hardware wird nicht mehr benötigt. Die Auszubildenden und Studenten sind keinen Gefahren durch Stromschläge usw. ausgesetzt und haben dennoch Zugriff auf alle Funktionen realer Instrumente.

- **Voltmeter:** Für die schnelle und einfache Messung von Spannungen.
- **Amperemeter:** Für schnelle und präzise Strommessungen.
- **Multimeter:** Zum Messen von Gleich- und Wechselspannungen und -strömen, Widerständen und Abschwächungsfaktoren (in dB) mit automatischer Bereichsumschaltung.
- **Wattmeter:** Zum Messen von Leistung und Leistungsfaktor.
- **Oszilloskop:** Interne und externe Triggerung auf die positive oder negative Signalflanke. In Zwei- und Vierkanal-Versionen verfügbar.

https://doi.org/10.1515/9783110544428-001

- **Funktionsgenerator:** Zur Erzeugung von Rechteck-, Dreieck- oder Sinussignalen. Signalfrequenzen bis zu 1 GHz mit Einstellungen für Tastverhältnis, Amplitude und Offset.
- **Bode-Plotter:** Zum Messen des Frequenzgangs mit Anzeige von Verstärkungsgrad- oder Phasenveränderungen in Abhängigkeit von der Frequenz (bis 10 GHz).
- **Dynamische Messköpfe:** Sie können die Messköpfe an jeder beliebigen Position platzieren, um Ihre Schaltung mit sich dynamisch verändernden Spannungs- und Stromwerten zu beschriften. Sie können Schwellwerte vordefinieren und die Genauigkeit der Anzeige von Werten, die mithilfe der Messköpfe gemessen wurden, festlegen.
- **Word Generator:** Zum Generieren von Datenworten (auch auf der Basis von Daten, die vom Benutzer mit Start- und Stoppadressen vorgegeben wurden). Die Datenworte können schrittweise oder kontinuierlich generiert werden.
- **16-Kanal-Logikanalysator:** Durch die Daten kann gescrollt werden, wobei der Logikpegel an der jeweiligen Cursorposition angezeigt wird.
- **Verzerrungsanalysator:** Zur Messung der Intermodulations- und der nicht linearen Verzerrungen von Signalen.
- **Frequenzzähler:** Zum Messen von Frequenz, Periode, Impulsbreite sowie Anstiegs- und Abfallzeiten. Möglichkeit zur Gleich- oder Wechselspannungskopplung und zur Einstellung von Empfindlichkeit und Triggerpegel.
- **Netzwerkanalysator:** Hiermit können die S-Parameter von Netzwerken mit Smith-Diagrammen und Stabilitätskreisen ermittelt werden. Dieses Instrument ermöglicht die genaue Impedanzanpassung.
- **Spektrumanalysator:** Zum Messen der Signalamplitude in Abhängigkeit von der Frequenz mit einstellbarem Frequenz- und Amplitudenbereich.
- **Simulierte Instrumente** von Agilent, die genau wie das Oszilloskop 54622D, das Digitalmultimeter 34401A und der Funktionsgenerator 33 120A dieses führenden Messgeräteherstellers aussehen und arbeiten.
- **Tektronix-Oszilloskop:** Dieses Instrument sieht aus wie sein reales Vorbild, der 4-Kanal-Oszillograf TDS 2024, und wird genauso bedient.

Insgesamt geht der behandelte Stoff über den einer einführenden Vorlesung hinaus. Das Buch wendet sich nicht nur an Studenten, sondern auch an die bereits auf dem Gebiet der Messtechnik tätigen Naturwissenschaftler und Ingenieure. Es soll über die zur Verfügung stehenden Messverfahren informieren und bei aktuellen Messaufgaben die Auswahl erleichtern. Ich bedanke mich bei meinen Studenten für die zahlreichen Fragen zu den Messinstrumenten, die viel zu einer besonders eingehenden Darstellung wichtiger und schwieriger Fragen beigetragen haben.

Meiner Frau Brigitte danke ich für die Erstellung der Zeichnungen und der Ausarbeitung des Manuskripts.

Herbert Bernstein

Inhaltsverzeichnis

1 Analoge und digitale Multimetersysteme

Bei den Multimetern unterscheidet man zwischen den analogen Zeigermessgeräten und den digitalen Messgeräten. Analoge Messgeräte sind die klassischen Zeigermessgeräte und seit 1974 sind die digitalen Messgeräte erhältlich.

1.1 Zeigermessgeräte

Als Zeigermessgerät wird die gesamte Einrichtung definiert, die zur Durchführung der Messaufgabe dient. Dabei unterscheidet man zwischen der Art des Messwerks:

- **Drehspulinstrumente** arbeiten mit einem feststehenden Dauermagnet und einer beweglichen Spule(n). Diese Messwerke zeichnen sich durch einen geringen Eigenverbrauch (1 µW bis 1 mW), hoher Empfindlichkeit (1 mm/µA), niedrigen Strom (ab 10 µA), hohe Genauigkeit (bis ±0,1 %), gleichmäßige Skala aus und die Messbereiche lassen sich durch Vorwiderstände bei Spannungsmessern und Parallelwiderstand bei Strommessern einfach erweitern. Nachteilig ist die bewegliche Spule, denn es ist eine bewegliche Stromzuführung erforderlich. Auch ist dieses Instrument überlast- und erschütterungsempfindlich, nur für Gleichstrom geeignet und der größte direkte Bereich beträgt 100 mA. In der Praxis ist dieses Messwerk fast immer in Fein- und Betriebsmessgeräten zu finden.
- **Drehmagnetinstrumente** verwenden einen beweglichen Dauermagnet und eine feststehende Spule. Dieses Messwerk ist recht robust, benötigt keine bewegliche Spule und damit entfällt eine bewegliche Stromzuführung, keine Rückstellfeder, hoch überlastbar, einfach in der Herstellung und direkte Messbereiche bis 100 A bzw. 500 V. Die Nachteile sind der hohe Eigenverbrauch (1 W bis 10 W), geringe Empfindlichkeit, fremdfeldempfindlich, geringe Genauigkeit (±5 % bis ±10 %), nur für Gleichstrom, ungleichmäßiger Skalenverlauf und niedrigste Bereiche von 0,5 mA bzw. 50 mV.
- **Elektrodynamische Messinstrumente** arbeiten mit feststehenden Stromspulen und beweglichen Messspulen. Da diese Messwerke mit zwei Spulen ausgestattet sind, eignen sich diese als Leistungsmesser (Wattmeter) oder Ohmmeter. Diese Messwerke sind für Gleich- und Wechselstrom geeignet. Die Skala für einen Leistungsmesser ist linear und für ein Ohmmeter logarithmisch. Elektrodynamische Quotientenmesswerke (zwei Spannungs- und zwei Stromspulen) eignen sich als Frequenzmesser, Leistungsfaktormesswerk, als Kapazitäts- und Induktionsmessgeräte.
- **Elektrostatische Messinstrumente** verwenden feststehende Platten und bewegliche Platten. Diese Messwerke beruhen in ihrer Arbeitsweise auf dem physikalischen Gesetz, dass sich gleichnamige Ladungen abstoßen. Die dabei auftretenden mechanischen Kräfte sind aber so gering, dass im Allgemeinen relativ hohe Spannungen vorhanden sein müssen, bis eine brauchbare Anzeige erzielt werden kann. Diese Messwerke sind für Gleich- und Wechselstrom geeignet.

https://doi.org/10.1515/9783110544428-002

- **Induktionsmessinstrumente** arbeiten mit feststehenden Stromspulen und beweglichen Leitern (Scheibe). Dieses Messwerk ist nur für Wechselstrom geeignet und stellt im Prinzip einen klassischen Zähler im Haushalt dar. Eine Aluminiumscheibe dreht sich bei einer Phasenverschiebung zwischen den Polen der Elektromagnete in den Eisenkernen.
- **Hitzedrahtmessinstrumente** sind für Gleich- und Wechselstrom geeignet. Ein dünner Draht aus unterschiedlichen Platinlegierungen mit einem Durchmesser von 0,05 mm bis 2 mm wird von einem Strom (100 µA bis 1 A) durchflossen und erwärmt den Draht auf 50 °C bis 250 °C. Durch die Erwärmung dehnt sich der Draht entsprechend seiner Länge und über eine Umlenkrolle wird der Zeiger auf der Skala bewegt. Der Eigenverbrauch ist relativ gering und das Messgerät ist bis 10 MHz geeignet.
- **Bimetallmessinstrumente** verwenden einen Bimetallstreifen, d. h. zwei Metalle mit verschiedenen Ausdehnungskoeffizienten sind warm aufeinander gewalzt oder fest miteinander verschweißt. Dieses Messgerät ist für Gleich- und Wechselstrom geeignet. Der Bimetallstreifen kann unmittelbar in den Stromkreis geschaltet und durch den Stromdurchgang erwärmt werden. Wenn bereits beim Hitzdrahtmesswerk die Einstellzeit verhältnismäßig groß ist, wird sie beim Bimetallmesswerk noch größer.
- **Vibrationsmessinstrumente** dienen in erster Linie zur Frequenzmessung. Sie beruhen auf der mechanischen Resonanz eines schwingfähigen Körpers (Metallzunge). Wird die Zunge durch einen Elektromagneten angeregt, dann kommt sie bei Wechselstrom in Eigenresonanz, wenn die Netzfrequenz mit der mechanischen Frequenz der Eigenschwingung übereinstimmt. Die mechanische Resonanzfrequenz ist vom Material, der Länge und dem Querschnitt der Blattfeder abhängig. Bei genauer Übereinstimmung ist der höchste Schwingungsausschlag vorhanden.

1.1.1   Aufbau von Zeigermessgeräten

In der Norm „VDE 0410" sind die Regeln für elektrische Messgeräte definiert worden. Abb. 1.1 zeigt die drei wichtigsten Begriffe „Messwerk", „Messinstrument" und „Messgerät".

Zum Messwerk gehören nur das bewegliche Organ mit dem Zeiger, die Skala und weitere Teile, die für die Funktion ausschlaggebend sind, wie z. B. eine feste Spule oder der Dauermagnet. Durch eingebaute Vorwiderstände, Umschalter, Gleichrichter und das Gehäuse wird das Messwerk zum Messinstrument ergänzt. Das Messwerk allein ist zwar funktionsfähig, aber es kann nicht unmittelbar verwendet werden, das Messinstrument dagegen lässt sich in dieser Form bereits einsetzen.

Bei Spannungsmessungen wird grundsätzlich das Messinstrument parallel zum Verbraucher geschaltet. Bei Parallelschaltung zum Verbraucher wird der daran herrschende Spannungsfall bestimmt. Direkte Anschaltung an die Spannungsquelle ist, unter der Voraussetzung des richtigen Messbereichs, möglich, weil Spannungsmesser hochohmige Messinstrumente sind (Abb. 1.2). Spannungsmesser lassen sich in Kilovolt (kV), Volt (V), Millivolt (mV) und Mikrovolt (µV) realisieren. Drehspulmesswerke lassen sich als Spannungsmesser im Bereich von etwa 1 mV bis 1 kV realisieren. Bei zusätzlich eingebautem Messgleichrichter ist meist der niedrigste Messbereich etwa 30 mV, der höchste wieder 1 kV. Dreheisenmesswerke werden von 3 V bis 1 kV hergestellt.

Teile und Zubehör elektrischer Zeigermessgeräte (nach VDE 0410):

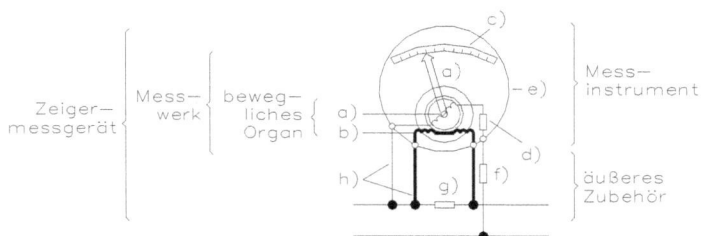

a) bewegliches Organ mit Zeiger (z.B. mit Drehspule im Spannungspfad)

b) feste Spule (im Strompfad)

c) Skala

a + b + c = Messwerk

d) eingebautes Zubehör; z.B. Vorwiderstand im Spannungspfad

e) Gehäuse

a + b + c + d + e = Messinstrument

f) getrennter Vorwiderstand

g) getrennter Nebenwiderstand (Shunt)

h) Messleitungen

f + g + h = äußeres Zubehör

Messinstrument + äußeres Zubehör = a ... h = Zeigermessgerät

Abb. 1.1:   Definition zwischen „Messwerk", „Messinstrument" und „Messgerät"

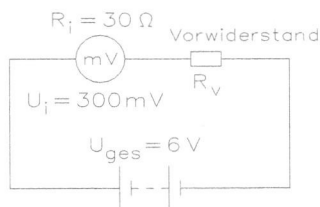

Abb. 1.2:   Spannungsmesser sind parallel zum Verbraucher geschaltet

Zur Messbereichserweiterung eines Messwerks werden Vorwiderstände in den Stromkreis geschaltet, die den überschüssigen Spannungsanteil aufnehmen. Ein Drehspulmesswerk allein hat bereits bei etwa 50 mV bis 500 mV Vollausschlag. Zur Berechnung der Messbereichserweiterung für höhere Spannungen benötigt man die gleichen Messwerksdaten wie zur Strom-Messbereichserweiterung. Zusätzlich ist die Angabe des Kennwiderstandes r_k sehr nützlich. Der Wert r_k ist der Kehrwert des Stromes bei Vollausschlag des Messwerks und wird in Ohm pro Volt angegeben. Der Gesamtwiderstand im Messkreis muss gleich dem Produkt aus der gewünschten höchsten Spannung und dem Kennwiderstand sein. Mit dem folgenden Beispiel ist der Reihenwiderstand zu berechnen:

Spannung bei Vollausschlag: U_i

Innenwiderstand der Drehspule: R_i

Strom bei Vollausschlag: $I_i = \dfrac{U_i}{R_i}$

Kennwiderstand in Ohm pro Volt: $r_k = \dfrac{R_i}{U_i} = \dfrac{1}{I_i}$

Für die Messbereichserweiterung:

I_g: Gesamtspannung (gewünschter Messbereich)

U_v: Spannungsfall am Vorwiderstand $U_v = U_g - U_i$

R_v: Vorwiderstand $\quad R_v = \dfrac{U_v}{I_i} = r_k \cdot U_g - R_i = R_i(n-1)$

n: Vervielfachungsfaktor des gewünschten Messbereichs

Für Abb. 1.2 gilt als Beispiel: n = 20

$\quad$ n = 20 $\qquad R_v = R_i(n-1) = 30\Omega(20-1) = 570\Omega$

oder

$$r_k = \dfrac{R_i}{U_i} = \dfrac{30\Omega}{300mV} = 100\dfrac{\Omega}{V} \qquad R_v = r_k \cdot U_g - R_i = 100\dfrac{\Omega}{V} \cdot 6V - 30\Omega = 570\Omega$$

oder

$$I_i = \dfrac{U_i}{R_i} = \dfrac{300mV}{30\Omega} = 10mA \qquad R_v = \dfrac{U_g - U_i}{I_i} = \dfrac{6V - 0{,}3V}{10mA} = 570\Omega$$

Der Strom im Messkreis darf niemals den Strom für Vollausschlag überschreiten. Die Leistungsaufnahme des Vorwiderstandes ist aus diesem Strom und dem Spannungsfall am Widerstand zu berechnen. Unter Verwendung des Wertes n, des Vervielfachungsfaktors des Messbereichs, ist die Berechnung des Vorwiderstandes für einen gewünschten Messbereich ebenfalls möglich.

Die Grundschaltung für den Gebrauch von Strommessern ist die Reihenschaltung mit der Spannungsquelle und dem Verbraucher. Strommesser sind stets niederohmige Messinstrumente. Bei direktem Anschluss an die Spannungsquelle würden sie fast einen Kurzschluss bilden und dabei zerstört werden. Strommesser sind in den Einheiten Ampere (A), Milliampere (mA), Mikroampere (μA) oder Kiloampere (kA) geeicht. Die Messwerke selbst haben vielfach Vollausschlag bei einigen Milliampere. Durch Nebenwiderstände oder Stromwandler können die Messbereiche erweitert werden. So werden Strommesser mit Drehspulmesswerk für Messbereiche von 1 μA bis etwa 1000 A geliefert. Bei zusätzlich eingebautem Messgleichrichter werden Messinstrumente bis 100 A geliefert und ebenso sind Dreheisenmesswerke bis 100 A lieferbar, beginnend mit Bereichen ab 0,1 A.

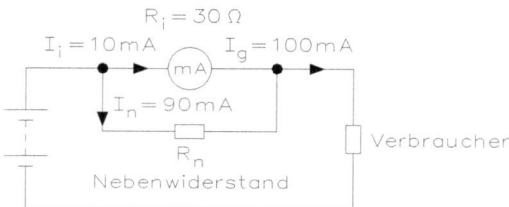

Abb. 1.3:　　Strommesser sind immer mit dem Verbraucher in Reihe geschaltet

Bei Strommessungen (Abb. 1.3) sind die Kirchhoffschen Regeln zu beachten. In einem verzweigten Stromkreis teilt sich der Gesamtstrom auf. Die Ströme stehen im umgekehrten Verhältnis zueinander, wie die parallelen Widerstände. Durch den größten Widerstand fließt der kleinste Strom. Im unverzweigten Stromkreis fließt an allen Stellen der gleiche Strom. Es ist also gleichgültig, an welcher Stelle der Schaltung der Strommesser eingesetzt wird.

Die Messbereichserweiterung durch Nebenwiderstände beruht ebenfalls auf den Kirchhoffschen Regeln. Wenn ein Messwerk einen höheren Strom messen soll, als es allein verträgt, muss der überschüssige Teil in einem Nebenzweig vorbeigeleitet werden. Zur richtigen Berechnung der Nebenwiderstände zur Messbereichserweiterung müssen die elektrischen Daten des Messwerks selbst bekannt sein. Hierzu gehört der Strom bei Vollausschlag, der Innenwiderstand und der Spannungsfall bei Vollausschlag. Der Strom I_i und der Innenwiderstand R_i gelten für das reine Messwerk. Die Spannung U_i dagegen trifft sowohl für das Messwerk, als auch für den Nebenwiderstand zu, da beide an den gleichen Punkten im Stromkreis liegen. Mit „n" wird der Vervielfachungsfaktor der Bereichserweiterung bezeichnet. Aus diesen Angaben lassen sich die Daten der Nebenwiderstände für gewünschte Messbereiche eines gegebenen Messwerks errechnen. Mit dem folgenden Beispiel ist der Nebenwiderstand zu berechnen:

Strom bei Vollausschlag: I_i

Innenwiderstand der Drehspule: R_i

Spannungsfall bei Vollausschlag: $U_i = I_i \cdot R_i$

Kennwiderstand in Ohm pro Volt: $r_k = \dfrac{R_i}{U_i} = \dfrac{1}{I_i}$

Für die Messbereichserweiterung:

I_g = gewünschter Messbereich (Gesamtstrom)

I_n = Strom durch Nebenwiderstand $I_n = I_g - I_i$

R_S = Nebenwiderstand (Shunt) $R_S = \dfrac{U_i}{I_n} = \dfrac{R_i}{n-1}$

n: Vervielfachungsfaktor des gewünschten Messbereichs

Für Abb. 1.3 gilt als Beispiel: n = 10

$$R_S = \frac{R_i}{n-1} = \frac{30\Omega}{10-1} = 3,33\Omega$$

oder

$$U_i = I_i \cdot R_i = 10mA \cdot 30\Omega = 300mV \qquad R_S = \frac{U_i}{I_n} = \frac{300mV}{90mA} = 3,33\Omega$$

1.1.2 Beschriftung von Skalen

Für die Beschriftung von elektrischen Messgeräten sind ebenfalls VDE-Normen aufgestellt. Alle in Deutschland für den Inlandsbedarf hergestellten Messgeräte müssen diese Regeln befolgen. Auch bei Auslandslieferungen wird nur auf besondere Anforderung davon abgewi-

chen. Für die Einheiten auf Messinstrumentenskalen sind Beispiele von Kurzzeichen ange-
führt (Tabelle 1.1). Diese umfassen nicht nur die Grundeinheiten, sondern auch die Teile und
Vielfache davon, also zum Beispiel nicht nur A für die Einheit des Stromes in Ampere, sondern auch bei Bedarf mA für Milliampere, µA für Mikroampere oder selbst kA für Kiloampere. Bei elektrischer Messung nicht elektrischer Größen können die Anzeigegeräte auch mit
diesen Einheiten unmittelbar beschriftet werden, wie zum Beispiel für Temperaturanzeige in
°C, Weglängen in mm oder Prozentanteile von Gasmischungen in % CO_2 oder % O_2.

Tab. 1.1:   Kurzzeichen für Einheiten auf Messinstrumentenskalen

kA	Kiloampere	MW	Megawatt	MHz	Megahertz	cos φ	Leistungsfaktor
A	Ampere	kW	Kilowatt	kHz	Kilohertz	Ah	Amperestunden
mA	Milliampere	W	Watt	Hz	Hertz	kWh	Kilowattstunden
µA	Mikroampere	mW	Milliwatt	MΩ	Megaohm	Wh	Wattstunden
kV	Kilovolt	kvar	Kilovar	kΩ	Kiloohm	Ws	Wattsekunden
V	Volt	var	var	Ω	Ohm		
mV	Millivolt	*(var = Volt-Ampere-reaktiv)*					
µV	Mikrovolt						

Zur schnellen Orientierung über die Daten und Eigenschaften eines vorhandenen Messinstrumentes werden Kurzzeichen und Sinnbilder auf den Skalen eingetragen. Diese Sinnbilder
dürfen nicht als Schaltbilder in Schaltungen und Stromlaufplänen verwendet werden. Die
Sinnbilder sind meistens in einer Gruppe auf der Skala zusammengefasst und müssen beim
Umgang mit Messgeräten vertraut und geläufig sein.

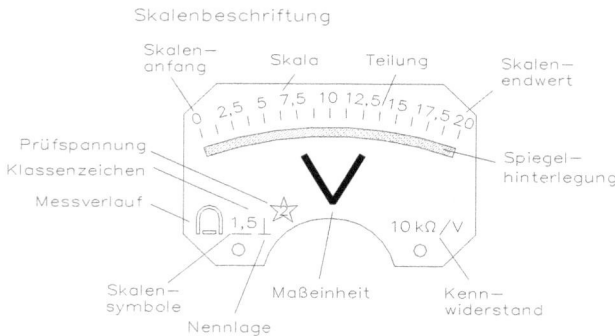

Abb. 1.4:   Einheiten auf Messinstrumentenskalen

Mit dem Skalenanfang und dem Skalenendwert legt der Hersteller den Bereich der Messung
fest. Normalerweise findet man bei den Skalen die Zehner- bzw. die Dreierteilung und bei
den Ohmmetern eine logarithmische Teilung vor. Unter den Skalensymbolen findet man das
Sinnbild für Gleich- und/oder Wechselstrom, um welches Messwerk es sich handelt, die
Messgeräteklasse, die Gebrauchslage und die Prüfspannung. Die Maßeinheit definiert den
Messbereich und viele Messgeräte sind mit einer Spiegelhinterlegung ausgestattet, die einen
Parallaxenfehler verhindert.

Die Zahl 1,5 ist das Klassenzeichen, bezogen auf den Messbereichsendwert. Man unterscheidet bei den Messgeräteklassen zwischen den Fein- und den Betriebsmessgeräten, wie
Tabelle 1.2 zeigt.

Tab. 1.2:   Messgeräteklassen

	Feinmessgeräte			Betriebsmessgeräte			
Klasse	0,1	0,2	0,5	1	1,5	2,5	5
Anzeigefehler ± %	0,1	0,2	0,5	1	1,5	2,5	5

Die Nennlage muss unbedingt eingehalten werden und das Messgerät (Abb. 1.4) hat eine senkrechte Nennlage. Es gibt eine waggerechte und eine schräge (mit Winkelangabe) Nennlage. Bei Messgeräten mit mehreren Messpfaden müssen die einzelnen Messpfade gegeneinander und gegen Masse oder Erde geprüft werden. Die Größe der Prüfspannung ist abhängig von der Größe der Nennspannung des Messgerätes:

Nennspannung bis 40 V, Prüfspannung 500 V, Stern ohne Zahl

Nennspannung 40 V bis 650 V, Prüfspannung 2000 V, Stern mit der Zahl 2

Nennspannung 650 V bis 1000 V, Prüfspannung 3000 V, Stern mit der Zahl 3

1.1.3   Genauigkeitsklassen und Fehler

Keine Messung kann absolut genau sein. Man kann nur versuchen, mit möglichst geringen Abweichungen an den wahren Wert heranzukommen. Wenn der mögliche Fehler bekannt ist, kann der Wert eines Messergebnisses beurteilt werden. Grundsätzlich ist der Aufwand an Messeinrichtungen und der Preis eines Messgerätes umso höher, je geringer der Fehler sein soll. Hierbei muss man nach einer Kompromisslösung suchen.

Tab. 1.3:   Klasseneinteilung und Bedingungen

Art	Klasse	Bedingungen							
		Anzeige-fehler	Lage-fehler	Tempe-ratur-fehler	Anwärm-fehler	Fremdfeldfehler	Fre-quenz-fehler	Span-nungs-fehler	Einbau-fehler
Fein-mess-geräte	0,1	±0,1 %	±0,1 %	±0,1 %	–	±3 % bei Drehspulinstrumenten	±0,1 %	±0,1 %	±0,05 %
	0,2	±0,2 %	±0,2 %	±0,2 %	–	±1,5 % bei abgeschirmten Instrumenten	±0,2 %	±0,2 %	±0,1 %
	0,5	±0,5 %	±0,5 %	±0,5 %	–	±0,75 %	±0,5 %	±0,5 %	±0,25 %
Betriebs-mess-geräte	1	±1 %	±1 %	±1 %	±0,5 %	±6 % bei Drehspulinstrumenten	±1 %	±1 %	±0,5 %
	1,5	±1,5 %	±1,5 %	±1,5 %	±0,75 %		±1,5 %	±1,5 %	±0,75 %
	2,5	±2,5 %	±2,5 %	±2,5 %	±1,25 %	±1,5 % bei abgeschirmten Instrumenten	±2,5 %	±2,5 %	±1,25 %
	5	±5 %	±5 %	±5 %	±2,5 %	±0,75 %	±5 %	±5 %	±2,5 %

Nach der VDE-Norm für elektrische Messgeräte (VDE 0410) sind Genauigkeitsklassen festgelegt. Messgeräte, die alle Forderungen ihrer Klasse erfüllen, dürfen das Klassenzeichen auf der Skala führen (Tabelle 1.3). Am wichtigsten ist der Anzeigefehler, der durch Fertigungstoleranzen, Lagerreibung und Skalenausführung bedingt ist. Er wird in Prozent des Skalenendwertes angegeben. Feinmessgeräte verwenden die Klassen 0,1 mit ±0,1 % Anzeigefehler, 0,2 mit ±0,2 % Anzeigefehler und 0,5 mit ±0,5 % Anzeigefehler. Betriebsmessgeräte sind in Klassen 1, 1,5, 2,5 und 5 unterteilt.

Der Lagefehler wird bei einer Abweichung um einen Winkel von 5° von der vorgeschriebenen Gebrauchslage festgestellt. Der Temperaturfehler darf bei Temperaturen zwischen 10 °C und 30 °C seinen Klassenwert nicht überschreiten. Anwärmefehler dürfen bei Feinmessgeräten nicht auftreten. Bei Betriebsmessgeräten werden sie nach einer Stunde Betrieb mit 80 % des Messbereichsendwerts festgestellt. Die Fremdfeldfehler sind in unterschiedlicher Höhe bei den verschiedenen Messgerätearten zulässig. Das Fremdfeld zur Überprüfung muss 400 A/m betragen. Wenn eine Nennfrequenz für den Betrieb angegeben ist, wird der Frequenzeinfluss bei Abweichungen von ±10 % der Nennfrequenz ermittelt. Bei Leistungsmessern wird der Spannungseinfluss bei Abweichungen von ±20 % der Nennspannung gemessen. Der Einbaufehler wird bei Schalttafelinstrumenten bei dem Einbau in eine Eisentafel von 2,5 mm bis 3,5 mm Dicke ermittelt.

Als Fehler bezeichnet man die Differenz zwischen angezeigtem und richtigem Wert. Wird also weniger angezeigt, als der richtige Wert, dann ist der Fehler negativ. Die Korrektur ist die negative Fehlerangabe. Durch Zufügen der Korrektur zum angezeigten Wert, erhält man den richtigen Wert. Bei der Eichung (Justierung) von Messinstrumenten werden die Fehler- und die Korrekturkurven über den ganzen Skalenbereich aufgenommen. Positiver Korrekturwert bedeutet, dass der richtige Wert größer ist als der angezeigte Wert. Negativer Korrekturwert bedeutet, dass der richtige Wert kleiner ist als der angezeigte Wert.

Außer den erfassbaren Fehlern der Messgeräte selbst, können noch eine Reihe weiterer Fehlerquellen bei einer Messung auftreten. Fehlerhaftes Zubehör kann die Messung verfälschen. Allerdings gehören auch die Zubehörteile zu den von der VDE-Norm erfassten Einrichtungen. Für Neben- und Vorwiderstände, Messwandler, Messumformer sind die entsprechenden Genauigkeitsklassen-Vorschriften aufgestellt, wie für die Messinstrumente selbst.

Schaltungsfehler sind zu unterteilen in vermeidbare und unvermeidbare Fehlerquellen. Zu den unvermeidbaren Fehlern gehört zum Beispiel bei Strom- und Spannungsmessung zur Widerstandsbestimmung der Eigenverbrauch des zweiten Messinstrumentes. Dieser Fehler kann aber, wenn er richtig erkannt ist, rechnerisch berichtigt werden. Vermeidbare Schaltungsfehler unterlaufen häufig dem Anfänger, der sich selbst zum sorgfältigen Aufbau der Messschaltungen erziehen muss.

Persönliche Fehler sind Irrtümer in der Ablesung der Skalenwerte, Parallaxenfehler und andere Fehlerquellen. Hierzu gehört auch die Wahl des richtigen Messbereichs, damit die Ablesung möglichst im letzten Skalendrittel erfolgt. Behandlungsfehler durch Stoß und Schlag können alle späteren Messungen durch Beschädigung der Lager beeinträchtigen.

Für die Praxis gilt:

* **Lageeinfluss:** Festgestellt bei Neigung um 5°
* **Temperatureinfluss:** Festgestellt bei Änderung von ± 10° C gegenüber Raumtemperatur 20° C
* **Anwärmeeinfluss:** Festgestellt nach 60 Minuten Betrieb mit 80 % des Messbereichsendwertes
* **Fremdfeldeinfluss:** Festgestellt bei Fremdfeld mit 0,5 Millitesla
* **Frequenzeinfluss:** Festgestellt bei 15 Hz … 65 Hz, bzw. ±10 % der angegebenen Nennfrequenz

- **Spannungseinfluss:** Festgestellt für Leistungsmesser bei ± 20 % der Nennspannung
- **Einbaueinfluss:** Festgestellt bei Einbau in Eisentafel von 3 ± 0,5 mm Stärke

Ein Spannungsmesser zeigt einen Spannungswert von 19 V an, der Zeiger des Messgerätes befindet sich aber auf 17 V. Wie Abb. 1.5 zeigt, ergeben sich Fehler F, der angezeigte Wert a und der richtige Wert r.

a = angezeigter Wert
r = richtiger Wert

Abb. 1.5:   Fehler und Korrektur

Der Fehler ist die Differenz zwischen angezeigtem und richtigem Wert. Die Korrektur ist die negative Fehlerangabe:

Fehler

$F = a - r$
$\quad = 17 - 19$
$F = -2\,V$

Korrektur

$K = -2\,V$
$\quad = +2\,V$

Weitere Fehlerquellen:

a) Zubehörfehler
b) Schaltungsfehler
c) Persönliche Fehler z. B.
   - Bedienungsfehler
   - Behandlungsfehler
   - Ablesefehler
   - Parallaxenfehler

Anzeige und Korrektur ergeben den richtigen Wert

$a + K = r$
$17\,V + 2\,V = 19\,V$

positiver Korrekturwert bedeutet: richtiger Wert ist größer als der angezeigte Wert

negativer Korrekturwert bedeutet: richtiger Wert ist kleiner als der angezeigte Wert

Der absolute Fehler F des Messgerätes kann positive und negative Werte annehmen und es ergibt sich

$$F = a - r$$

Dabei ist a der angezeigte Wert und r der wahre Wert, der zunächst unbekannt ist.

Der relative Fehler f beschreibt die Genauigkeit des Messgerätes:

$$f = \frac{F}{r} = \frac{a-r}{r} = \frac{a}{r} - 1$$

oder

$$f = \frac{a-r}{B}$$

$B = $ Bereichsendwert

Für die Fehlerberechnung gilt noch

$$F = \pm \frac{B \cdot G}{100}$$

a = angezeigter Wert
F = Fehlerbetrag
G = Genauigkeitsklasse
p = Fehler in % von A

$$p = \pm \frac{F \cdot 100}{a} \text{ in } \% = \pm \frac{B \cdot G}{a} \text{ in } \%$$

Beispiel

Wie groß ist der tatsächliche und der prozentuale Fehler bei einem Messinstrument der Genauigkeitsklasse 2,5 mit einem Bereichsendwert von 500 mA bei einer Anzeige von 80 mA?

$$F = \pm \frac{B \cdot G}{100} = \pm \frac{500mA \cdot 2,5}{100} = \pm 12,5mA$$

$$p = \pm \frac{F \cdot 100}{a} = \frac{12,5mA \cdot 100}{80mA} = 15,6\% \quad \text{oder} \quad p = \pm \frac{B \cdot G}{a} = \frac{500mA \cdot 2,5}{80mA} = 15,6\% \quad \square$$

1.1.4   Messungen mit Zeigermessgeräten

Durch einen Vorwiderstand R_v kann man den Spannungsmessbereich erweitern, wie Abb. 1.6 zeigt.

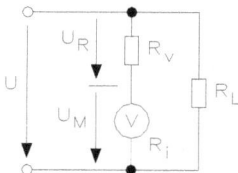

Abb. 1.6:   Messbereichserweiterung bei Spannungsmessern

Der Vorwiderstand R_v lässt sich errechnen mit

$$R_v = R_i \cdot \left(\frac{U}{U_M} - 1 \right)$$

Welchen Wert hat der Vorwiderstand R_v, wenn die Eingangsspannung U = 100 V, der Innenwiderstand des Messwerkes R_i = 60 Ω und die Messwerkspannung U_M = 60 mV ist?

$$R_v = 60\Omega \cdot \left(\frac{100V}{60mV} - 1 \right) = 99,94k\Omega$$

Beim Einsatz eines Übertragers lässt sich der Spannungsmesser z. B. an 10 kV betreiben, wie Abb. 1.7 zeigt.

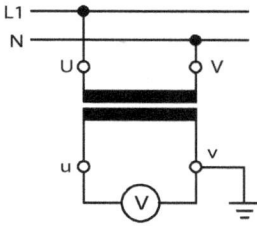

Abb. 1.7:   Messbereichserweiterung bei Spannungsmessern mittels Übertrager

Da der Spannungswandler im Leerlaufbetrieb arbeitet, ist das Übersetzungsverhältnis

$$k_U = \frac{U_{1N}}{U_{2N}} = \frac{N_1}{N_2}$$

Der Spannungswandlerfehler F_U wird berechnet nach

$$F_U = \frac{U_2 \cdot k_U - U_1}{U_1} \cdot 100\%$$

Der Anschluss des Übertragers muss primärseitig über zwei Sicherungen erfolgen und auf der Sekundärseite ist ebenfalls eine Sicherung erforderlich. Das Messgerät wird an die Anschlüsse u und v gelegt, und v wird mit Erde bzw. Masse verbunden.

Beim Spannungswandler sind Nennspannung, Nennleistung, Nennfrequenzbereich und Nennübersetzung unbedingt zu beachten.

Durch einen Nebenwiderstand R_S (Shunt) kann man den Messbereich für ein Amperemeter erweitern, wie Abb. 1.8 zeigt.

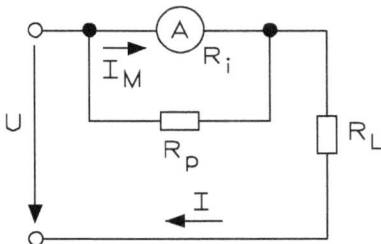

Abb. 1.8:   Messbereichserweiterung bei Strommessern

Der Nebenwiderstand R_S lässt sich errechnen mit

$$R_S = \frac{I_M \cdot R_i}{I - I_M}$$

Welchen Wert hat der Nebenwiderstand R_S, wenn der Strom $I = 1$ A, der Innenwiderstand des Messwerks $R_i = 60$ Ω und die Messwerkspannung $U_M = 60$ mV ist?

$$I_M = \frac{U_M}{R_i} = \frac{60mV}{60\Omega} = 1mA \qquad\qquad R_S = \frac{1mA \cdot 60\Omega}{1A - 1mA} = 0,06\Omega$$

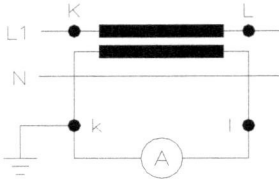

Abb. 1.9:   Messbereichserweiterung bei Strommessern mittels Übertrager

Beim Einsatz eines Übertragers lässt sich der Spannungsmesser z. B. an 10 kA betreiben, wie Abb. 1.9 zeigt. Da der Stromwandler im Leerlaufbetrieb arbeitet, ist das Übersetzungsverhältnis

$$k_I = \frac{I_{1N}}{I_{2N}} = \frac{N_2}{N_1}$$

Der Stromwandlerfehler wird berechnet nach

$$F_I = \frac{I_2 \cdot k_I - I_{1N}}{I_{1N}} \cdot 100\%$$

Der Anschluss des Übertragers erfolgt primärseitig direkt in der Leitung mit den Anschlüssen K und L. Das Messgerät wird an die Anschlüsse k und l gelegt, und k wird mit Erde bzw. Masse verbunden.

Beim Stromwandler sind Nennstrom, Nennbürde, Nennüberstromziffer, Nennfrequenzbereich und Nennübersetzung unbedingt zu beachten.

Ein Stromwandler mit S_N = 30 VA und k_I = 200 A/1 A ist durch den Messkreiswiderstand mit Nennleistung belastet. Dieser Stromwandler ist durch einen mit k_I = 200 A/5 A zu ersetzen. Ist dies zulässig?

Die Bürde Z beträgt $Z = \frac{S_N}{I_2^2} = \frac{30VA}{(1A)^2} = 30\Omega$.

Da $S_B = 25 \cdot S_N$ ist, ist der größere Wandler k_I = 200 A/5 A überlastet und daher nicht zulässig.

1.1.5   Leistungsmessungen

Misst man die Leistung an Gleichspannung, ist P = U · I. Bei Wechselspannung hat man die Scheinleistung S in VA, die Wirkspannung P in W und die Blindleistung Q in var (voltampere reaktiv).

Bei der Schaltung von Abb. 1.10 handelt es sich um eine spannungsrichtige Messung (falsche Strommessung). Es gilt die Bedingung:

$$R_{iU} \gg R$$

Die Messung der Scheinleistung S und die Wirkleistung P bei Wechselstrom bzw. Wirkleistung bei Gleichstrom ist

$$S = U \cdot I - \frac{U^2}{R_{iU}} \qquad P = U \cdot I - \frac{U^2}{R_{iU}}$$

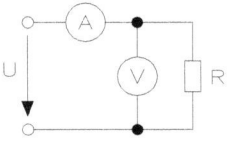

Abb. 1.10:   Stromfehlermethode für die Leistungsmessung

Zur Leistungsmessung benötigt man ein Messgerät, die Strom und Spannung vorzeichenrichtig und phasenrichtig miteinander multiplizieren, wie Abb. 1.11 zeigt. Für Gleich- und Wechselstromleistungen wird primär das elektrodynamische Messwerk verwendet. Dabei unterscheidet man zwischen Strom- und Spannungspfad. Der Strompfad ist im Dauerbetrieb mit 20 % überlastbar, kurzzeitig bis zu 1000 %, ohne dass ein Schaden entsteht (feststehende Spule mit dickem Draht). Der Spannungspfad ist dauernd mit 20 % überlastbar, aber nur kurzzeitig bis maximal 100 % (bewegliche Spule, dünner Draht).

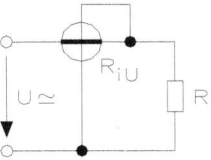

Abb. 1.11:   Leistungsmessung mittels eines elektrodynamischen Messinstruments

Wichtig für die Berechnung der Korrekturformel ist der Innenwiderstand R_{iU} der Drehspule. Die Korrekturformel lautet:

$$P = P_M - \frac{U^2}{R_{iU}}$$

Der Zeigerausschlag α ist somit direkt proportional der Wirkleistung P.

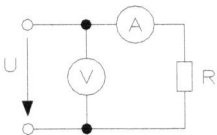

Abb. 1.12:   Spannungsfehlermethode für die Leistungsmessung

Bei der Schaltung von Abb. 1.12 handelt es sich um eine stromrichtige Messung (falsche Spannungsmessung). Es gilt die Bedingung:

$$R_{iI} \ll R$$

Die Messung der Scheinleistung S und die Wirkleistung P bei Wechselstrom bzw. Wirkleistung bei Gleichstrom ist

$$S = U \cdot I - I^2 \cdot R_{iI} \qquad\qquad P = U \cdot I - I^2 \cdot R_{iI}$$

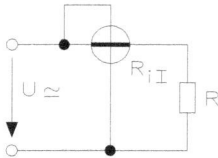

Abb. 1.13:   Leistungsmessung mittels eines elektrodynamischen Messinstruments

Zur Leistungsmessung benötigt man ein Messgerät, das Strom und Spannung vorzeichen-richtig und phasenrichtig miteinander multipliziert, wie Abb. 1.13 zeigt. Wichtig für die Berechnung der Korrekturformel ist der Innenwiderstand R_{iI} der Drehspule. Die Korrektur-formel lautet:

$$P = P_M - I^2 \cdot R_{iI}$$

Der Zeigerausschlag α ist direkt proportional der Wirkleistung P.

Es wird eine Scheinleistung- und eine Wirkleistungsmessung vorgenommen. Aus beiden Messungen lässt sich die Blindleistung errechnen:

$$Q = \sqrt{S^2 - P^2}$$

Q = Blindleistung in var
S = Scheinleistung in VA
P = Wirkleistung in W

$$Q = U \cdot I \cdot \cos(90° - \varphi) = U \cdot I \cdot \sin \varphi$$

Der Strom im Spannungspfad (Drehspule) eines Wirkleistungsmessers wird um 90° gegen-über der angelegten Spannung verschoben. Dies entspricht der angezeigten Leistung der Blindleistung.

1.1.6   Widerstandsmessungen

Die einfachste Art den Wert eines Widerstandes zu messen, geschieht mittels separaten Volt- und Amperemetern, wobei die Messung nach der Strom- oder Spannungsfehlermethode durchgeführt wird.

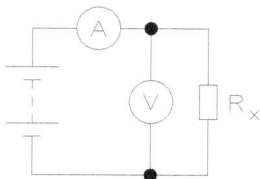

Abb. 1.14:   Widerstandsmessung mittels der Stromfehlermethode

Für die Stromfehlermethode von Abb. 1.14 gilt die Bedingung:

$$R_{iU} \gg R_x$$

Diese Messschaltung ist für niederohmige R_x-Werte geeignet. Der Strom durch den Span-nungsmesser kann dabei vernachlässigt werden. Für die Messschaltung gelten folgende For-meln:

$$R_x = \frac{U}{I - I_v} = \frac{U}{I - \dfrac{U}{R_v}}$$

U, I = angezeigte Werte
R_x = unbekannter Widerstand
R_A = Wert des Amperemeters
I_v, R_v = Werte des Voltmeters

Wenn R_x klein gegen R_v ist, dann ergibt

$$R_x = \frac{U}{I}.$$

Das Amperemeter zeigt um den Strom I_V zuviel an:

$$I_V = \frac{U}{R_v}$$

Beispiel

Bei der Schaltung für niederohmige Widerstände sind U = 5,3 V, I = 35 mA und R_v = 1 kΩ. Welchen Wert hat der wahre und unkorrigierte Widerstandswert?

$$R_x = \frac{5,3V}{35mA - \dfrac{5,3V}{1k\Omega}} = 178,5\Omega \qquad \text{(korrigiert)}$$

$$R_x = \frac{5,3V}{35mA} = 151,5\Omega \qquad \text{(nicht korrigiert)} \qquad \square$$

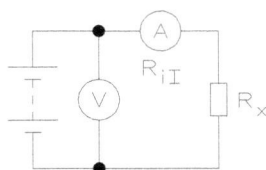

Abb. 1.15:   Widerstandsmessung mittels der Spannungsfehlermethode

Für die Spannungsfehlermethode von Abb. 1.15 gilt die Bedingung:

$$R_{iI} \ll R_x$$

Diese Messschaltung ist für hochohmige R_x-Werte geeignet. Der Strom durch den Strommesser kann dabei vernachlässigt werden. Für die Messschaltung gelten folgende Formeln:

$$R_x = \frac{U - U_A}{I} = \frac{U - I \cdot R_A}{I}$$

U, I = angezeigte Werte
R_x = unbekannter Widerstand
U_A, R_A = Werte des Amperemeters
I_v, R_v = Werte des Voltmeters

Wenn R_x groß gegen R_v ist, dann ergibt

$$R_x = \frac{U}{I}$$

Das Voltmeter zeigt um den Spannungsfall U_A zuviel an: $U_A = I \cdot R_A$

Beispiel

Bei der Schaltung für hochohmige Widerstände sind U = 3,2 V, I = 800 mA und R_A = 0,6 Ω. Welchen Wert hat der wahre und unkorrigierte Widerstandswert?

$$R_x = \frac{3,2V - 800mA \cdot 0,6\Omega}{800mA} = 3,4\Omega \qquad \text{(korrigiert)}$$

$$R_x = \frac{3,2V}{800mA} = 4\Omega \qquad \text{(nicht korrigiert)} \qquad \square$$

Direktanzeigende Ohmmeter beruhen auf Strommessung bei bekannter, konstant bleibender Spannung. Der Spannungswert wird vor der eigentlichen Messung kontrolliert. In der einfachsten Form wird ein Vorwiderstand in den Stromkreis geschaltet, so dass das Messinstrument bei der gegebenen Spannung Vollausschlag hat. Die Überprüfung erfolgt durch Kurzschluss der Anschlussklemmen für R_x. Wird der unbekannte Widerstand R_x in den Stromkreis gelegt, geht der Zeigerausschlag zurück. Als Spannungsquelle dient im Allgemeinen bei derartigen Messeinrichtungen eine Batterie von 3 V. Zum Ausgleich der schwankenden Batteriespannung kann der Messwerkausschlag durch einen magnetischen Nebenschluss im Messwerk korrigiert werden. Besser ist der Ausgleich durch einen einstellbaren Vorwiderstand. Mit der Prüftaste werden die R_x-Klemmen überbrückt und das Ohmmeter mit dem Einsteller abgeglichen. Abb. 1.16 zeigt die Schaltung.

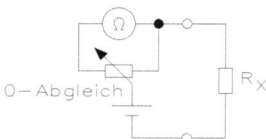

Abb. 1.16:   Direktanzeigender Widerstandsmesser für hochohmige Widerstände

Direktanzeigende Widerstandsmesser für hochohmige Widerstände sind meistens Bestandteile handelsüblicher Vielfachmessgeräte. Der Nullabgleich erfolgt bei R_x = 0 (Klemmen kurzgeschlossen). Die Skala ist hyperbolisch geteilt.

Die Schaltung von Abb. 1.17 zeigt einen direktanzeigenden Widerstandsmesser für niederohmige Widerstände.

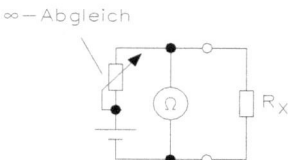

Abb. 1.17:   Direktanzeigender Widerstandsmesser für niederohmige Widerstände

Die Widerstandsmessbrücke nach Wheatstone (Abb. 1.18) eignet sich für Widerstandswerte von 100 mΩ bis 10 MΩ. Der unbekannte Widerstand R_x wird mit bekannten Normalwiderständen R_3 verglichen und mit dem Potentiometer R_1/R_2 auf den genauen Wert abgeglichen. Die bekannten Widerstände (Normalwiderstände mit Stufen von 100 mΩ bis 10 MΩ) werden solange verändert, bis die Brücke abgeglichen ist (I = 0).

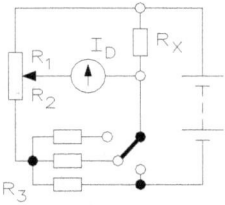

Abb. 1.18:   Widerstandsmessbrücke nach Wheatstone

In der Praxis kennt man das Drehspul-, Drehmagnet- und Dreheisen-Quotientenmesswerk, und außerdem noch das elektrodynamische Quotientenmessgerät. Diese Messgeräte eignen sich mehr oder weniger für den Einsatz eines Widerstandsmessers, wie Abb. 1.19 zeigt.

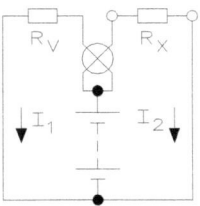

Abb. 1.19:   Widerstandsmesser mit Quotientenmesswerk

Widerstandsmesser mit Quotientenmesswerk (Kreuzspulmesswerk) werden hauptsächlich für die direkte Messung von Widerständen ab 10 kΩ verwendet. Der Zeigerausschlag ergibt sich aus dem Quotienten zwischen den beiden Strömen. In der Praxis verändert man der Vorwiderstand R_v solange, bis das Instrument auf Null steht. In diesem Falle ist

$$R_v = R_x$$

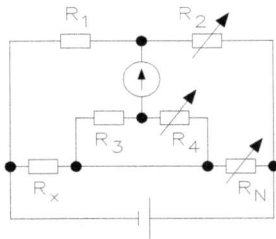

Abb. 1.20:   Widerstandsmessbrücke nach Thomson

Die Widerstandsmessbrücke von Abb. 1.20 wird zur Messung kleiner Widerstände benutzt, da bei dieser Messmethode die Zuleitungen zu dem Widerstand R_x keinen Messfehler verursachen. Der Messbereich liegt zwischen 10^{-6} Ω und 1 Ω. Für den Fall, dass $R_3/R_4 = R_1/R_2$ ist, gilt für den unbekannten Widerstand

$$R_x = \frac{R_N \cdot R_1}{R_2} = \frac{R_N \cdot R_3}{R_4}$$

1.2   Digitale Multimetersysteme

Digitale Multimetersysteme verwenden einen hochintegrierten Schaltkreis, der einen Analog-Digital-Wandler und die erforderliche Steuerelektronik beinhaltet. Es sind nur wenige externe Bauelemente erforderlich. Für die Ausgabe des Messwerts eines Digitalmultimeters hat man eine 3½-, 4½-, 5½- und 6½-stellige LCD- oder LED-Anzeige. Die LCD-Technik (Flüssigkristallanzeige oder Liquid Crystal Display) sind passive Anzeigen, d. h. sie leuchten nicht und benötigen daher bei ungünstigen Lichtverhältnissen eine Hintergrundbeleuchtung. Der große Vorteil sind aber der geringe Leistungsbedarf (<10 µW bei der Ansteuerung) und dass man selbst aufwendige Symbole (z. B. Ω-Zeichen, Lautsprecher-Symbol, Wechselstrom-Zeichen usw.) darstellen kann. Die LED-Technik (Light Emitting Diodes) sind aktive Anzeigen, d. h. sie leuchten, wenn das einzelne Segment angesteuert wird. Der Nachteil ist der sehr hohe Leistungsbedarf (5 mW bis 100 mW, je nach Anzeigengröße). Transportable Messgeräte mit LEDs sind sehr selten in der Praxis anzutreffen.

Bei den Messmöglichkeiten eines Digitalmultimeters, meistens integrierende Verfahren, hat man die Standardfunktionen zum Messen von Gleich- und Wechselspannung, von Gleich- und Wechselstrom und von Widerständen. Die Genauigkeit hängt von dem AD-Wandler ab. So bedeutet z. B. für eine 4½-LCD- oder LED-Anzeige die Angabe ±0,2 % + 1 Digit, dass der Fehler ±0,2 % vom Messwert und zusätzlich +1 der niederwertigsten Anzeigenstelle betragen kann.

Beispiel

Für ein 4½-stelliges Digital-Messgerät gibt der Hersteller die Fehlergrenzen ±0,5 % + 10 Digits an. In welchem Bereich liegt der tatsächliche Messwert, wenn eine Spannung von U = 22,47 V angezeigt wird?

$$U_{min} = 22,47V - 0,005 \cdot 22,47V = 22,36V$$

$$U_{max} = 22,47V - 0,005 \cdot 22,47V + 10\,Digits \cdot \frac{0,01V}{Digits} = 22,68V \qquad \square$$

1.2.1   3½-stelliges Digital-Voltmeter ICL7106 mit LCD-Anzeige

Der Schaltkreis ICL7106 (früher Intersil, heute Maxim) ist ein monolithischer CMOS-AD-Wandler des integrierenden Typs, bei denen alle notwendigen aktiven Elemente wie BCD-7-Segment-Decodierer, Treiberstufen für das Display, Referenzspannung und komplette Takterzeugung auf dem Chip realisiert sind. Der ICL7106 ist für den Betrieb mit einer Flüssigkristallanzeige ausgelegt. Der ICL7107 ist weitgehend mit dem ICL7106 identisch und treibt direkt 7-Segment-LED-Anzeigen an. Der ICL7107 wird aber nicht mehr produziert.

ICL7106 ist eine gute Kombination von hoher Genauigkeit, universeller Einsatzmöglichkeit und Wirtschaftlichkeit. Die hohe Genauigkeit wird erreicht durch die Verwendung eines automatischen Nullabgleichs bis auf weniger als 10 µV, die Realisierung einer Nullpunktdrift von weniger als 1 µV pro °C, die Reduzierung des Eingangsstroms auf 10 pA und die Begrenzung des „Roll-Over"-Fehlers auf weniger als eine Stelle.

Die Differenzverstärkereingänge und die Referenz als auch der Eingang erlauben die äußerst flexible Realisierung eines Messsystems. Sie geben dem Anwender die Möglichkeit von Brückenmessungen, wie es z. B. bei Verwendung von Dehnungsmessstreifen und ähnlichen Sensorelementen üblich ist. Extern werden nur wenige passive Elemente, die Anzeige und eine Betriebsspannung benötigt, um ein komplettes 3½-stelliges Digitalvoltmeter (Abb. 1.21) zu realisieren.

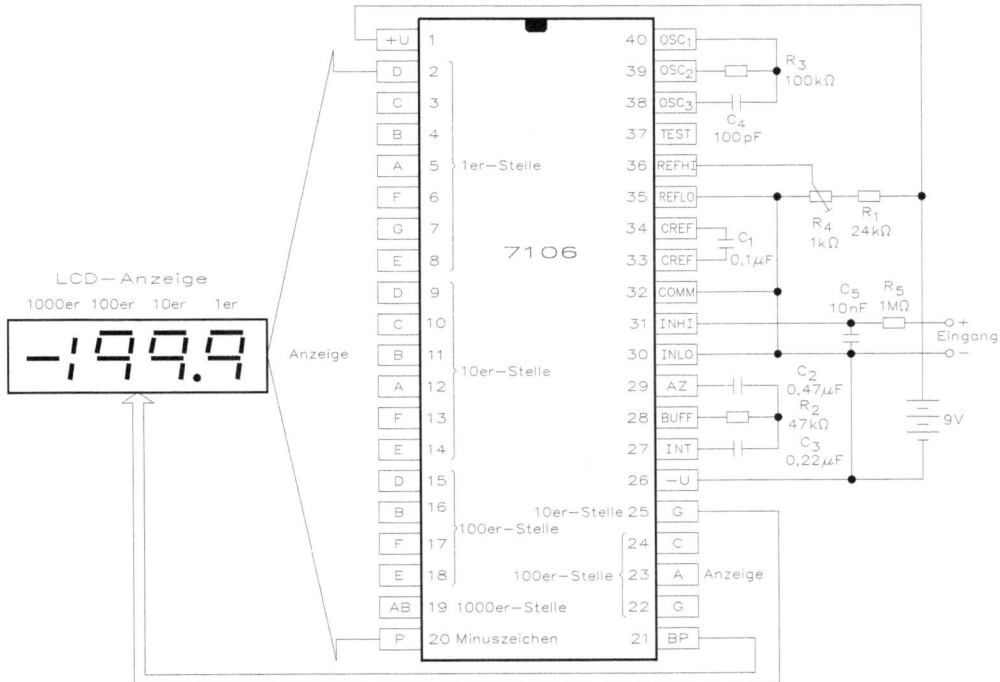

Abb. 1.21:   Schaltung des ICL7106 für $U_e = \pm 1,999$ V

Jeder Messzyklus beim ICL7106 ist in drei Phasen aufgeteilt und dies sind:

- Automatischer Nullabgleich
- Signal-Integration
- Referenz-Integration oder Deintegration

Automatischer Nullabgleich

Die Differenzeingänge des Signaleingangs werden intern von den Anschlüssen durch Analogschalter getrennt und mit „ANALOG COMMON" kurzgeschlossen. Der Referenzkondensator wird auf die Referenzspannung aufgeladen. Eine Rückkopplungsschleife zwischen Komparator-Ausgang und invertierendem Eingang des Integrators wird geschlossen, um den „AUTO-ZERO"-Kondensator C_{AZ} derart aufzuladen, dass die Offsetspannungen vom Eingangsverstärker, Integrator und Komparator kompensiert werden. Da auch der Komparator in dieser Rückkopplungsschleife eingeschlossen ist, ist die Genauigkeit des automatischen

Nullabgleichs nur durch das Rauschen des Systems begrenzt. Die auf den Eingang bezogene Offsetspannung liegt in jedem Fall niedriger als 10 µV.

Signalintegration

Während der Signalintegrationsphase wird die Nullabgleich-Rückkopplung geöffnet, die internen Kurzschlüsse werden aufgehoben und der Eingang wird mit den externen Anschlüssen verbunden. Danach integriert das System die Differenzeingangsspannung zwischen „INPUT HIGH" und „INPUT LOW" für ein festes Zeitintervall. Diese Differenzeingangsspannung kann im gesamten Gleichtaktspannungsbereich des Systems liegen. Wenn andererseits das Eingangssignal keinen Bezug hat relativ zur Spannungsversorgung, kann die Leitung „INPUT LOW" mit „ANALOG COMMON" verbunden werden, um die korrekte Gleichtaktspannung einzustellen. Am Ende der Signalintegrationsphase wird die Polarität des Eingangssignals bestimmt.

Referenzintegration oder Deintegration

Die letzte Phase des Messzyklus ist die Referenzintegration oder Deintegration. „INPUT LOW" wird intern durch Analogschalter mit „ANALOG COMMON" verbunden und „INPUT HIGH" wird an den in der „AUTO-ZERO"-Phase aufgeladenen Referenzkondensator C_{ref} angeschlossen. Eine interne Logik sorgt dafür, dass dieser Kondensator mit der korrekten Polarität mit dem Eingang verbunden wird, d. h. es wird durch die Polarität des Eingangssignals bestimmt, um die Deintegration in Richtung „0 V" durchzuführen. Die Zeit, die der Integratorausgang benötigt, um auf „0 V" zurückzugehen, ist proportional der Größe des Eingangssignals. Die digitale Darstellung ist speziell für die Anzeige von 1000 (U_{in}/U_{ref}) gewählt worden.

Differenzeingang

Es können am Eingang Differenzspannungen angelegt werden, die sich irgendwo innerhalb des Gleichtaktspannungsbereichs des Eingangsverstärkers befinden. Die Spannungsbereiche sind aber besser im Bereich zwischen positiver Versorgung von −0,5 V bis negative Versorgung von +1 V vorhanden. In diesem Bereich besitzt das System eine Gleichtaktspannungsunterdrückung von typisch 86 dB.

Differenz-Referenz-Eingang

Die Referenzspannung kann irgendwo im Betriebsspannungsbereich des Wandlers erzeugt werden. Hauptursache eines Gleichtaktspannungsfehlers ist ein „Roll-Over-Fehler" (abweichende Anzeigen bei Umpolung der gleichen Eingangsspannung), der dadurch hervorgerufen wird, dass der Referenzkondensator auf- bzw. entladen wird durch Streukapazitäten an seinen Anschlüssen. Liegt eine hohe Gleichtaktspannung an, kann der Referenzkondensator aufgeladen werden (die Spannung steigt), wenn er angeschlossen wird, um ein positives Signal zu deintegrieren. Andererseits kann er entladen werden, wenn ein negatives Eingangssignal zu deintegrieren ist. Dieses unterschiedliche Verhalten für positive und negative Eingangsspannungen ergibt einen „Roll-Over"-Fehler. Wählt man jedoch den Wert der Referenzkapazität groß genug, so kann dieser Fehler bis auf weniger als eine halbe Stelle reduziert werden.

„ANALOG COMMON"

Dieser Anschluss ist in erster Linie dafür vorgesehen, die Gleichtaktspannung für den Batteriebetrieb (7106) oder für ein System mit – relativ zur Betriebsspannung – „schwimmenden" Eingängen zu bestimmen. Der Wert liegt bei typisch ca. 2,8 V unterhalb der positiven Betriebsspannung. Dieser Wert ist deshalb so gewählt, um bei einer entladenen Batterie eine Versorgung von 6 V zu gewährleisten. Darüberhinaus hat dieser Anschluss eine gewisse Ähnlichkeit mit einer Referenzspannung. Ist nämlich die Betriebsspannung groß genug, um die Regeleigenschaften der internen Z-Diode auszunutzen ($\approx$ 7 V), besitzt die Spannung am Anschluss „ANALOG COMMON" einen niedrigen Spannungskoeffizienten. Um optimale Betriebsbedingungen zu erreichen, soll die externe Z-Diode mit einer niedrigen Impedanz (ca. 15 Ω) und einen Temperaturkoeffizienten von weniger als 80 ppm/°C aufweisen.

Test

Der Anschluss „TEST" hat zwei Funktionen. Beim ICL7106 ist er über einen Widerstand von 500 Ω (470 Ω) mit der intern erzeugten digitalen Betriebsspannung verbunden. Damit kann er als negative Betriebsspannung für externe zusätzliche Segment-Treiber (Dezimalpunkte etc.) benutzt werden.

Für die Takterzeugung lassen sich grundsätzlich drei Methoden verwenden:

- Verwendung eines externen Oszillators an Pin 40
- Quarz zwischen Pin 39 und Pin 40
- RC-Oszillator, der die Pins 38, 39 und 40 benutzt

Die Oszillatorfrequenz wird durch 4 geteilt, bevor sie als Takt für die Dekadenzähler benutzt wird.

1.2.2   Umschaltbares Multimeter mit dem ICL7106

Der Messbereich soll für die Schaltung zwischen 0 V und 1,999 V liegen. Mit der Minusanzeige kann man sehen, ob der Spannungswert positiv oder negativ ist. Der Spannungseingang von Abb. 1.21 kann erweitert werden, wenn man die Zusatzschaltung von Abb. 1.22 verwendet. Durch einen AC-DC-Wandler wird der Messbereich auf Wechselstrom erweitert. Mittels des Ω-Wandlers kann man unbekannte Widerstände messen und damit ergibt sich ein mechanisches Multimeter.

Mit den vier Funktionsschaltern wählt man den betreffenden Funktionsbereich:

DC_V: Gleichspannungsmessung
AC_V: Wechselspannungsmessung
DC_A: Gleichstrommessung
AC_A: Wechselstrommessung
kΩ: Ohmmessung

Mit den vier Bereichsschaltern wählt man den betreffenden Messbereich aus:

- **1,999 V/10 MΩ:** 1,999 V-Spannungsmessung oder 10 MΩ-Messbereich
- **19,99 V/1 MΩ:** 19,99 V-Spannungsmessung oder 1 MΩ-Messbereich
- **199,9 V/100 kΩ:** 199,9 V-Spannungsmessung oder 100 kΩ-Messbereich
- **1999 V/10 kΩ:** 1999 V-Spannungsmessung oder 10 kΩ-Messbereich

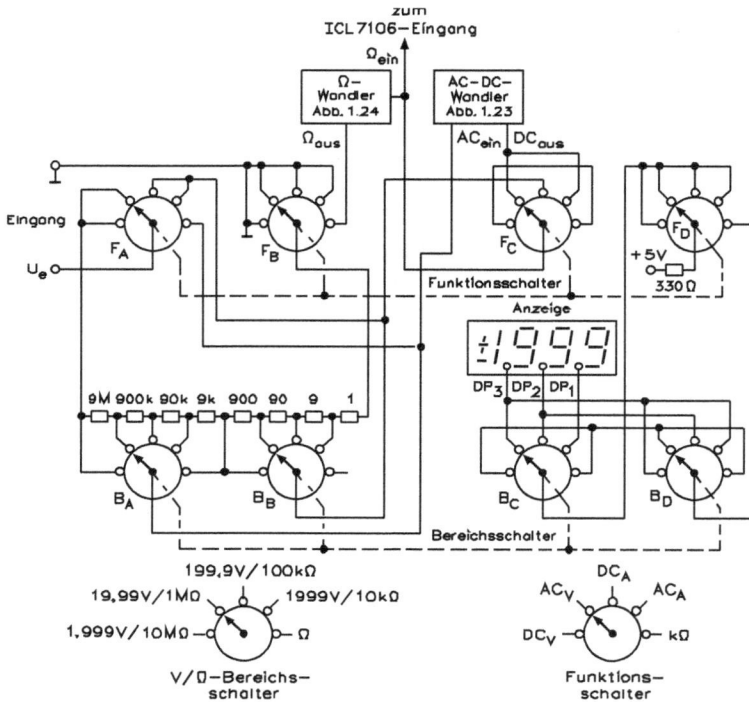

Abb. 1.22:   Schaltung des mechanisch umschaltbaren Multimeters

Die Eingangsspannung U_e liegt an dem Mittelpunkt des Funktionsschalters F_A an. Bei der Spannungsmessung im Gleich- oder Wechselstrombereich verwendet man den gleichen Spannungsteiler, der aus einer Hintereinanderschaltung von zahlreichen Präzisionswiderständen (Toleranz mit 1 %, möglichst Metallfilmwiderstände) besteht. Die Ansteuerung des Spannungsteilers erfolgt über die beiden Bereichsschalter B_A und B_B.

Der Mittelpunkt des Bereichsschalters B_A ist mit dem AC-DC-Wandler verbunden und der Mittelpunkt des Bereichsschalters B_B mit dem Funktionsschalter F_C. Der AC-DC-Wandler wandelt die Wechselspannung (AC, alternating current) in eine Gleichspannung (DC, direct current) um. Der Mittelpunkt des Funktionsschalters ist mit dem Eingang des Bausteines ICL7106 verbunden.

Mit den beiden Bereichsschaltern B_C und B_D steuert man die Dezimalpunkte der dreistelligen Anzeige an. Damit ergibt sich eine veränderbare Kommastelle und ein sehr einfaches Ablesen der Anzeige. Man muss vor die Dezimalpunkte noch eine elektronische Schaltung (jeweils ein UND- oder NAND-Gatter) einfügen, da die LCD-Anzeige empfindlich gegen Gleichspannung ist.

Mit einem AC-DC-Wandler kann man Wechselstrom in Gleichstrom umwandeln. Dies gilt auch für die Umwandlung von Wechselspannung in Gleichspannung. Hierzu muss man aber erst die einzelnen Umrechnungswerte an einer Sinusspannung betrachten.

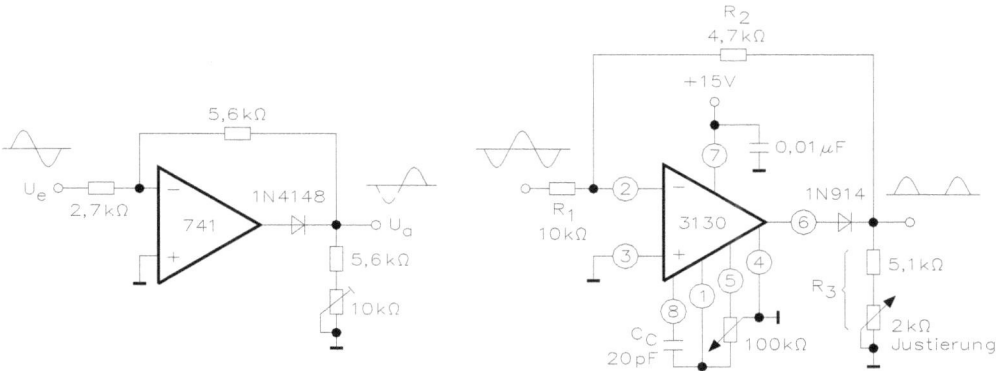

Abb. 1.23: Schaltung eines einfachen (links) und eines verbesserten AC-DC-Wandlers

In Abb. 1.23 links ist die Schaltung für den einfachen Wandler gezeigt. Hierzu benötigt man einen Operationsverstärker, eine Diode (Si-Diode), drei Widerstände und einen Einsteller. Mit einem AC-DC-Wandler kann man Wechselstrom in Gleichstrom umwandeln. Dies gilt auch für die Umwandlung von Wechselspannung in Gleichspannung.

Durch den nachgeschalteten Spannungsteiler lässt sich die Ausgangsspannung U_a so einstellen, dass man den Effektivwert U_{eff} erhält. Wenn man nach dem Abgleich zwischen AC und DC misst, ergibt sich folgender Faktor:

$$\frac{U_{eff}}{U_{gl}} = 2,22$$

In Abb. 1.23 rechts ist eine verbesserte Schaltung gezeigt. Über den Widerstand R_1 liegt eine sinusförmige Wechselspannung an, die durch die Schaltung gleichgerichtet wird. Man erhält eine Präzisionsgleichrichtung nach dem Einwegprinzip. Die Verstärkung v errechnet sich aus

$$v = \frac{R_2}{R_1}$$

Die Höhe der Ausgangsspannung lässt sich durch das Potentiometer am Ausgang einstellen. Die Gleichung für die Verstärkung wird neu formuliert und man erhält:

$$v = \frac{R_3}{R_1 + R_2 + R_3}$$

Die Größe des Widerstandes R_3, lässt sich berechnen aus Potentiometer und Festwiderstand.

$$R_3 = \frac{v + v^2}{1 - v} \quad \text{für} \quad v = 0,5 \cdot \frac{10k\Omega}{4,7k\Omega}$$

Als Eingangsspannung erhält man aus dem Netztransformator $U_{ss} = 10$ V. Durch die Schaltung ergibt sich

$$U_{gl} = \frac{U_{ss}}{2 \cdot \pi} = \frac{10V}{2 \cdot 3,14} = 1,59V \approx 1,6V$$

Diesen Wert zeigt das Digitalmultimeter an, wenn man es auf DC stellt. Bei der Stellung AC ergibt sich ein Wert von

$$U_{eff} = \frac{U_{ss}}{2 \cdot \sqrt{2}} = \frac{10V}{2 \cdot 1,41} = 1,59V \approx 1,6V$$

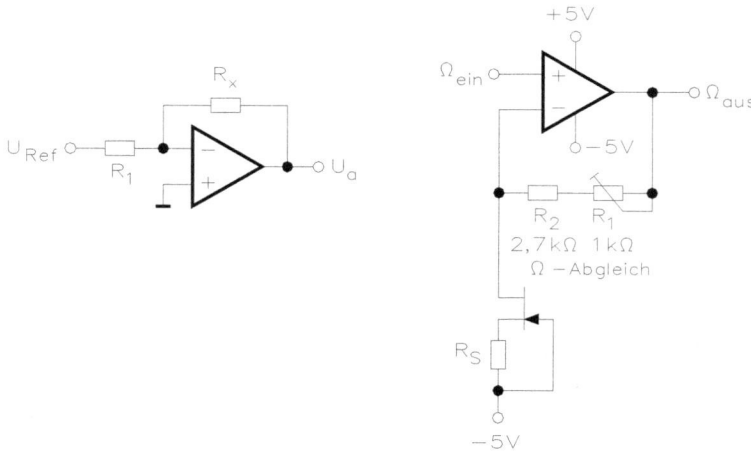

Abb. 1.24:   Schaltungen für einen Ohmwandler

Die Schaltung von Abb. 1.24 zeigt zwei Ohmwandler. An dem Eingang der linken Schaltung ist ein bekannter Widerstand, der mit R_1 bezeichnet wurde. Die Eingangsspannung der Schaltung ist mit der Referenzspannung U_{ref} verbunden. Daher ist die Ausgangsspannung U_a nur von dem Widerstand R_x, dem unbekannten Wert, abhängig:

$$U_a = \frac{U_{ref}}{R_1} \cdot R_x$$

Die Referenzspannung U_{ref} und der Widerstand R_1 bleiben konstant und man erhält eine Konstante. Diese wird mit dem Wert des unbekannten Widerstandes R_x multipliziert und es ergibt sich die Ausgangsspannung der Schaltung von Abb. 1.24. Der Baustein ICL7106 erhält diese und zeigt den Ohmwert in der Anzeige an.

Die rechte Schaltung ist als Ω-Wandler für die Schaltung geeignet. An dem nicht invertierenden Eingang des Operationsverstärkers liegt der Eingang des Ω-Wandlers. Der invertierende Eingang ist über einen Feldeffekttransistor mit $U = -5$ V verbunden. Mit dem Potentiometer R_1 kann man die Schaltung justieren, wenn man an den Eingang von Abb. 1.24 einen bekannten Widerstandswert anlegt. Den Ausgang des Ω-Wandlers verbindet man mit dem Eingang des Bausteines ICL7106.

Mit dem Funktionsschalter lässt sich der betreffende Ω-Bereich auswählen. Mit dem Bereichsumschalter erhält man den Messbereich. Auf diese Weise kann man zwischen $\approx 0,001~\Omega$ und ≈ 10 GΩ (Giga-Ohm oder $10 \cdot 10^9~\Omega$) jeden Ohmwert erreichen. Die Genauigkeit des Ohmwertes ist hierbei nur von der Justierung des Widerstandes R_1 abhängig.

1.3   Arbeiten mit dem simulierten Multimeter

Mit dem Multimeter (Vielfach-Messgerät) kann man wählen zwischen Gleich- oder Wechselstrom, Gleich- oder Wechselspannung, Widerstand und Dämpfungsfaktor, und zwischen zwei Punkten in einer Schaltung messen. Da das Multimeter eine automatische Messbereichsumschaltung besitzt, ist es nicht erforderlich, einen Messbereich anzugeben. Der Innenwiderstand und der Messstrom sind auf annähernd ideale Werte voreingestellt und können durch Klicken auf „Definieren" geändert werden. Abb. 1.25 zeigt Symbol und Vergrößerung des Multimeters.

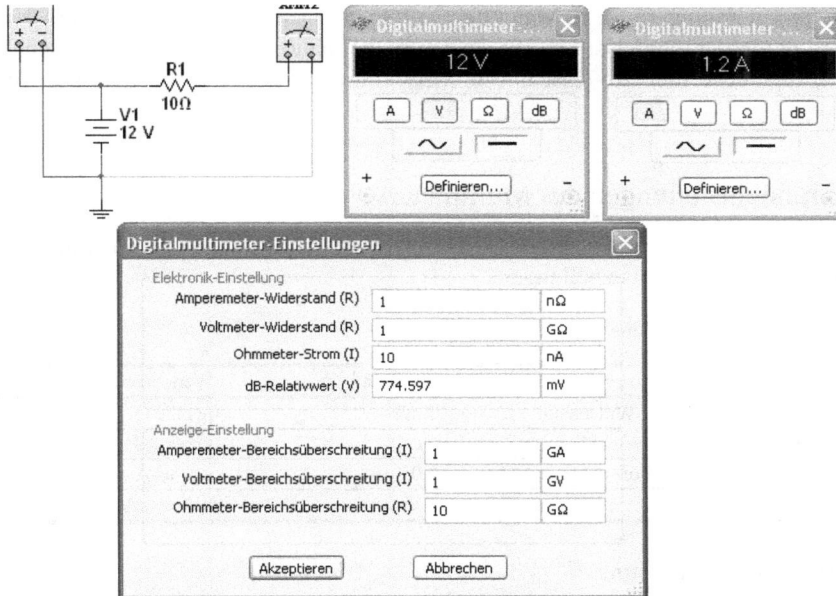

Abb. 1.25:   Messschaltung mit Gleichspannungsquelle und Symbol für Vergrößerung des Multimeters

Wenn man in der Leiste der Instrument-Bauteilbibliothek das Symbol für Multimeter anklickt, muss man das Symbol in die Arbeitsfläche ziehen. Das Symbol wird in der Arbeitsfläche positioniert und angeschlossen. Bevor man mit der Simulation beginnt, muss man das Symbol doppelklicken und es vergrößert sich. Danach wählt man aus den vier Messoptionen den passenden Einstellbereich aus. Man kann zwischen der Stromart, also AC (Alternating Current, Wechselstrom) oder DC (Direct Current, Gleichstrom) wählen. Möchte man die Einstellungen ändern, ist das „Definieren"-Fenster anzuklicken und dann die entsprechenden Einstellungen vorzunehmen.

A – Strommessung

Mit dieser Option wird der Strom durch die Schaltung an einem Knoten gemessen. Das Multimeter muss hierzu wie ein reales Amperemeter in Serie mit der Last geschaltet werden. Um den Strom an einem anderen Punkt in der Schaltung zu messen, muss man das Multimeter in Serie anschließen und die Schaltung erneut aktivieren. Beim Einsatz des Multimeters als

Amperemeter ist dessen Innenwiderstand sehr klein. Mit der Schaltfläche „Definieren" kann man diesen Widerstandswert ändern. Hinweis: Um den Strom an mehreren Punkten in der Schaltung zu messen, fügt man mehrere (fast unbegrenzt) Amperemeter aus der Anzeigen-Bauteilbibliothek hinzu.

V – Spannungsmessung

Mit dieser Option lässt sich die Spannung zwischen zwei Punkten messen. Klickt man auf „V" und schließt das Voltmeter parallel (Nebenschluss) zur Last an. Nachdem die Schaltung aktiviert wurde, können Sie die Voltmeteranschlüsse beliebig verschieben, um die Spannung zwischen weiteren Punkten zu messen. Beim Einsatz des Multimeters als Voltmeter ist dessen Innenwiderstand sehr hoch (1 MΩ). Man klickt auf Schaltfläche „Definieren", um diesen Widerstandswert zu ändern. Hinweis: Um die Spannung an mehreren Punkten in der Schaltung zu messen, fügen Sie mehrere (fast unbegrenzt) Voltmeter aus der Anzeigen-Bauteilbibliothek hinzu.

1.3.1   Grundeinstellungen des Multimeters

Um die Multimetereinstellungen anzuzeigen, klickt man auf Schaltfläche „Definieren" und man erhält Tabelle 1.4 mit Grundeinstellungen.

Tab. 1.4:   Grundeinstellungen des Multimeters

Formelzeichen	Multimeter-Einstellungen	Standard	Wertebereich
R_A	Amperemeter Shunt-Widerstand	1 nΩ	pΩ bis Ω
R_V	Voltmeter Innenwiderstand	1 GΩ	Ω bis TΩ
I	Ohmmeter-Messstrom	0,01 μA	μA bis A
U	Dezibel-Standard	1 V	μV bis mV

Ω-Messung – Widerstandsmessung

Mit dieser Option lässt sich der Widerstand zwischen zwei Punkten messen. Die Messpunkte und alles was zwischen den Messpunkten liegt, wird als Netzwerk bezeichnet. Um ein genaues Messergebnis bei der Widerstandsmessung zu erzielen, stellt man sicher, dass

• sich keine Quelle im Netzwerk befindet
• das Bauteil oder Netzwerk mit Masse verbunden ist
• das Multimeter auf DC eingestellt ist
• kein anderes Bauteil parallel mit dem zu messenden Bauteil oder Netzwerk geschaltet ist.

Das Ohmmeter erzeugt einen Messstrom von 1 mA. Man kann den Messstrom über die Schaltfläche „Definieren" ändern. Nachdem man das Ohmmeter an andere Messpunkte angeschlossen hat, muss man die Schaltung erneut aktivieren, um eine Anzeige mit dem aktualisierten Wert zu erhalten.

Abb. 1.25 zeigt eine Gleichspannung von 12 V und einen Widerstand von 10 Ω. Das Voltmeter zeigt einen Spannungswert von 12 V und das Amperemeter einen Stromwert von 1,2 A an.

Die Rechnung lautet:

$$R = \frac{U}{I} = \frac{12V}{1,2A} = 10\Omega$$

Abb. 1.26 zeigt eine Messschaltung mit Wechselspannungsquelle und der Spannungswert beträgt 15 V_{rms} (root mean square) für die effektive Spannung (U_{eff} oder U). Wichtig bei der Messung ist die Umschaltung von DC (Direct Current) auf AC (Alternating Current).

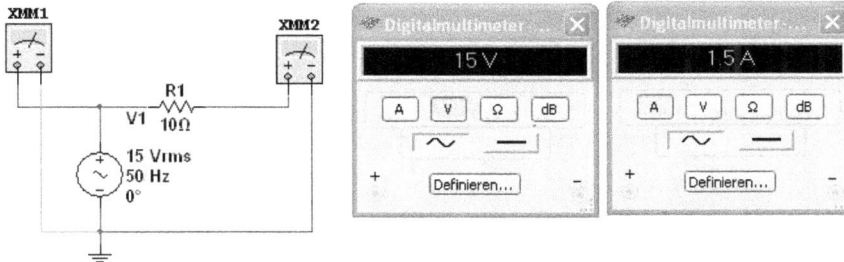

Abb. 1.26:   Messschaltung mit Wechselspannungsquelle

Abb. 1.27 zeigt die Messung eines Widerstands mit 1,18 kΩ.

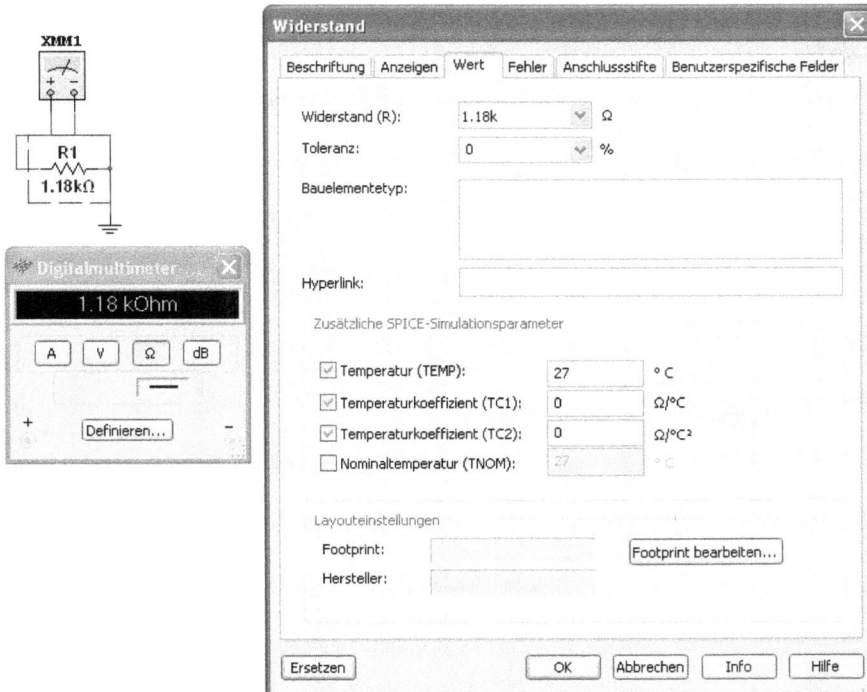

Abb. 1.27:   Messung eines Widerstands mit geöffnetem Einstellfenster

Durch das Einstellfenster können die Werte des Widerstands geändert werden. Ein Widerstand von R = 600 Ω soll um eine Temperatur von 27 °C (Anfangswert) auf 47 °C (Endwert) erhöht werden und die Temperaturdifferenz beträgt 20° C oder 20 K. Der Widerstand hat einen Temperaturkoeffizienten von α = 0,0045 K^{-1}. Wie groß ist der Widerstandswert bei 47 °C?

$$R_W = R_K(1+\alpha\Delta\vartheta) = 600\ \Omega\ (1+0,0045\ K^{-1}\cdot 20\ °C) = 654\ \Omega$$

Das Amperemeter zeigt einen Strom von 18,35 mA und die Spannung beträgt 12 V.

$$R = \frac{U}{I} = \frac{12V}{18,35mA} = 654\Omega$$

Das Ohmmeter zeigt einen Widerstandswert von 654 Ω an, d. h. die Widerstandsänderung liegt bei 54 Ω.

Normalerweise rechnet man in der Praxis mit R$_W$ = R$_K$ (1 + αΔϑ). Die Simulation für den Warmwiderstand R$_W$ lässt sich nach der Formel berechnen:

$$R_W = R_K[1+\alpha\Delta\vartheta + \beta(\Delta\vartheta)^2]$$

α = 1. Temperaturkoeffizient in K^{-1}
β = 2. Temperaturkoeffizient in K^{-2}

Näherungen für kleine Temperaturdifferenzen:

$$R_W = R_K(1+\alpha\Delta\vartheta)$$

$$R_W = R_K[1+\alpha(\vartheta - 20°C)] \qquad oder \qquad R_W = R_K[1+\alpha(\vartheta - 27°C)]$$

Neben dem 1. Temperaturkoeffizienten gibt es noch den 2. Temperaturkoeffizienten, der in speziellen Datenbüchern aufgeführt ist.

dB – Dezibelmessung

Mit dieser Option können Sie den Dämpfungsfaktor zwischen zwei Punkten in einer Schaltung messen. Die Standardbasis für die Dezibelmessung ist auf 0,774 V voreingestellt. Sie können diesen Wert über die Schaltfläche „Definieren" ändern.

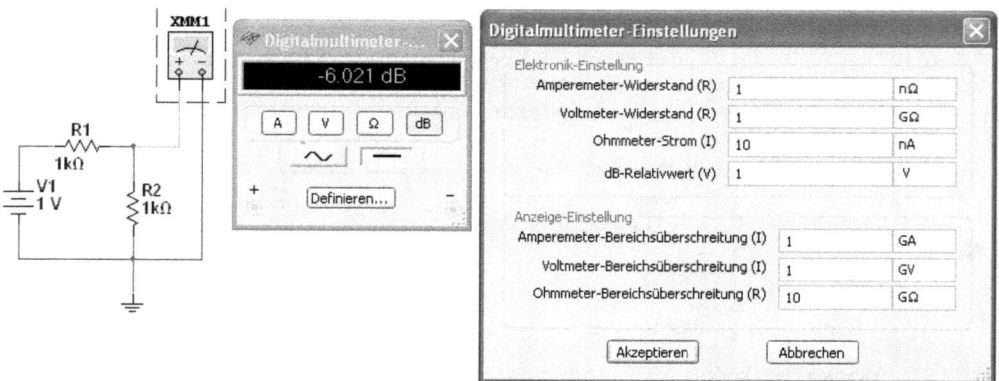

Abb. 1.28:   Schaltungsaufbau für eine Dezibelmessung

Die Eingangsspannung der Messschaltung von Abb. 1.28 zeigt die typische Methode zur Dezibelmessung, wobei dB auf 1 V eingestellt wurde.

Jedes Übertragungssystem stellt einen Vierpol dar, denn dieser besteht aus zwei Eingangs- und zwei Ausgangspolen. An den Eingangsklemmen wird die Leistung, Spannung und der Strom zugeführt, während man an den Ausgangsklemmen dann die Ausgangswerte abnimmt. Ist das Verhältnis Ausgang zu Eingang größer als 1, spricht man von einem aktiven Vierpol (Verstärkung), ist dieses Verhältnis aber kleiner als 1, hat man einen passiven Vierpol (Dämpfung). Die Angabe erfolgt in Dezibel (dB).

Dämpfung in Dezibel:

$$-a_{dB} = 20 \cdot \lg \frac{U_1}{U_2} = 20 \cdot \lg \frac{I_1}{I_2} = 10 \cdot \lg \frac{P_1}{P_2}$$

Verstärkung in Dezibel:

$$a_{dB} = 20 \cdot \lg \frac{U_2}{U_1} = 20 \cdot \lg \frac{I_2}{I_1} = 10 \cdot \lg \frac{P_2}{P_1}$$

Am Eingang des Spannungsteilers von Abb. 1.28 liegt eine Spannung von $U_1 = 1$ V und am Ausgang von $U_2 = 0,5$ V. Wie groß ist die Dämpfung?

$$-a_{dB} = 20 \cdot \lg \frac{U_1}{U_2} = 20 \cdot \lg \frac{1V}{0,5V} = 20 \cdot \lg 2 = 20 \cdot 0,301 = 6,0206 dB$$

In der Anzeige des Multimeters steht der Wert −6,021 dB, denn die Anzeige im Multimeter erfolgt nach der Verstärkung! Durch die Änderung des Spannungsteilers lassen sich Übungen für die Dämpfung durchführen.

Stromart – AC oder DC

Mit der Sinus-Schaltfläche können Sie die Effektivspannung oder den Effektivstrom eines Wechselspannungssignals messen. Die evtl. im Signal vorhandenen DC-Anteile werden unterdrückt, so dass nur der AC-Signalanteil gemessen wird. Mit der DC-Schaltfläche wird der Strom- oder Spannungswert eines DC-Signals gemessen. Hinweis: Um die Effektivspannung in einer Schaltung mit AC- und DC-Anteilen zu messen, schließt man ein AC-Voltmeter und zusätzlich ein DC-Voltmeter zwischen die zu messenden Knoten an. Die Effektivspannung berechnet sich mit der Gleichung:

$$a_{dB} = 20 \cdot \log_{10} \left(\frac{U_a}{U_e} \right)$$

Dies ist keine allgemein gültige Gleichung. Sie wird nur in der Simulation mit Multisim verwendet.

Interne Multimeter-Definitionen

Ein Messgerät in einer Schaltung, das sich nicht auf die Schaltung auswirkt, wird als ideal bezeichnet. Ein ideales Voltmeter müsste einen unendlich großen Widerstand besitzen, so dass kein Strom hindurchfließt. Ein ideales Amperemeter besitzt keinen Widerstand. Da diese Eigenschaften in der Praxis nicht erreichbar sind, weichen alle Messergebnisse von den theoretischen bzw. rechnerischen Werten einer Schaltung ab.

Das Multimeter in Multisim ist wie ein reales Multimeter nahezu ideal. Die voreingestellten Multimeterwerte sind so weit an die Idealwerte unendlich bzw. Null angenähert, dass die Software annähernd ideale Messergebnisse erzielt. Bei Sonderfällen können Sie das Messgeräteverhalten verändern, indem Sie die zur Modellierung des Multimeters verwendeten Werte ändern, aber die Werte müssen jedoch größer als 0 sein.

Es wird empfohlen, bei einer Spannungsmessung in einer Schaltung mit sehr großem Widerstand, den Voltmeter-Innenwiderstand zu erhöhen. Bei einer Strommessung in einer Schaltung mit sehr niedrigem Widerstand sollte der Amperemeter-Shunt-Widerstand noch weiter verkleinert werden. *Hinweis:* Ein sehr niedriger Amperemeter-Shunt-Widerstand in einer hochohmigen Schaltung kann zu mathematischen Rundungsfehlern führen.

1.3.2   Arbeiten mit simulierten Betriebsmessgeräten

Statt der zahlreichen Messgeräte kann man auch mit simulierten Betriebsmessgeräten arbeiten. Diese Messgeräte findet man unter dem Bibliotheksymbol „8" (Anzeigeelemente platzieren) und diese Messgeräte gelten für mehrere Darstellungen von Volt- und Amperemetern. Die Einstellmöglichkeiten sind beschränkt auf den Innenwiderstand bzw. Gleich- und Wechselspannung. Mit einem Doppelklick auf das Symbol des Messgerätes öffnet sich ein Einstellfenster für den Innenwiderstand und ein leeres Fenster. In diesem leeren Fenster kann man durch einen Klick auf den Pfeil das Unterfenster öffnen und zwischen Gleich- und Wechselspannung wählen.

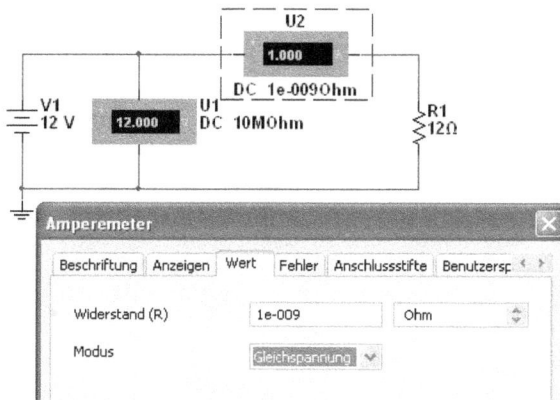

Abb. 1.29:   Spannungs- und Strommessung mit Betriebsmessgeräten mit geöffnetem Einstellfenster für das Amperemeter

Die Innenwiderstände des Volt- und Amperemeters lassen sich über das Einstellfenster ändern, wie Abb. 1.29 zeigt. Die Schaltung zeigt eine Gleichspannung von 12 V und einen Widerstand von 12 Ω. Die Rechnung lautet:

$$I = \frac{U}{R} = \frac{12V}{12\Omega} = 1A$$

Da sich der Innenwiderstand des Amperemeters von 1 nΩ auf jeden beliebigen Wert ändern lässt, sind zahlreiche Versuche möglich.

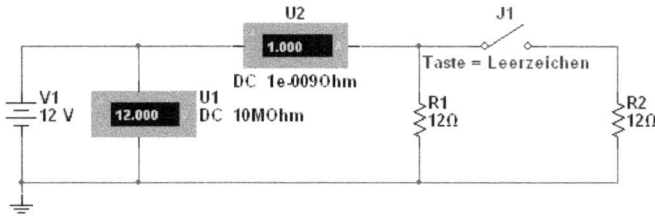

Abb. 1.30:   Spannungs- und Strommessung an zwei Widerständen

Multisim verfügt auch über simulierte mechanische Schalter, wie Abb. 1.30 zeigt. Ist der Schalter offen, kann nur ein Strom von $I_1 = 1$ A über den Widerstand R_1 fließen. Betätigt man die Leertaste an seinem PC, wird der Widerstand R_2 parallel geschaltet. Es ergibt sich dann eine Parallelschaltung mit

$$R_{ges} = \frac{R_1 \cdot R_2}{R_1 + R_2} = \frac{12\Omega \cdot 12\Omega}{12\Omega + 12\Omega} = 6\Omega \qquad I_{ges} = \frac{U}{R_{ges}} = \frac{12V}{6\Omega} = 2A$$

Wie das Amperemeter zeigt, erhöht sich der Gesamtstrom auf 2 A.

1.3.3   Messen von Kondensatoren und Induktivitäten

Kondensatoren und Induktivitäten weisen an Wechselspannung einen kapazitiven und induktiven Blindwiderstand auf.

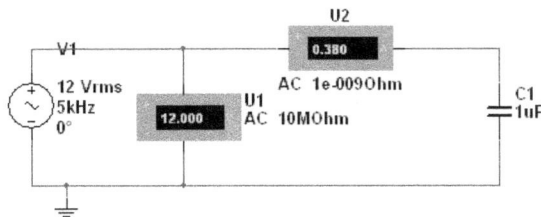

Abb. 1.31:   Kondensator an Wechselspannung

Durch die Strom- und Spannungsmessung in Abb. 1.31 erhält man den kapazitiven Blindwiderstand des Kondensators.

$$X_C = \frac{U}{I} = \frac{12V}{0,38A} = 31,58\Omega$$

Der Wert des Kondensators lässt sich berechnen aus

$$C = \frac{I}{2 \cdot \pi \cdot f \cdot U} = \frac{0,38A}{2 \cdot 3,14 \cdot 5kHz \cdot 12V} = 1\mu F$$

oder

$$C = \frac{1}{2 \cdot \pi \cdot f \cdot X_C} = \frac{1}{2 \cdot 3{,}14 \cdot 5kHz \cdot 31{,}5\Omega} = 1\mu F \ .$$

Es lassen sich zahlreiche Versuche durchführen, wenn man die Spannung, Frequenz oder den Wert des Kondensators ändert.

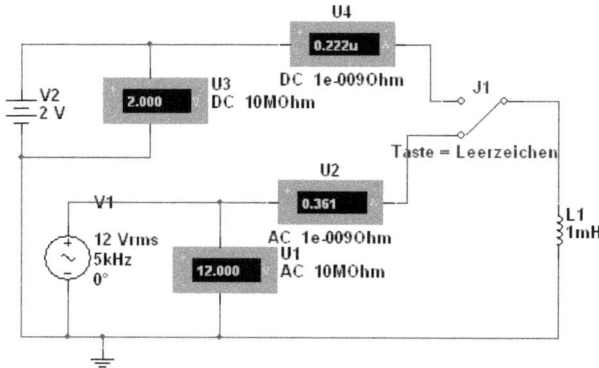

Abb. 1.32:   Spule an Gleich- und Wechselspannung

Eine Induktivitätsmessung muss durch zwei Strom- und Spannungsmessungen durchgeführt werden, wie Abb. 1.32 zeigt. Mit der Gleichspannung erhält man den Wirkwiderstand R und mit der Wechselspannung den Scheinwiderstand Z.

$$R = \frac{U}{I} = \frac{2V_{DC}}{0{,}2A_{DC}} = 10\Omega$$

$$Z = \frac{U}{I} = \frac{12V_{AC}}{0{,}361A_{AC}} = 33{,}24\Omega$$

Hieraus lassen sich der induktive Blindwiderstand und der Spulenwert berechnen:

$$X_L = \sqrt{Z^2 - R^2} = \sqrt{(33{,}24\Omega)^2 - (10\Omega)^2} = 31{,}7\Omega$$

$$L = \frac{X_L}{2 \cdot \pi \cdot f} = \frac{31{,}7\Omega}{2 \cdot 3{,}14 \cdot 5kHz} = 1mH$$

Es lassen sich zahlreiche Versuche durchführen, wenn man die Spannung, Frequenz oder den Wert der Spule (z. B. auch den Gleichstromwiderstand) ändert.

Bei der Parallelschaltung arbeitet man mit den Strömen oder den Leitwerten. Aus Sicht der Messtechnik setzt man Spannungs- und Strommessungen ein, wie Abb. 1.33 zeigt.

Der gemessene Gesamtstrom I errechnet sich aus

$$I_{ges} = I_L - I_C = 403mA - 190mA = 213mA \qquad \text{(induktiver Anteil überwiegt)}$$

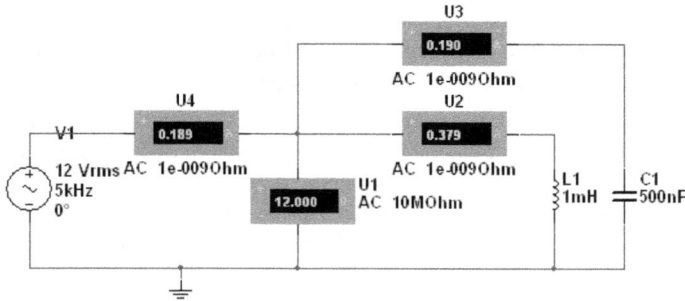

Abb. 1.33: Messungen an einer Parallelschaltung von Kondensator und Spule

Die Spule hat einen induktiven Blindwiderstand von

$$X_L = 2 \cdot \pi \cdot f \cdot L = 2 \cdot 3,14 \cdot 5 \text{ kHz} \cdot 1 \text{ mH} = 31,4 \ \Omega$$

Es fließt ein Strom von

$$I = \frac{U}{X_L} = \frac{12V}{31,4\Omega} = 382mA$$

Der Kondensator hat einen kapazitiven Blindwiderstand von

$$X_C = \frac{1}{2 \cdot \pi \cdot f \cdot C} = \frac{1}{2 \cdot 3,14 \cdot 5kHz \cdot 500nF} = 63,7\Omega$$

Es fließt ein Strom von

$$I = \frac{U}{X_C} = \frac{12V}{63,7\Omega} = 188mA$$

Der errechnete Gesamtstrom ist

$$I_{ges} = I_L - I_C = 382mA - 188mA = 194mA \qquad \text{(induktiver Anteil überwiegt)}$$

Messung und Rechnungen sind fast identisch.

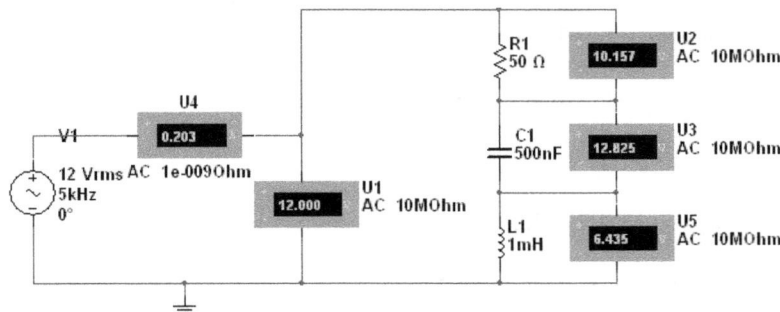

Abb. 1.34: Reihenschaltung von Widerstand, Kondensator und Spule

In der Praxis gelten drei Betrachtungen: Bei niedrigen Frequenzen überwiegt der Blindanteil X_C des Kondensators C, während bei hohen Frequenzen der Blindanteil X_L der Spule L überwiegt. Im ersten Fall ist die Reihenschaltung kapazitiv, im zweiten Fall induktiv.

Bei einer bestimmten Frequenz, der Resonanzfrequenz, sind X_C und X_L gleich. Die beiden Blindwiderstände heben sich aufgrund ihrer entgegengesetzten Phasenlage auf und es ist nur der ohmsche Widerstand R wirksam, d. h. der Scheinwiderstand hat den kleinsten Wert. Dadurch fließt der größte Strom in der Schaltung und an den beiden Blindwiderständen treten bedingt durch das ohmsche Gesetz hohe Spannungen auf, die sich aber gegenseitig aufheben. Man hat jetzt eine Spannungsresonanz.

Der Blindwiderstand X aus den beiden Blindwiderständen X_C und X_L zeigt, ob man einen kapazitiven oder einen induktiven Fall hat:

$X_C > X_L$: $X = X_C - X_L$ (kapazitiver Fall)

$X_C = X_L$: $X = 0$ (Resonanzfall)

$X_C < X_L$: $X = X_L - X_C$ (induktiver Fall)

Der Scheinwiderstand ist dann

$$Z = \sqrt{R^2 + X^2}$$

und der Strom durch die Reihenschaltung berechnet sich aus

$$I = \frac{U}{Z}$$

Über den Stromfluss lassen sich die drei Spannungsfälle bestimmen mit

$U_R = I \cdot R$

$U_C = I \cdot X_C$

$U_L = I \cdot X_L$

Beispiel

Als Beispiel für eine Simulation soll eine RCL-Reihenschaltung (Abb. 1.34) untersucht werden mit R = 50 Ω, C = 500 nF und L = 1 mH an einer Spannung von U = 12 V/5 kHz. Wie groß sind die einzelnen Spannungen und die Phasenverschiebung. Bei der Schaltung sind bereits die Werte aus der Simulation berechnet worden. Mittels der nachfolgenden Berechnung lässt sich die Simulation überprüfen.

$$X_C = \frac{1}{2 \cdot \pi \cdot f \cdot C} = \frac{1}{2 \cdot 3,14 \cdot 5kHz \cdot 500nF} = 63,7\,\Omega$$

$$X_L = 2 \cdot \pi \cdot f \cdot L = 2 \cdot 3,14 \cdot 5kHz \cdot 1mH = 31,4\,\Omega$$

$$X = X_C - X_L = 63,7\,\Omega - 31,4\,\Omega = 32,3\,\Omega \qquad \text{(kapazitiver Fall)}$$

$$Z = \sqrt{R^2 + X^2} = \sqrt{(50\,\Omega)^2 + (32,3\,\Omega)^2} = 59,5\,\Omega$$

$$I = \frac{U}{Z} = \frac{12V}{59,5\,\Omega} = 200mA$$

$$U_R = I \cdot R = 200 \text{ mA} \cdot 50 \text{ } \Omega = 10 \text{ V}$$

$$U_C = I \cdot X_C = 200 \text{ mA} \cdot 63,7 \text{ } \Omega = 12,8 \text{ V}$$

$$U_L = I \cdot X_L = 200 \text{ mA} \cdot 31,4 \text{ } \Omega = 6,38 \text{ V}$$

Zwischen der Simulation und der algebraischen Lösung ergeben sich minimale Differenzen.

□

1.4   Mikrocontroller als Multimeter

Der Baustein ATtiny26 ist ein vielseitig verwendbarer 8-Bit-Mikrocontroller von Atmel und wegen seines einfachen Aufbaus und seiner leichten Programmierbarkeit, wenn praktische Anwendungen nötig sind, kostengünstig als Messgerät zu realisieren. Abb. 1.35 zeigt den ATtiny26 als Voltmeter mit der USB-Schnittstelle (Sockel) für die Realisierung eines Multimeters. Über die USB-Schnittstelle lässt sich das Programm des ATtiny26 jederzeit ändern.

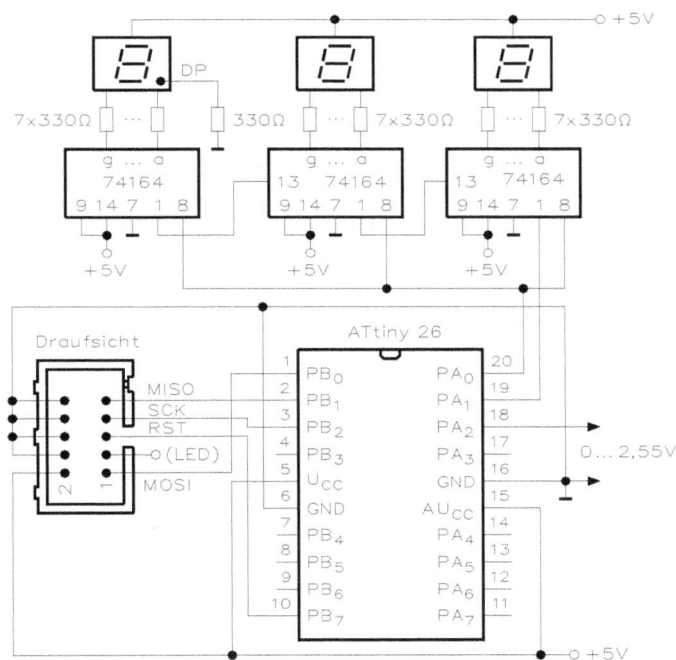

Abb. 1.35:   ATtiny26 als dreistelliges Voltmeter

Der interne 10-Bit-AD-Wandler im ATtiny26 setzt die analogen Eingangsspannungen entweder in ein 8- oder 10-Bit-Format um. Über einen internen Analogmultiplexer stehen elf separate AD-Wandler zur Verfügung. Diese AD-Wandler lassen sich auch zu acht Differenzeingängen verschalten und man kann selbstverständlich mit einfachen und/oder Differenzeingängen arbeiten. Sieben Differenzeingänge lassen eine programmierbare Verstärkung von v = 1 und v = 20 zu. Die absolute Genauigkeit liegt bei ± 2 LSB (Least Significant Bit) und die Nichtlinearität ist 0,5 LSB. Die Umsetzzeit liegt zwischen 13 µs und 230 µs.

In Abb. 1.35 arbeitet der interne 8-Bit-Wandler und die Messspannung liegt an dem analogen Kanal PA_2. Die Ausgabe der digitalen Signale erfolgt über Pin 19 (serieller Datenstrom) und Pin 20 (Übernahmesignale) für die dreistellige 7-Segment-Anzeige. Der serielle Datenstrom wird in das rechte, dann in das mittlere und entsprechend in das linke Schieberegister eingeschoben. Die Datenaktualisierung erfolgt entweder alle Sekunde oder drei mal in der Sekunde.

Die Programmierung erfolgt über den standardisierten SPI-Bus (Serial Periphere Interface oder auch Microwire bezeichnet). Es handelt sich um ein Bussystem, bestehend aus drei Leitungen für die serielle synchrone Datenübertragung zwischen dem PC und dem AVR-Mikrocontroller. Der Anschluss für den SPI-Bus ist standardisiert und der Bus besteht aus folgenden Leitungen:

*   MOSI (Master Out/Slave In) bzw. SDO (Serial Data Out) oder DO
*   MISO (Mast In/Slave Out) bzw. SDI (Serial Data In) oder DI
*   SCK (Shift Clock) oder Schiebetakt

Über den SPI-Bus erfolgt auch die Datenkommunikation zwischen den verschiedenen Mikrocontrollern in einem System. Für den SPI-Bus gibt es kein festgelegtes Protokoll und die Taktfrequenz für den SPI-Bus kann bis 10 MHz betragen.

1.4.1   8-Bit-Mikrocontroller ATtiny26

Die Programmspeicherung erfolgt beim ATtiny26 im 2-Kbyte-Flash-Speicher und es sind bis zu 10000 Schreib- und Lesezyklen möglich. Parallel dazu ist ein EEPROM-Speicher mit 128 Byte an Systeminformationen vorhanden und dieser lässt bis 100000 Schreib- und Lesezyklen zu. Für beide Speicher ist eine Datenzugriffssperre vorhanden.

Der ATtiny26 hat 118 leistungsfähige Befehle und arbeitet voll statisch. Daher kann auf den externen Quarz verzichtet werden.

1.4.2   Grundfunktionen des 8-Bit-Mikrocontrollers ATtiny26

Der interne AD-Wandler hat eine Auflösung von 10 Bit, also 1023 Quantisierungsstufen. Bei einer Eingangsspannung von 2,56 V ergibt sich eine Quantisierungsstufe von 2,5 mV. Die maximale Anzahl der Quantisierungsstufen wird als Auflösung (Resolution) bezeichnet. Hierbei muss beachtet werden, mit welcher Codierung der Umsetzer arbeitet. Hierzu zwei Beispiele:

Auflösung: 10 Bit (Binär-Code) $\triangleq$ 1024 Quantisierungsstufen

Auflösung: 10 Bit (BCD-Code) $\triangleq$ 999 Quantisierungsstufen

„Quantization Size" (Quantisierungsstufe)

Die Quantisierungsstufe eines AD-Wandlers entspricht dem Spannungspegel des Eingangssignals, innerhalb dem keine Änderung des Ausgangscodes auftritt. Dieser Spannungswert ist die Differenz zwischen zwei benachbarten Entscheidungsschwellen des Ausgangscodes und wird Quantisierungsstufe Q bezeichnet. Die für die Quantisierungsstufe Q entsprechende Spannung ist identisch mit dem niedrigstwertigen Bit (LSB: Least Significant Bit) des Umsetzers. Die Amplitude von Q ist abhängig vom maximalen analogen Eingangswert FSR (Full Scale Range) und der Auflösung N gemäß:

$$Q = \frac{FSR}{2^N}$$

So entspricht Q beispielsweise für einen 10-Bit-Umsetzer und einer maximalen Eingangsspannung von 2,56 V der Spannung:

$$Q = \frac{FSR}{2^N} = \frac{2,56V}{1024} = 2,5mV$$

Der systembedingte Quantisierungsfehler beträgt auch bei einem idealen Wandler $\pm Q/2$ ($\pm$ ½ LSB). Der Fehler hat eine Sägezahnfunktion und ist nur dann Null, wenn die Umsetzung exakt beim analogen Mittelwert zwischen zwei Ausgangscodeänderungen vorgenommen wird. Dieser Fehler wird auch als Quantisierungsrauschen bezeichnet.

Vergleichend dazu kann auch ein DA-Wandler aufgrund seiner Zuordnung zu einem digitalen Code nur ganz bestimmte Ausgangswerte innerhalb eines vorgegebenen Bereichs (referenzabhängig) annehmen. Man spricht auch hier von einem quantisierten Signal.

1.4.3   Absolute und relative Genauigkeit

Bei der Untersuchung der Genauigkeit eines AD-Wandlers muss zwischen der absoluten und der relativen Genauigkeit unterschieden werden. Alleinige Angaben über die Auflösung, die einen Einfluss auf die Fehlergrenzen des Umsetzergebnisses haben, sind zur Bestimmung der Genauigkeit einer AD-Umsetzung nicht ausreichend. Die relative Genauigkeit kann auch als Linearität definiert werden, wobei zwischen dem integralen Linearitätsfehler und dem differentiellen Linearitätsfehler unterschieden wird. Da bei den meisten Wandlern die Möglichkeit besteht, den Verstärkungs- und den Offsetfehler durch externe Trimmpotentiometer auf Null abzugleichen, können diese beiden Fehler – unter der Annahme eines sorgfältigen Abgleichs und einer entsprechenden Langzeitstabilität des AD-Wandlers – bei der Abschätzung der Genauigkeit außer acht gelassen werden. Diese Einstellmöglichkeiten fehlen beim Mikrocontroller ATtiny26.

Als absolute Genauigkeit eines AD-Wandlers definiert man die prozentuale Abweichung der maximalen realen Ausgangsspannung (FS) zu der spezifizierten Ausgangsspannung (FSR). Bei der Genauigkeitsspezifikation wird häufig auch ein Genauigkeitsfehler angegeben. Ein Genauigkeitsfehler von 1 % entspricht der absoluten Genauigkeit von 99 %. Die absolute Genauigkeit wird von den drei einzelnen Fehlerquellen, wie dem inhärenten Quantisierungsfehler (dieser geht als +/− LSB-Fehler ein), den Fehlern, die aufgrund nicht idealer Schaltungskomponenten des Wandleraufbaus und dem später abgeleiteten Umsetzfehler entstehen, bestimmt. Da die absolute Genauigkeit durch Temperaturdrift und durch die Langzeitstabilität ebenfalls beeinflusst wird, muss bei der Angabe der Genauigkeit eines AD-Wandlers der Fehler für die definierten Bereiche spezifiziert werden.

1.4.4   Integraler Linearitätsfehler

Der integrale Linearitätsfehler ist die Abweichung der realen Übertragungsfunktion des AD-Wandlers von der idealen Übertragungsfunktion. Die Auswirkungen des integralen Linearitätsfehlers sind bei Eingangssignalen mit maximalen Pegeln als schwerwiegender einzuschätzen als bei Signalen mit kleinen Pegeln, da bei letzteren die Wahrscheinlichkeit größer ist, dass sich der Pegel in einem Bereich befindet, wo der Linearitätsfehler kleiner ist als die Angabe für die vollständige Übertragungsfunktion. Es bestehen grundsätzlich zwei Möglichkeiten den Linearitätsfehler zu definieren, wobei stets die maximale Abweichung der fehlerbehafteten von der idealen Übertragungsfunktion angegeben wird.

Zum einen wird davon ausgegangen, dass Offset- und der Verstärkungsfehler abgeglichen sind, sodass die Endpunkte beider Funktionen übereinstimmen. Die zweite Möglichkeit besteht darin, durch externes Abgleichen eine gute Annäherung an die ideale Übertragungsfunktion zu erreichen.

1.4.5   Differentielle Nichtlinearität

Unter dem Begriff „differentielle Nichtlinearität" erfasst man den Betrag der Abweichung jedes Quantisierungsergebnisses (d. h. jeder mögliche Ausgangscode) von seinem theoretischen idealen Wert. Anders ausgedrückt, die differentielle Nichtlinearität ist die analoge Differenz zwischen zwei benachbarten Codes von ihrem idealen Wert ($FSR/2^n = 1\,LSB$). Wird für einen AD-Wandler der Wert der differentiellen Nichtlinearität von $\pm\,\frac{1}{2}\,LSB$ angegeben, so liegt der Wert jeder minimalen Quantisierungsstufe, bezogen auf seine Übertragungsfunktion, zwischen $\frac{1}{2}$ und $\frac{2}{3}\,LSB$, d. h., jeder Analogschritt beträgt $1 \pm \frac{1}{2}\,LSB$. Die beiden ersten Quantisierungsschritte zeigen ein ideales Verhalten. Der nächste Schritt beträgt dagegen nur $\frac{1}{2}\,Q$ und der darauffolgende $\frac{2}{3}\,Q$. Diese beiden Schritte kennzeichnen den Bereich, der für eine spezifizierte differentielle Nichtlinearität von $\pm\,1/LSB$ gerade noch zulässig ist. Die differentielle Nichtlinearität kann durch eine Messung der Analogspannung, die einen Wechsel des Ausgangscodes des AD-Wandlers bewirkt, bestimmt werden. Bei einem idealen Wandler sollte dieser Spannungsbetrag konstant $1\,LSB$ über den gesamten Eingangsspannungsbereich betragen. Für den normierten Schritt der Eingangsspannung gilt die Gleichung:

$$\Delta U_N = U_e \cdot 2^{-n}$$

Der Fehlerbetrag der differentiellen Nichtlinearität kann mit der Gleichung

$$\varepsilon_{DL} = [\Delta U - \Delta U_N/U_N] \cdot 100\ (\%)$$

bestimmt werden. In dieser Gleichung ist ΔU der gemessene Spannungsbetrag, der einen Wechsel des LSB bewirkt. Der maximale Fehler kann für den Fall angesetzt werden, wo ein digitaler Übertrag innerhalb des Ausgangscodes stattfindet. Bei der AD-Umsetzung von Signalen mit maximal zulässigen Eingangspegeln sind kleinere Linearitätsfehler – zumal wenn sie örtlich begrenzt sind – vielfach bedeutungslos. Liegt das Eingangssignal dagegen genau in dem Spannungsbereich, wo Linearitätsfehler auftreten, so erhöht sich allerdings der dadurch ausgelöste Umsetzfehler in unzulässiger Weise. Zwei andere wichtige Parameter, die in einem unmittelbaren Zusammenhang mit den Auswirkungen des Linearitätsfehlers stehen, müssen noch untersucht werden: die Monotonität und das Auftreten „Fehlender Codes".

1.4.6 Offsetfehler

Der Offsetfehler ist definiert als die Abweichung der tatsächlichen von der idealen Übertragungsfunktion im Nullpunkt der analogen Eingangsspannung. Wird dieser Fehler nicht abgeglichen, so tritt ein konstanter absoluter Genauigkeitsfehler für jeden Punkt der Übertragungsfunktion auf. Offsetfehler beeinflussen nicht die relative Genauigkeit. In den Datenblättern der Hersteller wird der Offsetfehler entweder in µV oder mV bezogen auf die Eingangsspannung und als Verhältnis zum Quantisierungsintervall (LSB) oder in Prozentanteilen der vollen Eingangsspannung angegeben.

Der reale Offset eines AD-Wandlers kann wegen der stufenweisen Umsetzung – es gibt nur eine endliche Anzahl von Messwerten – nicht direkt gemessen werden. Hilfsweise erfolgt eine Anzahl von Messungen mit anschließender Berechnung des Offsets. Dazu müssen die analogen Werte aufgezeichnet werden, bei denen sich der Ausgangscode des Wandlers ändert. Zu bemerken ist, dass jeder Wechsel des Ausgangscodes aufgrund der oben genannten Definition um ¼ LSB früher als bei dem nominellen Eingangswert erfolgen muss. Man kann auch sagen, der nominelle Eingangswert wird um den Betrag $+\frac{1}{2}$ LSB gespreizt. Dazu ein Beispiel: Der erste Übergang von 00 … 00 nach 00 … 01 findet nicht bei 1 LSB, sondern bereits bei ½ LSB statt. Ebenso wechselt der Ausgangscode von 00 … 01 nach 00 … 10 bereits bei ⅔ LSB und nicht erst bei 2 LSB.

1.4.7 Verstärkungsfehler

Der Verstärkungsfehler – er wird oft auch als Skalenfaktorfehler bezeichnet – ist die Abweichung der tatsächlichen Übertragungsfunktion von der idealen, unter Ausschluss des Offsetfehlers. Verstärkungsfehler beeinflussen ebenso wenig die relative Genauigkeit eines AD-Wandlers wie der Offsetfehler. Der Verstärkungsfehler wird generell von den Herstellern spezifiziert als die prozentuale Abweichung vom absoluten bzw. relativen vollen Eingangsspannungsbereich. Die Unterscheidung zwischen diesen beiden Bereichen ergibt sich dadurch, dass je nach Einsatzbereich der Wert der vollen Eingangsspannung differieren kann. Bei einem 10-Bit-AD-Wandler kann die maximale Eingangsspannung entweder 10 V oder 10,24 V betragen. Im ersten Fall würde eine Spannung von 9,766 mV gleich einem LSB sein und im zweiten Fall eine Spannung von 10 mV, aufgrund der Definition LSB = $FS/2^n$.

Offsetfehler können in den meisten Fällen ebenfalls durch ein externes Trimmpotentiometer auf Null abgeglichen werden. Zu beachten ist die Angabe des Herstellers über die Langzeitstabilität des AD-Wandlers. Bei einem Abgleich des Verstärkungsfehlers sind besonders die Umstände zu beachten, die durch die Beeinflussung der Übertragungsfunktion aufgrund des Linearitätsfehlers entstehen. Unter der Annahme, dass der Wandler keinen Linearitätsfehler besitzt, wäre nach dem Abgleich des Offsetfehlers nur ein Abgleich des Verstärkungsfehlers bei der vollen Eingangsspannung notwendig (der Ausgangscode wechselt von 11 … 10 nach 11 … 11).

Der Wert der Eingangsspannung für den exakten Umschaltpunkt unterliegt der gleichen Bedingung wie unter dem Offsetabgleich beschrieben, dass nämlich der volle Eingangsbereich (FSR −1 LSB) um den Betrag ½ LSB kleiner sein muss; d. h., der letzte Codewechsel von 11 … 10 auf 11 … 11 findet bei einer Eingangsspannung von FSR −⅔ LSB statt.

1.4.8   Aufbau eines digitalen Systems

Die Bandbreite des Eingangssignals x(t) soll vor der AD-Umsetzung mit Hilfe eines Tief-passfilters (Antialiasing-Filter) begrenzt werden. Anschließend wird das gefilterte Eingangs-signal x′(t) von dem „Sample and Hold"-Schaltkreis („Sample and Hold"-Verstärker) in ein zeitquantisiertes Signal umgesetzt, um in der folgenden Stufe von dem AD-Wandler in eine digitale Information umgesetzt zu werden (Amplitudenquantisierung). Der Beweis für die Notwendigkeit des Einsatzes eines Tiefpassfilters und des „Sample and Hold"-Verstärkers in den meisten Anwendungsfällen wird im weiteren Verlauf dieses Buches angetreten. Von dem Mikrocontroller werden die digitalen Informationen nach einem vorgegebenen Algorithmus (Verarbeitungsregel) abgearbeitet. Dieser Systemalgorithmus kann entweder hardwaremäßig, bei einem Einsatz eines Mikrocontrollers softwaremäßig oder aber auch in gemischter Form bestimmt werden. Der Digital-Analog-Wandler (DA-Wandler) setzt die abgearbeiteten Digi-talinformationen in eine stufenförmige Zeitinformation um. Zur Unterdrückung der in den Stufen enthaltenen unerwünschten höheren Frequenzanteile wird ein sogenanntes Regenera-tionsfilter nachgeschaltet. Der dazwischen geschaltete „Sample and Hold"-Verstärker wird aus Gründen der genaueren Signalrekonstruktion benötigt (deglitcher).

Am Ausgang des Regenerationsfilters müsste, unter der Bedingung, dass der Systemalgo-rithmus gleich 1 ist, das Eingangssignal x(t) abgreifbar sein. Da das Eingangssignal in den einzelnen fehlerbehafteten Funktionsblöcken nacheinander bearbeitet wird, ist das reale Aus-gangssignal von den einzelnen Fehlersignalen überlagert. Daher stellt sich für den Anwender die Frage, in welcher Weise das Eingangssignal durch die Fehlerquellen Veränderungen unterliegt, die seinen Informationsgehalt verfälschen. Allerdings erfolgt dabei eine Ein-schränkung auf einschließlich die Fehlerquellen, die durch den Prozess der AD-Umsetzung gegeben sind. Dabei müssen zwei grundsätzliche Fehlerquellen unterschieden werden. Zum einen sind das Fehlerquellen, die systembedingt sind, und zum anderen sind das Fehlerquel-len, die aufgrund des Einsatzes realer, d. h. nicht idealer AD-Wandler auftreten.

Eine erste Änderung erfährt das Eingangssignal durch die Umsetzung in ein zeitquantisiertes Signal (Abtastung), da das zeitquantisierte Signal nur zum Zeitpunkt der Abtastung mit dem zeitkontinuierlichen Signal am Eingang wertemäßig übereinstimmt. Die zwischen den Ab-tastpunkten liegenden Werte des Eingangssignals werden nicht erfasst. Dieser Informations-verlust kann durch keinerlei Maßnahmen wieder aufgeholt werden. Das hat zur Folge: Es muss durch bestimmte Maßnahmen gewährleistet werden, dass dieser Informationsverlust in für die Anwendung tolerierbaren Grenzen gehalten wird. Die Grenzbedingungen sind aufga-benspezifisch und können die unterschiedlichsten Werte annehmen. Mit Hilfe des Abtastthe-orems nach Shannon kann die Frage beantwortet werden, welchen Veränderungen der Infor-mationsgehalt des Eingangssignals durch die Abtastung unterliegt. Nach diesem Theorem ist in dem zeitquantisierten Signal die gleiche Informationsmenge wie in dem Eingangssignal enthalten, sofern die Abtastfrequenz mindestens um das Doppelte größer ist als die maxima-le, in dem Signal enthaltene Teilfrequenz. Daraus lässt sich ableiten, ein Abtastsystem mit einer bestimmten Abtastfrequenz f_A besitzt eine informationssichere Bandbreite von $0 \leq f \leq f_A/2$.

Sind in dem Eingangssignal Frequenzanteile mit einer höheren Bandbreite als $f_A/2$ enthalten, treten Störungen auf, weil aufgrund der Abtastung diese in die Nutzbandbreite des Systems gespiegelt werden. Die durch diesen Effekt entstehenden Veränderungen des Signals be-zeichnet man als Aliasing oder auch als Bandüberlappungsfehler. Die Kenntnis dieses Effektes erzwingt vom Anwender unbedingt den Einsatz eines Antialiasing-Filters, sofern ihm die Natur des Eingangssignals unbekannt ist. Nur unter der Bedingung, dass das Signalverhalten in Bezug auf die hochfrequenten Anteile mit Sicherheit vorausgesagt werden kann (maximale Teilfrequenz ($f_A/2$)) oder wenn die Abtastfrequenz ohne Schwierigkeiten respektive Kostenerhöhungen sehr groß gewählt werden kann, lässt sich der Einsatz eines Antialiasing-Filters umgehen. Sicherer ist auf jeden Fall die Begrenzung der Bandbreite des Eingangssignals auf die Nutzbandbreite des digitalen Systems. Quantitative Aussagen über Aliasing-Fehler lassen sich mit Hilfe der Fouriertransformation gewinnen.

Durch die sich anschließende Amplitudenquantisierung unterliegt das Eingangssignal weiteren Veränderungen. Es entsteht ein Quantisierungsfehler. Dieser ist im eigentlichen Sinn kein echter Fehler, sondern die vom System her bedingte Unsicherheit bei der Amplitudenquantisierung. Aufgrund der endlichen Wortlänge – unter der Wortlänge versteht man hier das Auflösungsvermögen des AD-Wandlers in Bit – kann das Ergebnis der AD-Umsetzung nur eine endliche Anzahl diskreter Werte annehmen. Man kann auch sagen, Eingangssignale mit einem kontinuierlichen Wertebereich werden diskretisiert. Signalwerte, die zwischen zwei diskreten Quantisierungswerten liegen, werden entweder dem oberen oder dem unteren diskreten Wert zugeordnet. Es erfolgt gewissermaßen eine Auf- oder Abrundung des Analogwertes. Deshalb ist es auch nicht möglich, vom digitalen Ausgangscode des AD-Wandlers her den genauen Wert des Eingangssignals zu rekonstruieren.

1.4.9 Unterscheidungsmerkmale zwischen analogen und digitalen Systemen

Analoge Systeme, gleich ob es sich um kontinuierliche oder Abtastsysteme handelt, werden durch eine Zusammenschaltung verschiedener analoger Grundbausteine realisiert. Das Verhalten dieser Bausteine als Einzelelemente oder in der Zusammenschaltung mit anderen Bauelementen lässt sich durch die spezifischen Kennlinien beschreiben. Dabei muss beachtet werden, dass die Kennlinien durch Temperaturschwankungen oder durch die Alterung der Bausteine Veränderungen unterworfen sind. Werden zusätzlich aktive analoge Bausteine, wie Operationsverstärker, analoger und digitaler Funktionsbausteine usw., eingesetzt, so ist das Verhalten dieser Elemente in Bezug auf ihre Abhängigkeit von dem Verhalten der Betriebsspannung besonders zu untersuchen. Es zeigt sich, dass die Stabilität analoger Systeme bezüglich der Systemgenauigkeit in vielfältiger Weise Störungen unterworfen ist.

Digitale Systeme unterscheiden sich von den analogen Systemen dadurch, dass die Signalverarbeitung nicht mehr durch die Kennlinien der Einzelelemente bestimmt wird, sondern dass eine numerische Verarbeitung des quantisierten Eingangssignals vorgenommen wird. Als Bearbeitungsvorschriften werden Gleichungen (Systemalgorithmen) eingesetzt. Die Ausführung der einzelnen Operationen erfolgt dabei über unterschiedliche digitale Arithmetik-Bausteine wie z. B. Addierer, Multiplizierer usw.

Aufgrund dieser besonderen Form sind sehr unterschiedliche Einsatzbereiche der digitalen Signalverarbeitung denkbar. Besteht die Möglichkeit, die Werte des abgetasteten Signals in einen Speicher zu laden, und wird keine Echtzeitverarbeitung gefordert, so lassen sich mit jeder geeigneten Konfiguration anhand eines Verarbeitungsprogramms die geforderten Untersuchungen durchführen. Werden hohe Verarbeitungsgeschwindigkeiten unter Echtzeitbedingungen gefordert, so ist eine softwaremäßige Behandlung des Signals nicht mehr möglich. Der Anwender muss dann auf ein reines Hardwaresystem zurückgreifen, bei dem alle Funktionen durch Digitalschaltungen realisiert werden, einschließlich des Programmsteuerwerks, welches die Ausführung des Systemalgorithmus steuert und überwacht. Unterliegt die Anforderung an die Verarbeitungsgeschwindigkeit besonders hohen Bedingungen, so ist eine Schaltungsausführung mit verteilter Arithmetik denkbar. Hierbei werden die einzelnen Operationen nicht mehr linear, sondern parallel durch die Arithmetik-Bausteine ausgeführt.

Bei einem Hardwareaufbau digitaler Systeme besteht ein großer Nachteil darin, dass, bedingt durch die quasi starre Ausführung des Systems, dieses auf die Ausführung einer bestimmten vordefinierten Aufgabe fixiert ist. Nachträgliche Modifikationen können nicht mehr in einfacher Weise hergestellt werden. Im Gegensatz dazu bietet die softwaremäßige Systemrealisierung einen hohen Grad an Flexibilität hinsichtlich der Anpassung an unterschiedliche Aufgaben. Ohne Hardwareänderungen kann ein solches System durch eine Spezifizierung des Systemprogramms zur Lösung unterschiedlicher Aufgaben eingesetzt werden. In der Entwicklungs- oder Testphase ist diese Eigenschaft besonders wertvoll.

Bei der Gegenüberstellung von analogen und digitalen Systemen erkennt man eine Reihe von Vorteilen auf der Seite der digitalen Systeme. Als erstes ist hier die geringere Empfindlichkeit gegen Driftprobleme, verbunden mit einer höheren Genauigkeit, zu nennen. Digitale Systeme sind weitgehend unabhängig von thermischen Instabilitäten, die sich bei analogen Systemen besonders störend bemerkbar machen. Die geringere Störanfälligkeit erlaubt daher auch eine höhere Reproduzierbarkeit der Ergebnisse der digitalen Signalverarbeitung. Die Genauigkeit des digitalen Systems ist über die Wortlänge (Auflösung) definierbar. Obwohl die Wortlänge theoretisch beliebig groß sein kann, wird sie begrenzt durch die geforderte Verarbeitungsgeschwindigkeit und von den Bedingungen des kostengünstigen Systemaufbaus.

Nachteilig bei digitalen Systemen ist die begrenzte Signalverarbeitungsgeschwindigkeit, die den Anwendungskreis der Systeme einschränkt. Die Rate, mit der die digitalen Informationen verarbeitet werden können, hängt auf der Hardwareseite von der zur Lösung der Aufgabe eingesetzten Bausteinfamilie, auf der Softwareseite von der eingesetzten Programmsprache (Assembler oder C), von der Komplexität des Systemalgorithmus und von der Länge des Digitalwortes ab. Die Schaltgeschwindigkeit der einzelnen Bausteinfamilien kann sehr unterschiedlich sein, je nachdem, welche Kriterien bei ihrer Auswahl im Vordergrund stehen (z. B. Verlustleistung, Störabstand, Angebot an arithmetischen Elementen usw.).

Auf der Softwareseite muss beachtet werden, dass bei dem Einsatz höherer Programmiersprachen besondere Compiler (Übersetzer) in das System implementiert werden müssen. Deshalb wird man sich z. B. bei der Echtzeitverarbeitung überwiegend der eigentlichen Maschinensprache des Mikrocontrollers bedienen. Bei der Ableitung des Systemalgorithmus sollten die Struktur sowie die Eigenarten der Programmiersprache beachtet werden. Die Wortlänge unterliegt der Bedingung, dass sich die Verarbeitungsgeschwindigkeit mit zunehmender Wortlänge verringert, da die einzelnen Operationen entsprechend länger dauern. Mit fortschreitender technologischer Entwicklung bei der Herstellung hochintegrierter Schaltungen können hier noch Verbesserungen erwartet werden. Gerade letzteres ist sicher ein Faktor, der die zunehmende Anwendung der digitalen Signalverarbeitung durchsetzen wird.

Da bei jeder Verarbeitung kontinuierlicher Signale mit Hilfe eines digitalen Systems eine Amplituden- und/oder Zeitquantisierung als Voraussetzung erfüllt sein muss, ist es von besonderer Bedeutung, dass der Anwender eine genaue Kenntnis über die Natur der Umsetzprozesse besitzt, um damit die Genauigkeit der AD-Umsetzung an Hand einer Fehlerabschätzung bestimmen zu können.

1.4.10   Systemfehler der AD-Umsetzung

Nun sollen die dem Prozess der Abtastung und Umsetzung inhärenten Fehlerquellen untersucht werden. Dazu gehört in einer Einleitung eine kurze Beschreibung der unterschiedlichen Signalformen, da das Wissen über die Natur des Eingangssignals dem Anwender die Möglichkeit bietet, bereits durch eine entsprechende Auswahl des Umsetzverfahrens die Fehlerrate in definierten Grenzen zu halten. Im Weiteren werden die besonderen Bedingungen des Abtastprozesses abgehandelt, der Fehler im Frequenzspektrum auslöst. Im Anschluss daran folgt eine Ableitung über die Entstehung des Quantisierungsfehlers, hier als Quantisierungsrauschen bezeichnet. Eine wesentliche Bedeutung für die Genauigkeit der AD-Umsetzung besitzt auch die Öffnungszeit, d. h. die Zeit, die für die eigentliche Umsetzung benötigt wird.

Ein wesentlicher Faktor bei der Auswahl eines geeigneten AD-Wandlers wird vom Verhalten des Signals bestimmt. Letzteres kann durch eine Reihe von Signalparametern definiert werden. Nach Abb. 1.36 ist das Signal x(t) eine physikalische Größe, deren Verlauf durch die Einzelwerte $x_i^*(t_i^*)$ vorgegeben wird. Unter der Voraussetzung, dass die zukünftigen Werte $x_{i+n}(t_{i+n})$ aus den vorangegangenen Werten $x_{i-n}(t_{i-n})$ vorhergesagt werden können, ist es möglich, ein solches Signal als deterministisch zu bezeichnen (hierbei ist nicht festgelegt, ob der Signalverlauf periodisch oder nicht periodisch ist). Im Gegensatz zu deterministischen Signalen stehen stochastische Signale, bei denen der zukünftige Verlauf nicht voraussagbar ist. Für die Untersuchung solcher regellos schwankender Signale müssen statistische Verfahren angewendet werden. Wie die weiteren Überlegungen zeigen, treten Signale in den meisten Fällen als eine Mischung beider Signalformen auf, wobei es bei einer Messung von Bedeutung ist, mit welchen Anteilen jedes Signal an dem Signalgemisch beteiligt ist.

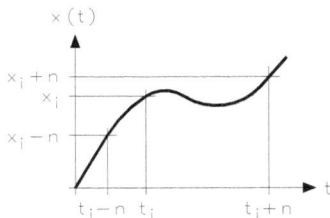

Abb. 1.36:   Physikalisches Signal

Eine andere Möglichkeit, Signale nach ihrem Verhalten zu unterscheiden, ist die Untersuchung ihres dynamischen Verhaltens. Dabei können drei grundsätzliche Formen unterschieden werden:

• Statische Signale
• Quasistatische Signale
• Dynamische Signale

1.4.11   Statische Signale

Als statisches Signal bezeichnet man ein Gleichspannungssignal mit einem stets gleichbleibenden Ausgangswert. Der Gleichspannungsbetrag kann durch eine AD-Umsetzung eindeutig und bleibend festgestellt werden. Jede weitere AD-Umsetzung würde keine neue Information über das Gleichspannungssignal liefern. Zur Umsetzung eines statischen Signals muss daher der AD-Wandler nur über die Genauigkeit verfügen, die das benötigte Ergebnis verlangt. Außerdem muss die Umsetzgeschwindigkeit des AD-Wandlers nicht näher spezifiziert werden. Für den Fall, dass dem Gleichspannungssignal ein Rauschen überlagert ist, ändert sich allerdings die Ausgangssituation. Jetzt kann nicht mehr durch eine einfache Einzelumsetzung der Betrag des statischen Signals bestimmt werden. Außerdem ist die Art des angewandten Umsetzverfahrens von Bedeutung für das Umsetzergebnis. Wird z. B. ein schneller AD-Wandler eingesetzt, erhält man als Ergebnis der Umsetzung einen Wert, der je nach Vorzeichen der überlagerten Rauschamplitude größer oder kleiner als der tatsächliche Gleichspannungsbetrag ist. Auch bei einem Einsatz langsamer AD-Wandler besteht eine Abhängigkeit des Umsetzergebnisses vom Umsetzverfahren.

Ein integrierender AD-Wandler wird z. B. den Mittelwert der überlagerten Rauschspannung über die Integrationszeit bilden. Für den Fall, dass Netzspannungsstörungen unterdrückt werden sollen, kann dieser Effekt durchaus erwünscht sein. Wird dagegen ein sogenannter Stufenverschlüssler (Wandler, der nach dem Verfahren der sukzessiven Approximation arbeitet) eingesetzt, können die Ergebnisse der einzelnen Umsetzungen sehr unterschiedliche Werte annehmen, da der digitale Ausgangscode des Wandlers vom Augenblickswert der im statischen Signal überlagerten Rauschspannung abhängig ist. Das Ergebnis einer Reihe von Umsetzungen ist dadurch ein stark schwankender Wert. Dieses „Anzeigerauschen" ist bei der Ausgabe auf einer Digitalanzeige besonders störend. Die Vorschaltung eines Tiefpassfilters zur Unterdrückung der unerwünschten hohen Frequenzanteile bringt im Wesentlichen keine Vorteile, da ein solcher Behelf zwangsläufig die Prozesszeit erhöht. Je niedriger die zu unterdrückenden Frequenzanteile sein sollen, desto größer wird die Zeitspanne, die bis zur Auslösung der AD-Umsetzung abgewartet werden muss.

1.4.12   Quasistatische Signale

Als quasistatische Signale werden solche bezeichnet, deren Amplitude sich im Gegensatz zu statischen Signalen zwar ändern kann, die sich aber während der AD-Umsetzung mit Sicherheit wie ein statisches Signal verhalten. Quasistatische Signale treten zum Beispiel in der Messtechnik bei der automatischen Prüfung von aktiven Bauelementen auf.

1.4.13   Dynamische Signale

Dynamische Signale unterscheiden sich von den beiden vorangestellten Signalformen dadurch, dass es bei ihnen im Zweifelsfall nicht möglich ist, eine gültige Voraussage über das Signalverhalten zum Zeitpunkt der AD-Umsetzung zu machen (Abb. 1.37). Dabei sollte folgender Zusammenhang besonders beachtet werden: Je größer die Nichtvoraussagbarkeit des Signalverhaltens ist, desto größer ist der Betrag an Informationen, die zu diesem bestimmten Zeitpunkt in dem Signal enthalten sind. Ziel der AD-Umsetzung sollte es aber sein, sämtliche notwendigen Informationen über das Signal zu erhalten. Hierzu ist es nicht notwendig, eine unendliche Anzahl von Einzelumsetzungen vorzunehmen, da jedes Signal in einem realen physikalischen System bestimmten Gegebenheiten unterliegt, die die Variationsbandbreite des Signals begrenzt. Bei der Entscheidung über den Einsatz bestimmter AD-Wandlertypen ist es daher unumgänglich, das mögliche Signalverhalten aufgrund einer Analyse der Signalquelle zu untersuchen. Dabei ist nicht allein die Voraussage über die Änderungsgeschwindigkeit des Signals von ausschlaggebender Bedeutung. Diese ist in realen Systemen begrenzt und unterliegt außerdem der Bedingung, sich bei schnellen Änderungen in gleicher Weise zu verändern. Von großer Bedeutung ist ebenso die Kenntnis über das Verhalten des Signals unter dem Einfluss externer Störungen, bzw. ob sich das Signalverhalten durch einen Störimpuls abrupt ändert.

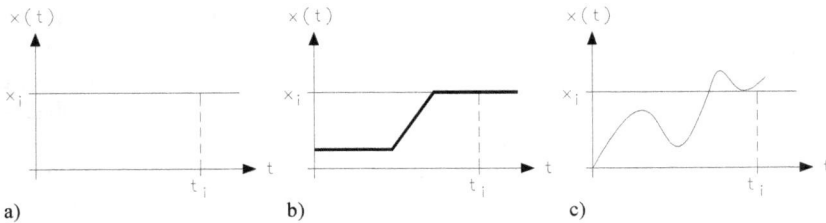

Abb. 1.37:   Darstellung unterschiedlicher Signale, a) statisches Signal, b) quasistatisches Signal,
c) dynamisches Signal

1.4.14   Signalparameter

Zur Beschreibung eines Signals benutzt man eine Reihe von Kenngrößen (Abb. 1.38). Jede dieser Kenngrößen ist ein Ausdruck für die im Signal enthaltenen Informationen. Ziel jeder Messung und damit jeder AD-Umsetzung muss es sein, alle notwendigen Informationen zu erhalten. Es darf kein Informationsverlust eintreten. Es sollten andererseits aber auch keine überflüssigen Informationen in den Ergebnissen enthalten sein, da fast immer jede zusätzliche Information über das Notwendige hinaus nur durch einen zusätzlichen Aufwand und damit unnötige Kostenerhöhungen erhalten wird.

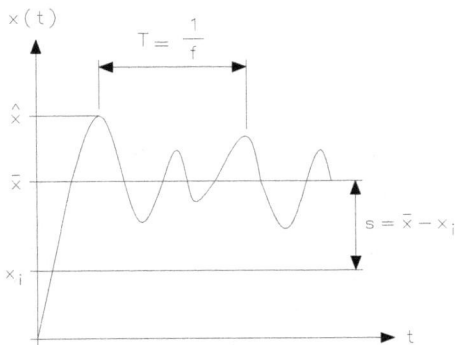

Abb. 1.38:   Signalkenngrößen

Im Einzelnen lassen sich folgende Kenngrößen angeben:

Amplitudenwerte:

1. Momentanwert (x_i)
2. Spitzenwert ($\hat{x}$)
3. Arithmetischer Mittelwert ($\overline{x}$)
4. Quadratischer Mittelwert ($\overline{x}^2$)
5. Effektivwert (x_{eff})

Zeitwerte:

6. Frequenz (f)
7. Periodendauer (T)

Der Momentanwert ergibt sich aus einer Einzelmessung des Signals und ist, wie bereits gesagt, zur Bestimmung statischer Signale ausreichend. Ändert sich die Amplitude des Signals, so kann für eine Aussage über das Signalverhalten über eine bestimmte Zeit der Spitzenwert von Bedeutung sein. Bei der Angabe des Spitzenwertes ist die Abschätzung der Beobachtungsdauer eine wesentliche Kenngröße. Spitzenwerte lassen sich in einfacher Weise durch Spitzenspannungsfolger speichern. Sie können dann anschließend wie statische Signale behandelt werden. Zeitwerte sind bei der Abschätzung der Messintervalle von Bedeutung. Der arithmetische Mittelwert, der quadratische Mittelwert und der Effektivwert lassen sich mit Hilfe statistischer Methoden aus einer Reihe von Einzelumsetzungen bestimmen.

1.4.15   Statistische Methoden der Signalauswertung

Amplitudenwerte, wie arithmetischer und quadratischer Mittelwert bzw. Effektivwert, sind wesentliche Kenngrößen deterministischer sowie stochastischer Signale. Sie sind besonders aussagekräftig für den Fall, dass keine weiteren statistischen Parameter eines Signals ermittelt werden können oder sollen. Es ist möglich, für Signale beliebiger Art durch eine Integration über die Zeit (bei kontinuierlichen Signalen und analoger Signalverarbeitung) und durch eine Summation (bei diskreten Signalen und digitaler Signalverarbeitung) Zeitmittelwerte zu bilden. Allgemein können folgende Gleichungen geschrieben werden:

$$\overline{x}(t) = \frac{1}{2 \cdot T_m} \cdot \int_{-T_m}^{+T_m} x(t)dt \qquad\qquad [1]$$

$$\overline{x}(i) = \frac{1}{n} \cdot \sum_{i=1}^{n} x_i \qquad\qquad [2]$$

Gleichung [1] gilt für analoge Signalverarbeitung und für die digitale Signalverarbeitung wird Gleichung [2] herangezogen. Da die Mittelwertbildung nicht über einen unendlichen Zeitraum (Beobachtungsdauer) ausgeführt werden kann, muss man sich in der praktischen Messtechnik mit dem sogenannten Kurzzeitmittelwert begnügen, der ein Schätzwert des theoretischen Zeitmittelwertes ist. Diese Vereinfachung erreicht man durch die Annahme, dass der Signalverlauf x(t) stationär und die Beobachtungsdauer T_m repräsentativ für den gesamten Signalverlauf sind. Die Gleichungen für die Kurzzeitmittelwerte in der analogen [3] und digitalen [4] Signalverarbeitung lauten dann:

$$\overline{x}(t) = \frac{1}{T_m} \cdot \int_0^{T_m} x(t)dt \qquad\qquad [3]$$

$$\overline{x}(i) = \frac{1}{n} \cdot \sum_{i=1}^{n} x(i) \qquad\qquad [4]$$

Der Fehler, der durch einen Abbruch der Mittelwertbildung am Ende der Beobachtungsdauer entsteht, wird als Abbruchfehler bezeichnet.

1.4.16   Arithmetischer Mittelwert

Der arithmetische Mittelwert oder auch lineare Mittelwert entspricht nach den Definitions-gleichungen [1, 2] der Urform des Zeitmittelwertes. Setzt man einen stationären Signalver-lauf voraus, so ist der Betrag des arithmetischen Mittelwertes gleich dem Betrag des stationä-ren Signals oder, anders ausgedrückt, ein Signal ohne Gleichanteil besitzt einen arithmeti-schen Mittelwert von $\overline{x}(i) = 0$. Daraus ergibt sich, dass bei der Zeitmittelwertbildung der Gleichanteil von den oszillierenden Rauschkomponenten des Signals getrennt wird. Dieser Effekt kann bei integrierenden Umsetzverfahren ausgenutzt werden.

Man kann zwischen zwei Hauptarten der Mittelwertbildung unterscheiden, der echten Zeit-mittelwertbildung und der sogenannten exponentiellen Zeitmittelwertbildung. Bei ersterer unterscheidet man wiederum zwischen der einmaligen Mittelwertbildung und der fortlaufen-den Mittelwertbildung. Ein Sonderfall ist die schrittweise Mittelwertbildung, die in digitalen Systemen angewendet wird.

Die echte Zeitmittelwertbildung wird durch die Definitionsgleichungen [3, 4] vorgegeben. Sie wird durchgeführt anhand einer Integration der Funktion x(t) im Zeitraum der Beobach-tung T_m und einer anschließenden Division durch T_m oder in der zweiten Variante durch die Integration der mit $1/T_m$ gewichteten Funktion x(t) im Intervall T_m. Gleich welche Variante angewendet wird: Jeder Rechenvorgang bedeutet eine einmalige Mittelwertbildung, da die Beobachtungsdauer T_m entweder von vornherein bekannt ist oder vor der Messung definiert wird. Die bekannten Nachteile (Übersteuerung oder zu kleiner Eingangspegel) lassen sich mit Hilfe spezieller Schaltungstechniken umgehen.

1.4.17   Fortlaufende Mittelwertbildung

Eine fortlaufende Mittelwertbildung erhält man durch die Nachbildung einer stetig wachsenden Beobachtungsdauer. Ein Vorteil dieser Methode liegt darin, dass man schon relativ früh ein Ergebnis erhält, das mit zunehmender Beobachtungsdauer sich stetig verbessert, da während der Beobachtungsdauer jeder neue Messwert sofort zur Mittelwertbildung eingesetzt wird. Der Beobachtungsdauer T_m kommt dabei eine besondere Bedeutung zu, und zwar dann, wenn die Signalpegel und damit die Momentanwerte stark schwanken oder im Spezialfall die Schwankungen periodisch sind. Für letzteres kann beispielsweise eine Aussiebung des perio-dischen Signals erfolgen, wenn die Beobachtungsdauer und die Periodenzeit des überlagerten Signalanteils gleich sind $T_m = 1/f_{\ddot{u}}$. Hier wird x = 0, weil sich die positiven und die negativen Signalanteile gegeneinander aufheben. Die zeitliche Zuordnung vom Phasengang des Signals und die Lage des Beobachtungsfensters sind dabei ohne Bedeutung (Abb. 1.39).

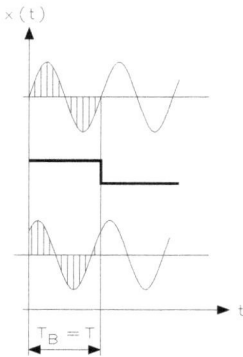

Abb. 1.39:   Phasengang und Beobachtungsfenster bei $T_B = T$

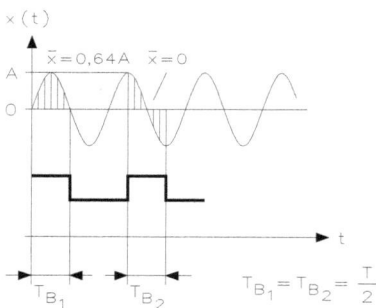

Abb. 1.40:   Phasengang und Beobachtungsfenster bei $T_B = T/2$

Wie Abb. 1.40 zeigt, wird die zeitliche Zuordnung bei einer Verkleinerung der Beobachtungszeit wichtig. Je nach Phasenlage des Beobachtungsfensters kann der Mittelwert zwischen dem Extremwert $x = 0{,}64$ und $x = 0$ schwanken. Zur Fehlerverringerung muss entweder die Beobachtungszeit erhöht oder es müssen mehrere Integrationen in bestimmten zeitlichen Abständen hintereinander durchgeführt werden (Mehrfachmessung). Bei periodischen Signalen müssen die Wiederholungen der Einzelmessungen in periodischen Abständen erfolgen, was bei stochastischen Signalen nicht notwendig ist.

1.4.18   Schrittweise Mittelwertbildung

Bei der schrittweisen Mittelwertbildung wird das Signal in definierten zeitlichen Abständen abgetastet und am Schluss der Messung der Mittelwert aus den einzelnen Abtastwerten gebildet. Bei einem Einsatz von Mikrocontrollern kann die Mittelwertbildung bereits während der laufenden Messung durchgeführt werden. Das geschieht nach der Abtastung durch eine AD-Umsetzung mit einer anschließenden mathematischen Verarbeitung durch den Mikrocontroller anhand des vorgegebenen Systemalgorithmus. Eine besondere Beziehung bei dieser Methode besteht zwischen dem Signalverhalten und den zeitlichen Abständen der Einzelabtastungen.

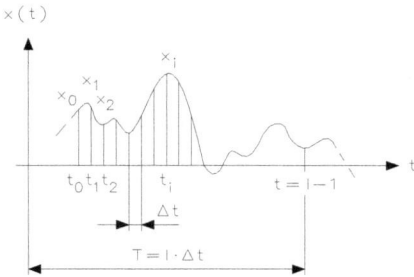

Abb. 1.41:   Abtastung eines Signals

Ein mit Rauschen überlagertes stationäres Signal x(t) nach Abb. 1.41 soll über die Zeitspanne T_m gemessen werden. Setzt man für die Zeitabstände zwischen den Einzelabtastungen Δt (der Abstand Δt wird dabei durch die Nyquistfrequenz des Rauschens bestimmt), dann ergibt sich

$$t_i = t_0 + i\Delta t \quad \text{mit} \quad t = 1/2 \cdot f_{Ny}$$

Der Startpunkt der Messung liegt bei t = 0 und der Endpunkt bei t = I − 1. Die Anzahl der Einzelabtastungen (I) ist abhängig von der geforderten Genauigkeit des Messergebnisses. Der Einzelmesswert zum Zeitpunkt (i) bestimmt sich dann durch

$$x_i = x(t_0 + i\Delta t)$$

Damit lässt sich der Mittelwert für alle Abtastungen berechnen

$$\overline{x} = \frac{1}{I} \cdot \sum_{i=1}^{I} x_i \qquad\qquad [5]$$

In Anwendungsfällen, bei denen eine Reihe von Messwerten miteinander verglichen werden sollen (Messwerttabelle), empfiehlt es sich, mit einem transformierten Mittelwert zu arbeiten. Dazu werden die einzelnen Messergebnisse so umgeformt, als ob der Mittelwert über alle Messergebnisse gleich Null ist.

$$x^*(t) = x(t) - x$$
$$x^*(i) = x(t_0 + n\Delta t)$$
$$x^*(i) = x_i - x \quad \text{mit } x = 0$$

Die Standardabweichung der transformierten Mittelwerte über I-Messungen pro Mittelwert ist dann

$$S = \left[\sum_{i=1}^{I} \frac{(x_i^*)^2}{I-1} \right]^{1/2} \qquad\qquad [6]$$

Da nach der eingangs besprochenen Definition Zeitmittelwerte fehlerbehaftet sind (Abbruchfehler), d. h., sie sind im Sinn der Statistik Schätzwerte, aber sie sind für eine Angabe des Mittelwertes des Betrags für den mittleren Fehler wichtig. Dieser kann durch die folgende Gleichung bestimmt werden:

$$S_m = \frac{S}{\sqrt{I}} \qquad\qquad [7]$$

Hieraus lässt sich ablesen, dass die Schwankungen der Mittelwerte umso kleiner werden, je mehr Messungen zur Mittelwertbildung herangezogen werden. Pro Erhöhung der Einzelmesswerte um den Faktor 100 verringern sich die Schwankungen des Mittelwertes (x) um eine Dekade (1/10). Diese Gesetzmäßigkeit wird auch oft als $1/\sqrt{2}$ -Gesetz bezeichnet.

1.4.19   Quadratischer Mittelwert

Der quadratische Mittelwert kann entweder durch eine fortlaufende oder durch eine schrittweise Mittelwertbildung nach folgender Gleichung berechnet werden:

$$\overline{x}^2 = \frac{1}{I} \cdot \sum_{i=1}^{I} x_i{}^2 \qquad [8]$$

Es ist zu erkennen, dass der Mittelwert aus den quadratischen Momentanwerten gebildet wird und deshalb unabhängig vom Vorzeichen ist. Der quadratische Mittelwert ist ein bedeutender Parameter zur Beurteilung der Dynamik von Signaländerungen und spielt deshalb bei der Signalanalyse eine wichtige Rolle. Er kann außerdem zur Berechnung des Effektivwertes eingesetzt werden.

1.4.20   Effektivwert

Folgende Gleichung wird zur Berechnung des Effektivwertes eines Signals angewendet:

$$x_{eff} = \sqrt{\frac{\sum_{i=1}^{I} x_i^2}{I}} \qquad [9]$$

Der Definition nach erzeugt der Effektivwert eines dynamischen Signals die gleiche Wärmewirkung wie der Effektivwert eines stationären Signals.

1.4.21   Abtasttheorem und Aliasing

Unter dem Aliasing – manchmal auch als Bandüberlappungseffekt bezeichnet – versteht man eine unerwünschte Spiegelung höherer Frequenzlinien in das Frequenzspektrum des Eingangssignals. Dieser Effekt tritt bei jedem Messverfahren auf, das auf einer gleichmäßigen Entnahme von Stichproben aus einem kontinuierlichen Vorgang besteht. In der Optik ist diese Rückwirkung auch als Stroboskop-Effekt bekannt.

Bei der Aufgabe ein kontinuierliches Signal zu digitalisieren, ergibt sich als erstes das Problem der Festlegung des zeitlichen Abstands, mit dem die Stichproben aus dem Signal entnommen werden sollen, d. h. die Festlegung der Abtastintervalle. Werden diese Intervalle zu eng gewählt, so haben die einzelnen Stichproben eine unnötig hohe Redundanz zueinander und verteuern zudem den gesamten Messaufbau. Werden die Abstände zu groß gewählt, so gehen Signalinformationen verloren, und das Ursprungssignal kann nur noch ungenau rekonstruiert werden. In Abb. 1.42 ist der typische Anwendungsfall der Abtastung eines dynamischen Signals dargestellt. Aus der Abbildung lässt sich erkennen, dass das Ergebnis der Abtastung als eine Multiplikation des Originalsignals mit dem Abtastsignal aufgefasst werden kann. Unter diesem Gesichtspunkt ist eine Darstellung des Summensignals im Frequenzgang von besonderer Bedeutung.

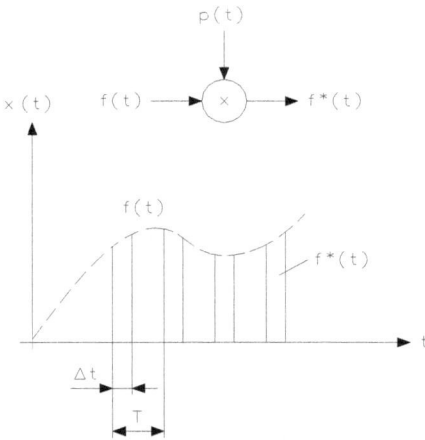

Abb. 1.42:   Abtastung eines dynamischen Signals

Da die Reihe der Abtastimpulse eine periodische Funktion ist, lässt es sich als Fourierreihe beschreiben:

$$p(t) = \sum_{n=-\infty}^{n=+\infty} \vec{c}_n^{\,i(n\omega_0 t)} \qquad [10]$$

mit $\omega = 2\pi/T$ als Kreisfrequenz des Abtastsignals. Mit der Abtastkreisfrequenz ω_0 lässt sich das Summensignal wie folgt beschreiben:

$$f*(t) = \sum_{n=-\infty}^{n=+\infty} \vec{c}_n x(t) e^{i(n\omega_0 t)} \qquad [11]$$

Mit Hilfe des Verschiebungssatzes wird die Laplace-Transformierte x*(s) des Summensignals f*(t) gebildet:

$$x*(s) = \sum_{n=-\infty}^{n=+\infty} \vec{c}_n x^{(s-in\omega_0)} \qquad [12]$$

Durch die Transformierte x(s) wird eine unverfälschte Beschreibung des Originalsignals f(t) wiedergegeben. Für den Sonderfall n = 0 wird x(s) nun durch die Multiplikation mit c_0 neu normiert. Da der Fourierkoeffizient c_0 der Abtastimpulsreihe bekannt ist, ließe sich damit eigentlich x(s) in einfacher Weise rekonstruieren, wenn nicht die Signalinformation durch weitere Summanden ($\vec{c}_n$ x(s)) verfälscht werden würde. Diese Mischprodukte sind die eigentlichen auslösenden Momente des Aliasingeffektes. In Abb. 1.43 ist eine Impulsreihe entsprechend Abb. 1.41 mit den zugehörigen Fourierkoeffizienten c_n aufgetragen. Abb. 1.44 und Abb. 1.45 zeigen das Verhalten des Summensignals für die beiden Sonderfälle $\omega_0/2 < 1/T$ und $\omega_0/2 > 1/T$.

$$C_n = \frac{\Delta t}{T} = \frac{\sin\left(n\,\omega_0\frac{\Delta t}{2}\right)}{n\,\omega_0\frac{\Delta t}{2}}$$

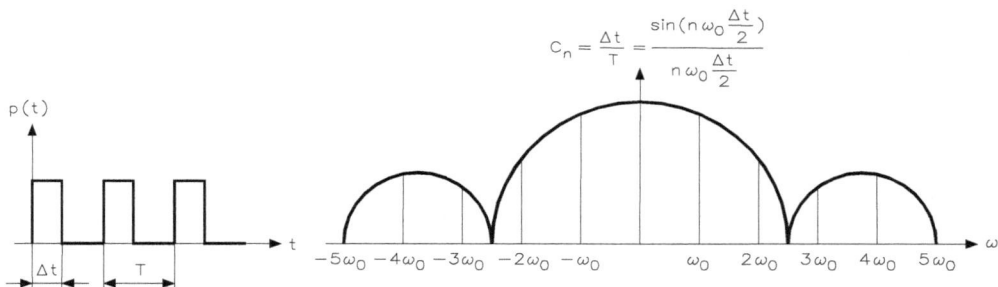

Abb. 1.43:   Abtastfrequenz und Fourierkoeffizient C_n

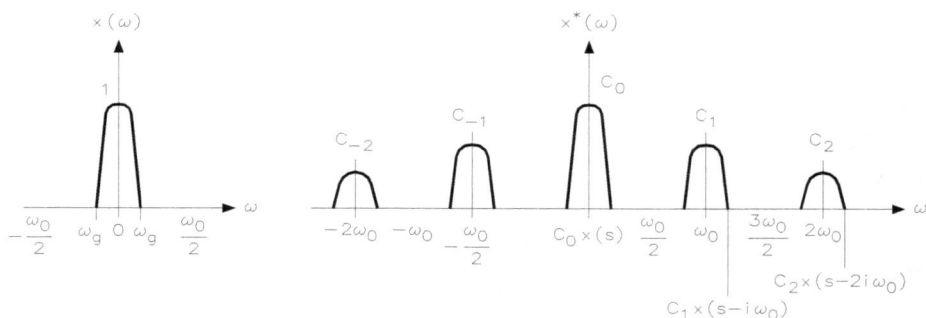

Abb. 1.44:   Spektrale Amplitudendichte des unverfälschten und des Summensignals mit $\omega_0 < \omega_0/2$

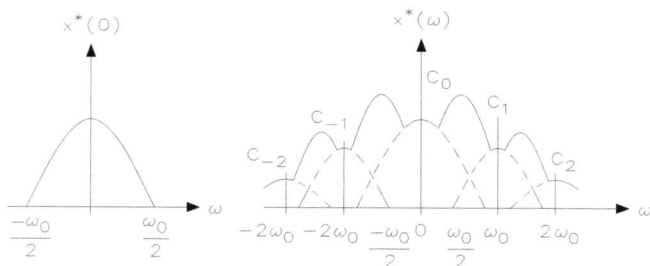

Abb. 1.45:   Spektrale Amplitudendichte des unverfälschten und des Summensignals mit $\omega_0 > \omega_0/2$

Im ersten Fall zeigt sich, dass zusätzliche Spektrallinien höherer Ordnung auftreten. Diese Verfälschung des Originalsignals kann durch geeignete Filter bei der Rekonstruktion (DA-Umsetzung) des Signals verhindert werden. Im zweiten Fall überlagern sich die Mischprodukte nach Gleichung [12], da das ursprüngliche Amplitudenspektrum die Frequenz $\omega_0/2$ überschreitet. Die durch diese Gegebenheit auftretende Signalverfälschung lässt sich durch ein nachgeschaltetes Filter nicht korrigieren. Letzteres ist auch ein Beleg für das Abtasttheorem nach Shannon, welches besagt, dass die Abtastfrequenz mindestens doppelt so groß wie die obere Grenzfrequenz des Signals sein muss.

Bei dieser Behauptung muss beachtet werden, dass die Abtastfrequenz mindestens um ein Quantum größer sein muss, als das Doppelte der höchsten Teilfrequenz des Eingangssignals, wie Abb. 1.46 zeigt. Bei diesem angenommenen Fall wären alle Abtastwerte gleich Null, d. h. die Signalinformation würde verloren gehen. Außerdem ist hervorzuheben, dass die Grenzfrequenz nicht der höchsten umzusetzenden Frequenz entspricht, sondern, dass damit die höchste im Eingangssignal enthaltene Frequenzkomponente gemeint ist. Durch eine Überlagerung der Seitenbänder aufgrund der Abtastung würde also ohne eine entsprechende Begrenzung der Bandbreite des Eingangssignals eine Verfälschung des Amplitudenspektrums innerhalb des umzusetzenden Frequenzbereiches eintreten.

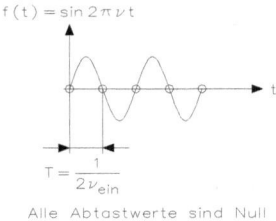

Abb. 1.46:   Abtastfrequenz

Von besonderer Bedeutung ist das Abtasttheorem dadurch, weil durch eine mathematische Beweisführung bewiesen wird, dass eine Digitalisierung periodischer und nicht periodischer Signale mit einer definierten Abtastfrequenz möglich ist, ohne dass ein Informationsverlust eintritt, obwohl Signaländerungen ignoriert werden, die zwischen den einzelnen Abtastungen auftreten. Die Hälfte der Abtastfrequenz wird auch als Nyquistfrequenz oder als Faltungsfrequenz bezeichnet. Mit dem Abtasttheorem lässt sich auch für den Zeitbereich die minimale Messdauer für ein bestimmtes Signal definieren. Liegt ein interessierender Frequenzbereich des Eingangssignals zwischen 0 Hz und der Bandbreite B, so bestimmt sich die minimale Messdauer der Abtastreihe, die zur Erfassung bzw. zur Rekonstruktion des Signals nötig ist, mit

$$T > \frac{1}{2 \cdot B} [Hz]$$

Die Inhärenz des Abtastprozesses der Fremdüberlagerung (Aliasing) macht die Gründe verständlich, warum in den meisten Anwendungsfällen ein Antialiasing-Filter vor den AD-Wandler geschaltet werden muss. Auch für den Fall, dass ein Signal mit Hilfe eines idealen AD-Wandlers digitalisiert wird (Umsetzzeit gleich Null) tritt dieser Fehler auf, wie Abb. 1.47 und Abb. 1.48 zeigen. Lediglich die Seitenbänder werden auf der Frequenzachse verschoben.

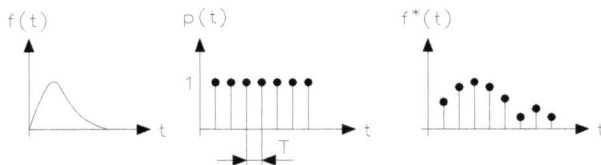

Abb. 1.47:   Ideale Abtastung eines Signals f(t) mit p(t) und resultierendes Signal f*(t)

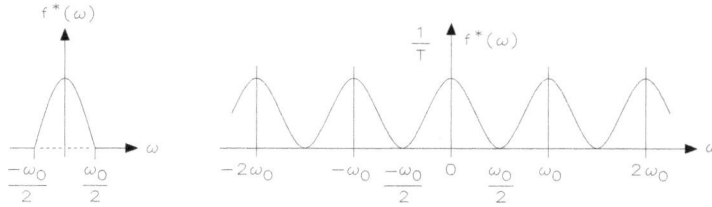

Abb. 1.48:   Amplitudenspektren des Original- und des abgetasteten Signals

Die durch die periodische Abtastung des Eingangssignals erzeugten Fehler – sie treten, wie gesagt, auch bei einer idealen Abtastung auf – können nur durch zwei Verfahren vermieden werden. Zum einen kann die Abtastfrequenz so groß gewählt werden, dass sie mit Sicherheit doppelt so groß wie die höchste im Signal enthaltene Teilfrequenz ist. Bei der Digitalisierung dynamischer Signale ist diese Methode kaum praktikabel. Deshalb wird der Anwender in fast allen Fällen von der Möglichkeit der Vorschaltung eines Antialiasing-Filters Gebrauch machen. Geeignete Filter sind Tiefpässe mit einer sehr großen Flankensteilheit, deren Grenzfrequenzen von der höchsten zu erfassenden Frequenzkomponente des umzusetzenden Signals bestimmt werden.

2   Funktionsgenerator und Signalquellen

Der Funktionsgenerator ist eine Spannungsquelle, die Sinus-, Dreieck- und Rechtecksignale mit unterschiedlichem Tastverhältnis und einstellbarem Ausgangssignal erzeugen kann. Mit diesem Generator werden die Schaltungen einfach und praxisgerecht mit den verschiedenen Signalspannungen versorgt. Die Signalform lässt sich ändern und Frequenz, Amplitude und Tastverhältnis kann man einstellen. Der Frequenzbereich des Funktionsgenerators ist so groß, dass nicht nur normale Signale, Spannungen und Ströme, sondern auch Audio-, Radio- und Fernsehfrequenzen erzeugt werden können. Abb. 2.1 zeigt das Symbol und das geöffnete Fenster des Funktionsgenerators als Sinusgenerator. Die Werte werden mit dem Multimeter und dem Oszilloskop gemessen.

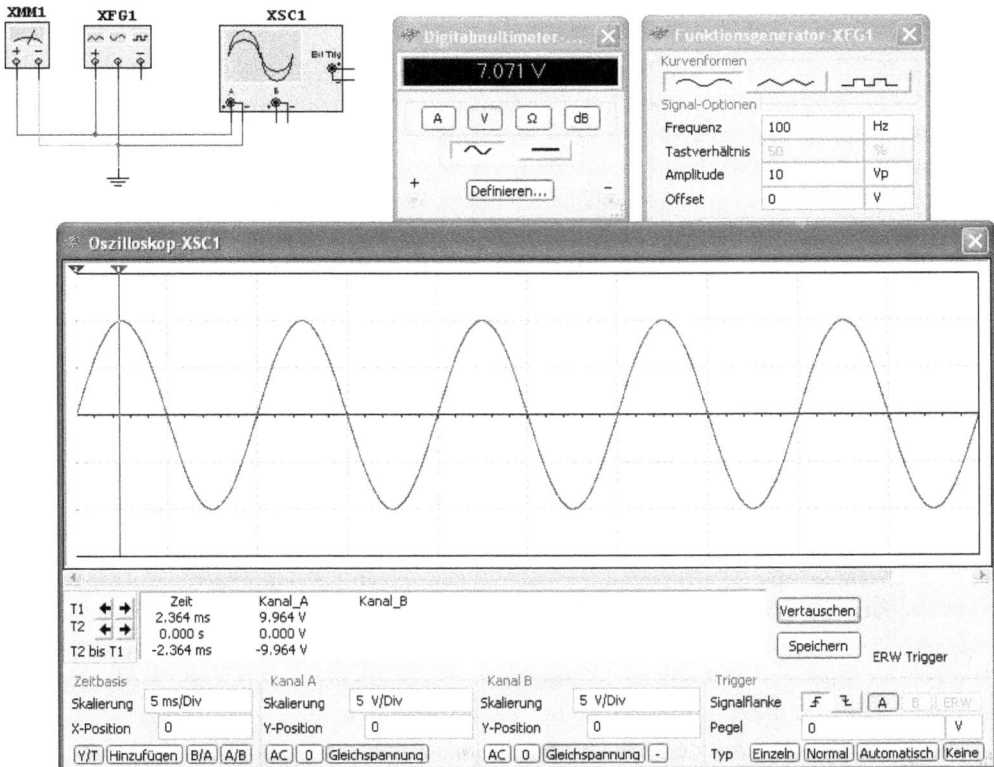

Abb. 2.1:   Symbol und geöffnetes Fenster des Funktionsgenerators (arbeitet als Sinusgenerator). Das Oszilloskop zeigt den Spannungsverlauf der sinusförmigen Wechselspannung und das Multimeter misst den Effektivwert der Sinusspannung.

https://doi.org/10.1515/9783110544428-003

Das Voltmeter zeigt den Messwert von 7,071 V (Effektivwert) und das Oszilloskop eine Amplitude von $U_s = 10$ V und $U_{ss} = 20$ V an. Der Effektivwert ist um $\sqrt{2}$ geringer als der Spitzenwert U_s und $2\sqrt{2}$ geringer als der Spitzen-Spitzenwert U_{ss}. Die Skalierung für die y-Achse beträgt 5 ms/Div und es werden zwei Divisionen für eine Sinusschwingung benötigt, d. h. 5 ms/Div · 2 Div = 10 ms $\triangleq$ 100 Hz.

2.1 Simulierter Funktionsgenerator

Der Funktionsgenerator besitzt drei Anschlüsse, über die die Signale in die Schaltung eingespeist werden. Der Anschluss „Common" stellt den Bezugspegel für das Signal dar. Wenn die Masse den Bezug für ein Signal bilden soll, verbindet man den Anschluss „Common" mit dem Bauteil „Masse". Der positive Anschluss (+) speist eine bezogen auf den Bezugsanschluss in positiver Richtung verlaufende Kurvenform ein. Der negative Anschluss (−) speist eine entsprechend in negativer Richtung verlaufende Kurvenform ein.

- **Signalform:** Um eine Signal- bzw. Kurvenform zu wählen, klicken Sie auf die entsprechende Sinus-, Dreieck- oder Rechteckschaltfläche. Das Tastverhältnis des Dreieck- und Rechtecksignals können Sie beliebig ändern und bei dem Dreiecksignal die steigende bzw. fallende Flanke einstellen.
- **Signaloptionen:** Mit dieser Option bestimmen Sie die Periodenanzahl (Frequenz von 1 µHz bis 9,99 GHz) des vom Funktionsgenerator gelieferten Signals.
- **Tastverhältnis (1 % bis 99 %):** Mit dieser Option stellen Sie das Verhältnis aus ansteigendem zum abfallenden Kurvenanteil bzw. positivem zum negativen Kurvenanteil (Rechtecksignal) ein. Das Tastverhältnis wirkt sich nicht auf das Sinussignal aus.
- **Amplitude (1 µV bis 999 kV):** Mit dieser Option stellen Sie den Betrag der Signalspannung vom Nulldurchgang bis zum Spitzenwert ein. Wenn die Einspeisungspunkte der Schaltung mit dem Anschluss „Common" und dem positiven oder negativen Anschluss des Funktionsgenerators verbunden sind, beträgt der Spitze-Spitze-Wert das zweifache der Amplitude. Wenn das Ausgangssignal dagegen über den negativen und positiven Anschluss eingespeist wird, beträgt der Spitze-Spitze-Wert das vierfache der Amplitude.

Durch Anklicken einer der drei oberen Felder erhält man die Signalform für die Grundfrequenzen: Sinus, Dreieck und Rechteck. Der Funktionsgenerator hat drei Ausgänge, die man unterschiedlich beschalten kann. Normalerweise verwendet man die Ausgangsspannung zwischen Masse- bzw. 0-V-Anschluss und positivem Ausgang. In diesem Fall ergibt z. B. $U_a = +10$ V. Arbeitet man zwischen Masse-Anschluss und negativem Ausgang, erhält man $U_a = -5$ V. Nimmt man die Spannung zwischen dem positiven und negativen Ausgang ab, lassen sich doppelte Spannungswerte, z. B. mit $U_{aSS} = 10$ V erzeugen.

Schaltet man auf Rechteckspannung, lässt sich ein weiteres Fenster öffnen. Mit „Set Rise/ Fall Time" (Anstiegs- und Abfallzeit) kann man den zeitlichen Faktor für die positive und negative Flanke für die rechteckförmige Spannung einstellen.

Die Frequenz lässt sich auf verschiedene Weisen ändern. Die erste Möglichkeit besteht darin, die Drehknöpfe (Spin-Controls) anzuklicken. Bei dieser Methode erhöht sich der Frequenzwert um jeweils 1. Diesen Vorgang kann man auch durch die Verwendung der beiden Pfeiltasten (Cursor-Tasten) der PC-Tastatur realisieren. Wenn man den Frequenzwert über die Tastatur eingibt, lässt sich der Frequenzwert mit einer Kommastelle (Dezimalpunkt) eingeben, z. B. 3,5 kHz. Klicken Sie hierzu mit der Maus in die Frequenzwertanzeige des Funktionsgenerators. Es lassen sich die Frequenzbereiche von pHz bis THz in Stufen wählen und dann über das Fenster fein einstellen.

Die Frequenz bei einer sinusförmigen Wechselspannung gibt die Anzahl der Perioden pro Sekunde an. Die Frequenz und die Kreisfrequenz berechnen sich aus

$$f = \frac{1}{T} \qquad\qquad \omega = 2 \cdot \pi \cdot f$$

Der Funktionsgenerator erzeugt eine Wechselspannung mit 1 kHz. Berechnen Sie die Periodendauer und die Kreisfrequenz!

$$T = \frac{1}{f} = \frac{1}{1kHz} = 1ms \qquad\qquad \omega = 2 \cdot \pi \cdot f = 2 \cdot 3,14 \cdot 1kHz = 6280 s^{-1}$$

Die Wellenlänge λ ist der Abstand zwischen zwei Stellen gleichen Schwingungszustandes, d. h. zweier Verdichtungsstellen. Die Berechnung erfolgt nach

$$\lambda = \frac{c}{f}$$

mit c = Ausbreitungsgeschwindigkeit (diese beträgt in Luft und Vakuum ≈ 300.000 km/s und in Kupferleitungen ≈ 240.000 km/s).

2.1.1 Augenblickswert, Scheitelwert und Effektivwert

Bei den Wechselgrößen unterscheidet man zwischen Augenblickswert, Scheitelwert, Effektivwert, Gleichrichtwert, Scheitelfaktor und Formfaktor.

- Der **Augenblickswert** ist der Wert einer Wechselgröße zu einem bestimmten Zeitpunkt. Die Kennzeichnung erfolgt durch Kleinbuchstaben mit „u" für den Augenblickswert der Spannung oder „i" für den Strom.
- Der **Scheitelwert** ist der größte Betrag des Augenblickswerts einer Wechselgröße. Die Kennzeichnung erfolgt durch ein Dach über den Buchstaben mit „û" für die Spannung oder „î" für den Strom.
- Der **Effektivwert** ist der zeitliche quadratische Mittelwert einer Wechselgröße. Die Kennzeichnung erfolgt durch Großbuchstaben oder mit dem Index „eff", also U bzw. U_{eff} für die Spannung oder I bzw. I_{eff} für den Strom.
- Der **Gleichrichtwert** ist der arithmetische Mittelwert des Betrags einer Wechselgröße über eine Periode. Die Kennzeichnung erfolgt durch Betragsstriche und Überstrich wie |ū|, wobei man in der Praxis auf die Betragsstriche verzichtet.
- Der **Scheitelfaktor** einer Wechselgröße ist das Verhältnis von Scheitelwert zum Effektivwert. Es gilt

$$S = \frac{\hat{u}}{U} = \frac{\hat{i}}{I}$$

Der Scheitelfaktor ist von der entsprechenden Schwingungsform abhängig. Tabelle 2.1 zeigt die einzelnen Scheitelfaktoren.

Tab. 2.1:   Scheitelfaktoren in Abhängigkeit der Schwingungsform

Schwingungsform	Scheitelfaktor
Sinus	$\sqrt{2} = 1{,}414$
Dreieck	$\sqrt{3} = 1{,}732$
Sägezahn	$\sqrt{3} = 1{,}732$
Rechteck	$1{,}00$

- Der **Formfaktor** einer Wechselgröße ist das Verhältnis von Effektivwert zum Gleichrichtwert:

$$F = \frac{U}{\overline{u}} = \frac{I}{\overline{i}} \quad F \geq 1$$

Tabelle 2.2 zeigt die einzelnen Formfaktoren, wobei man die Schwingungsform berücksichtigen muss.

Tab. 2.2:   Formfaktoren in Abhängigkeit der entsprechenden Schwingungsform

Schwingungsform	Formfaktor
Sinus	$\dfrac{\pi}{2\sqrt{2}} = 1{,}111$
Dreieck	$\dfrac{2}{\sqrt{3}} = 1{,}155$
Rechteck	$1{,}00$

Bei der Rechteck- und der Dreieckspannung lässt sich das Tastverhältnis (Duty Cycle) ändern.

2.1.2   Rechteck- und Dreieckspannung

Die Periodendauer T ist eine Addition zwischen der Impulsdauer t_i und der Pausendauer t_p

$$T = t_i + t_p$$

Für die Frequenz gilt

$$f = \frac{1}{T} = \frac{1}{t_i + t_p}$$

Wichtig für die Praxis ist das Tastverhältnis V und der Tastgrad G von rechteckförmigen Impulsfolgen

$$V = \frac{T}{t_i} = \frac{1}{G} \qquad G = \frac{t_i}{T} = \frac{1}{V}$$

Durch die Einstellung des Tastverhältnisses erhält man positive und negative Nadelimpulse. Das Tastverhältnis lässt sich von 1 % bis 99 % in 1-%-Schritten ändern. Abb. 2.2 zeigt eine unsymmetrische Rechteck- und Dreieckspannung.

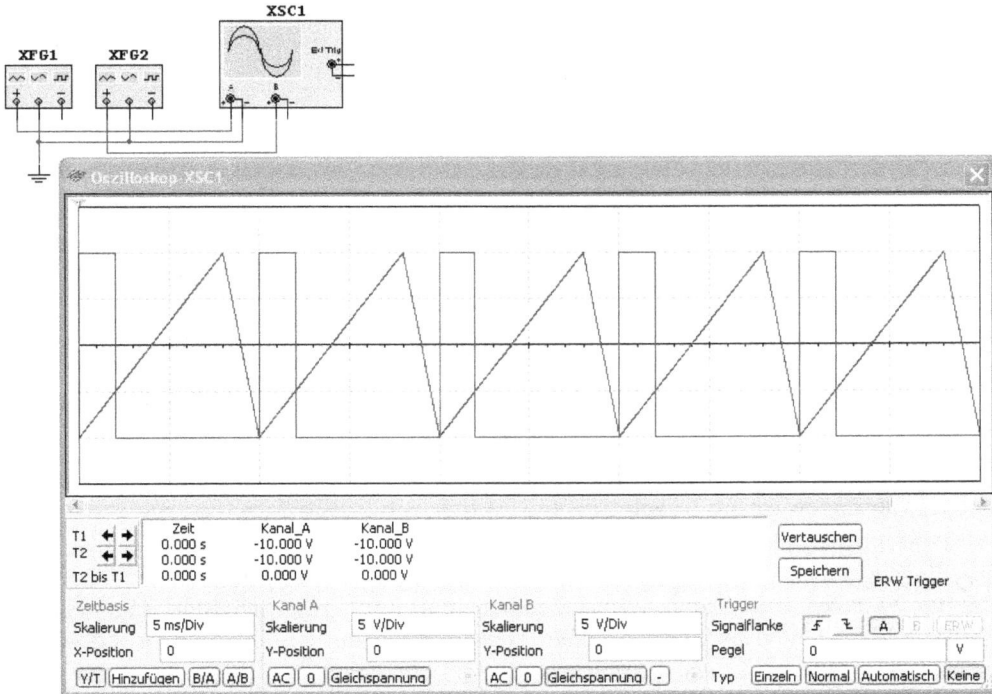

Abb. 2.2: Unsymmetrische Rechteck- und Dreieckspannung

Die Messung zeigt eine unsymmetrische Rechteck- und eine Sägezahnspannung. Beide Amplituden sind $U_s = 10$ V bzw. $U_{ss} = 20$ V. Für die Rechteckspannung gilt eine Impulslänge von $t_i = 1,8$ ms/Div und für die Impulspause $t_p = 0,2$ ms/Div. Das gleiche gilt auch für die Sägezahnspannung, d. h. Anstiegszeit $t_{an} = 1,8$ ms/Div und für die Abfallzeit $t_{ab} = 0,2$ ms/Div. Das Tastverhältnis ist

$$V = \frac{T}{t_i} = \frac{2ms}{1,8ms} = 1,11$$

Die Dreieckspannung hat gleiche Zeiten für die steigende und fallende Flanke. Die Periodendauer T errechnet sich aus der steigenden Flankendauer t_s und der fallenden Flankendauer t_f. Das Verhältnis zwischen der steigenden und der fallenden Flanke lässt sich von 1 % bis 99 % in 1-%-Schritten ändern.

Die Amplitude, also die Ausgangsspannung, kann man wieder mittels mehreren Methoden einstellen. Die erste Möglichkeit besteht darin, die Drehknöpfe (Spin-Controls) anzuklicken. Bei dieser Methode wird der Amplitudenwert jeweils um 1 erhöht bzw. verringert. Dieser Vorgang lässt sich auch durch die Verwendung der Pfeiltasten (Cursor-Tasten) auf der PC-Tastatur realisieren. Auch kann man eine direkte Eingabe des Amplitudenwerts über die

Tastatur vornehmen. Hierbei wird der Amplitudenwert mit einer Nachkommastelle (Dezimalpunkt) eingegeben, z. B. 7,2 Volt. Klicken Sie hierzu mit der Maus in die Amplitudenwertanzeige des Funktionsgenerators. Es lassen sich die Grundeinstellungen für die Ausgangswerte zwischen pV_{SS} bis TV_{SS} einstellen.

Mit dem Offset verschiebt man den Gleichspannungsanteil des erzeugten Signals in positive bzw. negative Richtung. Der Offset lässt sich von −999 bis +999 in 1-er-Schritten ändern. Die Grundeinstellungen reichen von pV bis TV.

Offset (−999 kV bis 999 kV)

Mit dieser Option verschieben Sie den Gleichspannungspegel, der den Nulldurchgang für das Signal bildet. Bei einem Offset von 0 alterniert die Signalkurve um die X-Achse des Oszilloskops (vorausgesetzt dessen Y-Position ist auf 0 eingestellt). Ein positiver Offsetwert verschiebt die Kurve nach oben, ein negativer nach unten. Der Offsetwert besitzt die Einheit, die für die Amplitude eingestellt wurde.

Durch Veränderungen des Tastverhältnisses lassen sich zahlreiche Messübungen durchführen.

2.1.3   Messung der Phasenverschiebung

Betreibt man ein RC-Glied an einer sinusförmigen Wechselspannung, ergibt sich eine Phasenverschiebung, wie Abb. 2.3 zeigt.

Der Funktionsgenerator erzeugt eine Sinusspannung mit 10 V/100 Hz. Diese Spannung liegt am Eingang A des Oszilloskops an und am Eingang B die Ausgangsspannung des RC-Gliedes. Wie das Oszilloskop zeigt, ist die Skalierung auf 2 ms pro Division eingestellt und eine komplette Sinusschwingung hat fünf Divisionen. Damit ist die Frequenz auf 100 Hz eingestellt.

Misst man die Phasenverschiebung, ergeben sich zwischen U_e und U_a genau fünf Teilstriche einer Division und damit erhält man

$$5\,\text{Div} \quad \triangleq \quad 360°$$

$$0{,}45\,\text{Div} \quad \triangleq \quad ?$$

$$\frac{360° \cdot 0{,}6\,Div}{5\,Div} = 43°$$

Durch eine Rechnung soll das Ergebnis der Messung kontrolliert werden. Der kapazitive Blindwiderstand errechnet sich aus

$$X_C = \frac{1}{2 \cdot \pi \cdot f \cdot C} = \frac{1}{2 \cdot 3{,}14 \cdot 100\,Hz \cdot 1\mu F} = 1{,}59\,k\Omega$$

$$\tan \varphi = \frac{X_C}{R} = \frac{1{,}59\,k\Omega}{1{,}5\,k\Omega} = 1{,}06 \Rightarrow \varphi = 46{,}6°$$

Durch das Ablesen des Oszillogramms entsteht ein geringer Messfehler.

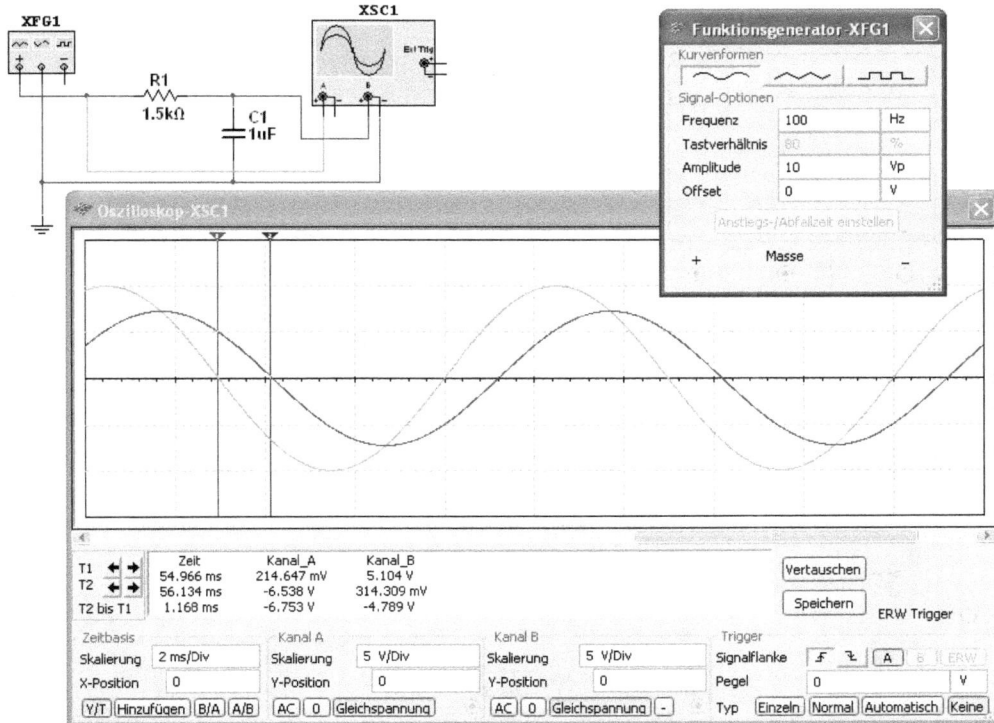

Abb. 2.3:   Messung der Phasenverschiebung

2.1.4   RC-Glied an symmetrischer Rechteckspannung

Mittels des Simulationsprogramms lässt sich ein RC-Glied einfach untersuchen. Für den Widerstand verwendet man den Wert von R = 1 kΩ und für den Kondensator C = 1 µF. Die Zeitkonstante errechnet sich aus

$$\tau = R \cdot C = 1 \text{ k}\Omega \cdot 1 \text{ µF} = 1 \text{ ms}$$

d. h. nach 5 τ hat sich der Kondensator aufgeladen und nach weiteren 5 τ wieder entladen, wenn man das RC-Glied mit einer symmetrischen Rechteckspannung mit einer Frequenz von 100 Hz betreiben will.

Bei der Schaltung von Abb. 2.4 erkennt man, dass der Lade- und Entladevorgang komplett abgeschlossen ist, d. h. es ergibt sich eine Gesamtzeit von 10 τ, was einer Frequenz von 100 Hz entspricht. Aus diesem Grunde ist der Frequenzgenerator auf 100 Hz eingestellt. Um eine symmetrische Rechteckspannung zu ermöglichen, wird das Tastverhältnis auf 50 einge-stellt. Als Ausgangsspannung für die Rechteckspannung wurde 10 V gewählt.

Das Oszilloskop arbeitet im Zweikanalbetrieb. Oben ist die Eingangsspannung mit 100 Hz und unten die Ausgangsspannung, die direkt am Kondensator abgegriffen wird, gezeigt. Man erkennt aus dieser Einstellung, dass sich der Kondensator vollständig auf- und entladen kann. Wichtig für die Einstellung ist die Beachtung der beiden Y-POS-Abgleichmöglichkeiten: Der

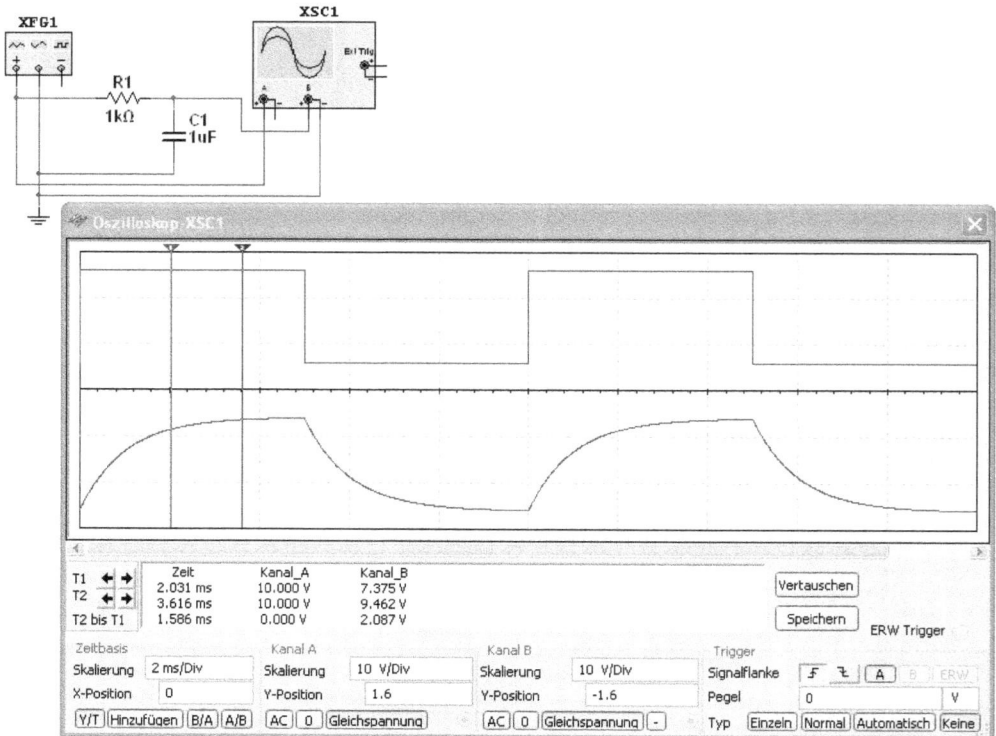

Abb. 2.4:   RC-Glied an symmetrischer Rechteckspannung, wenn der Lade- und Entladevorgang komplett abgeschlossen sein soll

Kanal A hat einen Wert von +1,20 und der Kanal B von −1,20. Damit lassen sich die beiden
Kanäle verschieben und es ergibt sich eine übersichtliche Darstellung auf dem Oszilloskop.

Dieses RC-Glied bezeichnet man als Integrierglied. Die Ladung des Kondensators nimmt mit
jedem Impuls zu bzw. ab, da die Auf- bzw. Entladung in diesem Bereich bei gleichen Zeitab-
schnitten schneller vor sich geht als die Ent- bzw. Aufladung. Dieses Zusammenfügen von
Impulsen zu einer zusammenhängenden Spannungs-Zeit-Fläche bezeichnet man als Integration.

Für die Zeitkonstante des RC-Glieds gilt: $\tau = 1$ ms. Wenn man die Frequenz von 100 Hz auf
1 kHz erhöht, kann sich der Kondensator nicht mehr vollständig auf- und entladen. Es entsteht eine flache Sägezahnspannung. Erhöht man die Frequenz, wird die Sägezahnspannung
immer flacher. Verringert man dann wieder die Frequenz ab 500 Hz, vergrößert sich wieder
die Lade- und Entladezeit des Kondensators und die Ausgangskurve wird ausgeprägter.

Stellt man die Frequenz wieder auf 100 Hz ein und verringert den Widerstandswert von 1 kΩ
auf 100 Ω, ergibt sich die Bedingung $\tau < t_i$. Bei dieser Bedingung erkennt man fast keinen
Unterschied zwischen der Ein- und der Ausgangsspannung, und in diesem Fall hat man keine
nennenswerten Verformungen an der Ausgangsfunktion.

2.1.5 Messung einer Schwebung

Mit zwei Sinusspannungen lässt sich eine Schwebung simulieren. Die zwei Sinusspannungen werden von den Wechselspannungsquellen erzeugt und zu der Quellen-Bauteilbibliothek gehören folgende virtuelle Signalgeneratoren:

- Masse
  - Batterie (Gleichspannungsquelle)
  - Gleichstromquelle
  - Wechselspannungsquelle
  - Wechselstromquelle
- Spannungsgesteuerte Spannungsquelle
- Spannungsgesteuerte Stromquelle
- Stromgesteuerte Spannungsquelle
- Stromgesteuerte Stromquelle
- Spannungsquelle U_{DD}, U_{CC}, U_{EE} und U_{SS}
- Spannungsquelle für Drehstrom in Dreieck und Stern
  - Takt
  - AM-Quelle (Amplitudenmodulation)
  - FM-Quelle (Frequenzmodulation)
  - Spannungsgesteuerter Sinus-Oszillator
  - Spannungsgesteuerter Dreieck-Oszillator
  - Spannungsgesteuerter Rechteck-Oszillator
  - Steuerbarer One-Shot
  - Stückweise lineare Quelle (PWL-Quelle)
  - Spannungsgesteuerte stückweise lineare Quelle
  - Frequenzumtastungs-Quelle (FSK-Quelle)
  - Nicht lineare abhängige Quelle
  - Polynomische Quelle

Alle Quellen in Multisim sind ideal, d. h. sie besitzen keinen Innenwiderstand und die Ausgangsspannungen bzw. -ströme sind gleichmäßig.

Mit einem Klick auf die Wechselspannungsquelle öffnet sich das Einstellfenster. Der Effektivwert (RMS = Root Mean Square) der Spannung dieser Quelle kann im Bereich µV bis kV eingestellt werden. Man kann außerdem deren Frequenz und Phasenwinkel einstellen.

$$U_{RMS} = \frac{U_S}{\sqrt{2}}$$

Es lassen sich weiterhin Spannung, Frequenz, Phase und Spannungsoffset auswählen. Mit dem Spannungsoffset kann die Nulllinie eingestellt werden und damit lassen sich Mischspannungen, d. h. überlagerte Wechselspannungen mit Gleichspannungsanteil erzeugen, wie man sie in der Kommunikationselektronik benötigt. Mit der Zeitverzögerung stellt man die Zeitspanne ein, wann die Wechselspannungsquelle die sinusförmige Wechselspannung abgeben soll.

Wie Abb. 2.5 zeigt, sind zwei Wechselspannungsquellen in Reihe geschaltet und dadurch wird eine Addition der beiden Ausgangsspannungen durchgeführt. Die Amplituden und Frequenzen der Einzelschwingungen beeinflussen sich nicht gegenseitig, d. h. es treten keine neuen Schwingungen auf. Die überlagerten Schwingungen kann man durch Filter wieder trennen.

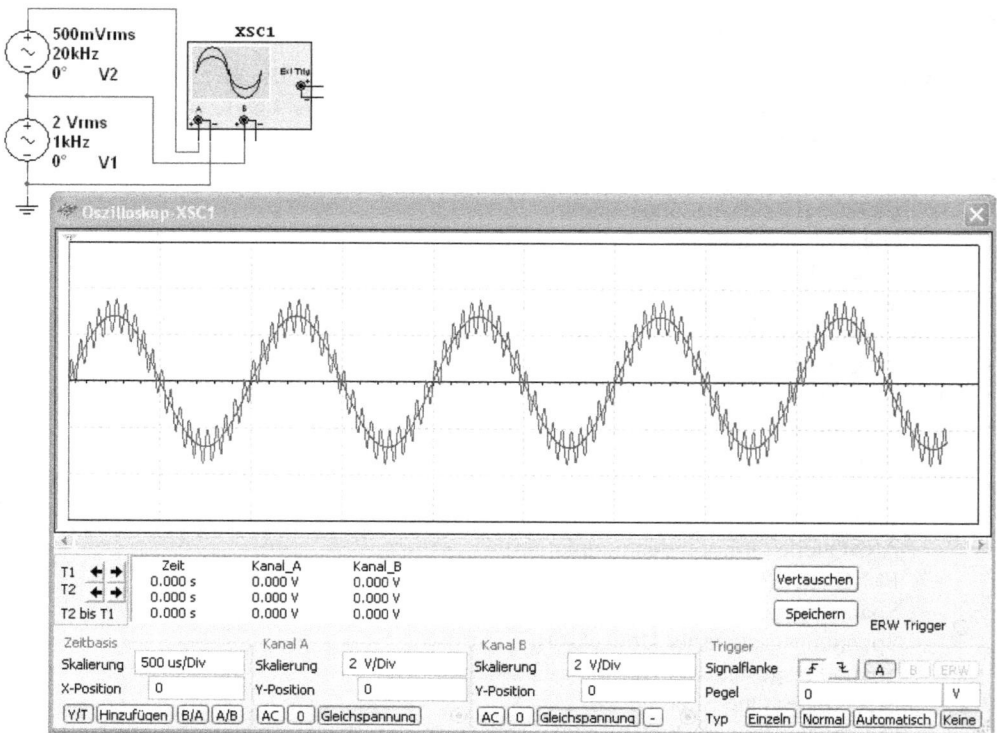

Abb. 2.5:   Untersuchung einer Schwebung

Die Schwebung ist ein Sonderfall der Überlagerung. Sie entsteht, wenn zwei Teilschwingungen nahezu die gleiche Frequenz aufweisen. Je nach augenblicklicher Phasenlage verstärken oder schwächen sich die beiden Schwingungen. Bei gleicher Phasenlage ist die Gesamtspannung gleich der Summe der Einzelspannungen, bei entgegengesetzter Phasenlage gleich der Differenz. Die periodischen Amplitudenschwankungen empfindet das Ohr als Ton (Schwebungsfrequenz).

Die Ausgangsspannung zeigt das typische Oszillogramm einer reinen Überlagerung, d. h. der einfachen Addition zweier Teilspannungen: Die Amplituden und Frequenzen der Einzelschwingungen beeinflussen sich gegenseitig nicht. Es treten keine neuen Frequenzen auf, es sind nur die beiden Generatorfrequenzen vorhanden.

Mathematisch ergibt sich folgendes: Tritt bei den Einzelschwingungen die gleiche Amplitude U auf, ist also $u_1 = U \cdot \sin \omega_1 t$ und $u_2 = U \cdot \sin \omega_2 t$, ergibt sich eine Gesamtspannung von

$$u = u_1 + u_2 = U(\sin \omega_1 t + \sin \omega_2 t)$$

Dieser Ausdruck stellt gewissermaßen das Frequenzspektrum der Überlagerung dar.

Es ist unkorrekt, bei Schwebungen von einem Schwebungston zu sprechen. Bei der Überlagerung entsteht kein Schwebungston, denn es tritt keine neue Frequenz $\omega_S = \omega_1 - \omega_2$ auf, sondern eine periodische Lautstärkeschwankung. Eine periodische Lautstärkeschwankung bedeutet aber keinen neuen Ton. Das soll nicht heißen, dass das Ohr, wenn es zwei Schallwellen von beispielsweise 100 Hz Frequenzunterschied aufnimmt, nicht doch einen Ton von

100 Hz wahrnimmt. Das hängt jedoch nicht damit zusammen, dass das Schallfeld so eine Frequenz enthält, sondern damit, dass das Ohr bei großer Lautstärke, gewissermaßen bei Übersteuerung, nicht ganz linear arbeitet und dadurch, wie bei einer regelrechten Modulation, physiologisch einen Differenzton von 100 Hz hervorbringt.

2.1.6   Messung einer Amplitudenmodulation (AM)

Die AM-Quelle (Singularfrequenz-Amplitudenmodulationsquelle) erzeugt ein amplituden-moduliertes Signal. Diese Quelle kann zum Aufbau und zur Analyse von nachrichtentechni-schen Schaltungen verwendet werden. Es lassen sich Trägeramplitude (Voreinstellung: 1 V), Trägerfrequenz (Voreinstellung: 1 kHz), Modulationsindex (Voreinstellung: 1) und Modula-tionsfrequenz (Voreinstellung: 100 Hz) einstellen. Das Verhalten der AM-Quelle kann mit der charakteristischen Gleichung wie folgt beschrieben werden:

$$U_A = u_C \cdot \sin(2 \cdot \pi \cdot f_C \cdot \text{Zeit}) \cdot (1 + m \cdot \sin(2 \cdot \pi \cdot f_m \cdot \text{Zeit}))$$

u_C = Trägeramplitude in V
f_C = Trägerfrequenz in Hz
m = Modulationsindex
f_m = Modulationsfrequenz in Hz

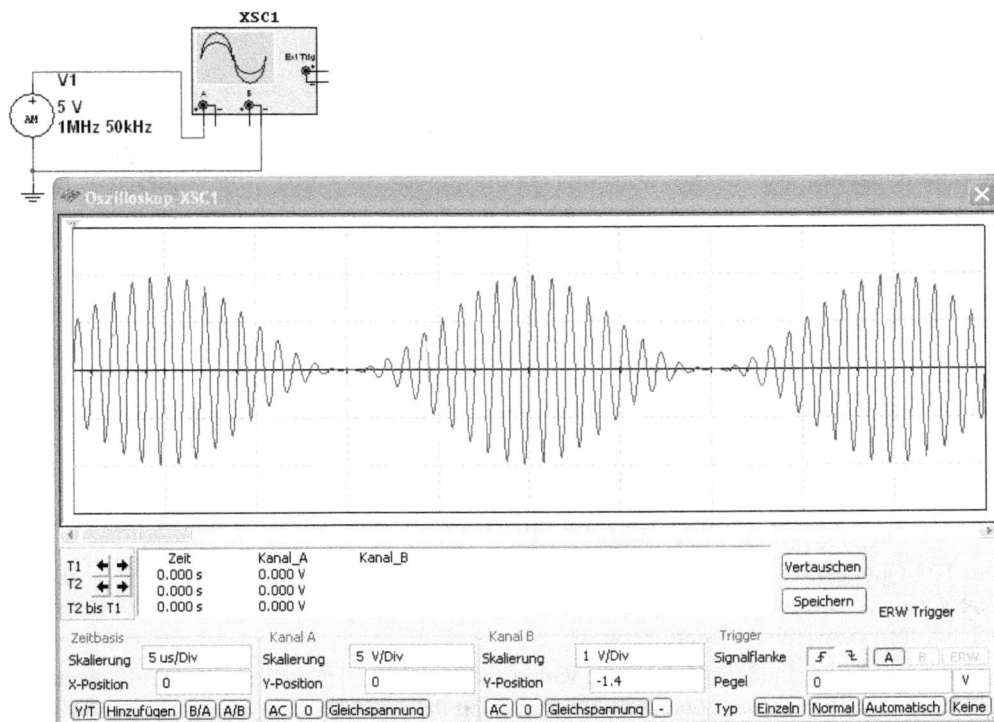

Abb. 2.6:   Ausgangsspannung einer AM-Quelle

Abb. 2.6 zeigt die Ausgangsspannung einer AM-Quelle mit der Trägerfrequenz von 1 kHz und der Modulationsfrequenz von 100 Hz. Als Messgerät wird ein Zweikanal-Oszilloskop verwendet.

Bevor auf die Frage eingegangen wird, wie die Amplitudenmodulierung praktisch durchgeführt wird, sollen erst die Zeitfunktion und das Frequenzspektrum aufgestellt werden. Im einfachsten Fall besteht das niederfrequente Zeichen aus einem Sinuston von der Form

$$i_z = a \sin \omega t$$

Der Träger im nicht modulierten Zustand arbeitet nach

$$i_{Tr} = A \sin \Omega t$$

Bei der Amplitudenmodulierung soll die Amplitude des Trägers die Kennzeichen a und ω des Übertragungszeichens übernehmen, d. h. dass die Trägeramplitude nicht mehr konstant gleich A, sondern eine Funktion A (Z) des Übertragungszeichens sein soll. Sie muss dann in Abhängigkeit von ω und entsprechend der Stärke a der NF schwanken und damit in Abhängigkeit der NF um a zu- und abnehmen. Man erkennt deutlich, wie das niederfrequente Übertragungszeichen als Einhüllende in dem Amplitudenverlauf des Trägers erscheint. Mathematisch lässt sich die Modulierung so formulieren, dass man für den Träger den Ansatz hat

$$i_{Tr} = A(Z)\sin\Omega t \quad \text{mit} \quad A(Z) = A + a\sin t \qquad \text{oder}$$

$$i_{Tr} = (A + a\sin\omega t)\sin\Omega t \qquad \text{oder}$$

$$i_{Tr} = A\left(1 + \frac{a}{A}\sin\omega t\right)\sin\Omega t \,.$$

Die größte Änderung, die die Trägeramplitude erfährt, bezeichnet man als Amplitudenhub und dieser hat den Wert a. Das Verhältnis der maximalen Änderung a zur mittleren Amplitude A wird als Modulationsgrad angegeben und mit m bezeichnet. Der Wert von m ist normalerweise kleiner als 1. Ist a = A und damit m = 1, liegt eine 100 %ige Modulation vor. Unter Benutzung von m = a/A lässt sich Gleichung umformen in

$$i_{Tr} = A(1 + m\sin\omega t)\sin\Omega t \quad \text{mit} \quad m = \frac{a}{A}$$

von der Zeitfunktion der Amplitudenmodulation. Diese Gleichung stellt die Zeitfunktion des mit einem einfachen Sinuston amplitudenmodulierten Trägers dar.

2.1.7   Messung einer Frequenzmodulation (FM)

Die FM-Quelle (Singularfrequenz-Frequenzmodulationsquelle) erzeugt ein frequenzmoduliertes Signal. Diese Quelle kann zum Aufbau und zur Analyse von nachrichtentechnischen Schaltungen verwendet werden.

Es lassen sich Amplitudenspitzenwert (Voreinstellung: 5 V), Trägerfrequenz (Voreinstellung: 1 kHz), Modulationsindex (Voreinstellung: 5), Modulationsfrequenz (Voreinstellung: 100 Hz) und Offset (Voreinstellung: 0 V) einstellen. Das Verhalten der FM-Quelle kann mit der charakteristischen Gleichung wie folgt beschrieben werden:

$$U_A = u_a \cdot \sin(2 \cdot \pi \cdot f_C \cdot t + m \cdot \sin(2 \cdot \pi \cdot f_m \cdot t))$$

u_a = Spitzenamplitude in V
f_C = Trägerfrequenz in Hz
m = Modulationsindex
f_m = Modulationsfrequenz in Hz

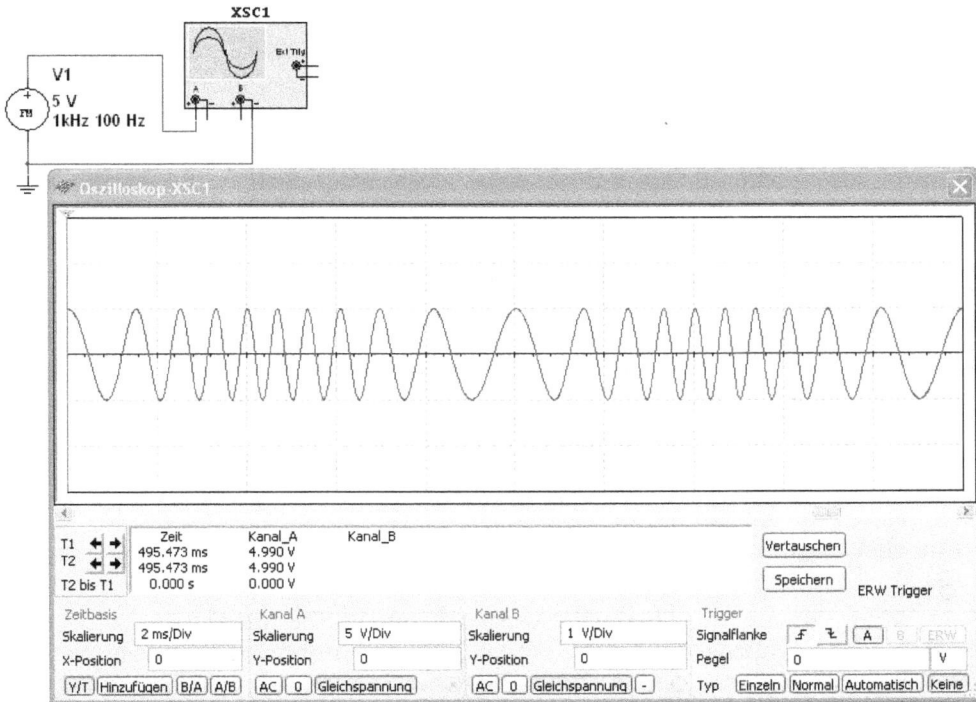

Abb. 2.7: Ausgangsspannung einer FM-Quelle

Abb. 2.7 zeigt die Ausgangsspannung einer FM-Quelle mit der Trägerfrequenz von 1 kHz und der Modulationsfrequenz (Abfragefrequenz) von 100 Hz. Als Messgerät dient ein Zwei-kanal-Oszilloskop.

Den Anstoß zur Entwicklung der Frequenzmodulation gab die Annahme, dass das Übertra-gungsverfahren hinsichtlich der atmosphärischen und sonstigen hochfrequenten Störbeein-flussung das beste sein müsse, das hochfrequenzmäßig den kleinsten Frequenzbereich ein-nehme. Diese Überlegung scheint auf den ersten Blick vollkommen einwandfrei zu sein und allgemeine Gültigkeit zu besitzen, denn je schmaler der Hochfrequenzkanal ist, desto weni-ger Störungen können offenbar in ihm auftreten. Das Bestreben, den Frequenzbereich zu verkleinern, führte auf den Gedanken, nicht die Amplitude, sondern die Frequenz des hoch-frequenten Trägers zu modulieren. Die Modulierung der Hochfrequenz sollte so vorgenommen werden, dass sich die einzelnen Momentanwerte der Nachrichtenspannung in entsprechende Frequenzwerte des Trägers und damit die niederfrequenten Amplitudenschwankungen in zugeordnete Schwankungen der Hochfrequenz umsetzten.

2.1.8   Messung einer Rauschspannung

Jeder Transistor hat Kenngrößen und Kennwerte. Ein Kennwert, in den Datenbüchern auch als realer Messwert bezeichnet, ist der Wert einer am Transistor elektrisch oder wärmemäßig messbaren, ihn charakterisierenden Größe, also einer Kenngröße, definierte Größe. Der einzeln angegebene Kennwert stellt immer nur einen Mittelwert dar. In der Praxis hat man einen Streubereich und innerhalb dessen befinden sich die Werte der Kenngröße unter bestimmten Bedingungen für diesen Transistortyp. Häufig begnügt man sich, falls dies sinnvoll ist, auch nur mit der Angabe des Streubereichs mit seinen minimalen bzw. maximalen Werten. In diesem Streubereich befindet sich dann der Verlauf der Kennlinie. Die Kennwerte bzw. die hier zugrunde liegenden Kenngrößen lassen sich im Wesentlichen in folgenden Gruppen zusammenfassen:

- **Signalkenngrößen (Signalkennwerte, Wechselstrommesswerte):** Hierbei handelt es sich um Kenngrößen, die das Verhältnis zweier Signalgrößen zueinander angeben, also des Signalstroms und einer Signalspannung, zweier Signalströme oder zweier Signalspannungen.
- **Gleichstromkenngrößen und Gleichstromkennwerte (Gleichstrommesswerte** oder auch **statische Kennwerte** bzw. **statische Kenngrößen):** Diese Werte lassen sich entweder durch Gleichströme bzw. durch Gleichspannungen unmittelbar darstellen oder es handelt sich um das Verhältnis zweier dieser Größen zueinander.
- **Erwärmungskenngrößen:** Es handelt sich um Größen, die die Temperaturabhängigkeit und die Wärmeabgabe des Bauelements betreffen.
- **Frequenzkenngrößen:** Sie geben die Signalfrequenz an, für die eine bestimmte Eigenschaft einer Transistorgrundschaltung auf ein feststehendes Maß (Transitfrequenz v = 1) abgesunken ist.
- **Rauschkenngrößen:** Sie sind zunächst nur durch einen einzigen Kennwert vertreten, nämlich durch die Rauschzahl bzw. den Rauschfaktor.

An den freien Enden eines ohmschen Widerstands entsteht eine Rauschspannung U_R und man spricht vom Widerstandsrauschen, welches auch als thermisches Rauschen (Johnson noise) bezeichnet wird. Als Ursache für das Widerstandsrauschen sind thermische Schwingungen und somit unregelmäßige Bewegungen der Elektronen und Atome sowie Moleküle bei Wärme anzusehen. Legt man den Widerstand an eine Gleichspannungsquelle, so können nicht an allen Stellen gleichzeitig die Elektronen mit gleicher Geschwindigkeit transportiert werden, d. h. die Leitfähigkeit des Widerstands ändert sich unregelmäßig. Aus diesem Grund fließt auch der unregelmäßig, statistisch schwankende Strom und man spricht auch vom Stromrauschen. Mit der Gleichung lässt sich die Rauschspannung U_R und die Rauschleistung P_R berechnen:

$$U_R = \sqrt{4 \cdot k \cdot T \cdot \Delta f \cdot R} \qquad\qquad P_R = \frac{U_R^2}{R} = 4 \cdot k \cdot T \cdot \Delta f$$

k: Boltzmann-Konstante = $1{,}38 \cdot 10^{-23}$ Ws/K
T: absolute Temperatur des Widerstands in K (Kelvin)
Δf: Bandbreite des anliegenden Signals in Hz
R: Ohmwert des Widerstands in Ω

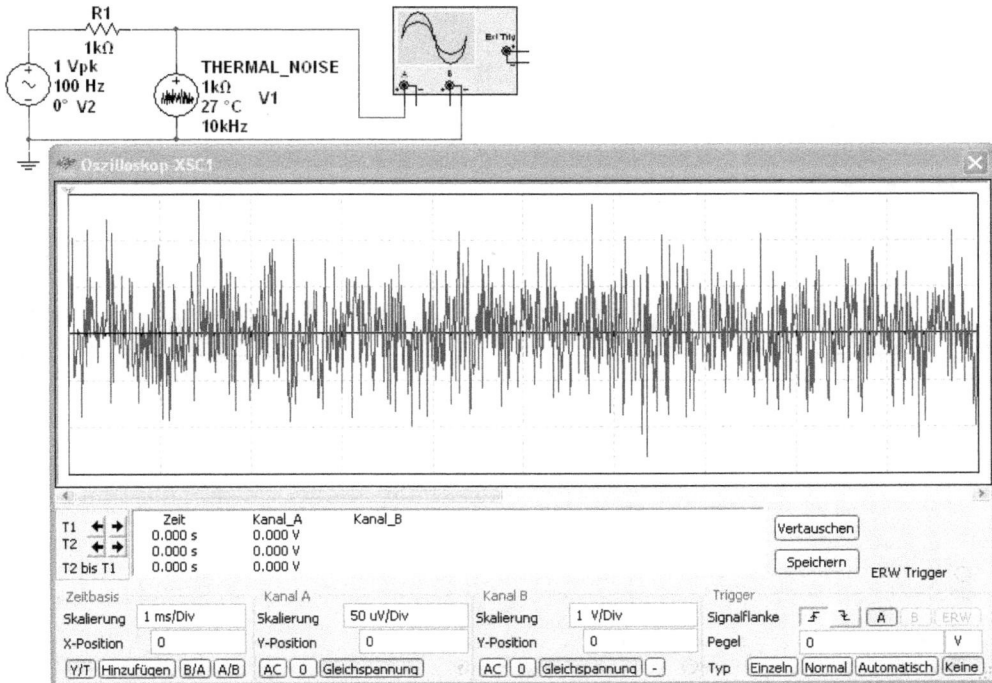

Abb. 2.8:   Messung der Rauschspannung

Wenn man die Einstellungen für den Rauschgenerator lässt, erhält man Abb. 2.8, die Rausch-spannung. Die Rauschspannung wird bei einer Temperatur von 300 K (Kelvin) erzeugt, was einer Temperatur von etwa 27 °C entspricht. Der Innenwiderstand des Rauschgenerators beträgt 1 kΩ bei einer Bandbreite von $\Delta f = 1$ MHz und einem Rauschverhältnis von 1,0.

2.1.9   Messung einer FSK-Spannung

Mit dem FSK-Voltage-Symbol oder Frequenzumtastungs-Quelle (FSK-Quelle) werden die Sender für Fernschreibverbindungen bzw. Computernetzwerke umgetastet, indem die Träger-frequenz in einem Bereich von wenigen hundert Hertz umgeschaltet wird. Die FSK-Quelle erzeugt die Anschaltfrequenz f_1, wenn am Eingang die binäre 1 erkannt wird, und die Raum-übertragungsfrequenz f_2, wenn ein 0-Signal erkannt wird. Abb. 2.9 zeigt die Schaltung für die Erzeugung einer FSK-Spannung.

Ein Rechteckgenerator mit 500 Hz steuert eine kontrollierbare Spannungsquelle (FSK) an. Bei einem 0-Signal hat man eine Ausgangsspannung von 5 kHz und mit einem 1-Signal von 10 kHz. Die Frequenzen lassen sich an die einzelnen Versuche anpassen.

Bei einer Basisbandübertragung werden die Signale entsprechend dem verwendeten Leitungs-code ohne weitere Umformung über eine Leitung übertragen. Eine Leitung kann deshalb nur durch einen Übertragungskanal genutzt werden. Falls mehrere unabhängige Informations-ströme zu übertragen sind, muss dies durch eine zeitliche Verschachtelung (Zeitmultiplex, TDM = Time Division Multiplexing) geschehen.

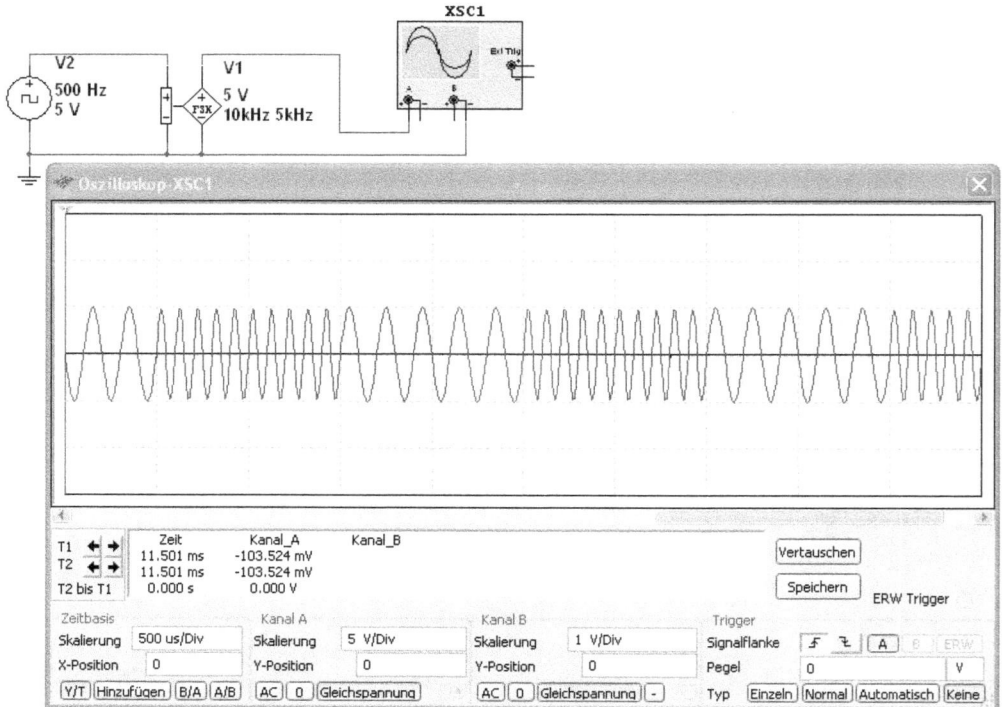

Abb. 2.9:   Schaltung für die Erzeugung einer FSK-Spannung

Zur Übertragung der Nutzinformation muss die codierte Bitfolge auf den Träger aufmoduliert werden. Dies geschieht durch einen Modulator auf der Sendeseite, dem empfangsseitig ein Demodulator gegenübersteht, dessen Aufgabe die Rückgewinnung des Nutzsignals ist.

Die bekanntesten Modulationsverfahren sind:

- Amplitudenmodulation (ASK = Amplitude Shift Keying)
- Frequenzmodulation (FSK = Frequency Shift Keying)
- Phasenmodulation (PSK = Phase Shift Keying)

Diese Verfahren werden nachfolgend für die Übermittlung binärer Daten (zwei Signalzustände) kurz erläutert; sie sind auch für die Übertragung analoger Signale geeignet und werden in der Praxis auch häufig dafür eingesetzt.

Amplitudenmodulation

Die für die Übertragung binärer Informationen einfachste Form der Amplitudenmodulation ist die „harte Tastung" (Binary ASK), bei der in Abhängigkeit vom darzustellenden Wert („0" oder „1") der Träger an- oder abgeschaltet wird.

Frequenzmodulation

Den binären Zuständen sind zwei unterschiedliche Frequenzen zugeordnet. Die Frequenzübergänge beim Signalwechsel erfolgen ohne Phasensprung. Verfahren, bei denen der Frequenzwechsel beim Nulldurchgang des Signals (T = 0) erfolgt werden als phasenkohärent bezeichnet.

Phasenmodulation

Es stehen zwei in der Phase (hier um 180°) verschobene Trägerfrequenzsignale zur Verfügung, die gemäß den darzustellenden Werten wechselnd auf den Ausgang geschaltet werden. Bei der Phasenmodulation können auch mehrwertige Modulationen realisiert werden.

Die genannten Verfahren können teilweise auch in Kombination zur Anwendung kommen. Bekannt ist die Quadraturamplitudenmodulation (QAM), die eine Kombination von Amplituden- und Phasenmodulation ist.

2.2   Realer Funktionsgenerator

Bei dem Schaltkreis MAX038 von Maxim handelt es sich um einen Präzisions-Funktionsgenerator der genaue Sinus-, Rechteck- Dreieck-, Sägezahn- und Pulswellenformen mit nur wenigen externen Bauelementen erzeugt. Durch die Ansteuerung mittels DA-Wandler erhält man einen programmierbaren Funktionsgenerator, der sich über den PC-Bus einfach ansteuern lässt.

Der MAX038 ist ein präziser Funktionsgenerator mit einem sehr großen Arbeitsfrequenzbereich zur Erzeugung von genauen Signalformen wie Dreieck-, Sägezahn-, Sinus- sowie Rechteck- und Pulssignale. Die Ausgangsfrequenz kann über einen Frequenzbereich von 0,1 Hz bis 20 MHz durch eine interne Bandgap-Referenzspannung von 2,5 V und je einem externen Widerstand in Verbindung mit einem Kondensator gesteuert werden. Das Tastverhältnis lässt sich über einen weiten Bereich durch eine Steuerspannung in einem Amplitudenbereich von ±2,3 V einstellen, wodurch Pulsbreitenmodulation und die Erzeugung von Sägezahnsignalformen sehr vereinfacht wird. Frequenzmodulation und Frequenzwobbeln kann man ebenso ohne großen Aufwand an externen Bauelementen realisieren. Die Steuerung des Tastverhältnisses und der Frequenz sind voneinander unabhängig.

2.2.1   Blockschaltung des Funktionsgenerators MAX038

Der MAX038 ist der Nachfolger des ICL8038 und die internen Funktionseinheiten wurden erheblich verbessert. Bei einer Betriebsspannung von ±2,5 V erzeugt der MAX038 stabile Ausgangsamplituden, die massesymmetrisch ±2 V betragen. Die Auswahl der jeweiligen Ausgangsspannung U_a erfolgt digital über die beiden Eingänge A_0 und A_1. Es ergeben sich Möglichkeiten für die Ansteuerung (Tabelle 2.3).

Tab. 2.3:   Einstellungen der Ausgangsamplitude des MAX038

A_0	A_1	Ausgang
X	1	Sinusschwingung
0	0	Rechteckschwingung
1	1	Dreieckschwingung

Hat der Eingang A_1 ein 1-Signal, zeigt das angelegte Signal am Eingang A_0 keine Wirkung.

Durch abwechselndes Laden und Entladen eines externen Kondensators C_F erzeugt ein spezieller Relaxationsoszillator simultane Rechteck- und Dreieckschwingungen. Ein internes Sinusnetzwerk erzeugt aus der Dreieckschwingung eine sinusförmige Wechselspannung mit konstanter Amplitude und geringen Verzerrungen. Die Sinus-, Rechteck- und Dreieckschwingungen liegen an einem internen Multiplexer, der die Wahl der Ausgangswellenform über den Status der beiden Adressleitungen A_0 und A_1 ermöglicht. Der Ausgang des Multiplexers steuert dann einen Ausgangsverstärker an, der einen niederohmigen Ausgang hat und Ströme bis zu ± 20 mA treiben kann.

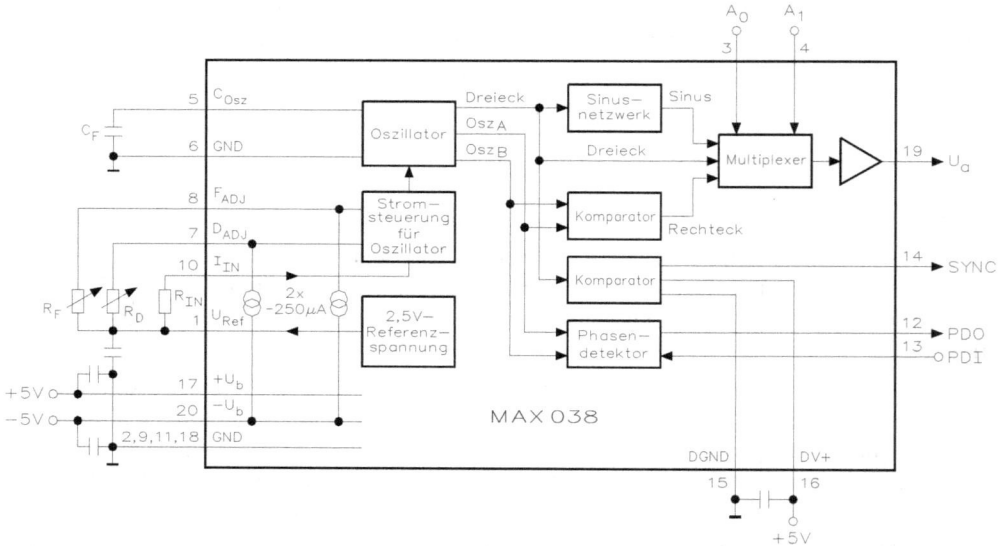

Abb. 2.10:   Blockschaltung des Funktionsgenerators MAX038

Die nominelle Betriebsspannung des MAX038 beträgt ± 5 V (± 5 %). Die Ausgangsfrequenz wird im Wesentlichen durch den externen Kondensator C_F bestimmt. In Abb. 2.10 ist der Anschluss des externen Kondensators C_F an dem internen Oszillator gezeigt. Der Oszillator arbeitet durch Laden und Entladen des externen Kondensators mit konstanten Strömen und erzeugt gleichzeitig eine Dreieck- und eine Rechteckspannung. Die Lade- und Entladeströme werden durch den Strom in den Anschluss I_{IN} gesteuert und durch die Spannungen an den Anschlüssen F_{ADJ} (Eingang für den Frequenzabgleich) und D_{ADJ} (Eingang für den Abgleich des Tastverhältnisses) moduliert. Der Strom in I_{IN} kann zwischen 2 µA bis 750 µA variieren, so dass bei jedem Wert von C_F die Frequenz über einen Bereich von mehr als zwei Dekaden geändert werden kann. Durch Anlegen einer Spannung von bis zu $\pm 2{,}4$ V am Anschluss F_{ADJ} lässt sich die nominelle Frequenz (bei $F_{ADJ} = 0$ V) um ± 70 % ändern. Dies erleichtert die Feinabstimmung der jeweiligen Ausgangsfrequenz.

Die Frequenz des Ausgangssignals wird bestimmt durch den in den Eingang I_{IN} eingespeisten Strom, die Kapazität C_{Osz} (C_F + Streukapazität, $C_S = C_F*$) und die Spannung am Anschluss F_{ADJ}. Wenn der Anschluss F_{ADJ} auf 0 V liegt, wird die Frequenz der Grundwelle f_0 des Ausgangssignals durch folgende zugeschnittene Größengleichung bestimmt:

$$f_0[MHz] = \frac{I_{IN}[\mu A]}{C_F*}$$

Entsprechend berechnet sich die Periode T zu:

$$T[\mu s] = \frac{C_F * [pF]}{I_{IN}[\mu A]}$$

Die in diesen Gleichungen verwendeten Größen weisen folgende Bedeutung auf:

I_{IN}: Eingangsstrom in dem Anschluss I_{IN} (von 2 µA bis 750 µA)

C_F*: Kapazität (20 pF bis 100 µF) zwischen dem Anschluss C_{Osz} und GND

Da in den praktischen Anwendungsfällen fast immer die Frequenz vorgegeben ist und der geeignete Kondensatorwert an C_{Osz} gesucht werden muss, ergeben sich:

$$C_F * [pF] = \frac{I_{IN}[\mu A]}{f_0[MHz]}$$

Für eine praktische Anwendung wird eine Frequenz von 500 kHz benötigt und es soll ein Strom von I_{IN} = 100 µA fließen. Der Wert des Kondensators ist dann

$$C_F * [pF] = \frac{100 \mu A}{0,5 MHz} = 200 pF$$

Die optimale Arbeitsbedingung für das Frequenzverhalten des MAX038 wird am Eingang I_{IN} bei Strömen zwischen 10 µA und 400 µA erreicht, obwohl bei Werten zwischen 2 µA und 750 µA keine negativen Auswirkungen der Linearität auftreten. Stromwerte außerhalb dieses Bereiches sind aber nicht zu empfehlen. Für den Betrieb mit konstanten Frequenzen sollte man für $I_{IN} \approx$ 100 µA wählen und damit lässt sich ein geeigneter Kondensator C_F bestimmen. Bei diesem Strom ergibt sich der niedrigste Temperaturkoeffizient und die geringste Beeinflussung der Frequenz bei einer Änderung des Tastverhältnisses.

2.2.2   Funktionsgenerator mit dem MAX038

Der Anschluss I_{IN} ist der invertierende Eingang eines Operationsverstärkers mit geschlossener Rückkopplung und liegt deshalb auf „virtuellem Bezugspotential" mit einer Offsetspannung von weniger als ±2 mV. Deshalb kann I_{IN} sowohl mit einer Stromquelle I_{IN} als auch mit einer Spannungsquelle U_{IN} in Reihenschaltung mit einem Widerstand R_{IN} betrieben werden. Diese einfache Methode zur Erzeugung eines geeigneten Stromes I_{IN} ist die Verbindung von U_{ref} über einen Widerstand R_{IN} mit dem Eingang I_{IN}, so dass $I_{IN} = U_{ref}/R_{IN}$ wird. Wenn eine Spannungsquelle in Reihenschaltung mit einem Widerstand verwendet wird, lautet die zugeschnittene Größengleichung für die Oszillatorfrequenz:

$$f_0[MHz] = \frac{U_{IN}[mV]}{R_{IN}[k\Omega] \cdot C_F[pF]}$$

Wenn die Frequenz des Ausgangssignals durch eine Spannungsquelle U_{IN} in Reihenschaltung mit einem konstanten Widerstand R_{IN} gesteuert wird, ist dies eine lineare Funktion der Spannung U_{IN}, wie aus der Gleichung zu entnehmen ist. Eine Änderung von U_{IN} ändert proportional die Frequenz des Ausgangssignals. Hierzu ein praktisches *Beispiel:* Mit einem R_{IN} = 10 kΩ und einem Variationsbereich von U_{IN} = 20 mV bis U_{IN} = 7,5 V tritt eine Änderung der Ausgangsfrequenz im Verhältnis 375 : 1 auf. Der Widerstand R_{IN} sollte so gewählt werden, dass der Strom I_{IN} in dem empfohlenen Bereich von 2 μA bis 750 μA bleibt. Die Bandbreite des internen Verstärkers am Ausgang I_{IN}, die die höchste Modulationsfrequenz bestimmt, hat einen typischen Wert von 2 MHz.

Die Frequenz des Ausgangssignals kann auch durch eine Spannungsänderung am Eingang F_{ADJ} erfolgen. Dieser Eingang ist prinzipiell für den Feinabgleich der Ausgangsfrequenz vorgesehen.

Wenn die Nominalfrequenz f_0 durch die Einstellung des Stromes I_{IN} festgelegt worden ist, kann dieser durch eine Spannung von −2,4 V bis +2,4 V an dem Eingang F_{ADJ} mit einem Faktor von 1,7 bis 0,3 gegenüber dem Wert bei $F_{ADJ} = 0$ V variiert werden (f_0 mit ±70 %). Achtung: Spannungen an dem Eingang F_{ADJ} außerhalb von ±2,4 V führen zu Instabilitäten.

Die an F_{ADJ} benötigte Spannung zur Änderung der Frequenz um einen Prozentsatz D_X (in %) wird durch die folgende Beziehung bestimmt:

$$U_{FADJ} = -0,034 + D_X$$

Die Spannung U_{FADJ} muss am Anschluss F_{ADJ} zwischen −2,4 V und +2,4 V liegen! *Anmerkung:* Während I_{IN} direkt proportional zur Grundfrequenz f_0 ist, besteht zwischen U_{FADJ} und der prozentualen Abweichung D_X eine lineare Beziehung. U_{FADJ} kann ein bipolares Signal entsprechend einer positiven oder negativen Änderung sein.

Am Anschluss F_{ADJ} befindet sich eine interne Stromsenke von −250 μA nach $-U_b$, die von einer Spannungsquelle angesteuert werden muss. Normalerweise geschieht dies durch den Ausgang eines Operationsverstärkers, so dass der Temperaturkoeffizient der Stromsenke unerheblich ist. Zur manuellen Einstellung der Frequenzabweichung kann ein Potentiometer zur Einstellung von U_{FADJ} verwendet werden. Es ist jedoch zu beachten, dass in diesem Fall der Temperaturkoeffizient der Stromsenke nicht mehr zu vernachlässigen ist. Da externe Widerstände nicht in der Lage sind, diesen internen Temperaturkoeffizienten zu kompensieren, wird empfohlen, diese Einstellungsart nur dann zu verwenden, wenn eine weitere Möglichkeit zur Fehlerkorrektur vorhanden ist. Diese Beschränkung entfällt, wenn F_{ADJ} von einer echten Spannungsquelle (d. h. mit vernachlässigbarem Innenwiderstand) betrieben wird.

Zu beachten ist, dass U_{ref} und U_{FADJ} vorzeichenbehaftete Größen sind, so dass algebraisch korrekt zu rechnen ist. Hat z.B. U_{FADJ} einen Wert von −2,0 V (dies entspricht einer Frequenzabweichung von +58,3 %), ergibt sich aus der Gleichung:

$$R_F = \frac{+2,5V - (-2,0V)}{250\mu A} = 18k\Omega$$

Durch den internen Schaltungsteil im MAX038 tritt bedingt durch einen kleinen Temperaturkoeffizienten eine Beeinflussung von F_{ADJ} für die Ausgangsfrequenz auf. In kritischen Anwendungen kann dieser Schaltungsteil durch Verbindung von F_{ADJ} über einen Widerstand von 12 kΩ mit GND (nicht mit U_{ref}) deaktiviert werden. Die Stromsenke von −250 μA an F_{ADJ} erzeugt einen Spannungsfall von −3 V über den Widerstand, wodurch zwei Effekte bewirkt werden: Der erste Effekt ist, dass die F_{ADJ}-Schaltung in ihrem linearen Bereich bleibt, sich aber vom Oszillatorteil trennt. Dadurch ergibt sich eine verbesserte Temperaturstabilität. Der zweite Effekt ist eine Verdopplung der Oszillatorfrequenz!

Obwohl bei dieser Methode die Frequenz des Ausgangssignals verdoppelt wird, erfolgt keine Verdopplung der oberen Grenzfrequenz. Der Anschluss F_{ADJ} darf nicht unbeschaltet betrieben werden oder muss mit einer Spannung verbunden sein, die negativer als $-3,5$ V ist. In solchen Fällen kann es zu Sättigungseffekten im MAX038 kommen, die zu nicht vorhersehbaren Änderungen der Frequenz und des Tastverhältnisses führen können. Bei deaktiviertem F_{ADJ} lässt sich die Frequenz nach wie vor über die Änderung von I_{IN} steuern. Abb. 2.11 zeigt die Schaltung des Funktionsgenerators.

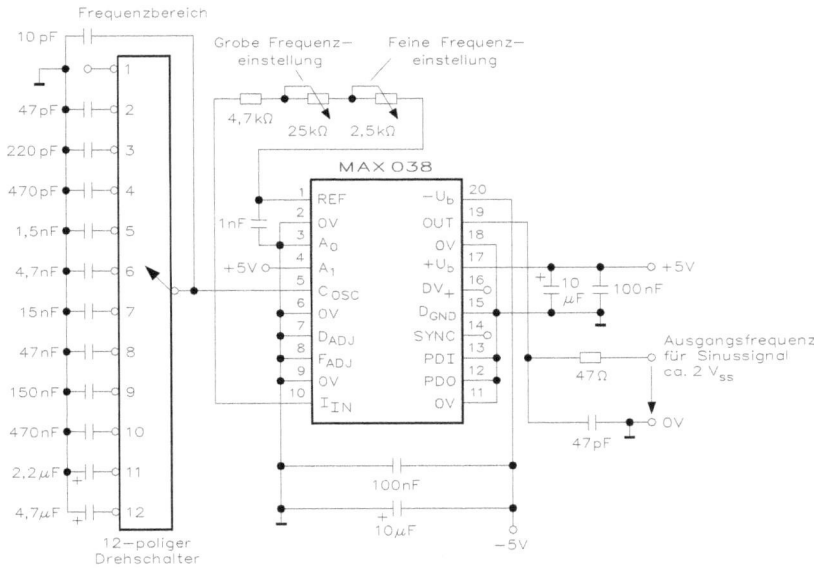

Abb. 2.11: Schaltung des Funktionsgenerators mit dem MAX038

Die Schaltung zeigt einen einstellbaren Funktionsgenerator mit einem Stufenschalter. Damit ergeben sich die Frequenzbereiche von Tabelle 2.4.

Tab. 2.4: Frequenzbereiche für den MAX038

Stellung	Kondensator	Frequenzbereiche
1	4,7 μF	$\approx$25 Hz bis $\approx$160 Hz
2	2,2 μF	$\approx$90 Hz bis $\approx$500 Hz
3	470 nF	$\approx$440 Hz bis $\approx$2,2 kHz
4	220 nF	$\approx$1,3 kHz bis $\approx$6,2 kHz
5	47 nF	$\approx$4,3 kHz bis $\approx$21,5 Hz
6	22 nF	$\approx$12,4 kHz bis $\approx$61 kHz
7	4,7 nF	$\approx$43 kHz bis $\approx$200 kHz
8	2,2 nF	$\approx$130 kHz bis $\approx$620 kHz
9	470 pF	$\approx$420 kHz bis $\approx$1,9 MHz
10	220 pF	$\approx$920 kHz bis $\approx$4 MHz
11	47 pF	$\approx$2,7 MHz bis $\approx$12,5 MHz
12	–	$\approx$8,8 MHz bis $\approx$20 MHz

Mit dem Potentiometer von 25 kΩ lässt sich die Ausgangsfrequenz „grob" und mit dem Potentiometer von 2,5 kΩ „fein" einstellen. Mit den beiden Schaltern an A_0 und A_1 wird die entsprechende Ausgangsamplitude eingestellt. Die Ausgangsspannung liegt bei einer Betriebsspannung von ±5 V bei ±2 V_{ss}.

2.2.3   Wobbler mit dem MAX038

Mit dem MAX038 kann man auch einen NF- und HF-Wobbler realisieren. Abb. 2.12 zeigt die Schaltung des Funktionsgenerators.

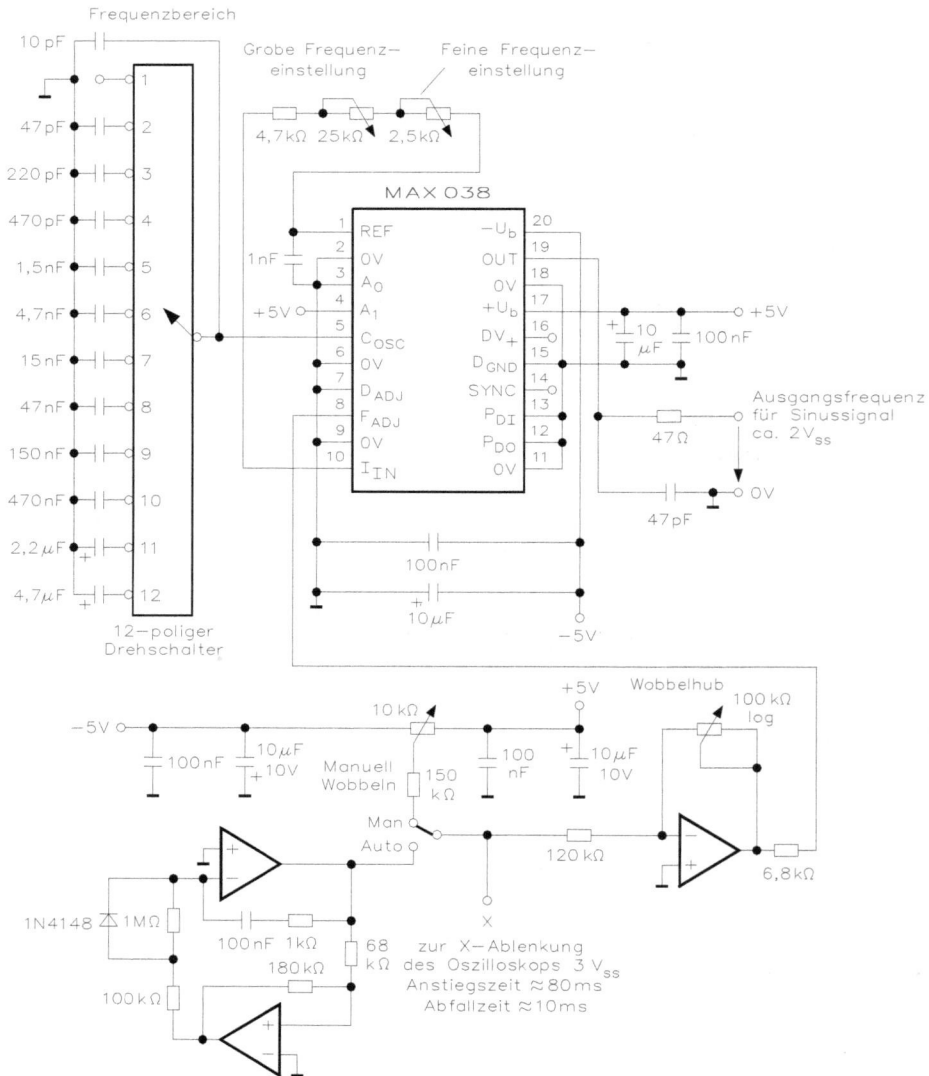

Abb. 2.12:   Schaltung des Wobblers mit dem MAX038

Die Schaltung des Wobblers benötigt einen Sägezahngenerator. Der Sägezahngenerator besteht aus drei Operationsverstärkern und der ICL7641 beinhaltet vier gleiche Operationsverstärker.

Um die Frequenz digital einzustellen, schließt man über einen Reihenwiderstand den Ausgang des Sägezahngenerators an. Der Ausgang reicht von 0 V bis etwa 2,5 V in der Vollansteuerung. Dadurch ändert sich der Strom von 0 µA bis etwa 748 µA. Die Referenzspannung speist einen konstanten Strom von 2 µA ein, so dass der eingespeiste Nettostrom (durch Überlagerung) von 2 µA bis etwa 750 µA reicht. Der DA-Vierfachwandler arbeitet mit einer Betriebsspannung von +5 V (unipolar) oder ±5 V (bipolar).

Der Eingang F_{ADJ} hat eine Stromsenke von −250 µA nach −U_b, der von einer Spannungsquelle gespeist werden muss. Im Normalfall ist die Spannungsquelle der Ausgang eines Operationsverstärkers, wobei der Temperaturkoeffizient dieses Eingangs vernachlässigbar ist. Wird allerdings an diesem Eingang ein Widerstand zur manuellen Einstellung des Tastverhältnisses eingesetzt, ist dieser Temperaturkoeffizient zu berücksichtigen. Da mit externen Widerständen eine Kompensation dieses Temperaturkoeffizienten nicht möglich ist, wird die Verwendung eines Widerstandes nur für die Fälle empfohlen, in denen man die Fehler nachträglich abgleichen muss. Diese Beschränkung gilt nicht bei Verwendung einer „echten" Spannungsquelle, also in Verbindung mit einem Operationsverstärker. Ein über einen Widerstand erzeugter Spannungsfall stellt keine optimale Spannungsquelle dar.

Die Ausgangsstufe des MAX038 liefert bei allen Signalformen eine fest eingestellte Amplitude von $U_a = 2\ V_{SS}$, die symmetrisch zum Bezugspotential ist. Der Ausgang hat einen Innenwiderstand unter 0,1 Ω und kann einen Ausgangsstrom bis zu ±20 mA bei einer kapazitiven Last von 50 pF erzeugen. Größere kapazitive Lasten sollten mit einem Widerstand (typisch 50 Ω) oder einem Pufferverstärker isoliert werden.

Der SYNC-Ausgang ist ein TTL/CMOS-kompatibler Ausgang zur Synchronisierung externer Schaltungen. Dieser Ausgang liefert ein Rechtecksignal, dessen positive Flanke mit dem positiven Nulldurchgang des Sinus- oder Dreiecksignals zusammenfällt. Wird als Ausgangssignal das Rechtecksignal gewählt, erscheint die positive Flanke an SYNC in der Mitte der positiven Hälfte des Ausgangssignals.

Da der Ausgang „SYNC" ein schneller TTL-Ausgang ist, können durch die hohen Übergangsströme zwischen DGND (digitaler Masseanschluss) und D_{V+} (digitale Betriebsspannung von +5 V) diverse Störspitzen entstehen, die auf die Ausgangssignale an U_a eingekoppelt werden. Diese Störspitzen lassen sich aber nur mit einem 100-MHz-Oszilloskop messen. Die Induktivitäten und Kapazitäten der IC-Sockel und der Leiterbahnen verstärken diesen Effekt aber noch zusätzlich. Deshalb sollte bei Verwendung des SYNC-Teils auf Sockeln unbedingt verzichtet werden. Der SYNC-Teil der Schaltung wird von einer separaten Betriebsspannung gespeist. Setzt man keinen SYNC-Teil ein, soll dieser D_{V+}-Anschluss offen bleiben, d. h. er wird nicht mit der Betriebsspannung oder Masse verbunden.

Der Anschluss P_{DO} ist der Ausgang des Phasendetektors. Wird dieser nicht benützt, ist er mit GND zu verbinden. Der Anschluss P_{DI} ist der Eingang des Phasendetektors für den Referenztakt. Auch dieser ist mit GND zu verbinden, wenn die interne Funktionseinheit nicht verwendet wird.

2.3   Mikrocontroller ATtiny26 als Frequenzgenerator

Mit dem Mikrocontroller ATtiny26 kann man verschiedene Frequenzgeneratoren realisieren.

2.3.1   Mikrocontroller als Rechteckgenerator

Durch den Mikrocontroller ATtiny26 lässt sich ein Rechteckgenerator von 100 Hz bis 1 kHz realisieren, wie die Schaltung von Abb. 2.13 zeigt.

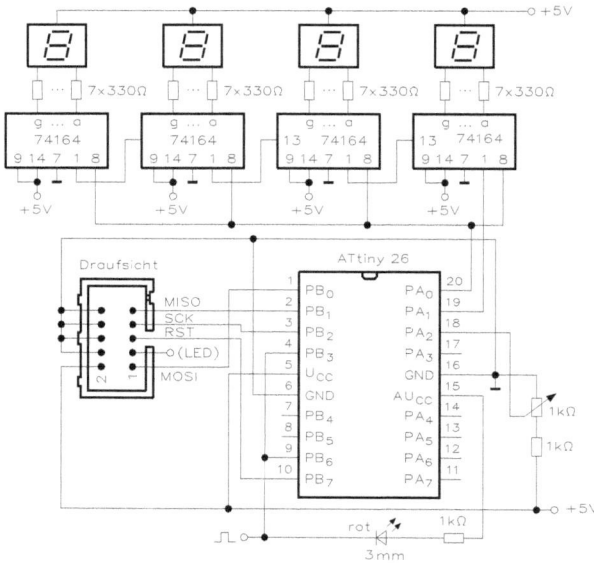

Abb. 2.13:   Mikrocontroller ATtiny26 als Rechteckgenerator

Die Rechteckspannung von 1 kHz bis 10 kHz wird durch die dreistellige 7-Segment-Anzeige ausgegeben und entweder jede Sekunde bzw. dreimal pro Sekunde angezeigt. Die Frequenzeinstellung wird über das Potentiometer vorgenommen und durch den Spannungsteiler erhält man analoge Spannungswerte zwischen 0 V und maximal 2,5 V. Der interne AD-Wandler arbeitet entweder im 8-Bit- oder 10-Bit-Format und entsprechend zeigt die Anzeige den Wert an.

Die Rechteckspannung wird über den Pin 4 (PB$_3$) ausgegeben und dieser Pin arbeitet als PWM- (Pulsweitenmodulation) oder PLM-Ausgang (Pulslängenmodulation). In dieser Betriebsart wechselt der Ausgang zwischen 0- und 1-Signal, aber immer mit konstanter Frequenz. Der PWM-Ausgang lässt sich als einfacher Digital-Analog-Wandler einsetzen.

Der Tastgrad G gibt für eine periodische Folge vom Impulsen das Verhältnis der Impulsdauer T zur Impulsperiodendauer t$_i$ an. Der Tastgrad kann durch den PWM-Modus des Mikrocontrollers im Bereich von 1 % bis 99 % geändert werden. Der Tastgrad berechnet sich aus

$$G = \frac{t_i}{T}.$$

Bei G = 0,5 oder G = 50 % hat man eine symmetrische Impulsfolge.

Der Ausgang Pin 4 (PB$_3$) steuert den Eingang Pin 9 (PB$_6$) an und dieser Pin dient für die Erfassung des externen Signals eines Zählers, Zeitgebers und PWM-Modus. Dieser Eingang liegt durch die Programmierung direkt an dem internen Timer/Counter 0 an und damit ergibt sich ein digitaler Regelkreis.

2.3.2   Mikrocontroller ATtiny26 als Sinusgenerator

Wenn man einen kompletten DA-Wandler kauft, sind die meisten erheblich teurer als der Mikrocontroller ATtiny26. Ausweg schafft ein Schieberegister mit seriellem Eingang und parallelen Ausgängen. An den Ausgängen befindet sich ein R2R-Widerstandsnetzwerk mit acht Widerständen von 1 kΩ (R) und 2,2 kΩ (2R). Wenn man den Innenwiderstand des TTL-Ausgangs betrachtet, ergibt sich kein großer Fehler, wenn für 2R-Werte 2,2 kΩ verwendet werden, besser sind natürlich 2 kΩ. Die Schaltung von Abb. 2.14 zeigt den ATtiny26 mit externem DA-Wandler.

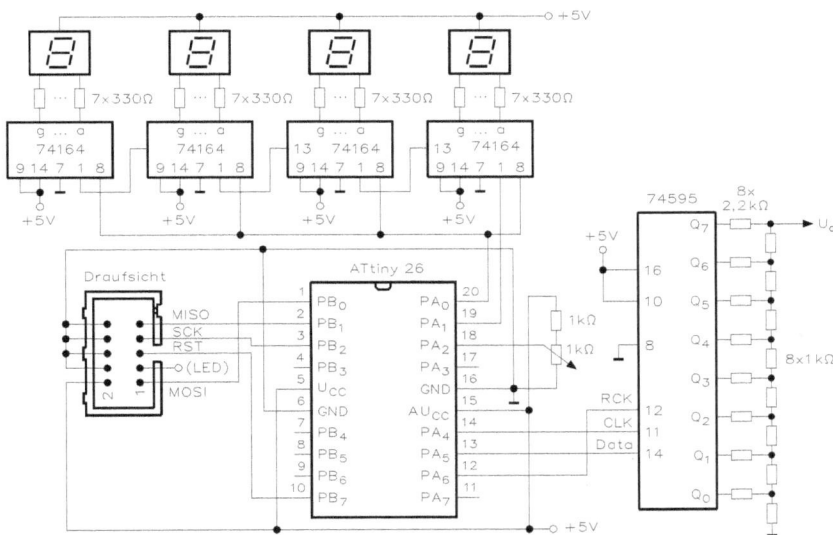

Abb. 2.14:   ATtiny26 als Sinusgenerator mit externem DA-Wandler nach dem R2R-Prinzip

Für die Realisierung des Bewertungsnetzwerkes, das im Wesentlichen die Genauigkeit eines DA-Wandlers bestimmt, gibt es unterschiedliche Möglichkeiten (Bewertungswiderstände, abgestufte Teilströme usw.), von denen sich für integrierte Schaltungen das R2R-Leiternetzwerk als besonders geeignet erwiesen hat. Dies hängt damit zusammen, dass für dieses Netzwerk nur zwei Widerstandswerte im Verhältnis 2 : 1 erforderlich sind. Es kommt also nicht auf die absoluten Toleranzen der Widerstände an, sondern auf die relativen. Dies ist insofern vorteilhaft, als sich Widerstände der gleichen Größenordnung mit geringen relativen Toleranzen in integrierter Technik gut herstellen lassen.

Abb. 2.14 zeigt die Schaltung eines DA-Wandlers mit R2R-Leiternetzwerk. Da die Ausgänge des Schieberegisters in ihren TTL-Stromausgängen entsprechend ihrer Strombelastung gewählt werden, erreicht man, in Verbindung mit dem für alle Endstufen erzeugten Ausgangsstrom, dass die Ausgangsstufen auf gleichem Spannungspotential liegen. Dies ist notwendig, damit sich die gewünschte Stromverteilung im Leiternetzwerk einstellt.

Die acht Ausgänge gewährleisten nicht nur gleiche Potentiale an den 2R-Widerständen, sie entkoppeln auch das Netzwerk von den anderen Ausgängen. Auf diese Weise verhindert man, dass im Bewertungsnetzwerk parasitäre Kapazitäten umgeladen werden müssen, was sich in Störspitzen, auch als „Glitches" bekannt, auf den Ausgangsstrom I_0 bemerkbar machen würde.

An den Ausgängen des Schieberegisters stehen jetzt die binär bewerteten Teilströme zur Verfügung, die, je nach Wertigkeit über den Ausgang I_0 oder über den Masseanschluss fließen. Damit wurde die in der ersten Gleichung aufgestellte Beziehung zwischen Ausgangs- und Referenzstrom im Prinzip schaltungstechnisch realisiert.

Für die Schaltung ist ein TTL-Schieberegister 74595 mit einer Speicherung der Ausgangs- wertigkeiten erforderlich. Dieser Baustein enthält ein 8-stufiges Schieberegister mit serieller Eingabe und paralleler und serieller Ausgabe. Die parallele Ausgabe erfolgt über einen getak- teten Zwischenspeicher mit Tristate-Ausgängen.

Die Dateneingabe erfolgt seriell über den Eingang Data. Bei jedem 01-Übergang (positive Flanke) des Taktes an SCK (Shift Register Clock) werden die Informationen von Pin 14 übernommen und die im Schieberegister bereits befindlichen Daten um eine Stufe weiterge- schoben. Am Anschluss 9 (Q_7*) können die Daten seriell entnommen werden. Der asynchro- ne Löschanschluss SCLR (Shift Register Clear) liegt normalerweise auf 1-Signal. Wird der Löschanschluss auf 0-Signal gebracht, gehen alle Stufen des Schieberegisters auf Null.

Wenn am Takteingang für den Ausgangszwischenspeicher RCK (Register Clock) ein 01- Übergang des Taktes anliegt, werden die im Schieberegister befindlichen Daten in den 8-Bit- Zwischenspeicher übernommen. Die parallelen Daten liegen an den Ausgängen Q_0 bis Q_7, wenn der Anschluss für die Ausgangs-Freigabe OE (Output Enable) auf 0-Signal liegt. Legt man diesen Anschluss auf 1-Signal, gehen alle Ausgänge in den hochohmigen Zustand.

Man kann beide Takteingänge (SCK und RCK) miteinander verbinden und dann wird der Inhalt des Schieberegisters immer um einen Taktimpuls später in den Ausgangszwischen- speicher übernommen. Der 74596 ist ein ähnlicher Baustein, besitzt jedoch Ausgänge mit offenem Kollektor.

Der interne Taktgenerator wird auf 16 MHz eingestellt und mit der internen PLL-Schaltung ergibt sich eine Taktfrequenz von 64 MHz des Timers 1. Damit arbeitet der Mikrocontroller mit einem Systemtakt von 16 MHz, der relativ genau ist.

Viele Anwendungen benutzen Tabellen zum Speichern von Werten, die während der Verar- beitung benötigt werden. Bei einigen Programmen sind in diesen Tabellen die Ergebnisse von Berechnungen gespeichert, für deren mathematische Ableitung viel Zeit erforderlich wäre, wie beispielsweise das Berechnen des Sinus eines Winkels. Bei anderen Anwendungen enthalten die Tabellen Parameter, die eine vordefinierte Beziehung zu den Programmeinga- ben aufweisen, aber nicht berechnet werden können. Man kann beispielsweise nicht erwar- ten, dass der Mikrocontroller automatisch die Telefonnummer einer Person „berechnet", deren Namen man eingegeben hat. Anwendungen wie diese erfordern Tabellen. Über eine Tabelle kann man eine Informationseinheit (ein Argument) auf der Grundlage eines bekann- ten Wertes (einer Funktion) ausfindig machen.

Tabellen können komplizierte und zeitaufwendige Konvertierungen ersetzen, wie etwa das Berechnen der Quadrat- oder Kubikwurzel einer Zahl oder die Ableitung einer trigonometrischen Funktion (Sinus, Cosinus und so weiter) eines Winkels. Tabellen sind besonders dann effektiv, wenn eine Funktion nur einen kleinen Argumentbereich abdeckt. Durch die Verwendung von Tabellen braucht der Mikrocomputer komplexe Berechnungen nicht mehr jedesmal durchzuführen, wenn die Funktion benötigt wird.

Tabellen reduzieren die Verarbeitungsgeschwindigkeit der 8-Bit-Mikrocontroller in fast allen Fällen. Nur bei ganz einfachen Beziehungen nicht, man würde beispielsweise keine Tabelle verwenden, um Argumente zu speichern, die immer doppelt so groß sind wie die Funktion. Da Tabellen jedoch gewöhnlich einen großen Teil des Speichers belegen, sind sie bei solchen Anwendungen am effektivsten, bei denen man zugunsten der Ausführungszeit auf Speicher verzichten kann.

Man kann Verarbeitungs- und Programmierzeit sparen, indem man die Ergebnisse von komplexen Berechnungen in Tabellen bereitstellt. Als ein typisches Beispiel wird hier beschrieben, wie mit Hilfe einer Tabelle der Sinus eines Winkels gefunden werden kann.

Wie sicherlich aus der Schultrigonometrie noch bekannt ist, kann der Sinus aller Winkel zwischen 0° und 360° dargestellt werden. Mathematisch kann diese Kurve näherungsweise mit dieser Formel berechnet werden:

$$\text{Sinus}(x) = x - \frac{x^3}{3!} + \frac{x^5}{5!} - \frac{x^7}{7!} + \frac{x^9}{9!} \dots$$

Es ist durchaus möglich, ein Programm zu schreiben, das diese Berechnungen durchführt, doch ein solches Programm würde wahrscheinlich viele Millisekunden für die Ausführung benötigen. Wenn eine Anwendung sehr genaue Sinuswerte verlangt, kann es notwendig sein, ein solches Programm zu schreiben. Die meisten Anwendungen kommen jedoch mit einer Tabelle zur Umrechnung von Winkeln in Sinuswerte aus.

Wenn eine Anwendung den Sinus eines beliebigen Winkels zwischen 0° und 360° benötigt, wobei der Winkel eine ganzzahlige Gradangabe ist, wie viele Sinuswerte muss die Tabelle enthalten? 360 Werte? Nein, es reicht eine Tabelle mit elf Sinuswerten und man hat einen Wert für jeden Winkel zwischen 0° und 360°. Wenn man einen genauen Sinus am Ausgang benötigt, schreibt man eine Tabelle mit 91 Sinuswerten und rechnet mit einem Winkel von 0° bis 90°, d. h. der Mikrocontroller wird erheblich langsamer.

Nun muss man sich den Timer 1 genau betrachten. Mit OCR1B wird der Timer 1 auf 1-Signal am Ausgang gesetzt und nach maximal 40 Takten reagiert das Register OCR1C mit einem Wert von 255. Es ergibt sich eine Ausgangsfrequenz von

$$\frac{62,5 kHz}{n} = \text{Sinusfrequenz}$$

Es ergibt sich eine Sinusfrequenz von 5,68 kHz und dies ist die Ausgangsfrequenz der PWM-Funktion. Aus diesen 255 Werten setzt sich die Sinusspannung zusammen, wie Abb. 2.15 zeigt.

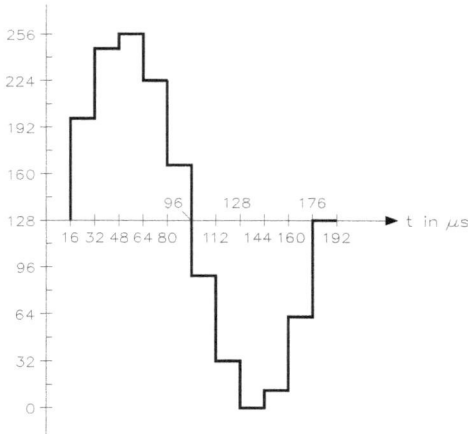

Abb. 2.15:   Aufbau des synthetischen Sinussignals mit f = 5,68 kHz

Die Nulllinie des Sinussignals beginnt bei dem Wert 128 und die Gleichung zeigt die Berechnung:

$$127 \cdot \left(\sin \frac{360°}{11} \cdot n \right) + 128$$

Würde man in die Gleichung den Wert 10 einsetzen, hätte man alle 36° die Ausgabe eines Tabellenwertes und eine symmetrische Sinusspannung. In der Praxis ist es aber üblich, mit dem Wert 11 zu arbeiten, also 32,7°. Setzt man den Wert 11 in die Gleichung ein, ergibt sich Tabelle 2.5.

Tab. 2.5:   Symmetrische Sinusspannung

Zeit in µs	Dezimalzahl	Hexadezimalzahl
0	128	80
16	197	C5
32	244	F4
64	254	FE
128	224	E0
144	164	A4
160	92	5C
176	32	20
192	2	02
208	12	0C
224	59	3B
240	128	80

Im Programm steht:

```
.org $0010
```

Damit wird der Adresszähler auf den angegebenen Wert gesetzt. Der Assembler speichert den darauf folgenden Objektcode ab dieser Adresse. Der Objektcode ist relativ zum aktuellen

Adresszähler im Speicher abgelegt, da ein Dollarzeichen verwendet wird. Im Programm steht:

```
.dB $80, $C5, $F4, $FE, $E0, $A4, $5C, $20, $02, $0C, 3B, $80
```

Das Programm verwendet Speicherzellen, um Variable aufzubewahren und dazu werden die Datenbereiche mit Namen versehen, die nach Bedarf geändert werden können. Der Assembler hat dazu drei Pseudobefehle, die Platz für Variablen zuweisen. Der Ausdruck „dB" steht für „definiere Byte" und weist 8-Bit-Bytes im Speicher zu. Der zweite Ausdruck „dW" steht für „definiere Wort" und weist zwei Bytes im Speicher zu. Der dritte Ausdruck „dD" steht für „definiere 4-Byte-Doppelwort" und weist vier Bytes im Speicher zu. Wenn man mit einem Doppelwort arbeitet, wird die Ausgangsfrequenz mit dem 8-Bit-Mikrocontoller erheblich reduziert.

3   Wattmeter

Ein Wattmeter mit Zeigermessgeräten ist entweder ein elektrodynamisches Messwerk oder ein elektrodynamisches Quotienten-Messwerk. Wenn man ein Wattmeter elektronisch mit einem Mikrocontroller realisiert, sind zwei schnelle AD-Wandler für die Spannungs- und Strommessung erforderlich. Der schnelle Mikrocontroller multipliziert die beiden Werte und gibt diesen über eine Anzeige aus.

3.1   Elektrodynamisches Messwerk

Kennzeichnend für ein elektrodynamisches Messwerk (Abb. 3.1) ist die eine feststehende und die zweite bewegliche Spule. Im einfachsten Falle sind die beiden Spulen konzentrisch zueinander angeordnet. Normalerweise ist die Festspule immer in zwei Teilspulen unterteilt. Das Sinnbild deutet die unterteilte Festspule und die Drehspule an. Die beiden Spulenströme wirken gleichsinnig auf den Zeiger und der Ausschlag ist proportional dem Produkt beider Ströme. Elektrodynamische Messwerke sind für Gleich- und Wechselstrom geeignet.

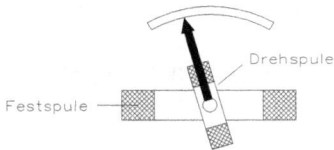

Abb. 3.1:   Aufbau des elektrodynamischen Messwerks

Der wesentlichste Nachteil der einfachen Konstruktion ist die starke Abhängigkeit von internen bzw. externen Fremdfeldern. Bei Drehspul-Messwerken ist die Feldliniendichte im Luftspalt sehr hoch und externe Fremdfelder haben daher prozentual nur einen sehr geringen Einfluss. Bei eisenlosen elektrodynamischen Messgeräten ist dagegen die Messfeldstärke gering und externe Fremdfelder beeinflussen das Messgerät sehr stark. Eine Möglichkeit der Abhilfe ist der Bau eines Doppelsystems, eines sogenannten astatischen Systems (Abb. 3.2).

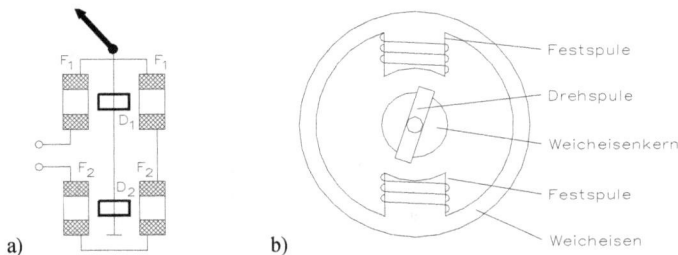

Abb. 3.2:   Aufbau des astatischen (a) und einem eisengeschlossenen elektrodynamischen Messwerk (b)

https://doi.org/10.1515/9783110544428-004

Beim astatischen Messsystem addieren sich die Messkräfte und dadurch heben sich die Fremdkräfte auf. Das astatische Messsystem besteht aus zwei Festspulen (F_1 und F_2) und zwei Drehspulen (D_1 und D_2).

Astatische Messwerke sind empfindlich und teuer. Bei Betriebsmessgeräten wählt man entweder den Weg der magnetischen Abschirmung oder das eisengeschlossene System. Magnetische Abschirmung hat den Nachteil, dass die Eisenabschirmung in ausreichendem Abstand vom Messwerk selbst angeordnet sein muss. Besser ist daher die Konstruktion als eisengeschlossenes System. Hierbei verlaufen die magnetischen Feldlinien fast nur in Eisen, geschlossen über den äußeren Ring und den inneren Kern. Fremdfeldeinfluss ist praktisch ausgeschlossen, dafür treten Hysteresefehler auf. Wo diese ausreichend klein gehalten werden können, besonders durch Auswahl geeigneter Eisensorten, ist das eisengeschlossene Messwerk (Abb. 3.3) zu bevorzugen.

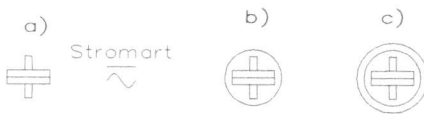

Abb. 3.3:   Sinnbild für ein eisenloses (a), magnetisch geschirmtes (b) und eisengeschlossenes elektrodynamisches (c) Messwerk

In den meisten Anwendungen wird beim elektrodynamischen Messwerk ein Pfad als Strompfad der andere als Spannungspfad geschaltet. Damit lässt sich eine Leistungsanzeige erzielen, da die Leistung das Produkt aus Strom und Spannung ist. Die feststehende Spule ist normalerweise der Strompfad, damit man höhere Ströme unmittelbar durch das Messwerk leiten kann. Die bewegliche Drehspule ist der Spannungspfad und besteht aus einem dünnen Draht. In den Schaltungen werden die beiden Spulen nach Abb. 3.4 (links) angedeutet, manchmal auch in vereinfachter Form als Messwerk mit Strom- und Spannungspfad.

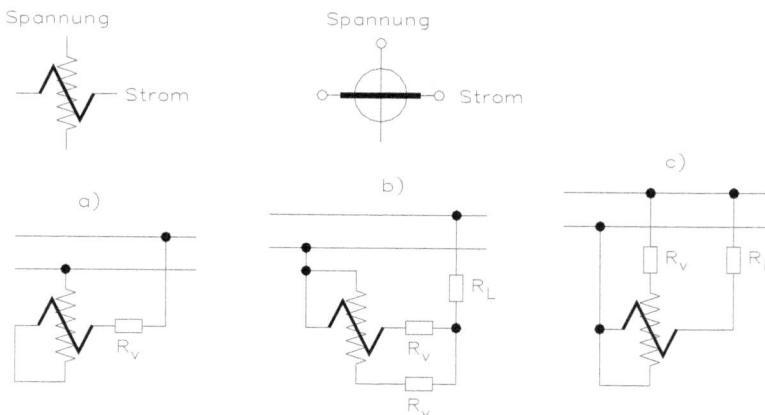

Abb. 3.4:   Darstellung von Strom- und Spannungspfad des elektrodynamischen Messwerks. Die Schaltungsvarianten des elektrodynamischen Messwerks zeigen einen a) Spannungsmesser ($\alpha \sim U^2$), b) Strommesser ($\alpha \sim I^2$), c) Leistungsmesser ($\alpha \sim U \cdot I$), wobei die Skala des Leistungsmessers linear ist.

Wenn die Stromrichtung in einem der beiden Pfade umgekehrt wird, kehrt sich auch der Ausschlag um. Wird dagegen die Stromrichtung gleichzeitig in beiden Pfaden umgekehrt, bleibt der ursprüngliche Ausschlag erhalten, da die Multiplikation zweier negativer Werte ein positives Ergebnis bringt, d. h., dass ein elektrodynamisches Wattmeter für Gleichstrom und ebenso für Wechselstrom geeignet ist. Bei Gleichstrom wird das Produkt $U \cdot I$ angezeigt, bei Wechselstrom die Wirkleistung $P = U \cdot I \cdot \cos \varphi$, da eine zeitliche Verschiebung von Strom und Spannung sich entsprechend auf die Anzeige auswirkt, weil der Zeiger im gleichen Augenblick von beiden Messgrößen beeinflusst wird.

Grundsätzlich ist es möglich, elektrodynamische Messwerke als Spannungsmesser zu schalten, wenn auch diese Anwendung selten ist. Ebenso kann man elektrodynamische Messwerke als Strommesser verwenden. Auch dies ist nicht sehr zweckmäßig. Die gegebene Anwendung ist die Schaltung als Leistungsmesser. Hierbei liegt normalerweise der Strom unmittelbar in Reihe geschaltet mit der Last, dem Verbraucher, während der Spannungspfad gewöhnlich über einen Vorwiderstand angeschlossen ist. Der Strompfad ist vielfach für einen Strom von 5 A ausgelegt, der Spannungspfad mit einem eingebauten Vorwiderstand, der die Spannung auf 250 V begrenzt. Die Skala des elektrodynamischen Leistungsmessers verläuft gleichmäßig geteilt.

3.2   Elektrodynamisches Quotienten-Messwerk

Elektrodynamische Quotienten-Messwerke verwenden entweder eine Festspule und ein bewegliches Kreuzspulsystem oder zwei Festspulen und eine bewegliche Drehspule (Abb. 3.5). In der letzten Form werden sie als Kreuzfeld-Messwerk bezeichnet. Das Sinnbild deutet das Festspulenpaar und die gekreuzten Drehspulen an. Auch hier gibt es eisenlose und eisengeschlossene Messwerke.

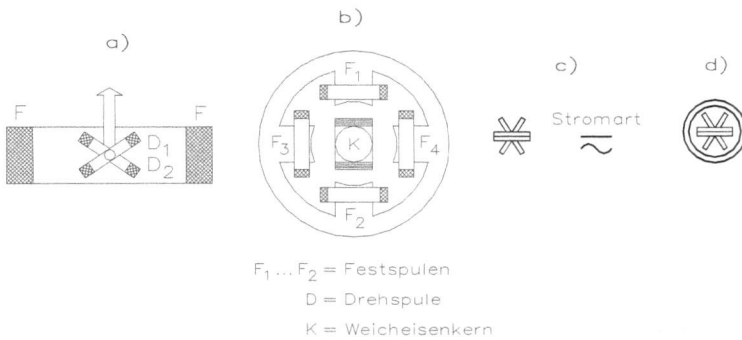

Abb. 3.5:   Aufbau eines elektrodynamischen Quotienten-Messwerks (Kreuzspulsystem). a) mit zwei gekreuzten Drehspulen D_1 und D_2 und einer Festspule F, b) beim Kreuzfeld-System mit zwei Festspulenpaaren F_1 und F_2, F_3 und F_4, einer Drehspule K und einem Weicheisenkern, c) die Sinnbilder zeigen ein eisenloses und d) ein eisengeschlossenes elektrodynamisches Quotienten-Messwerk.

Mit elektrodynamischen Quotienten-Messwerken lassen sich viele Messungen in direkter Anzeige ausführen, die andernfalls mehrere Einzelmessungen erfordern. Man findet sie daher als direkt zeigende Kapazitäts- und Induktivitätsmessgeräte, als Frequenzmessgerät und auch als Widerstandsmessgerät.

Bei Kreuzfeld-Messwerken sind zwei Spulenpaare senkrecht zueinander angeordnet. Beim eisengeschlossenen Messwerk sitzen die Spulen auf den vier Polschuhen eines gemeinsamen Ringes. Die Drehspule ist im Zentrum, beweglich um den Kern angeordnet. Die Felder der beiden Spulenpaare stehen senkrecht zueinander. Wenn die Drehspule von einem Strom durchflossen wird, stellt sie sich im Verhältnis der beiden Festspulenströme ein.

Eine Sonderform ist das Induktions-Dynamometer. Hier sind zwei parallel gewickelte Drehspulen zwischen den Polen eines Elektromagneten mit der Festspule angeordnet. In der Schaltung ist das elektrodynamische Kreuzspulsystem und das Induktions-Dynamometer gezeigt. Der Zeigerausschlag ist proportional dem Verhältnis der Wirkströme:

$$\alpha \sim \frac{I_2 \cdot \cos\varphi_2}{I_1 \cdot \cos\varphi_1}$$

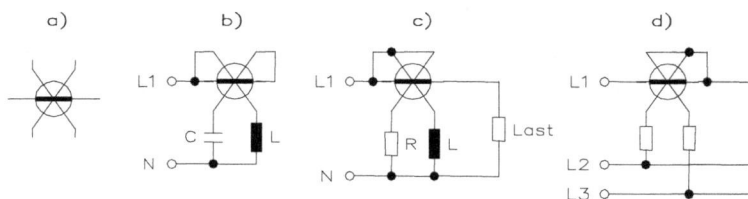

Abb. 3.6:   Anwendungen des elektrodynamischen Quotienten-Messwerks. a) Anordnung des Kreuzspulsystems, b) Messwerk als Frequenzmesser, c) Messwerk als Leistungsfaktormesser $\alpha \sim \varphi$, d) Messwerk als Leistungsfaktormesser im Drehstromnetz.

Bei der Schaltung eines elektrodynamischen Kreuzspul-Messwerks als Frequenzmesser wird die Festspule als Strompfad geschaltet (Abb. 3.6b). Die beiden gekreuzten beweglichen Spulen sind Spannungspfade. In einen Zweig schaltet man einen Kondensator, in den anderen Zweig eine Induktivität. Die Blindwiderstände dieser beiden Zweige verhalten sich bei Frequenzänderungen gegensätzlich. Bei steigender Frequenz nimmt der Blindwiderstand in der Induktivität zu, beim Kondensator ab. Bezogen auf den gemeinsamen Strompfad ändert sich also mit der Frequenz das Verhältnis der beiden Ströme im Spannungspfad und damit ist die Anzeige abhängig von der Frequenz.

3.3   Messverfahren in der Starkstromtechnik

Unter Leistungsmessung versteht man ohne besonderen Hinweis die Messung der Wirkleistung P eines Verbrauchers oder einer Gruppe von Verbrauchern. Im Gleichstromnetz oder bei reinen ohmschen Widerständen ist keine Phasenverschiebung vorhanden. In diesem Falle (Abb. 3.7) ist die Leistung gleich dem Produkt aus Strom und Spannung und kann durch Messung von Strom und Spannung bestimmt werden.

Ist ein Blindanteil vorhanden, wird mit der gleichen Schaltung bei Wechselstrom die Scheinleistung ermittelt. Wenn es sich nur um informatorische Messung handelt, mit geringen Ansprüchen an die Genauigkeit, dann kann ein Amperemeter in Watt justiert werden, unter Voraussetzung von konstanter Netzspannung. Auf der Skalenbeschriftung sind die Stromwerte bereits mit der Nennspannung multipliziert. Auch hier wird natürlich bei Wechselstrom die Scheinleistung gemessen.

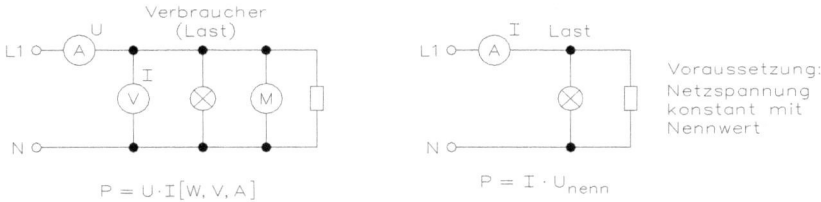

Abb. 3.7:   Leistungsbestimmung (links) in Einphasen- bzw. Gleichstromnetz durch Strom- und Spannungsmessung mit $P = U \cdot I$ [W, V, A]. (Bei Wechselstrom wird hier die Scheinleistung in VA [Volt-Ampere] ermittelt. Leistungsmessung (rechts) mit in Watt hergestelltem Strommesser mit $P = I \cdot U$. Nur richtig bei Nennwert der Netzspannung. Bei Wechselstrom wird die Scheinleistung ermittelt.

3.3.1   Leistungsmessung im Einphasennetz

Bei Labormessungen kann man die Wirkleistung durch Messung von drei Strömen oder drei Spannungen ermitteln. Hier ist das Resultat ebenfalls rechnerisch auszuwerten. Für Betriebsmessungen scheidet deshalb das Verfahren aus. Bei der Drei-Amperemeter-Methode wird der Gesamtstrom, ein Vergleichsstrom durch einen bekannten Widerstand und der unbekannte Strom gemessen (Abb. 3.8a). Diese Schaltung eignet sich für hohe Ströme bei niedrigen Spannungen. Beim Drei-Voltmeter-Verfahren wird die Gesamtspannung, die Spannung an einem bekannten Vorwiderstand als Vergleichswert und die Spannung an den Verbrauchern gemessen (Abb. 3.8b). Bei geringen Leistungen und niedrigen Strömen ist diese Schaltung vorzuziehen.

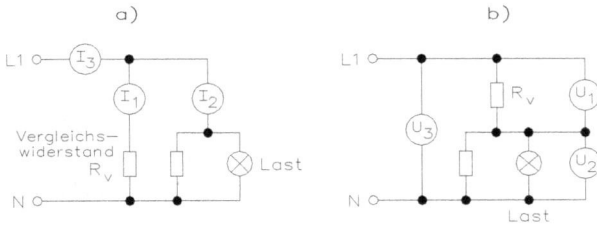

Abb. 3.8:   a) Drei-Amperemeter- und b) Drei-Voltmeter-Verfahren zur Leistungsbestimmung

Die Berechnung für das Drei-Amperemeter-Verfahren (Abb. 3.8a) lautet:

$$P = \left(I_3^2 - I_1^2 - I_2^2 \right) \cdot \frac{R_v}{2}$$

Die Berechnung für das Drei-Voltmeter-Verfahren (Abb. 3.8b) lautet:

$$P = \frac{U_3^2 - U_1^2 - U_2^2}{2 \cdot R_v}$$

Bei den beiden Verfahren wird die Wirkleistung bestimmt. Die Drei-Voltmeter-Schaltung ist für geringe Leistung und niedrige Ströme geeignet. Die Drei-Amperemeter-Schaltung ist für größere Ströme bei geringeren Spannungen geeignet. Beide Schaltungen sind für Betriebsmessungen ungeeignet.

a)   b)

P_a P_a

L1   L1

P_{zu} Last P_{ab} P_{zu} Last P_{ab}

N   N

$P_{zu} = P_a + P_{sp}$ $P_{zu} = P_a + P_{str}$

$P_{ab} = P_a - P_{str}$ $P_{ab} = P_a - P_{sp}$

P_{zu} = zugeführte Leistung

P_a = angezeigte Leistung

P_{ab} = abgegebene Leistung

P_{sp} = Eigenverbrauch des Spannungspfades

P_{str} = Eigenverbrauch des Strompfades

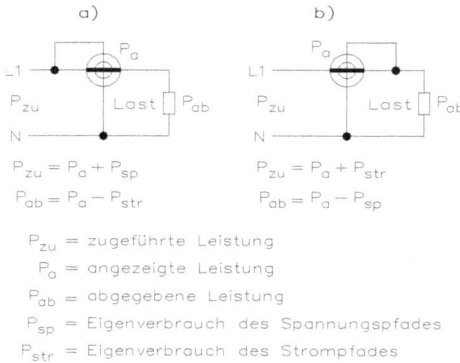

Abb. 3.9:   Schaltungen für ein elektrodynamisches Messwerk, (a) die stromrichtige und (b) die spannungsrichtige
            Schaltung

Bei allen betriebsmäßigen Leistungsmessungen verwendet man heute ausschließlich elektrodynamische Messwerke als Wattmeter (Abb. 3.9). Diese Messwerke zeigen die Wirkleistung
an, können jedoch auch als Blindleistungsmesser geschaltet werden. Im Normalfall spielt der
Eigenverbrauch des Wattmeters keine Rolle gegenüber dem Verbraucher. Bei sehr genauer
Messung ist der Eigenverbrauch zu berücksichtigen und aus den Messwerksdaten zu korrigieren. Bei Schaltung links misst der Strompfad richtig, der Spannungspfad jedoch zu hoch.
Bei Schaltung rechts wird die richtige Spannung am Verbraucher gemessen, jedoch im
Strompfad um den Strom des Spannungspfades zu viel gemessen. Da Strom- und Spannungseinfluss sich gleichzeitig auf das bewegliche Organ des Messwerks auswirken, wird
eine zeitliche Verschiebung selbsttätig berücksichtigt und die Wirkleistung $P = U \cdot I \cdot \cos \varphi$
angezeigt.

Der Strompfad von Leistungsmessern ist im Dauerbetrieb bis zu 20 % überlastbar, kurzzeitig
bis zu 1000 %, ohne dass ein Schaden entsteht (feststehende Spule, dicker Draht). Der Spannungspfad ist im Dauerbetrieb bis zu 20 % überlastbar, kurzzeitig bis zu 100 %, ohne dass
ein Schaden entsteht (drehende Spule, dünner Draht). Der Zeigerausschlag α ist direkt proportional der Leistung P:

$$\alpha \approx P$$

Bei der stromrichtigen Messung ergeben sich folgende Zusammenhänge:

• Betrachtung der Quellenleistung P_Q:

$$\alpha = k \cdot (P_Q - P_U)$$

   k: Konstante des Messwerks
   P_Q: Quellenleistung
   P_U: Eigenverbrauch des Spannungspfades

• Betrachtung der Verbraucherleistung P_V:

$$\alpha = k \cdot (P_V + P_I)$$

   P_V: Verbraucherleistung
   P_I: Eigenverbrauch der Stromspule

Die Anzeige α entspricht damit der um die Verluste P_U des Spannungspfades oder der um die
Verluste P_I des Strompfades vermehrten Verbraucherleistung P_V.

Bei der spannungsrichtigen Messung ergeben sich folgende Zusammenhänge:

- Betrachtung der Quellenleistung P_Q:

$$\alpha = k \cdot (P_Q - P_I)$$

  P_I: Eigenverbrauch der Stromspule

- Betrachtung der Verbraucherleistung P_V:

$$\alpha = k \cdot (P_V + P_U)$$

  P_U: Eigenverbrauch des Spannungspfades

Die Anzeige α entspricht damit der um die Verluste P_U des Spannungspfades oder der um die Verluste P_I des Strompfades vermehrten Verbraucherleistung P_V.

Der Eigenverbrauch P_U und P_I geht also additiv (P_V) oder subtraktiv (P_Q) in die angezeigte Leistung ein. Die ermittelte Verbraucherleistung ist immer größer als die tatsächliche Verbraucherleistung.

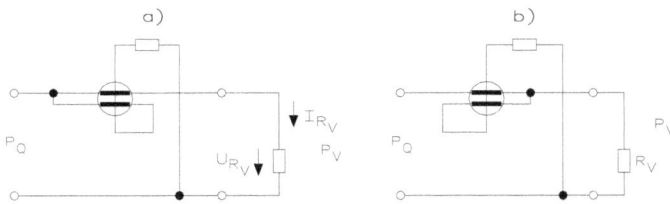

Abb. 3.10: Selbstkorrektur des Eigenverbrauchs, a) quellenrichtig, b) verbraucherrichtig

Um die von der Quelle abgegebene Leistung $P_Q = P_V + P_I + P_U$ in der quellenrichtigen Schaltung (Abb. 3.10) richtig messen zu können, muss an der Zeitachse ein additives Moment erzeugt werden, das der Verlustleistung im Spannungsfeld P_U proportional ist. Da für beide Leistungen P_Q und P_U die Spannung den gleichen Wert hat, wird diese also richtig erfasst. Leitet man den Strom, der im Spannungspfad fließt, über eine zweite, gleich ausgeführte Stromspule, so wird eine zusätzliche Durchflutung erzeugt.

$$\alpha = k \cdot (P_V + P_I) + \underbrace{k \cdot P_U}_{\text{zusätzlich aufgrund der zweiten Spule}}$$

$$\alpha = k \cdot \underbrace{(P_V + P_I + P_U)}_{P_Q}$$

$$\alpha = k \cdot P_Q$$

Um die vom Verbraucher aufgenommene Leistung $P_V = P_Q - P_I - P_U$ in der verbraucherrichtigen Schaltung richtig messen zu können, muss an der Zeitachse ein subtraktives Moment erzeugt werden, das der Verlustleistung im Spannungsfeld P_U proportional ist. Da für beide Leistungen P_V und P_U die Spannung den gleichen Wert hat, wird diese also richtig erfasst. Leitet man den Strom, der im Spannungspfad fließt, über eine zweite, gleich ausgeführte Stromspule, so wird eine zusätzliche Durchflutung erzeugt, die subtraktiv auf die Quellenleistung P_Q einwirkt.

$$\alpha = k \cdot (P_Q - P_I) - k \cdot P_U$$

zusätzlich aufgrund der zweiten Spule

$$\alpha = k \cdot \underbrace{(P_Q - P_I - P_U)}_{P_Q}$$

$$\alpha = k \cdot P_V$$

Messbereichserweiterungen müssen sowohl den Strom- als auch den Spannungspfad berücksichtigen. Will man beispielsweise mit einem Wattmeter, das für 230 V ausgelegt ist, bei 24 V messen, dann würde Vollausschlag erst bei sehr viel höherem Strom erreicht sein. Die Bereichserweiterung für den Spannungspfad ist durch Vorwiderstände möglich. Bei mehr als 600 V verwendet man in Wechselstromnetzen Spannungswandler. Gewöhnlich ist der Spannungspfad für 100 V bemessen. Bei Gleichstromnetzen muss auch die Strombereichserweiterung durch Zusatzwiderstände erfolgen, wenn man nicht von vornherein die Spule im Strompfad für höhere Ströme auslegt. Der Nebenwiderstand wird parallel zum Strompfad geschaltet.

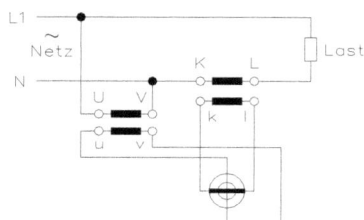

Abb. 3.11:   Anschluss eines Wattmeters über Strom- und Spannungswandler

In Wechselstromnetzen bevorzugt man stets den Anschluss über Messwandler wie Abb. 3.11 zeigt. Gewöhnlich sind die Strompfade der Messwerke für 5 A und die Spannungspfade für 100 V bemessen. Diese Werte werden auch als sekundärseitige Werte der Messwandler eingehalten, so dass jedes normale Messwerk an jeden normalen Messwandler angeschlossen werden kann. Die Klemmenbezeichnungen der Messwandler sind genormt. Das Messwerk wird also stets an die Klemmen mit den Kleinbuchstaben angeschlossen. Der Eigenverbrauch von Wandler plus Messwerkspfad ist in der Praxis nicht zu berücksichtigen.

3.3.2   Leistungsmessung im Drehstromnetz

Bei Drehstromnetzen müssen für die Leistungsmessung die verschiedenen Betriebsfälle berücksichtigt werden, ob es sich um Dreileiter-, Vierleiter- oder Fünfleiternetze handelt, ob die Belastung gleichmäßig oder ungleichmäßig ist.

Im gleichmäßig belasteten Vier- oder Fünfleiternetz kann die Leistungsmessung in einer einzigen Phase erfolgen und das Ergebnis mit drei multipliziert werden (Abb. 3.12a). Wenn sich an der Belastung nichts ändern kann, wird das Messinstrument schon mit den dreifachen Werten beschriftet.

Bei einem gleichmäßig belasteten Dreileiternetz wird ein künstlicher Nullpunkt geschaffen (Abb. 3.12b). Die drei Widerstände müssen gleich groß sein, d. h. der Vorwiderstand des Spannungspfades muss mit dem Innenwiderstand des Messwerks zusammen so groß sein wie einer der beiden anderen Widerstände. Die angezeigte Leistung ist ebenfalls mit drei zu multiplizieren. Die Klemmenbezeichnungen der Messwerksanschlüsse sind genormt.

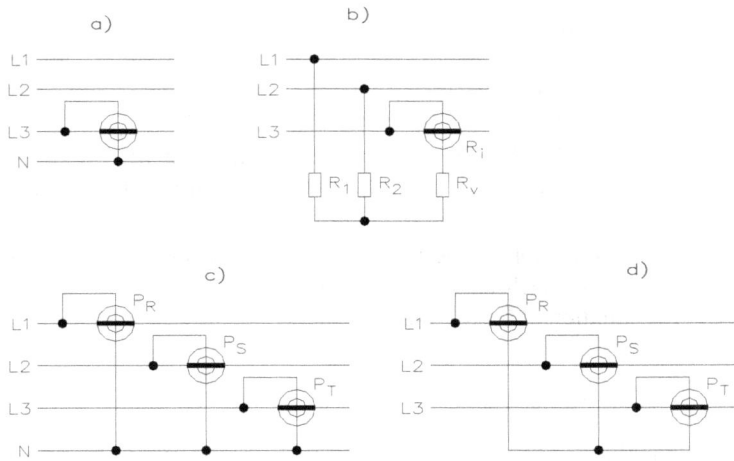

Abb. 3.12: Möglichkeiten zur Leistungsmessung im Drehstromnetz. a) Gleichmäßig belastetes Vierleiternetz, b) Gleichmäßig belastetes Dreileiternetz. Ist $R_1 = R_2$ und $R_v + R_i$, es ergibt sich ein künstlicher Nullpunkt, c) Ungleich belastetes Vierleiternetz: $P = P_{L1} + P_{L2} + P_{L3}$, d) Ungleich belastetes Dreileiternetz: $P = P_{L1} + P_{L2} + P_{L3}$.

Bei einem ungleich belasteten Vierleiternetz kann die Gesamtleistung durch Addition der drei Einzelleistungen ermittelt werden, die in jeder Phase gemessen werden (Abb. 3.12c). Die entsprechende Schaltung ist im ungleich belasteten Dreileiternetz durch Schaltung eines künstlichen Nullpunktes möglich (Abb. 3.12d). Für diese Schaltungen gibt es Dreifach-Wattmeter, bei denen drei einzelne Messwerke auf einem gemeinsamen Summenzeiger arbeiten. Hierfür sind die genormten Klemmenbezeichnungen besonders wichtig.

Im ungleich belasteten Dreileiternetz ist die Gesamtleistung auch bereits mit zwei Messwerken zu bestimmen, wenn man die Strompfade in zwei Phasen und die Spannungspfade jeweils gegen die dritte Phase misst (Abb. 3.13). Diese Zwei-Wattmeter-Schaltung (Aron-Schaltung) wird viel verwendet. Die Gesamtleistung ist gleich der Summe der beiden Teilleistungen. Ein Nachteil ist, dass bei einer Phasenverschiebung von mehr als 60° das eine Messwerk negative Werte anzeigt. Für die Zwei-Wattmeter-Schaltung gibt es Leistungsmesser mit Doppelmesswerk. Beide elektrisch völlig getrennten Messwerke arbeiten als Summenmesser auf einem gemeinsamen Zeiger.

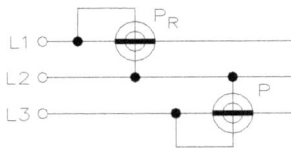

Abb. 3.13: Zwei-Wattmeter-Schaltung (Aron-Schaltung)

Für die Zwei-Wattmeter-Schaltung (Aron-Schaltung) gilt:

$$P_{L1} = U \cdot I \cdot \cos(\varphi - 30°)$$
$$P_{L3} = U \cdot I \cdot \cos(\varphi + 30°)$$
$$P = P_{L1} + P_{L3}$$

Bei größeren Leistungen werden Wattmeter auch bei Drehstromnetzen am besten über Strom- und Spannungswandler angeschlossen. Man bezeichnet den Anschluss über Stromwandler, bei direkter Verbindung des Spannungspfades als halbindirekte Schaltung. Alle Strompfade sind gewöhnlich für 5 A und alle Spannungspfade für 100 V bemessen.

Als indirekte Messung bezeichnet man den Anschluss jedes Messpfades über Messwandler, also sowohl der Strom- als auch der Spannungspfade der zwei oder drei Wattmeter der Schaltung.

Die Leistungsmessung im Ein- und Dreiphasennetz ist außerdem mit Induktions-Messwerken möglich, wird aber heute kaum noch angewandt. Im Gegensatz dazu wird die Arbeitsmessung ausschließlich mit Induktions-Messwerken ausgeführt.

3.3.3   Blindleistungsmessung

Die Blindleistung Q kann im Einphasennetz aus Wirkleistung und Scheinleistung errechnet werden. Die Wirkleistung wird von einem elektrodynamischen Wattmeter angezeigt, die Scheinleistung aus Strom- und Spannungsmessung bestimmt (Abb. 3.14). Die Blindleistung ist die geometrische (vektorielle) Differenz aus Schein- und Wirkleistung. Außerdem kann aus diesen Messungen der Leistungsfaktor berechnet werden. cos φ ist das Verhältnis von Wirkleistung zu Scheinleistung.

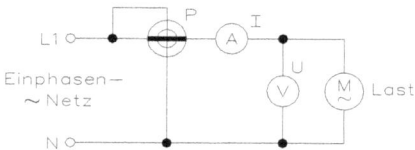

Abb. 3.14:   Messen der Blindleistung aus Wirkleistung, Spannung und Strom

Die Blindleistung Q errechnet sich aus

$$Q = \sqrt{S^2 - P^2} = \sqrt{(U \cdot I)^2 - P^2} \qquad\qquad \cos\varphi = \frac{P}{S} = \frac{P}{U \cdot I}$$

Beispiel

Wie groß ist die Blindleistung und der cos φ, wenn das Wattmeter 1,5 kW, das Voltmeter 230 V und das Amperemeter 8,5 A anzeigen?

$$Q = \sqrt{(U \cdot I)^2 - P^2} = \sqrt{(230V \cdot 8,5A)^2 - 1,5kW^2} = 1,25k \text{ var}$$

$$\cos\varphi = \frac{P}{U \cdot I} = \frac{1,5kW}{230V \cdot 8,5A} = 0,767 \Rightarrow \cos\varphi = 39,9° \qquad\qquad \square$$

Um mit einem elektrodynamischen Wattmeter die Blindleistung im Einphasennetz direkt anzuzeigen, muss künstlich eine Phasenverschiebung von 90° erzielt werden. Hierzu wird eine Spule im Spannungspfad vorgeschaltet und mit einem Ausgleichswiderstand für genaue 90°-Verschiebung gesorgt.

Im gleichmäßig belasteten Drehstrom-Dreileiternetz wird die Blindleistung gemessen, wenn der Strompfad in einer Phase und der Spannungspfad an die beiden anderen angeschlossen wird. Der Spannungspfad muss in diesem Falle für die Sternspannung bemessen sein. Um die Gesamt-Blindleistung zu erhalten, muss der angezeigte Wert mit $\sqrt{3}$ multipliziert werden. Bei fest eingebautem Messinstrument kann die Skala gleich in diesen Beträgen ausgeführt werden.

Bei höheren Spannungen und Strömen kann mit halbindirekter oder indirekter Schaltung gemessen werden. Bei halbindirekter Messung ist der Spannungspfad über einen Vorwiderstand und der Strompfad über einen Stromwandler angeschlossen (Abb. 3.15). Bei Strömen über 5 A und Spannungen über 600 V verwendet man ausschließlich die indirekte Schaltung mit Anschluss beider Messpfade über Messwandler.

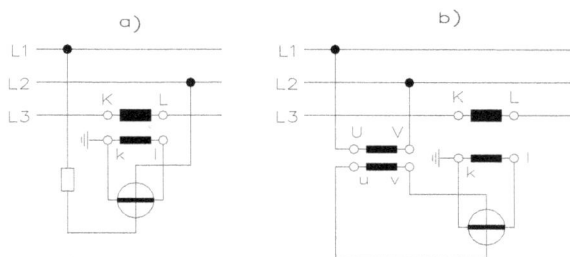

Abb. 3.15:   Blindleistungsmessung mit Stromwandler – a) mit halbindirektem Anschluss – und mit Spannungs- und Stromwandler – b) mit indirektem Anschluss

Bei Blindleistungsmessung im Dreiphasennetz kann auch die Zwei-Wattmeter-Methode zur Anwendung kommen. In je eine Phase wird je ein Strompfad geschaltet. Die beiden Spannungspfade liegen an jeweils den anderen beiden Phasen. Diese Schaltung gilt für Dreileiter-Netze bei beliebiger Belastung.

3.3.4   Leistungsfaktormessung

Als Leistungsfaktor wird der Cosinus des Phasenwinkels bezeichnet, die Größe cos φ, da das Produkt aus Strom und Spannung mit diesem Faktor multipliziert werden muss, um die Wirkleistung zu erhalten. Umgekehrt kann aus Wirkleistung und Scheinleistung der Leistungsfaktor errechnet werden. Die Wirkleistung wird mit einem elektrodynamischen Leistungsmesser ermittelt und die Scheinleistung durch Strom- und Spannungsmessung (Abb. 3.16). Der Leistungsfaktor cos φ ist dann Wirkleistung P geteilt durch Scheinleistung $U \cdot I$.

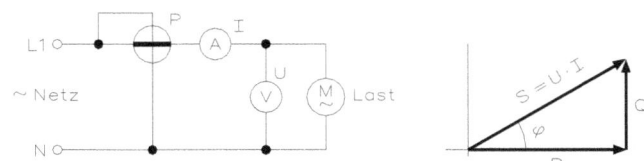

Abb. 3.16:   Bestimmung des Leistungsfaktors im Einphasennetz aus Wirkleistungs-, Spannungs- und Strommessung

Zeichnerisch gibt das Leistungsdreieck die Verhältnisse wieder. Die Wirkleistung wird als positive reale Größe horizontal nach rechts aufgetragen. Induktive Blindleistung wird senkrecht nach oben, kapazitive Blindleistung senkrecht nach unten gezeichnet. Die Scheinleistung S bildet die Grundseite des rechtwinkligen Dreiecks. Hieraus können die Winkelfunktionen für φ entnommen werden. So lässt sich zum Beispiel der Phasenwinkel auch aus der Messung von Blindleistung und Wirkleistung errechnen, da dieses Verhältnis die Tangensfunktion darstellt.

Beispiel

Der Wirkleistungsmesser an einem Einphasennetz zeigt P = 1000 W, das Voltmeter hat U = 230 V und das Amperemeter hat I = 5 A. Wie groß ist cos φ?

$$S = U \cdot I = 230V \cdot 5A = 1150VA$$

$$\cos\varphi = \frac{P}{S} = \frac{1000W}{1150VA} = 0,869 \Rightarrow \varphi = 29,59° \qquad \square$$

Als direkt zeigende Messinstrumente für die Messung des Leistungsfaktors sind Kreuzfeld- und Kreuzspul-Messwerke geeignet. Beim Kreuzfeld-Messwerk kann bei Leistungsfaktormessung im Einphasennetz die Drehspule in den Strompfad gelegt werden. Vor eine der Festspulen wird ein ohmscher Widerstand, vor die andere eine Drossel mit möglichst genau 90° Phasenverschiebung gelegt. Beim Kreuzspul-Messwerk bildet die aufgeteilte Festspule den Strompfad. Vor die beiden gekreuzten Spulen des beweglichen Organs sind wiederum ein ohmscher Widerstand im einen und ein induktiver Widerstand im anderen Zweig vorgeschaltet. In der normalen Schaltungsdarstellung wird das Messwerk mit dem Strompfad und den beiden Spannungspfaden realisiert. Wenn die Festspule nicht aufgeteilt ist, wird der gemeinsame Verbindungspunkt der Kreuzspulen unmittelbar an ein Ende der Festspule gelegt. Die andere Seite führt über den betreffenden Vorwiderstand zum Neutralleiter N. Da mit einer Spule keine reine induktive Phasenverschiebung von genau 90° erreichbar ist, wird zum vollständigen Ausgleich ein Zusatzwiderstand eingeschaltet.

Im Dreiphasennetz bei drei Leitern und gleicher Belastung kann mit einem Messwerk gemessen werden. Der Strompfad liegt in einer Phase, die beiden Spannungspfade mit ohmschen Vorwiderständen von dieser einen zu den beiden anderen Phasen geschaltet. Die gleiche Schaltung für indirekte Messung verwendet einen Dreiphasen-Spannungswandler. Für die Klemmenbezeichnungen gelten wieder die gleichen Normen wie für Leistungsmesser-Anschlüsse (Abb. 3.17).

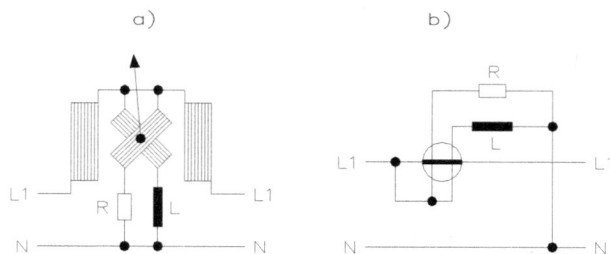

Abb. 3.17:   Leistungsfaktormessung im Drehstromnetz

Die Skalen der Leistungsfaktormesser sind sehr verschieden ausgeführt. Eine Möglichkeit ist eine einfache Skala, von etwa 0,2 bis 1 reichend. Kommt sowohl induktive, als auch kapazitive Phasenverschiebung in Betracht, dann teilt man die Skala so, dass rein ohmsche Belastung mit dem Leistungsfaktor 1 in der Mitte liegt (Abb. 3.18). Im stromlosen Zustand wird ein undefinierter Wert angezeigt. Wenn vom gleichen Messinstrument der Leistungsfaktor bei abgegebener und aufgenommener Leistung angezeigt werden soll, muss eine Vierquadranten-Skala gewählt werden. Hier ist sowohl für Abgabe als für Bezug der Leistungsfaktor für induktive und kapazitive Phasenverschiebung abzulesen.

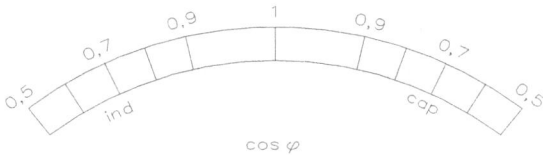

Abb. 3.18: Beispiel für die Skala eines Leistungsfaktormessgeräts

3.4 Messpraktikum

Mit dem virtuellen Wattmeter lässt sich die Leistung messen. Es besteht keine Einstellmöglichkeit am Messgerät.

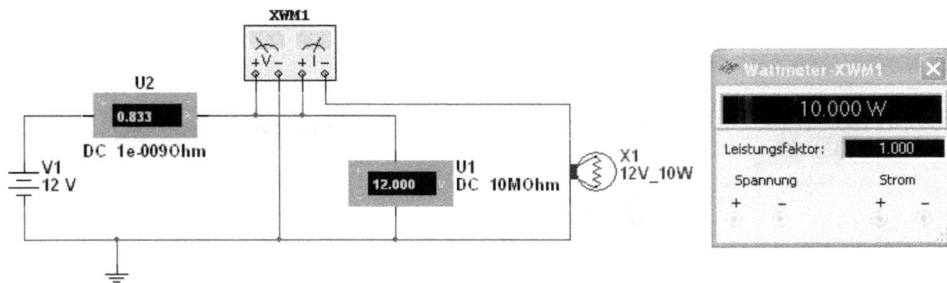

Abb. 3.19: Leistungsmessung an Gleichspannung

In Abb. 3.19 ist ein Wattmeter, ein Voltmeter und ein Amperemeter gezeigt. Die Lampe ist auf 12 V/10 W eingestellt und das Wattmeter zeigt direkt die Leistung an. Mit dem Volt- und Amperemeter kann man die Leistung berechnen:

$$P = U \cdot I = 12V \cdot 0,833A = 10W$$

Der Leistungsfaktor zeigt einen Wert von cos φ = 1 an, da mit Gleichstrom gearbeitet wird und eine Lampe einen ohmschen Verbraucher darstellt.

3.4.1 Leistungsmessung einer Glühlampe

Die Wechselspannungsquelle erzeugt den Strom für eine Lampe an einer Spannung mit 230 V und einer Leistung mit 60 W. Abb. 3.20 zeigt die Schaltung.

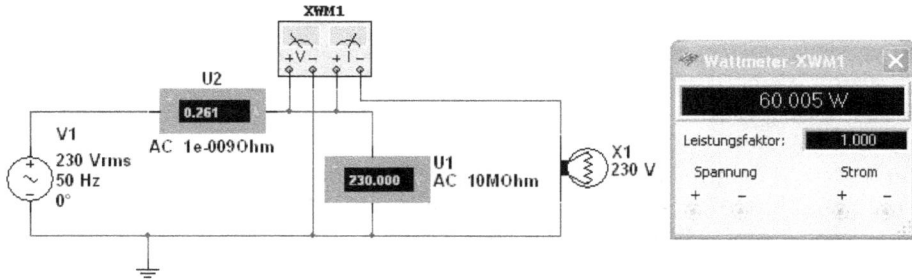

Abb. 3.20:   Leistungsmessung einer Glühlampe

Das Wattmeter zeigt eine Leistung von P = 60 W und arbeitet man mit einem Volt- und Amperemeter, ergibt sich

$$P = U \cdot I = 230V \cdot 0,261A = 60W$$

Der Leistungsfaktor zeigt einen Wert von cos φ = 1 an, da mit Wechselstrom gearbeitet wird und eine Lampe einen ohmschen Verbraucher darstellt.

3.4.2   Leistungsmessung einer Spule

Eine Spule hat eine Induktivität L und einen Gleichstromwiderstand R der Spule. Abb. 3.21 zeigt die Schaltung mit der Induktivität L = 10 mH und einem Gleichstromwiderstand R = 1 Ω.

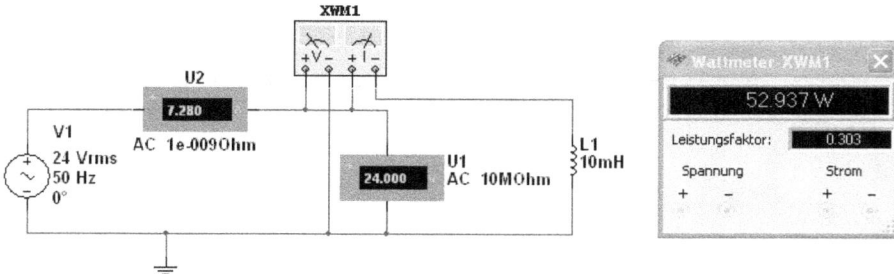

Abb. 3.21:   Leistungsmessung einer Spule

Mit einem Wattmeter kann man die Wirkleistung und den Leistungsfaktor (Power Factor) messen. Das Messinstrument zeigt eine Wirkleistung von P = 52,937 W und einen Leistungsfaktor von cos φ = 0,303. Das Amperemeter hat einen Wert von I = 7,28 A und das Voltmeter U = 24 V. Es gilt für die Schein- und Wirkleistung

$$S = U \cdot I = 24\ V \cdot 7,28\ A = 174,7\ VA$$

$$P = U \cdot I \cdot \cos\varphi = 24\ V \cdot 7,28\ A \cdot 0,303 = 52,94\,W$$

Da die Wirkleistung von P = 52,94 W bekannt ist, kann man die Blindleistung berechnen aus

$$Q = \sqrt{S^2 - P^2} = \sqrt{\left(174,7\,VA\right)^2 - \left(52,94\,W\right)^2} = 166,48\,\text{var}$$

Der induktive Blindwiderstand ist

$$X_L = 2 \cdot \pi \cdot f \cdot L = 2 \cdot 3,14 \cdot 50 Hz \cdot 10 mH = 3,14 \Omega$$

Der Gleichstromwiderstand ist vorgegeben mit R = 1 Ω. Damit lässt sich der Scheinwiderstand berechnen mit

$$Z = \sqrt{R^2 + X_L^2} = \sqrt{(1\Omega)^2 + (3,14\Omega)^2} = 3,29\Omega$$

Der Wechselstrom ist dann

$$I = \frac{U}{Z} = \frac{24V}{3,29\Omega} = 7,29A$$

Die Spannungsfälle an dem ohmschen und an dem induktiven Blindwiderstand berechnen sich aus

$$U_R = I \cdot R = 7,29A \cdot 1\Omega = 7,29V$$

$$U_L = I \cdot X_L = 7,29A \cdot 3,14\Omega = 22,89V$$

$$U = \sqrt{U_R^2 + U_L^2} = \sqrt{(7,29V)^2 + (22,89V)^2} = 24V$$

3.4.3   Leistungsmessung einer RL-Schaltung

Ein Wattmeter misst die Spannung und den Strom einer Schaltung und bildet das Produkt „Wirkleistung" und den Leistungsfaktor „cos φ". Abb. 3.22 zeigt eine Schaltung mit dem Wattmeter für die Leistungsmessung einer RL-Schaltung.

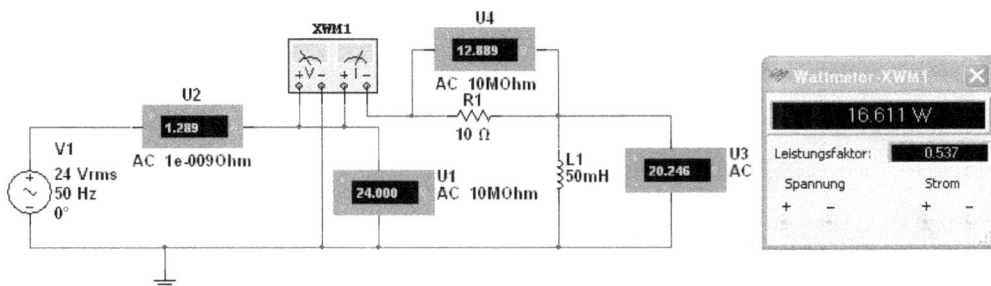

Abb. 3.22:   Messschaltung mit Wattmeter für die Leistungsmessung einer RL-Schaltung.

Mit einem Wattmeter kann man die Wirkleistung und den Leistungsfaktor (Power Factor) messen. Das Messinstrument zeigt eine Wirkleistung von P = 16,6 W und einen Leistungsfaktor von cos φ = 0,537. Das Amperemeter hat einen Wert von I = 1,29 A. Es gilt für die Schein- und Wirkleistung

$$S = U \cdot I = 24\ V \cdot 1,29A = 31\ VA$$

$$P = U \cdot I \cdot \cos\varphi = 24\ V \cdot 1,29A \cdot 0,537 = 16,6W$$

Da die Wirkleistung von P = 16,6 W bekannt ist, kann man die Blindleistung berechnen aus

$$Q = \sqrt{S^2 - P^2} = \sqrt{(31VA)^2 - (16,6W)^2} = 26,2\,\text{var}$$

Aus der Messung mit dem Volt- und Amperemeter und Wattmeter erhält man die Blindleistung. Durch eine Rechnung kommt man auf den Leistungsfaktor:

$$\cos\varphi = \frac{P}{S} = \frac{16,6W}{31VA} = 0,53 \Rightarrow \varphi = 57,6°$$

Schließen Sie das Voltmeter parallel zur Last an, indem Sie die Anschlüsse mit den Verbindungspunkten an beiden Seiten der zu messenden Last anschließen. Nachdem die Schaltung aktiviert wurde, wird deren Verhalten simuliert und das Voltmeter zeigt die Spannung über die Messpunkte an. Das Voltmeter zeigt gegebenenfalls Zwischenwerte an, die bis zum Erreichen der konstanten Betriebsspannung auftreten. Wenn Sie das Voltmeter nach der Simulation verschieben, aktivieren Sie die Schaltung erneut, um eine Anzeige zu erhalten.

3.4.4   Leistungsmessung einer RC-Schaltung

Die RC-Schaltung besteht aus einem ohmschen Widerstand und einem Kondensator. Abb. 3.23 zeigt eine Reihenschaltung von einem Widerstand und einem Kondensator.

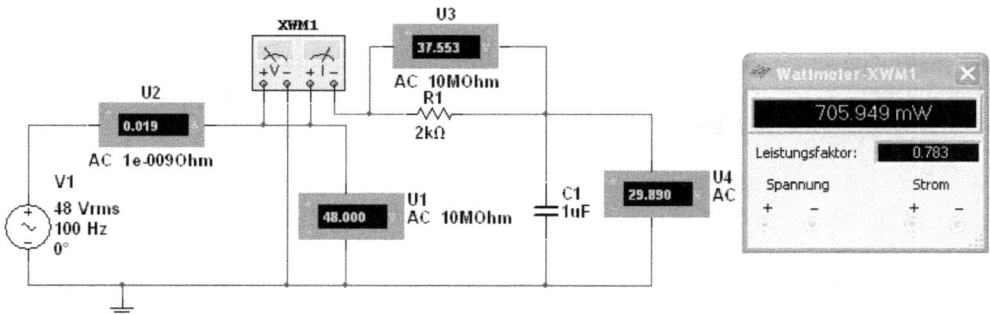

Abb. 3.23:   Leistungsmessung an einer RC-Schaltung

Der kapazitive Blindwiderstand des Kondensators ist

$$X_C = \frac{1}{2 \cdot \pi \cdot f \cdot C} = \frac{1}{2 \cdot 3,14 \cdot 100Hz \cdot 1\mu F} = 1,59k\Omega$$

Der Scheinwiderstand der RC-Reihenschaltung berechnet sich aus

$$Z = \sqrt{R^2 + X_C^2} = \sqrt{(2k\Omega)^2 + (1,59k\Omega)^2} = 2,55k\Omega$$

Es ergibt sich ein Strom von

$$I = \frac{U}{Z} = \frac{48V}{2,55k\Omega} = 18,8mA$$

Die Scheinleistung ist dann

$$S = U \cdot I = 48\,V \cdot 18,8mA = 902mVA$$

Der Leistungsfaktor berechnet sich aus

$$\cos\varphi = \frac{R}{Z} = \frac{2k\Omega}{2,55k\Omega} = 0,784 \Rightarrow \cos\varphi = 38,3°$$

Die Wirkleistung erhält man mit

$$P = U \cdot I \cdot \cos\varphi = 48\,V \cdot 18,8mA \cdot 0,784 = 707mW$$

Die Blindleistung ist

$$Q = \sqrt{S^2 - P^2} = \sqrt{(902mVA)^2 - (707mW)^2} = 569m\,\text{var}$$

Die Spannung am Widerstand und Kondensator berechnet aus

$$U_R = I \cdot R = 18,8mA \cdot 2k\Omega = 37,6V$$

$$U_C = I \cdot X_C = 18,8mA \cdot 1,59k\Omega = 29,89V$$

Die Gesamtspannung ist

$$U = \sqrt{U_R^2 + U_C^2} = \sqrt{(37,6V)^2 + (29,89V)^2} = 48V$$

Berechnung und Messung sind identisch.

3.4.5   Leistungsmessung einer Kompensation

Wechselstrommotoren und die Drossel von Leuchtstofflampen erzeugen während ihres Betriebszustandes eine Blindleistung. Diese Blindleistung muss man durch einen Kondensator kompensieren. Diese Blindstromkompensation hilft Energiekosten einzusparen, elektrische Einrichtungen wie Leitungen, Schaltelemente, Transformatoren und Generatoren vom Blindstrom zu entlasten. Diese Vorteile sind besonders in Industrie- und Gewerbebetrieben zu beachten, bei denen die Stromkosten eine bedeutende Rolle spielen. Aus wirtschaftlichen Gründen kompensiert man in der Regel nur bis zu einem maximalen Leistungsfaktor von $\cos\varphi = 0,95$ (induktiv). Würde man den Leistungsfaktor auf $\cos\varphi = 1,0$ verbessern, benötigte man eine unwirtschaftliche hohe Kondensatorleistung. Eine Überkompensation ist auf jeden Fall zu vermeiden, da dabei unter Umständen die Spannung gefährlich hoch ansteigen kann. Zur Ermittlung der erforderlichen Kompensationsleistung gibt es folgende Möglichkeiten:

*   Messung von Spannung, Strom und Leistung,
*   Messung des $\cos\varphi$ mittels Leistungsfaktormessung,
*   Messung der Wirk- und Blindleistung mittels Zähler bzw. Schreiber.

Abb. 3.24 zeigt eine Schaltung zur Untersuchung einer Blindleistungskompensation. Mit den beiden Schaltern gibt man die Kompensationskondensatoren frei. Die Leistungsaufnahme von P = 40,5 W zeigt das Wattmeter an. Die Scheinleistung ist

$$S = U \cdot I = 230V \cdot 236mA = 54,3VA$$

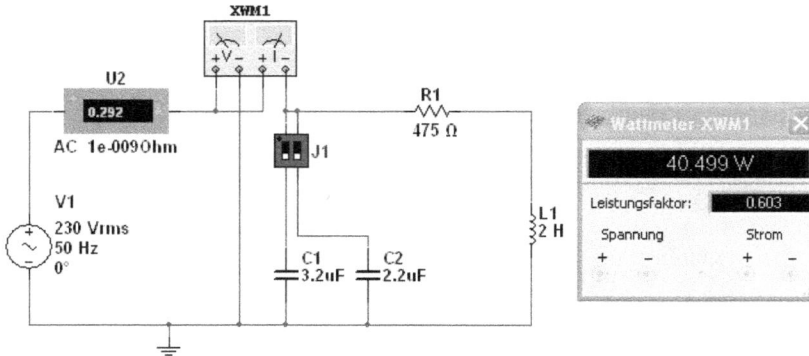

Abb. 3.24:   Schaltung zur Untersuchung einer Kompensation

Der induktive Blindwiderstand wird berechnet aus

$$X_L = 2 \cdot \pi \cdot f \cdot L = 2 \cdot 3,14 \cdot 50 Hz \cdot 2H = 628 \Omega$$

Der Scheinwiderstand ist

$$Z = \sqrt{R^2 + X_L^2} = \sqrt{(475\Omega)^2 + (628\Omega)^2} = 787\Omega$$

Der Leistungsfaktor wird bestimmt man

$$\cos \varphi = \frac{R}{Z} = \frac{475\,\Omega}{787\,\Omega} = 0,6 \Rightarrow \varphi = 52,9°$$

Die Blindleistung beträgt

$$\cos \varphi = 0,6 \Rightarrow \varphi = 53° \Rightarrow \tan \varphi = 1,327$$

$$Q_L = P \cdot \tan \varphi = 40\ W \cdot 1,327 = 53\ var$$

Die Schaltung von Abb. 3.24 zeigt eine unkompensierte Schaltung, d. h. die beiden Schalter sind offen. Schließt man den linken Schalter, liegt der Kondensator mit 3,2 µF an.

Vollständige Kompensation mit cos φ = 1:

$$I = \frac{P}{U} = \frac{40W}{230V} = 290 mA$$

$$Q_L = Q_C = 53\ var\ und\ S = P = 53\ var$$

$$C = \frac{Q_C}{2 \cdot \pi \cdot f \cdot U^2} = \frac{53\ var}{2 \cdot 3,14 \cdot 50Hz \cdot (230V)^2} = 3,2 \mu F$$

Praktische Kompensation mit cos φ = 0,92:

$$S = \frac{P}{\cos \varphi} = \frac{40W}{0,92} = 43,5 VA$$

$$I = \frac{S}{U} = \frac{43{,}5\,VA}{230V} = 190\,mA$$

$Q = P \cdot \tan \varphi = 40\ W \cdot 0{,}426 = 17$ var

$Q_C = Q_L - Q = 53$ var $-\ 17$ var $= 36$ var

$$C = \frac{Q_C}{2 \cdot \pi \cdot f \cdot U^2} = \frac{36\,var}{2 \cdot 3{,}14 \cdot 50\,Hz \cdot (230V)^2} = 2{,}2\,\mu F$$

Das Ergebnis zeigt, dass sich bei einer Kompensation von $\cos \varphi = 1$ auf $\cos \varphi = 0{,}92$ der Strom in den Zuleitungen um $I = 100$ mA reduziert. Die erforderliche Kapazität verringert sich von 3,2 µF auf 2,2 µF und dies bei einer 40-W-Leuchtstofflampe.

Die kapazitive Blindleistung Q_C errechnet sich aus

$Q_C = P \cdot (\tan \varphi_1 - \tan \varphi_2)$

mit $\tan \varphi_1 = \dfrac{Q_L}{P}$ und $\tan \varphi_2 = \dfrac{Q}{P}$ ist $Q_C = Q_L - Q$.

Die Berechnung für den Kondensator lautet

$\cos \varphi = 0{,}6 \Rightarrow \tan \varphi_1 = 1{,}33$

$\cos \varphi = 0{,}92 \Rightarrow \tan \varphi_2 = 0{,}43$

$Q_C = 40$ W $(1{,}33 - 0{,}43) = 36$ var

$$C = \frac{Q_C}{2 \cdot \pi \cdot f \cdot U^2} = \frac{36\,var}{2 \cdot 3{,}14 \cdot 50\,Hz \cdot (230V)^2} = 2{,}2\,\mu F$$

Die Simulationsdaten sind weitgehend identisch mit den numerischen Werten.

3.4.6 Leistungsmessung einer Sternschaltung (Drehstrom)

Messversuche für Drehstrom lassen sich entweder durch drei Wechselspannungsquellen oder einem speziellen Symbol erzeugen, wie das nächste Kapitel zeigt.

Abb. 3.25 zeigt eine Schaltung für die Leistungsmessung an einer unsymmetrischen Sternschaltung. Die Leitung L1 erzeugt die Wechselspannungsquelle V1. Mit einem Klick auf das Symbol kann man die Einstellungen von 230 V/50 Hz vornehmen und die Phasenverschiebung beträgt 0°. Die Wechselspannungsquelle V2, die die Leitung L2 erzeugt, ist auf eine Phasenverschiebung von 120° und V3 auf 240° einzustellen. Damit erzeugt man einen Drehstrom und die Masseleitung der Sternschaltung ist mit allen Bezugspunkten zu verbinden.

Die erste Reihenschaltung besteht aus einer RL-Kombination von R_1 und L_1. Die Wirkleistung beträgt P = 40,5 W und der Leistungsfaktor $\cos \varphi = 0{,}6$. Die zweite Reihenschaltung besteht aus einer RL-Kombination von R_2 und L_2. Die Wirkleistung beträgt P = 21,8 W und der Leistungsfaktor $\cos \varphi = 0{,}43$. Die dritte Reihenschaltung besteht aus einer RL-Kombination von R_3 und L_3. Die Wirkleistung beträgt P = 12,76 W und der Leistungsfaktor $\cos \varphi = 0{,}32$.

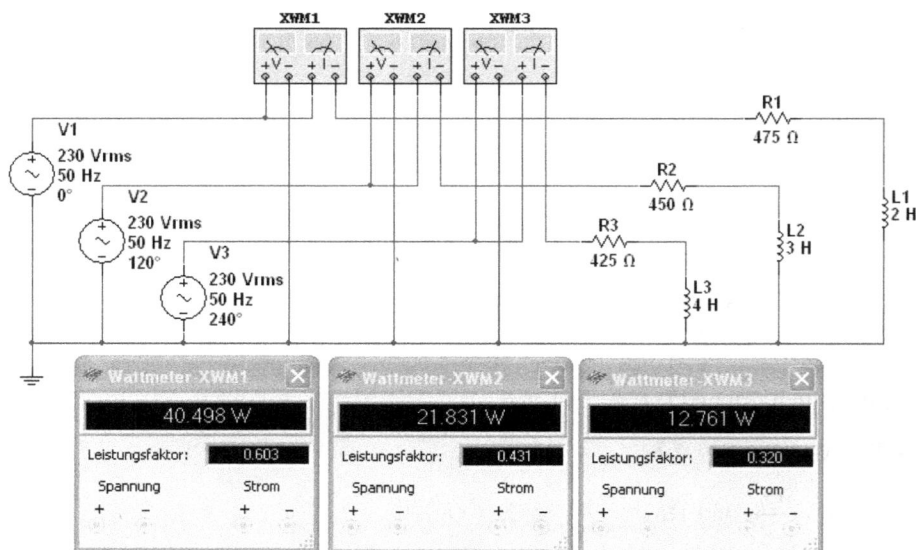

Abb. 3.25:   Schaltung für die Leistungsmessung an einer unsymmetrischen Sternschaltung

3.4.7   Leistungsmessung an Drehstrom

Statt der drei Wechselspannungsquellen lässt sich das Symbol der Drehstromquellen in Sternschaltung und ein Dreiphasenmotor verwenden. Abb. 3.26 zeigt die Schaltung für einen symmetrischen Betrieb.

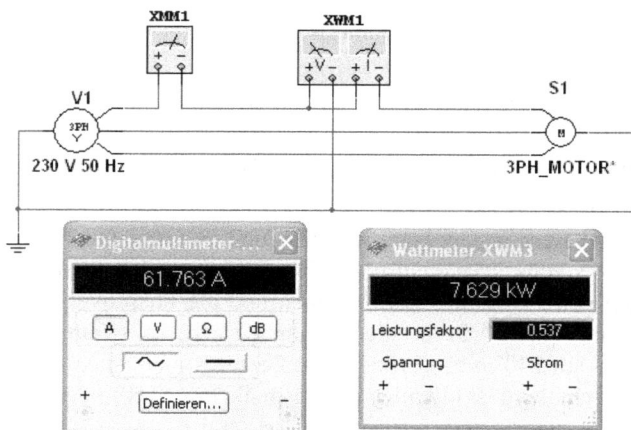

Abb. 3.26:   Schaltung für einen Drehstrommotor

Der Drehstrommmotor nimmt eine Leiterleistung von $P_L = 7,63$ kW auf und der Leistungsfaktor beträgt $\cos \varphi = 0,537$. Die Blindleistungskompensation soll $\cos \varphi = 0,93$ betragen. Der Leiterstrom ist

$$I = \frac{P}{U \cdot \cos \varphi} = \frac{7,63 kW}{230V \cdot 0,537} = 61,77 A$$

In jeder Zuleitung fließt ein Strom von $I_L = 61,77$ A. Damit ergibt sich eine Gesamtleistungsaufnahme von

$$P_{ges} = \sqrt{3} \cdot U \cdot I \cdot \cos \varphi = \sqrt{3} \cdot 230V \cdot 61,77 A \cdot 0,537 = 13,2 kW$$

Die Einzelscheinleistung ist

$$S = U \cdot I = 230V \cdot 61,77 A = 14,2 kVA$$

Aus diesen Werten lässt sich die Blindleistungskompensation berechnen mit

$$\cos \varphi = 0,537 \Rightarrow \varphi = 57,52 \Rightarrow \varphi = 1,57$$

$$\cos \varphi = 0,93 \Rightarrow \varphi = 21,56 \Rightarrow \varphi = 0,39$$

$$Q_C = \sqrt{S^2 - P^2} = \sqrt{(14,2 kVA)^2 - (7,63 kW)^2} = 12,17 k \, var$$

$$Q_C = 12,17 \text{ kvar } (1,57 - 0,39) = 9 \text{ kvar}$$

$$C = \frac{Q_C}{2 \cdot \pi \cdot f \cdot U^2} = \frac{9k \, var}{2 \cdot 3,14 \cdot 50 Hz \cdot (230V)^2} = 54 \mu F$$

3.5   Leistungsmesser mit Mikrocontroller ATtiny26

Mit dem Mikrocontroller ATtiny26 kann man einen dreistelligen Leistungsmesser realisieren, wie Abb. 3.27 zeigt.

Die Eingangsspannung liegt an Pin 18 an und es handelt sich um den Eingang des Analog-Digital-Wandlers ADC2. Hier wird die Eingangsspannung zwischen 0 V und 2,55 V erfasst, denn der ATtiny26 arbeitet mit einer 8-Bit-Auflösung. Pin 17 wird nicht angeschlossen, denn hier kann man die interne Referenzspannung messen und mit einer externen Spannungsquelle arbeiten. Die Ausgangsspannung schließt man an Pin 14 und es handelt sich um den Eingang des Analog-Digital-Wandlers ADC3 mit einer 8-Bit-Auflösung.

Der Analog-Digital-Wandler ADC2 misst die Eingangsspannung und der Analog-Digital-Wandler ADC3 misst die Ausgangsspannung. Es sollen zwei Spannungen vorhanden sein: $U_e = 2,25$ V und $U_a = 2,15$ V. Die Spannungsdifferenz ist 0,1 V und der Widerstand hat 0,1 Ω. Hieraus errechnet man einen Strom von

$$I = \frac{U}{R} = \frac{0,1V}{0,1\Omega} = 1A$$

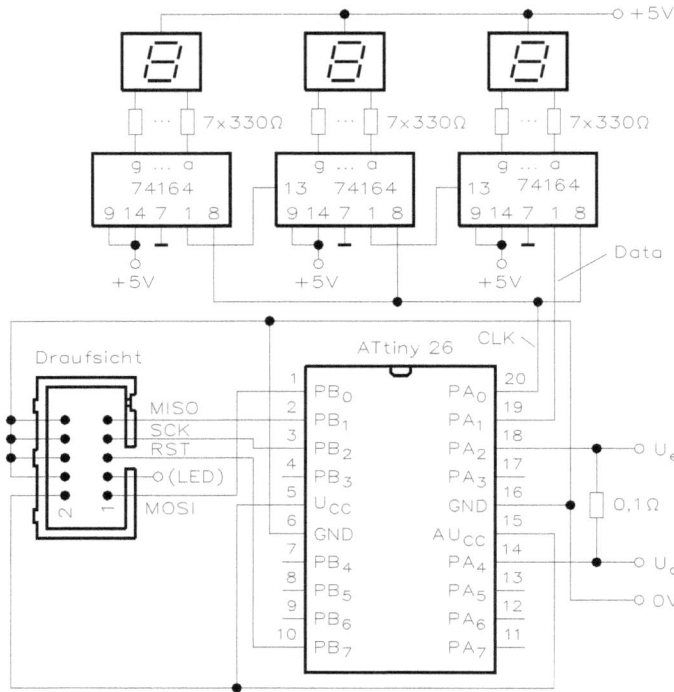

Abb. 3.27:   Dreistelliger Leistungsmesser mit Mikrocontroller ATtiny26

Die Leistungsformel heißt: $P = U \cdot I$. Der Mikrocontroller ATtiny26 hat aber kein Multiplikationsregister und durch ein einfaches Schleifenprogramm lässt sich die Multiplikation genau und schnell ausführen.

4 Oszilloskope

Die Hauptteile eines Elektronenstrahl-Oszilloskops sind

- Elektronenstrahlröhre
- Y-Verstärker (Vertikalverstärker) mit Abschwächer
- X-Verstärker (Horizontalverstärker) mit Abschwächer
- Zeitablenkschaltung

Zur Verdeutlichung dient das vereinfachte Blockschaltbild von Oszilloskopen unter 250 €. Die einzelnen Schaltungsteile werden im Folgenden kurz beschrieben und Abb. 4.1 zeigt ein Blockschaltbild eines analogen Oszilloskops.

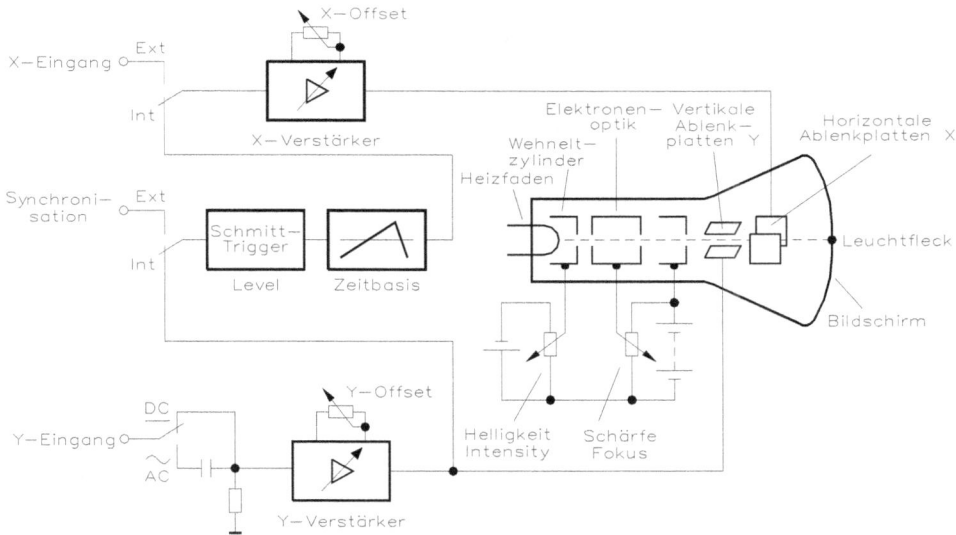

Abb. 4.1:   Blockschaltbild eines analogen Oszilloskops

4.1 Elektronenstrahlröhre

Die Elektronenstrahlröhre besteht aus einem trichterförmigen, evakuierten Glaskolben. Im Kolbenhals ist das Elektrodensystem untergebracht, während der Kolbenboden von einer meist plan ausgeführten Glasplatte gebildet wird, die auf ihrer Innenseite eine Lumineszenzschicht trägt. Dieser sogenannte Leuchtschirm wird jeweils dort, wo Elektronen auftreffen, zum Leuchten angeregt. Die Farbe des Leuchtflecks ist vielfach grün, aber bisweilen auch blau oder anders farbig. Die Helligkeit des Leuchtflecks hängt jeweils von der Menge und

https://doi.org/10.1515/9783110544428-005

von der Geschwindigkeit der auf den Leuchtschirm prallenden Elektronen ab. Die Elektronen werden ihrerseits durch thermische Emission aus der Katode freigemacht, die von einem Heizfaden erwärmt wird. Unmittelbar vor der Katode befindet sich ein metallischer Hohlzylinder – der sogenannte Wehneltzylinder –, der an eine niedrige, gegen Katode negative Spannung gelegt wird. Durch Veränderung dieser Spannung mit Hilfe des Widerstandes R_1 werden die (negativen) Elektronen mehr oder weniger stark abgestoßen. Je größer diese negative Vorspannung ist, desto kleiner ist also die Anzahl Elektronen, die den Wehneltzylinder passieren können. Man stellt auf diese Weise die Helligkeit des Leuchtflecks auf dem Bildschirm ein (R_1 = Helligkeitseinsteller). Außerdem kann man die Helligkeit von außen beeinflussen. Dies geschieht über den mit „Z" bezeichneten Anschluss. Ist die Z-Spannung eine Wechselspannung, so ändert sich die Helligkeit in Abhängigkeit der Frequenz dieser Spannung (sogenannte Strahlmodulation oder Helligkeitsmodulation).

Auf den Wehneltzylinder folgen drei zylindrische Elektroden, die an einer hohen, gegen Katode positiven Spannung liegen. So werden die Elektronen durch die Öffnung des Wehneltzylinders „gesaugt" und beschleunigt. Die Anoden selbst werden wegen ihrer Zylinderform nicht von den Elektronen getroffen, die mit großer Geschwindigkeit hindurchfliegen. Die einzelnen Anoden weisen nicht die gleiche positive Spannung und die Spannung von A_2 ist einige hundert Volt niedriger als die von A_1 und A_3. Diese Spannungsdifferenz beeinflusst die Bahn der Elektronen derart, dass diese ziemlich genau durch einen einzigen Punkt fliegen. Die Kombination A_1, A_2 und A_3 wirkt wie eine Elektronenlinse. Durch Veränderung der Spannungsdifferenz zwischen A_2 und A_1 bis A_3 mit Hilfe von Widerstand R_2 kann man den Brennpunkt dieser „Linse" so legen, dass auf dem Leuchtschirm ein scharfer Leuchtfleck sichtbar wird (R_2 = Schärfeeinsteller oder Fokussierung).

Der Ablenkkoeffizient (hierunter versteht man die Spannungsdifferenz eines Plattenpaars, die zur Auslenkung des Leuchtflecks um 1 Teil – meist 10 mm – erforderlich ist) hängt u. a. von der Geschwindigkeit ab, mit der die Elektronen die Ablenkplatten passieren. Bei geringer Geschwindigkeit sind die Elektronen relativ lange den Ablenkkräften ausgesetzt, was einen günstigen Ablenkkoeffizienten zur Folge hat. Allerdings ist dies mit einer entsprechend geringeren Leuchtfleckhelligkeit gepaart. Um nun die Bildhelligkeit zu erhöhen, ohne dass dabei eine starke Verschlechterung des Ablenkkoeffizienten auftritt, ist eine Nachbeschleunigungsanode A_4 vorgesehen, die an eine Spannung von einigen tausend Volt gelegt wird. Infolge dieser hohen Spannung prallen die Elektronen mit erhöhter Geschwindigkeit auf den Leuchtschirm. Da die Nachbeschleunigung erst nach Passieren des Ablenksystems stattfindet, tritt praktisch keine Beeinträchtigung des Ablenkkoeffizienten auf. Die Nachbeschleunigungsanode besteht meistens aus einer wendelförmigen Bahn aus schlecht leitendem Material an der Innenseite des Glaskolbens. Das schirmnahe Ende dieser Spirale liegt an der vollen Hochspannung, während das entgegengesetzte Ende eine Spannung aufweist, die etwa der von A_3 entspricht. Infolge des allmählichen Spannungsfalls entlang der Widerstandsbahn bleibt die Richtung der Elektronen während der Nachbeschleunigung unverändert. Die beim Aufprall der Elektronen auf den Schirm freiwerdende Energie wird nicht nur in Licht umgewandelt, sondern verursacht auch sogenannte Sekundäremission. Diese vom Leuchtschirm emittierten Elektronen werden von A_4 abgefangen. Es liegt also ein geschlossener Stromkreis vor: Katode – Elektronenstahl – Leuchtschirm – Sekundäremission – Nachbeschleunigungsanode (A_4) – Stromversorgung – Katode. Abb. 4.2 zeigt einen Querschnitt durch eine Elektronenstrahlröhre.

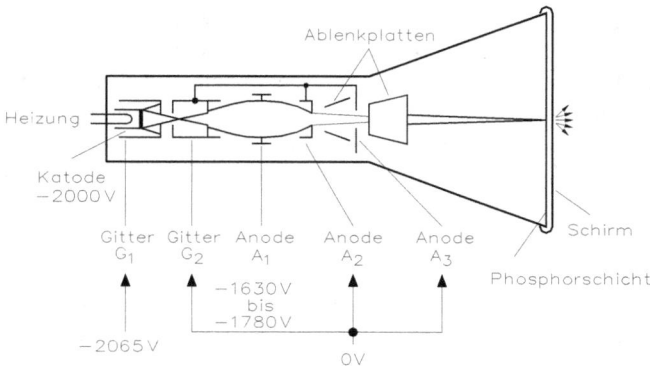

Abb. 4.2: Querschnitt durch eine Elektronenstrahlröhre

4.1.1 Y-Verstärker mit Abschwächer

Für die Auslenkung des Leuchtflecks auf dem Bildschirm um 10 mm ist an einem Ablenk-plattenpaar eine Spannung in der Größenordnung von 20 V bis 30 V erforderlich. In der Regel liegen die zu messenden Spannungen nicht in dieser Größenordnung, so dass eine Vorver-stärkung notwendig ist. Eine solche Vorverstärkung, die bereits bei 100 mV eine Auslenkung von 10 mm bewirkt, kann verhältnismäßig leicht verwirklicht werden. Sind andererseits die zu messenden Spannungen derart groß, dass der Verstärker übersteuert wird, so muss man sie zunächst abschwächen. Ein Abschwächer ist ein Spannungsteiler, bestehend aus einer Kom-bination von Widerständen und/oder Kondensatoren. Mit Hilfe eines Stufenschalters oder Potentiometers kann man die gewünschte Spannungsteilung stufenförmig oder stetig einstel-len, wobei dann ein bestimmter Bruchteil des den Y-Klemmen zugeführten Signals an den Verstärkereingang gelangt. Auf diese Weise kann die Verstärkung in Y-Richtung bestimmt werden. In diesem Zusammenhang wird als Maß der Ablenkkoeffizient angegeben. Dieses ist der Quotient aus der Ablenkspannung und der Auslenkung des Bildpunkts (Leuchtfleck) bei definierten Betriebsbedingungen. Bei Wechselspannung ist dieses die Spannung von Scheitel zu Scheitel.

Mit Hilfe eines Oszilloskops kann man den Ablauf der verschiedensten Erscheinungen sicht-bar darstellen. Dabei kommt es darauf an, jede beliebige Spannung (mit beliebiger Frequenz, Amplitude und Kurvenform) möglichst „naturgetreu" zu verstärken. Demzufolge sind an die Übertragungseigenschaften des Y-Verstärkers hohe Anforderungen zu stellen. Die naturge-treue Verstärkung rasch veränderlicher Spannungen macht eine entsprechend schnell anspre-chende Schaltung erforderlich. Dieses wird durch Verwendung von Bauteilen mit möglichst geringer Parasitärkapazität und -induktivität sowie durch kapazitäts- und induktionsarme Montage der Schaltung erreicht. Ein Maß für die Ansprechgeschwindigkeit des Y-Verstärkers ist der sogenannte Frequenzbereich. Man versteht hierunter den Bereich, in dem sich der Ablenkkoeffizient um nicht mehr als ± 3 dB (etwa $\pm 30\%$), bezogen auf den waagerechten Teil der Frequenzkennlinie, ändert, und zwar einschließlich etwa vorhandener Signalverzö-gerungseinrichtungen. Letztere findet man bereits in einer Reihe von Oszilloskopen.

Der Y-Verstärker soll nicht nur Spannungen von hoher Frequenz naturgetreu verstärken, sondern es müssen auch langsam veränderliche Spannungen unverzerrt wiedergegeben wer-den. Moderne Oszilloskope sind daher mit sogenannten Gleichspannungsverstärkern ausgestattet. Dieses sind Verstärker, bei denen die Kopplung zwischen den einzelnen Stufen „galvanisch" trennt, d. h. direkt. Dies geschieht im Gegensatz zu Wechselspannungsverstärkern, deren Stufen mit Kondensatoren (die den Gleichstrom sperren) gekoppelt sind. Das Fehlen von Kopplungskondensatoren in einem Gleichspannungsverstärker bringt es jedoch mit sich, dass neben den zu messenden Gleichspannungen auch die im Verstärker selbst auftretenden Gleichspannungsänderungen mit verstärkt werden. Dies kann zu fehlerhaften Messungen führen. Diese sogenannte Gleichspannungsdrift im Verstärker kann beispielsweise durch eine vorübergehende Veränderung der Speisespannung des Verstärkers entstehen; letztere als Folge unvermeidlicher Netzspannungsschwankungen.

Bei Verwendung von Gleichspannungsverstärkern ist dieser Umstand zu beachten. Bei den meisten Oszilloskopen kann man den Y-Verstärker wahlweise als Gleichspannungsverstärker (Schalterstellung DC bzw. =) oder als Wechselspannungsverstärker (Schalterstellung AC bzw. ~) betreiben. Man schaltet den Y-Verstärker als Gleichspannungsverstärker, wenn man Gleichspannungen, niederfrequente Wechselspannungen oder Wechselspannungen mit einer Gleichspannungskomponente zu messen wünscht. In allen anderen Fällen empfiehlt es sich, den Y-Verstärker als Wechselspannungsverstärker zu schalten.

Der Ausgang des Y-Verstärkers ist mit den Ablenkplatten praktisch immer „gleichspannungsgekoppelt". Dadurch wird die Möglichkeit geboten, neben dem zu messenden Signal auf dem gleichen Weg eine interne Gleichspannung an die Platten zu legen. Durch Veränderung dieser Gleichspannung kann man das Oszillogramm vertikal verschieben (Y-Verschiebung).

4.1.2   X-Verstärker mit Abschwächer

Die für den Y-Verstärker geltenden Grundsätze in Bezug auf „naturgetreue" Übertragung haben naturgemäß auch für den X-Verstärker einschließlich Abschwächer Gültigkeit. Mit Hilfe des X-Abschwächers stellt man die X-Richtung ein. Ferner ist eine sogenannte X-Verschiebung vorhanden, die es gestattet, das Oszillogramm in horizontaler Richtung zu verschieben. Bei einigen Oszilloskopen sind die Eigenschaften von X- und Y-Verstärker gleich. In vielen Fällen ist jedoch die Qualität des Y-Verstärkers (Produkt aus Verstärkung und Frequenzbereich) bedeutend besser als die des X-Verstärkers, da dieser bei den meisten Messungen ohnehin mit einer hohen „internen" Spannung gesteuert wird, so dass ein weniger günstiger Ablenkkoeffizient hier völlig ausreicht. Aus dem eingangs wiedergegebenen Blockschaltbild des Oszilloskops ist ersichtlich, dass der Eingang von X-Verstärker und X-Abschwächer mit Hilfe des Schalters S₂ umgeschaltet werden kann. In Stellung 1 wird die Ausgangsspannung der Zeitablenkschaltung an den X-Abschwächer gelegt.

Die Zeitablenkschaltung liefert eine linear mit der Zeit verlaufende Spannung. In dieser Schalterstellung erfolgt die X-Ablenkung also zeitproportional. Dabei wird der Verlauf einer an den Y-Eingang geführten Spannung als Funktion der Zeit abgebildet. Befindet sich S_2 in Stellung 2, ist der X-Abschwächer mit dem externen X-Eingang (X extern) verbunden. Legt man an diesen Anschluss keine Spannung, erfolgt auch keine X-Ablenkung. Diese Stellung von S_2 benutzt man auch dann, wenn man zwei beliebige Größen miteinander vergleichen will. Die der einen Größe entsprechende Spannung legt man an den Y-Eingang, die der anderen Größe entsprechende Spannung an den X-Eingang. Es erscheint dann auf dem Leuchtschirm ein Diagramm, das die Beziehung zwischen den beiden Größen wiedergibt. Erwähnt sei, dass man durchwegs die X- und Y-Spannungen so anlegt, dass jeweils der eine Pol an einem gemeinsamen Punkt (Massepunkt) liegt. Schließlich kann S_2 noch in Stellung 3 gebracht werden. In diesem Fall liegt am X-Abschwächer eine aus der Netzspannung abgeleitete Sinusspannung mit der Netzfrequenz (zumeist 50 Hz), und es wird demnach die jeweilige Y-Spannung mit der Netzspannung verglichen.

4.1.3   Zeitablenkschaltung

Häufig wünscht man den Verlauf eines Vorgangs oder einer Größe in Abhängigkeit von der Zeit sichtbar zu machen. Man legt dann die Spannung, die der betreffenden Größe proportional ist, über den Y-Verstärker und Y-Abschwächer an die Y-Ablenkplatten. Gleichzeitig beaufschlagt man die X-Ablenkplatten mit einer Spannung, die den Elektronenstrahl mit konstanter Geschwindigkeit von links nach rechts über den Schirm bewegt.

Jedes Oszilloskop enthält eine Schaltung zur Erzeugung von Sägezahnspannungen, die sogenannte Zeitablenkschaltung. Schaltungen dieser Art beruhen praktisch immer auf dem Prinzip, dass sich die Spannung an einem Kondensator zeitlinear ändert, wenn dieser Kondensator mit konstantem Strom geladen oder entladen wird. Während des Rücklaufs gibt der Zeitablenkgenerator einen negativen Impuls an den Wehneltzylinder ab, so dass der Leuchtschirm während dieser Zeit dunkel bleibt. Abb. 4.3 zeigt eine Beeinflussung des Elektronenstrahls durch die beiden Ablenkplattenpaare.

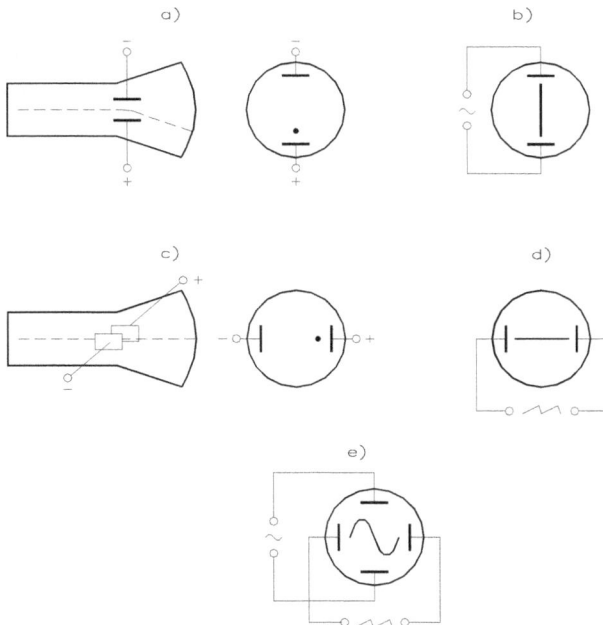

Abb. 4.3:   Beeinflussung des Elektronenstrahls durch die beiden Ablenkplattenpaare

Damit auf dem Leuchtschirm ein stillstehendes Bild erscheint, muss die Periodendauer der Sägezahnspannung gleich der Periodendauer der zu messenden Spannung oder einem Vielfachen davon sein. Aus diesem Grund ist im Oszilloskop die Möglichkeit einer stufenweisen und/oder stetigen Änderung der Periodendauer des Sägezahns vorhanden. Man verändert damit die Ablenkgeschwindigkeit des Elektronenstrahls in horizontaler Richtung. So erhält man in Verbindung mit dem Messraster einen Zeitmaßstab, der auch Zeitablenkkoeffizient genannt wird. Dieser gibt an, welcher Zeitdauer eine Längeneinheit auf dem Schirm entspricht. Da aber weder die Frequenz der Y-Spannung noch die der Sägezahnspannung völlig stabil ist, beginnt das Oszillogramm früher oder später doch wieder zu „wandern", so dass der Zeitmaßstab abermals nachgestellt werden muss. Um diese umständlichen Korrekturen von Hand zu vermeiden, geht man gegenwärtig wie folgt zu Werke. Man „startet" die Zeitablenkschaltung mit Hilfe der Y-Spannung. Es erfolgt dann automatisch ein einzelner Hin- und Rücklauf der Zeitablenkung, worauf diese erneut gestartet werden muss.

4.1.4   Elektronischer Schalter

Durch Verwendung eines sogenannten elektronischen Schalters kann man zwei oder mehr Diagramme gleichzeitig auf ein und demselben Bildschirm sichtbar machen. Die Wirkungsweise ist kurz wie folgt. Mit Hilfe des (elektronischen) Schalters S werden die Ausgänge der Kanäle Y_A und Y_B mit dem Y-Eingang eines Oszilloskops verbunden. Dieses geschieht abwechselnd mit einer Umschaltfrequenz, die mindestens so hoch sein muss, dass das menschliche Auge beide Darstellungen scheinbar gleichzeitig wahrnimmt, die jede für sich ja nur während einer bestimmten Zeitspanne auf dem Schirm erscheinen. (Es sei angenommen, dass der X-Verstärker des betreffenden Oszilloskops auf INTERN geschaltet ist und von der Zeitablenkung gesteuert wird.) Sind die Spannungen an Y_A und Y_B niederfrequent (maximal etwa 200 Hz), so arbeitet man mit einer Schaltfrequenz von etwa 2000 Hz oder mehr. Die beiden Einzelbilder bestehen dann allerdings nicht mehr aus einer zusammenhängenden Kurve, sondern aus einzelnen Bildelementen. Ist die Schaltfrequenz 10mal größer als die Frequenz des zu messenden Signals, so wird jede Periode durch zehn Bildelemente wiedergegeben, was als Minimum zu betrachten ist. Nach Möglichkeit empfiehlt sich eine höhere Anzahl von Bildelementen, weil dann weniger Bilddetails verlorengehen.

4.1.5   Vorverstärker

Sind die zu messenden Spannungen derart niedrig, dass die resultierende Auslenkung trotz der im Oszilloskop vorgenommenen X- bzw. Y-Verstärkung noch unzureichend ist, so ist eine zusätzliche Verstärkung vor dem Oszilloskop notwendig. Für diesen Zweck sind Vorverstärker erhältlich, mit deren Hilfe niedrige Spannungen (1 mV und darunter) auf den gewünschten Pegel gebracht werden können. Selbstverständlich ist in solchen Verstärkern eine möglichst niedrige Brumm- und Rauschspannung anzustreben, weil diese Störspannungen in der gleichen Größenordnung wie die zu messenden Spannungen liegen. Es hat sich gezeigt, dass ein gutes Oszilloskop den Verlauf der zu messenden Größe naturgetreu wiederzugeben vermag. Folglich ist es von größter Bedeutung, dass jede Schaltung, die zwischen dem Messobjekt und dem Oszilloskop eingefügt ist, ebenfalls eine verzerrungsfreie Wiedergabe ermöglicht. Ein Universal-Vorverstärker muss daher unbedingt eine große Bandbreite besitzen. Ein weiterer Vorteil des Oszilloskops ist es, dass er selbst das Messobjekt nur in sehr geringem Ausmaß belastet, so dass er den Betriebszustand des Messobjekts nicht nennenswert stört. Diese Eigenschaft muss bei Verwendung eines Vorverstärkers erhalten bleiben, d. h. der Eingangswiderstand des Verstärkers muss groß sein (z. B. 2 MΩ), die Eingangskapazität klein (z. B. 20 pF). Die meisten Vorverstärker sind mit einem einfachen Abschwächer zur Einstellung des Verstärkungsgrads – in Verbindung mit dem nachgeschalteten Oszilloskop – zur Einstellung des Ablenkkoeffizienten ausgerüstet.

4.2   Digitale Speicheroszilloskope

Der fundamentale Unterschied zwischen einem digitalen und einem analogen Speicheroszilloskop ist die Art der Speicherung. Digitale Speicheroszilloskope speichern Daten, die die Signalkurven in einem digitalen Schreib-Lese-Speicher (RAM) repräsentieren. Analoge Speicheroszilloskope speichern Signalkurven innerhalb der Elektronenstrahlröhre. Digitale Speichereinheiten benötigen Digitalisierer und Rekonstruktionsprozesse, wie in Abb. 4.4 zu erkennen.

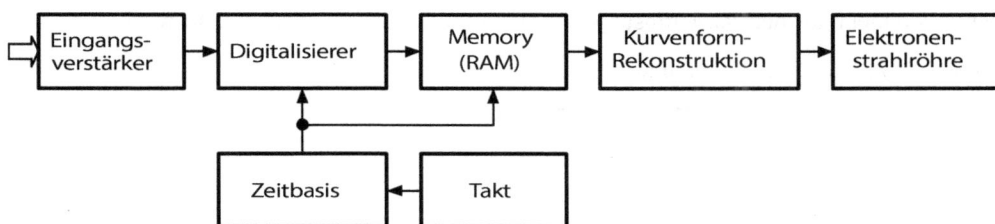

Abb. 4.4:   Das analoge Eingangssignal wird im Eingangsverstärker aufbereitet und im Digitalisierer abgetastet und quantisiert. Das resultierende Datenwort wird in dem Schreib-Lese-Speicher eingeschrieben und gespeichert. Die Rate mit der das Messsignal abgetastet und gespeichert wird, wird mit der Zeitbasis und vom Digital-Takt des Oszilloskops gesteuert. Die digitalisierten Daten in dem Schreib-Lese-Speicher werden dann rekonstruiert und anschließend in der Elektronenstrahlröhre dargestellt.

Die Digitalisierung erfolgt durch Sampling (Abtastung) und Quantisierung. Sampling ist der Vorgang zur Wertbestimmung eines Messsignals an zeitbestimmten diskreten Punkten und die Quantisierung ist die Transformation der Werte in Binärzahlen mittels eines AD-Wandlers im digitalen Oszilloskop. Durch den Zeitbasisschalter wird die Anzahl der Digitalisierung bestimmt. Die Zeitbasis arbeitet mit einem sehr genauen Takt zur Zeitsteuerung des AD-Wandlers und Einspeicherung der Daten in den Speicher. Die Rate mit der dieser Vorgang abläuft, ist die Digitalisierungs- (oder Sampling) Rate. Sind die Daten in das RAM eingeschrieben, können sie mit festgelegten Raten ausgelesen und zur Darstellung rekonstruiert werden.

4.2.1   Analog-Digital-Wandler

Der AD-Wandler entnimmt irgendwo aus dem fortlaufenden Bereich der möglichen Spannungen einen Spannungswert und liefert eine diesem Wert entsprechende Zahl. Die Eingangsspannung kann jeden Wert innerhalb des AD-Wandlerbereichs annehmen (3; 3,5; 3,5163 V usw.), jedoch kann der AD-Wandler Spannungen nur innerhalb seines Auflösungsbereiches unterscheiden. Damit ist jeder quantisierte Spannungswert am AD-Wandlerausgang eine Näherung innerhalb eines Teilbereiches von möglichen analogen Spannungen. Die Größe dieses Teilbereiches ist entscheidend für die Durchführung von Spannungsmessungen. Es handelt sich dabei um das Auflösungsvermögen des AD-Wandlers und dieser wird bestimmt von der Bit-Anzahl in der Binärzahl, die den analogen Spannungswert am Eingang repräsentiert. Ein AD-Wandler, der eine Binärzahl mit zwei Bit liefert, verfügt nur über eine Auflösung von vier Unterbereichen. Für einen Spannungsbereich von 0 bis 10 V ergeben sich Unterbereiche von 0 bis 2,5 V, 2,5 V bis 5 V, 5 V bis 7,5 V, 7,5 V bis 10 V. Ist die Bit-Anzahl höher, so werden die Unterbereiche kleiner. Je mehr Bit zur Repräsentation der Eingangsspannung möglich sind, desto besser ist die Auflösung zur Messung.

Zwei der Bits im Binärausgang eines AD-Wandlers sind bezeichnet. Das erste Digit ist das MSB (Most Significant Bit oder werthöchstes Bit) und das letzte Digit ist das LSB (Least Significant Bit oder wertniedrigstes Bit). Das LSB drückt den kleinsten Teilbereich der möglichen Auflösung des AD-Wandlers aus. Es ist der Wert des LSB, der zeigt, wie genau eine Spannungsmessung mit einem bestimmten AD-Wandler sein kann. Als Beispiel: in dem 4-Bit-Wandler ist der Wert des LSB 0,625 V (10 V · 1/16). Der Wert des LSB gibt an, wie genau eine Messung im Idealfall sein kann, jedoch ist das nicht garantiert. Die Genauigkeit hängt von mehr, als nur der Auflösung des AD-Wandlers ab, wie noch erklärt wird.

Tab. 4.1:   Auflösung von AD-Wandlern

Bit	Prozent	ppm	Auflösung
1	50 %	500,000	2
2	25 %	250,000	4
3	12,500 %	125,000	8
4	6,250 %	62,500	16
5	3,125 %	32,250	32
6	1,563 %	15,625	64
7	0,781 %	7,812	128
8	0,391 %	3,906	256

Die Auflösung eines Messsystems (Tabelle 4.1) ist eine wichtige Spezifikation. Da die Auflösung von der verwendeten Bit-Anzahl des Wandlers abhängt, ist die Bezeichnung „Auflösungsbit". AD-Wandler verfügen über eine Auflösung von n-Bit-Auflösung, wobei „n" die Bit-Anzahl ist.

In einigen Anwendungen werden AD-Wandler durch 2^n-Auflösungspegel beschrieben, wobei es sich um die Anzahl der Elemente handelt, die der Wandler unterscheiden kann. Mit Tabelle 4.1 können Pegel in Auflösungsbit übertragen werden und in der Tabelle sind auch diese Werte in % und ppm (parts per million) zu entnehmen. Wie man erkennen kann, sind für eine gute Auflösung bei einem digitalen Oszilloskop nicht viele Bits erforderlich.

4.2.2   Genauigkeit und Auflösung

Die Begriffe „Genauigkeit" und „Auflösung" sind nicht synonym. Auflösung ist die Unterscheidung von individuellen Teilwerten, während Genauigkeit die Übereinstimmung eines angezeigten Wertes mit einem echten oder angenommenen Wert ist.

So wie die analoge Spannung in Abb. 4.5 ansteigt, kreuzt sie den Übergangs- oder Entscheidungspegel, wodurch der AD-Wandler seine Zustände entsprechend ändert. Dieser Vorgang ist die Quantisierung. Bei einem idealen AD-Wandler, wie in Abb. 4.5 dargestellt, liegt der

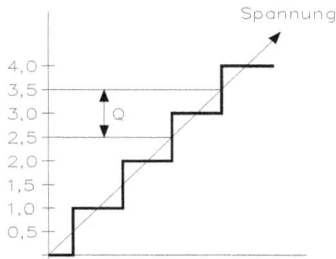

Abb. 4.5: Quantisierungstheorie bei einem AD-Wandler

Übergangspegel bei den Halbwerten. Der Wert Q repräsentiert den Abstand der Entscheidungspegel und wird als Bit- oder Quantisierungssprung definiert. Jedoch auch im theoretischen AD-Wandler liegt eine Quantisierungsunsicherheit vor, da auch, wenn Q sehr klein ist, es sich immer noch um einen endlichen Bereich handelt, innerhalb dessen jeder analoge Wert vorliegen kann. Diese Quantisierungsunsicherheit wird als ±½ LSB (Bit mit niedrigster Wertigkeit) ausgedrückt. Eine andere Betrachtung der Unsicherheit ist in der Zeichnung dargestellt.

Wie Abb. 4.6 zeigt, kann man sich den Ausgang eines AD-Wandlers als analoges Signal plus eines Quantisierungsrauschens vorstellen. Je mehr Bit der AD-Wandler hat, desto geringer ist das Rauschen. In der Praxis sind diese Entscheidungspegel keine festen Linien, sondern Bänder und ein analoger Wert innerhalb dieses Bandes könnte zu einem von zwei diskreten Werten übertragen werden.

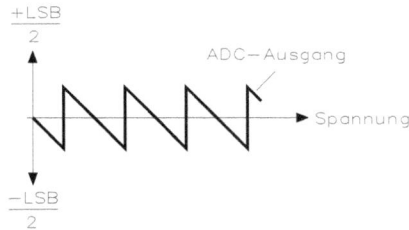

Abb. 4.6: Quantisierungsrauschen bei einem AD-Wandler

Die Auflösung ist ein wichtiger Begriff, da die Fähigkeit eines Messgerätes kleine Informationsbestandteile aufzulösen (entweder Spannungen oder Zeiten) im Falle von Oszilloskopen der Genauigkeit des Instrumentes Grenzen setzt. Digitale Speicheroszilloskope verfügen über große Möglichkeiten bezüglich der Auflösung für beide Dimensionen: Spannungsauflösung bestimmt der AD-Wandler und Zeitauflösung bestimmt das Speicherformat.

Meistens wird jedoch das Auflösungsvermögen vom Bildschirm bestimmt, da die Daten in Form von Schwingungen dargestellt werden. Die mögliche Auflösung auf dem Bildschirm eines analogen Oszilloskops ist eine Funktion der Schirmabmessungen, die Punktschärfe des Elektronenstrahles und der Darstellungsform. Entlang der horizontalen Achse lässt sich die Auflösung mit einem sich verjüngenden Streifenraster ermitteln. Diese variiert zwischen 100 und 300 Linien oder Auflösungsbestandteilen. In der vertikalen Richtung liegt ein höheres Auflösungsvermögen von etwa 1 aus 500 bis 1 aus 1000 vor. Die höhere Auflösung in vertikaler Richtung resultiert aus den Anwendungen von Oszilloskopen. In vertikaler Richtung sind geringste Änderungen von Interesse, während in horizontaler Richtung Messungen bezüglich der Unterscheidung zwischen zwei Zyklen bzw. zwei Impulsen durchgeführt werden.

4.2.3   Digitale Zeitbasis

Der in einem digitalen Oszilloskop verwendete Takt wird üblicherweise von einem Quarzoszillator mit einer erreichbaren Genauigkeit von 0,01 % abgeleitet, während ein analoges Oszilloskop für die Zeitbasis ein Sägezahnsignal mit einer Genauigkeit von 1 % bis 2 % erzeugt. Wichtiger noch ist, dass die Kurz- oder Langzeitstabilität des Digitaltaktes sehr groß ist, da die Digitalzeitbasis aus der Zählung von Zyklen und nicht von einem analogen Sägezahnsignal hergeleitet wird. Daher liegt auch die Linearität einige Größenordnungen höher. Die Auflösung in der Horizontalen ist ebenfalls hervorragend, da diese von der Erfassungslänge zur Speicherung eines Signals abgeleitet wird. Für ein in 512 Datenwörter gespeichertes Signal, man stelle es sich in 512 diskreten Elementen vor, beträgt die Auflösung neun Bit. Verwendet man ein digitales Oszilloskop, um die Daten auf dem Bildschirm darzustellen und verzichtet auch auf Cursor und Dehnung, dann wird die Genauigkeit für Zeitmessungen von der Bildschirmauflösung des Oszilloskops begrenzt. Die Schirmauflösung ist eine Funktion der Elektronenstrahlpunktschärfe und Form und begrenzt die Messgenauigkeit auf etwa 2 %. Die gleiche Genauigkeit erreicht man mit einem analogen Oszilloskop. Eine Genauigkeit von 1 % wird mit Oszilloskopen erreicht, die zusätzlich über eine verzögerte Zeitbasis verfügen. Verwenden Sie jedoch die Dehnung und die Cursors, dann nehmen Sie die Vorteile der digitalen Zeitbasis wahr. Mit dem Cursor wird die Taktgenauigkeit oder Daten- bzw. Cursorauflösung bestimmt.

4.2.4   Digitalisierung der Daten

Der AD-Wandler transformiert in gesteuerten Intervallen einen analogen Wert in eine diskrete Binärzahl zum Einschreiben in den Schreib-Lese-Speicher. Das Eingangssignal wird vom Takt „abgetastet". Die Rate erfolgt mit der AD-Wandlung, wenn die Digitalisierungs- oder Abtastrate abgeschlossen ist. Digitalisierungsraten werden mit Abtastungen pro Sekunde oder in Frequenzen in Bit/s und manchmal mit einem Abtastintervall oder Zeit pro Punktanzahl bezeichnet. Der Einfachheit wegen wird hier weiterhin die Bezeichnung Frequenz benutzt.

Spezifikationen über Abtastraten oder Digitalisierungsraten werden unterschiedlich definiert. In den meisten Fällen ist die Anzahl von Abtastungen pro Sekunde. Bei einigen Herstellern ist die Informationsrate angegeben, wobei es sich um die Anzahl von Bits der pro Sekunde gespeicherten Daten handelt. Zum Umwandeln einer Informationsrate in Frequenz, ist nur durch die Anzahl der Bits des verwendeten AD-Wandlers zu dividieren. Bei einigen Herstellern wird auch die Bezeichnung Abtastintervall oder Zeit pro Punkt verwendet. Es handelt sich dabei um den Kehrwert der Frequenz.

Abb. 4.7 zeigt die Digitalisierung, der von einem digitalen Oszilloskop verarbeiteten Signale erfolgt durch Steuerung von einem freilaufenden Taktgenerator. Bei Mehrfachabfrage eines Signals und dessen Speicherung kann eine Variation des Zeitbezuges zwischen Takt und Trigger um ± ½ Abtastintervall auftreten. Das Ergebnis ist ein horizontales Jittern. Durch Verwendung von großen Speichern zur Einspeicherung des Signals, lässt sich das Jittern

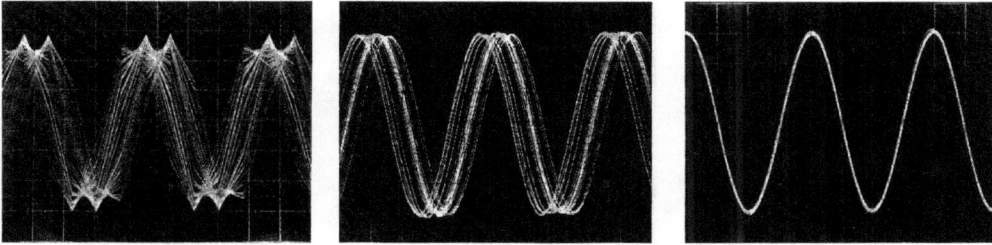

Abb. 4.7:   Digitalisierung in einem digitalen Oszilloskop bei einem freilaufenden Taktgenerator

verringern, jedoch wird die Möglichkeit der horizontalen Dehnung eingeschränkt. Einige digitale Speicheroszilloskope (vor 1990) verfügten über eine Jitterkorrektur, mit der in der normalen und in der gedehnten Betriebsart das Jittern sehr gering war. Die drei Oszillogramme zeigen die Mehrfachabfrage einer Sinusschwingung mit 5 MHz.

Das linke Oszillogramm wird Anwendern von digitalen Oszilloskopen bekannt sein. Das Oszillogramm in der Mitte zeigt die Effekte eines Sinus-Interpolators bei gleichem Signal und die Arbeitsweise von Interpolatoren wird später beschrieben. Beste Ergebnisse zur Darstellung werden mit beiden, Sinus-Interpolation und mit Jitterkorrektur, erreicht, wie das rechte Oszillogramm zeigt.

Kennt man die maximale Digitalisierungsrate eines digitalen Speicheroszilloskops, so kann man durch Anwendung des Nachrichten-Theorems bestimmen, ob das Gerät den Erfordernissen entspricht. Die Anwendung des Theorems zeigt, dass ein beliebiges Signal mit der Frequenz f mit mehr als dem zweifachen Wert von f zur Wiederherstellung des Informationsgehaltes digitalisiert werden muss. Exakt die zweifache Abtastfrequenz würde nicht ausreichen. Die Abtastung und Digitalisierung hat mit mehr als dem zweifachen der Signalfrequenz zu erfolgen.

4.2.5   Aliasing und Anti-Aliasing

Betreibt man ein digitales Speicheroszilloskop über seine Betriebsgrenzen hinaus, so treten Messfehler auf, die sich von denen eines außerhalb seines Spezifikationsbereichs betriebenen analogen Oszilloskops, unterscheiden. Der Fehler ist das Aliasing, das nun folgendermaßen vermieden werden kann. Die Digitalisierung hat immer mehr als doppelt so schnell zu erfolgen wie die höchste im Signal enthaltene Frequenz ist. Der einfachste Weg ist, sich zu vergewissern, dass eine Zeitbasiseinstellung mit genügend hoher Digitalisierungsrate vorliegt. Ist das nicht möglich, lässt sich ein Anti-Aliasingfilter zur Eliminierung von Frequenzen über die Nyquistgrenzen verwenden. Mit dieser Maßnahme wird zwar das Aliasing verhindert, jedoch werden auch alle Anzeichen von Vorhandensein höherer Frequenzanteile im Signal, beseitigt. Es ist zu beachten, dass ein Bandbreitenbegrenzungsschalter kein Anti-Aliasingfilter ist. Die Flankensteilheit einer Bandbreitenbegrenzung liegt bei 6 dB/Oktave und ein Anti-Aliasingfilter sollte mindestens 12 dB/Oktave haben, damit keine höheren Frequenzen mit Aliasing auftreten.

Diese Oszillogramme von Abb. 4.8 stammen von einem Nichtspeicheroszilloskop, von einem digitalen Speicheroszilloskop und einem digitalen Speicheroszilloskop in der Envelope-Betriebsart. Die Modulationsfrequenz ist in beiden digitalen Betriebsarten gut wieder gegeben. Der Träger würde jedoch mit weniger als zwei Abtastungen pro Periode digitalisiert

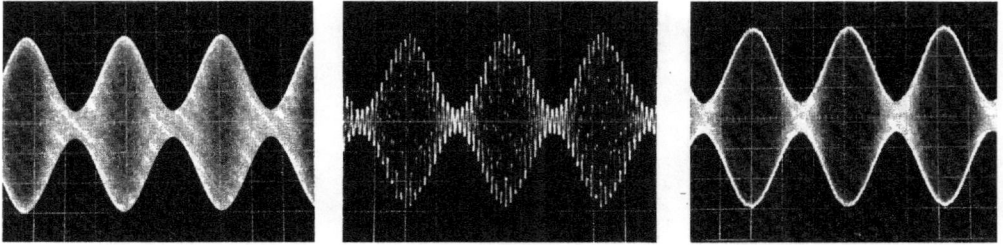

Abb. 4.8: Gegenüberstellung der einzelnen Betriebsarten: Nicht-Speicher-Betrieb (links), Normalbetrieb (mitte), Envelope-Betrieb (rechts)

und ist im mittleren Oszillogramm als niedrigere Frequenz zu erkennen. Die Darstellung in der Envelope-Betriebsart, als Anti-Aliasing wirksam, ist der des Nichtspeicheroszilloskops mehr ähnlich. Würde der Träger eine geringere Frequenz haben und entsprechend digitalisiert sein, so wären die Darstellungen in der Normal- und Envelope-Betriebsart gleich.

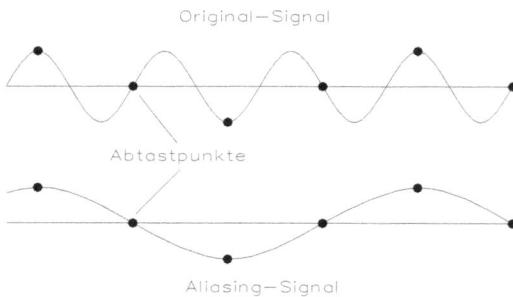

Abb. 4.9: Das Ergebnis einer Digitalisierung bei geringerer, als notwendiger Rate ist im Oszillogramm dargestellt. Ein 5-Hz-Signal wurde mit 4 Hz digitalisiert und das Resultat ist eine 1-Hz-Sinusschwingung.

Eine andere gebräuchliche Anti-Aliasing-Vorrichtung (Abb. 4.9), die in vielen digitalen Oszilloskopen Verwendung findet, ist die Echtzeit-Analog-Betriebsart. Wenn man einen Aliasingeffekt vermutet, kann man auf diese Betriebsart umschalten – die gewöhnlich eine größere Bandbreite wie nicht speicherndes analoges Oszilloskop hat – und das Signal prüfen. Eine weitaus wirksamere Methode für Anti-Aliasing ist es, wenn man das Oszilloskop mit einer Warneinrichtung gegen Aliasing versehen will.

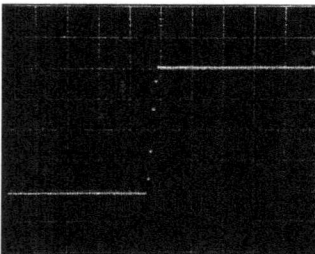

Abb. 4.10: Die binären Datenworte im Speicher eines digitalen Speicheroszilloskops werden mittels eines AD-Wandlers in analoge Werte umgewandelt, bevor sie der Bildröhrenstufe zur Herstellung einer Darstellung wie in der Abbildung zugeführt werden.

Wie in Abb. 4.10 im Blockschaltbild gezeigt, wird die Punkt-Darstellung unter Verwendung eines AD-Wandlers zur Umwandlung der Datenworte in dem Speicher in analoge Positionsinformationen rekonstruiert, die auf dem Bildschirm wiedergegeben werden.

In der Normal-Betriebsart eines digitalen Speicheroszilloskops wird das Eingangssignal entsprechend der gewählten Frequenz der Zeitbasis digitalisiert. Für jede vorgenommene Abtastung wird ein Datenwort in den Schreib-Lese-Speicher eingeschrieben.

In der Envelope-Betriebsart werden Abtastungen mit einer wesentlich höheren Rate vorgenommen, jedoch mit der vom Zeitbasisschalter spezifizierten Frequenz aufgezeichnet. Anstatt pro Abtastung ein Datenwort aufzuzeichnen, werden zwei aufgezeichnet und zwar das Minimum und das Maximum. Das Ergebnis dieser Aufzeichnungsart ist in den Zeichnungen dargestellt.

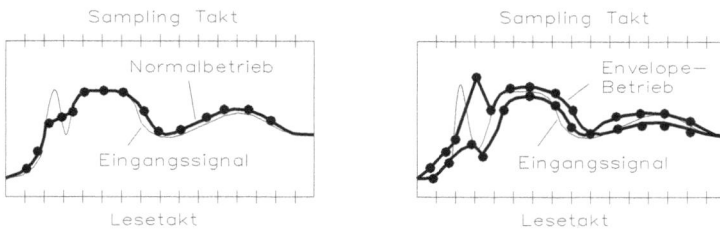

Abb. 4.11:   Gegenüberstellung von Normal- und Envelope-Betrieb

Wie Abb. 4.11 zeigt, wird eine Signalauslenkung, die zwischen den normalen Abtastpunkten auftritt in der Envelope-Betriebsart erfasst und dargestellt. Die Envelope-Betriebsart ist offensichtlich zur Erkennung von Aliasing, jedoch auch für andere Zwecke gut verwendbar. Mit den doppelten Abtastraten der Envelope-Betriebsart ist von einem Signal so viel wie erforderlich zu erkennen – wie von der Zeitbasiseinstellung erfasst wird – und darüber hinaus lassen sich sogar Glitches erfassen. Weiterhin lassen sich in der Betriebsart Signalminimum und Maximum über lange Zeitperioden automatisch erfassen. Die Beschreibung der Envelope-Betriebsart erfolgt noch später.

So wie aber die Signalfrequenz in Bezug auf die Digitalisierungsrate ansteigt, stehen zur Strahlformung weniger Punkte zur Verfügung, woraus speziell bei periodischen Signalen, wie Sinusschwingungen, scheinbare Aliasing-Fehler entstehen. Dieses scheinbare Aliasing ist eine Art optische Täuschung (Abb. 4.12) die dadurch entsteht, dass das Gehirn des Betrachters bei der

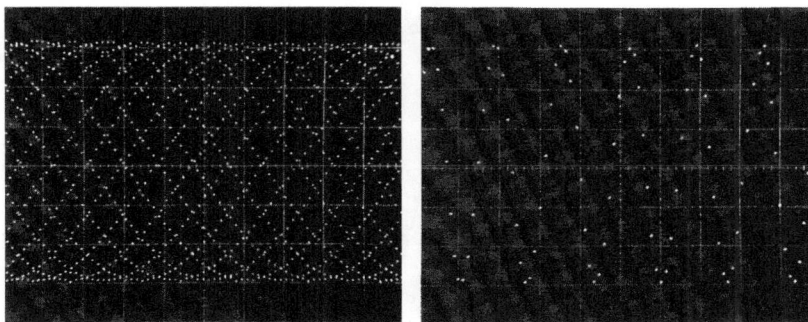

Abb. 4.12:   Aliasingfehler ungetriggerter Sinusschwingungen

Betrachtung einer Punkt-Darstellung die Punkte durch Verbinden untereinander zu einer kontinuierlichen Linie zu formen versucht. Der nächstliegende Punkt in der Darstellung muss jedoch nicht auch der nächstliegende Abtastpunkt auf dem Signal sein. Hierdurch kann leicht eine Fehlinterpolation der Daten auf dem Bildschirm entstehen. Man benötigt daher für eine erkennbare Darstellung eine große Anzahl von Punkten (über 25 für jede Periode einer Sinusschwingung).

Scheinbare Aliasingfehler werden so bezeichnet, weil manchmal eine Punkte-Darstellung, so wie auf dem Oszillogramm, als niedrigere Frequenz als die Eingangsfrequenz interpretiert werden kann. Es handelt sich aber hier nicht um echten Aliasing. Die wahre Signalform ist schon vorhanden, nur das menschliche Gehirn (nicht das Oszilloskop) unterliegt dem Fehler. Man beachte, dass das was im Oszillogramm wie eine Schar ungetriggerter Sinusschwingungen erscheint, in Wirklichkeit nur eine Schwingung ist. Im linken Oszillogramm wurde der Strahl um Faktor 10 gedehnt, wodurch das Signal leichter erkennbar wird. Das Signal im Oszillogramm wurde gut oberhalb der von der Samplingtheorie geforderten Frequenz digitalisiert.

4.2.6   Impuls-Interpolation

Einige digitale Speicheroszilloskope verwenden Interpolatoren zur Erzeugung neuer Datenworte. Diese Datenworte werden dann durch einen Vektor-Generator geleitet, der zwischen den Datenpunkten auf dem Bildschirm Linien zeichnet. Aus Datenworten in dem internen Speicher werden Datenpunkte auf dem Bildschirm erzeugt. Ein Interpolator kann entweder zur Darstellung von sinusförmigen oder impulsförmigen Signalen optimiert werden. Die Interpolatoren die Impulse besser verarbeiten, sind binäre oder Impuls-Interpolatoren. Wird ein solcher Interpolator zur Darstellung einer Sinusschwingung verwendet, wird Aliasing eliminiert und es sind nur zehn Vektoren pro Sinusperiode nötig, um eine erkennbare Darstellung herzustellen.

Impulsgeneratoren erzeugen „Glitches" durch die Verbindung jedes Datenpunktes besser erkennbar und verhindern, dass ein einzelner Punkt weiter entfernt vom Signal übersehen wird. Solange die Vektoren auf dem Bildschirm kurz sind, ist die exakte Wiedergabe eines sinusförmigen Eingangssignals möglich. Bei langen Vektoren kann keine gute Übereinstimmung zwischen Eingangssignal und dargestelltem Signal erfolgen. Ein linearer Interpolator kann immer dann eine falsche Impulsflankensteilheit hervorrufen, wenn die Abtastpunkte nicht mit den Signalspitzen übereinstimmen. Dieser Envelope-Fehler ist in Abb. 4.13 dargestellt und ist nicht die Folge von Aliasing.

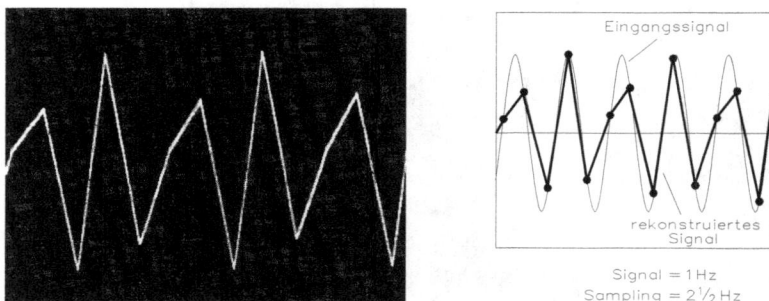

Abb. 4.13:   Envelope-Fehler treten auf, wenn die digitalisierten Datenpunkte nicht auf die Eingangssignalspitzen fallen

Dieser Fehlertyp kann sowohl bei der Punkte-Darstellung wie auch bei der interpolierten Darstellung auftreten und zwar bei Doppelschrittfunktionen und bei periodischen Signalen.

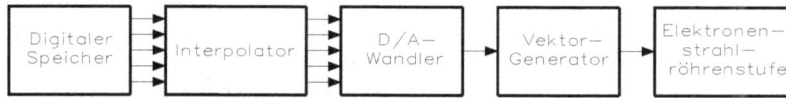

Abb. 4.14:   Schaltung zur interpolierten Darstellung

Die Schaltung einer interpolierten Darstellung ergibt sich wie in Abb. 4.14 gezeigt. Ein Programm im digitalen Speicheroszilloskop interpoliert zwischen den Datenpunkten, wie diese in den Schreib-Lese-Speicher eingeschrieben sind. Anschließend werden die interpolierten Punkte den Daten eingefügt, bevor diese in den DA-Wandler übergegeben werden. Die analogen Werte wandelt der DA-Wandler um und dann wird dieses Signal der Elektronenstrahlröhrenstufe zugeführt.

Interpolatoren können entweder zur Darstellung von Sinussignalen oder von Impulssignalen optimiert sein, jedoch nicht für beide gleichzeitig.

Ein Kompromiss geht immer auf Kosten der Leistungsfähigkeit eines Interpolators. Derselbe Interpolator, der Sinussignale exakt verarbeitet, erzeugt bei Impulsen Erscheinungen wie Überschwingen (Abb. 4.15). Umgekehrt erzeugt ein Interpolator mit gutem Pulsverhalten bei Sinussignalen Amplitudenverfälschungen und steile Flanken. Die beste Lösung ist beides zur Wahl bereitzustellen: Sinus-Interpolatoren für Sinuskurven und Impuls-Interpolatoren für Impulsdarstellungen.

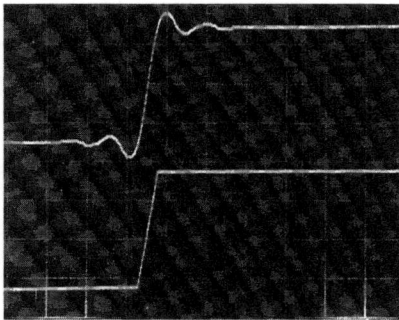

Abb. 4.15:   Sprungfunktion ohne Abtastpunkt

Darstellungen mit Sinus-Interpolation vermeiden scheinbaren Aliasing und Envelope-Fehler, wenn sie in Verbindung mit Sinussignalen eingesetzt werden. Jedoch kann ein für Sinussignale geeigneter Interpolator bei Sprungfunktionsdarstellungen Überschwingen hervorrufen, wenn pro Sprung weniger als drei Abtastpunkte vorliegen. Der Fehler wird verringert, wenn mehr als drei Abtastpunkte vorliegen und es sich um Signale mit geringem Oberschwingungsanteil wie Sinussignale handelt. Das Oszillogramm (Abb. 4.15) zeigt als Darstellung eine Sprungfunktion ohne Abtastpunkt auf der Flanke mit Sinusinterpolation und mit Impulsinterpolation.

4.2.7   Vergleich zwischen Digital- und analogem Speicheroszilloskop

Digitale Speicheroszilloskope speichern Daten in binärer Form durch Abtastung und Quantisierung. Daraus resultiert, dass digitale Speicheroszilloskope über ein anderes Verhalten gegenüber analogen Speicheroszilloskopen verfügen. Die Unterschiede zeigen sich bei den beiden Speicherarten, wenn man die Geräte über ihre Grenzen hinaus betreibt, in Form von Messfehlern. In Tabelle 4.2 sind die Unterschiede kurz zusammengefasst.

Tab. 4.2:   Elektronenstrahlröhre (CRT) und Digital-Speicher im Vergleich

	CRT-Speicher	Digitaler Speicher
Speicherfähigkeit	Zusammenhang zwischen Signalamplitude und max. gespeicherter Frequenz. Schwierigkeiten beim Schreiben von langsamen auf schnelle Übergänge ohne Überstrahlen.	Die maximale gespeicherte Frequenz ist unabhängig von der Signalamplitude. Kein Überstrahlen. Zusätzlich gestattet die Envelope-Betriebsart die Erfassung von „Glitches" bei jeder Ablenkgeschwindigkeit.
Bandbreite	Fixiert, abhängig von Verstärkerverhalten und/oder der Schreibgeschwindigkeit.	Variabel, abhängig von der Digitalisierungsrate, die mit der Zeitbasis gewählt wird oder fixiert mit der Envelope-Betriebsart.
Leistung außerhalb der Bandbreite	Bandbreitenüberschreitung verringert die Amplitude. Schnelle Übergänge werden nicht geschrieben.	Aliasing schafft Falschsignale. Kurze Impulse werden nicht gespeichert.
Auflösung	Vertikal abhängig von der Strahlform, horizontal abhängig von der Strahlweite.	Quantisierte vertikale Auflösung und horizontale Auflösung wird vom Speicherformat und der Darstellungsrekonstruktionsart begrenzt.
Messfehler	Fehlerarten sind unabhängig vom Eingangssignal. Abhängigkeit von der Bandbreite, Linearität usw. kann erfasst werden und zur Prüfung der Messgenauigkeit verwendet werden.	Fehlerarten sind abhängig vom Zeitbezug zwischen Eingangssignal und Abtasttakt. Die Fehlergröße liegt etwa im gleichen Bereich wie bei analogen Geräten, jedoch ist von den Fehlerarten nicht auf die Genauigkeit zu schließen.

Die in einem digitalen Speicheroszilloskop angewendete Digitaltechnik bietet dem Anwender viele Vorteile. Im Vergleich zu analogen Oszilloskopen sind digitale leichter in der Handhabung und verfügen über mehr Möglichkeiten. Die leichtere Handhabung resultiert aus dem Wegfall von Bedienungsabläufen, die zur Einspeicherung in die Bildröhre beim analogen Gerät nötig sind. Darüberhinaus bietet das digitale Speicheroszilloskop eine Reihe von Messmöglichkeiten, die mit dem analogen Speicheroszilloskop nicht durchführbar sind z. B. Pre-Trigger-Darstellung, automatischer Babysitting-Betrieb, digitaler Datenausgang und Signalverarbeitung.

Die notwendige Anzahl der Datenworte für eine Signaldarstellung hängt von der Signalform ab und davon wieviel man über das Signal wissen will, wie Abb. 4.16 zeigt. Beispielsweise wird das Dreiecksignal des linken Oszillogramms mit 128 Punkten genau nachgebildet, dagegen benötigt ein komplexeres Signal mehr Datenpunkte. Das im mittleren Oszillogramm mit 128 Punkten dargestellte komplexere Signal ist nicht gut erkennbar. Wenn es mit 512 Datenpunkten dargestellt wird, (rechtes Oszillogramm) ist es genau wiedergegeben.

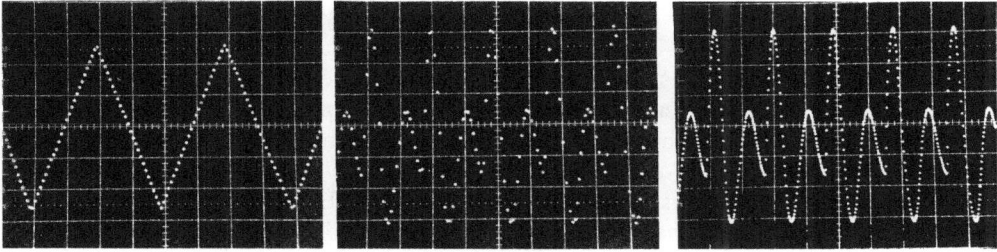

Abb. 4.16:   Unterschiedliche Anzahl der Datenworte für eine alphanumerische Signaldarstellung

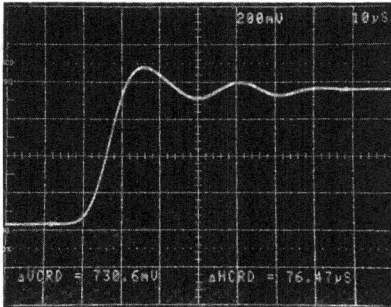

Abb. 4.17:   Instrumenteneinstellungen im Bildschirm eingeblendet

Ein anderer Vorteil der Anwendung von einigen digitalen Speicheroszilloskopen ist die Zeichenerzeugung, wie Abb. 4.17 zeigt. Im Oszillogramm sind die Instrumenteneinstellungen im Bildschirm eingeblendet. Auf der Signalkurve liegen zwei Cursorpunkte und die Information unten im Bildschirm enthält die Spannungsdifferenz zwischen beiden Cursors und deren Zeitabstand.

4.2.8   Messmerkmale eines digitalen Speicheroszilloskops

Die Triggereinstellung an einem digitalen Speicheroszilloskop erfolgt wie bei jedem anderen Oszilloskop auf Flanke und Pegel. Jedoch ist der Zeitbezug zwischen diesem Triggerpunkt und der gespeicherten und dargestellten Information wesentlich flexibler, als bei analogen Oszilloskopen. Bei digitalen Oszilloskopen muss der Punkt auf dem der Trigger arbeitet, nicht das erste sein, was Sie auf dem Bildschirm erkennen können und es lassen sich beliebig Daten, vor und nach dem Triggerpunkt, speichern. Wenn Sie das Gerät so betreiben, dass die Darstellung vor dem Triggerpunkt erscheint, haben Sie die Betriebsart Pre-Trigger gewählt, in der Sie Signalteile die vor dem Triggerpunkt liegen, betrachten können. Die Pre-Trigger-Betrachtung ist bei digitalen Speicheroszilloskopen möglich, da eine konstante Umsetzung der Spannung am Tastkopf mit der Digitalisierungsrate die Sie wählen, erfolgt. Der Trigger muss hier nicht den Ablauf starten, sondern er ist nur ein Referenzpunkt. Pre-Trigger ist manchmal der einzige Weg, gewisse Messprobleme zu lösen. Nehmen Sie z. B. an, Sie hätten ein Netzteilproblem in einem Computer zu lösen. Die Triggerung auf der Warnleuchte des Schaltpultes ohne Pre-Trigger würde nur den Zustand nach dem Ausfall zeigen. Pre-Triggerung ist immer dann eine Hilfe, wenn eine Ursache einen Vorgang ausgelöst hat und man diese Ursache erfassen möchte.

Diese Babysitting-Betriebsart arbeitet mit Oszilloskop-Triggerung auf dem gewünschten Ereignis und nicht mit einem Timer oder Zähler. Mit Babysitting ist entweder Pre- oder Post-Triggerbetrachtung möglich. Ist das Oszilloskop einmal eingestellt, muss keine Taste mehr betätigt werden. Sie können den Messort verlassen und die Automatik sich selbst überlassen. Meist verfügen digitale Speicheroszilloskope über die Betriebsart Babysitting, einige arbeiten jedoch mit einer anderen Art von Automatik. Erinnern Sie sich an den Envelope-Betrieb, beschrieben als eine Anti-Aliasing-Maßnahme. Im Envelope-Betrieb erfasst das Oszilloskop viele Beispiele von einem repetierenden Signal und sichert die Minimum- und Maximum-Werte des Signals. Um den Envelope-Betrieb zum Babysitting zu verwenden, bestimmen Sie, wie lange das Oszilloskop auf diese Weise arbeiten soll und können dann erkennen, wie hoch das Rauschen auf einer Datenleitung ist. Oder Sie können einen Drucker überwachen, der zeitweilig verstümmelte Informationen ausgibt. In solchen Fällen schließt man das Oszilloskop an und lässt es so lange wie nötig unbeaufsichtigt arbeiten. Später bei der Fehleranalyse betrachtet man nach und nach die dargestellten Oszillogramme und kann erkennen, ob und wie weit die Signale neben dem Spezifikationsbereich liegen. Die Darstellung könnte dann z. B. wie in Abb. 4.18 aussehen. Der Envelope-Betrieb ist zur Erfassung kurzer Spikes auf langsamen Signalen oder zur Beobachtung von Spannungs- oder Frequenzänderungen eines Signals geeignet.

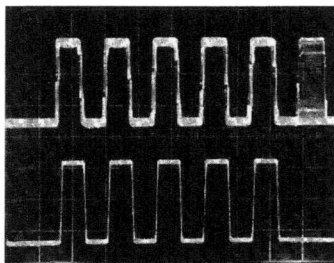

Abb. 4.18:   Das obere Signal zeigt die Darstellung im Envelope-Betrieb. Die Verschiebungen an jedem Impuls sind das Ergebnis von Rauschanteilen im Signal. Der ausgefüllte Impuls ist entweder ein Impuls, der in einem der Hinläufe fehlte oder er zeigt einen Impuls, der nicht zur Messung gehört.

Glitches sind störende kurzzeitige Impulse. Sie sind manchmal vorhanden und manchmal nicht. Diese Erscheinungsart macht sie schwer erfassbar, besonders dann, wenn man sie in einer digitalen Schaltung sucht. Glitches sind von Natur aus schnell, und die Signalform, die beobachtet werden soll, erfordert meist eine Zeitbasiseinstellung, die den Glitch auch beim Erscheinen nicht zeigen würde. Hierbei ist der Envelope-Betrieb sehr nützlich, wie auch beim Babysitting und zum Erkennen von Aliasing, weil das Oszilloskop zwei Digitalisierungsarten bietet. Eine, wählbar mit dem Zeitbasisschalter, lässt komplette Darstellungen auf dem Bildschirm zu. Die schnelle Enveloperate-Funktion gestattet die Erfassung von kurzzeitigen Signalanteilen, die verloren gingen, wenn sie länger als das minimale Abtastintervall des Envelope-Betriebes sind.

Eine der Anwendungen des Envelope-Betriebes ist die Erfassung von Glitches, wie Abb. 4.19 zeigt. Diese Betriebsart gestattet eine Zeitbasisschaltereinstellung, mit der der interessierende Signalanteil dargestellt werden kann, während die Darstellung des Envelope-Betriebes mit wesentlich höherer Digitalisierungsrate zur Erfassung kurzer Signale arbeitet. Im Oszillogramm z. B. wird der Effekt eines Spannungsüberschlags auf der Steuerspannung

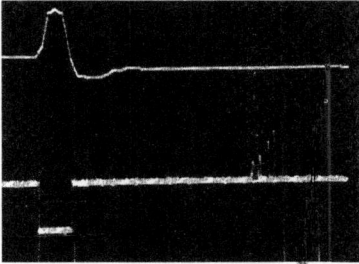

Abb. 4.19:   Anwendung des Envelope-Betriebes ist die Erfassung von Glitches

am Gitter einer Elektronenstrahlröhre gezeigt. Die Erfassung im Envelope-Betrieb (unteres Signal im Oszillogramm) wurde auf einem Helltastimpuls getriggert, wobei die Oszilloskopeinstellungen 20 V/Div und 50 ms/Div betrugen. Die einmalige Zeitablenkung erfasste den normalen Helltastimpuls und das unnormale Überschlagen von 0,25 s nach der Helltastung der Bildröhre. Dieser Schreibstrahl wurde als Referenzsignal dargestellt, der andere (obere) Strahl zum Zeigen der Speichererfassung bei 50 V/Div und 200 ns/Div.

Signalverarbeitung ist eine andere nutzbare Fähigkeit von digitalen Speicheroszilloskopen. Sie beinhaltet die Umsetzung von Rohdaten in fertige Informationen. Beispielsweise die Errechnung der Parameter einer erfassten Signalform (Effektivspannung, Leistung (Energie), Anstiegszeit) zur Darstellung auf dem Bildschirm, wie in Abb. 4.17 gezeigt, oder zur Bereitstellung am Ausgang für die Datenübergabe. Signalverarbeitung kann auch eine Steigerung der Datenerfassungsgenauigkeit sein. Ein Beispiel dafür ist die Signalmittelwertbildung von verrauschten Signalen. Die Signalverarbeitung kann durch Mittelwertbildung dieses Rauschen eliminieren, wie in Abb. 4.20 gezeigt. Die Verarbeitung des Signals kann sowohl die Auflösung, als auch die Genauigkeit der Messung steigern. Die Auflösung Ihrer Messung könnte im schlechtesten Fall 1½ Div und im besten Fall ½ Div betragen, abhängig welchen Signalteil Sie erfassen und messen.

Einige digitale Speicheroszilloskope verwenden diese Möglichkeit zur Signalverarbeitung, um die Messgenauigkeit durch Mittelwertbildung zu steigern und den Rauschanteil zu verringern. In Abb. 4.20 ist ein verrauschtes Signal in konventioneller Weise dargestellt (oben links) und dann vor der Mittelwertbildung digitalisiert (oben rechts), danach zehnfach gemittelt (unten links) und 100fach gemittelt dargestellt (unten rechts).

Die Auflösung, die kleinste Einheit, die noch unterschieden werden kann, lässt sich durch die Möglichkeiten der Signalverarbeitung, bei einem digitalen Speicheroszilloskop, steigern. Nimmt man als Beispiel an, Sie müssten die vertikale Messung eines verrauschten Signals, wie in dem Oszillogramm in Abb. 4.21 dargestellt, durchführen.

Nach Mittelwertbildung – verdeutlicht durch die Linie innerhalb des verrauschten Signals – würde die Auflösung besser als 1/5 oder 1/10 einer Division sein (hier sind als Einheiten „Div" gewählt, da die Spannung, die sie repräsentieren von der Stellung des Eingangsteilers abhängen).

Mit der Steigerung der Auflösung kann auch die Messgenauigkeit vergrößert werden. Der Grund, warum das durch digitale Mittelwertbildung erreicht wird, liegt im speziellen Zeitbezug des zu messenden Signals, d. h. sie verfügt immer dann über den gleichen Trigger, wenn das Oszilloskop es erfasst. Das Rauschen auf dem Signal hat keinen Zeitbezug zum Trigger. Das Rauschen ist zufällig d. h. der arithmetische Mittelwert ist Null.

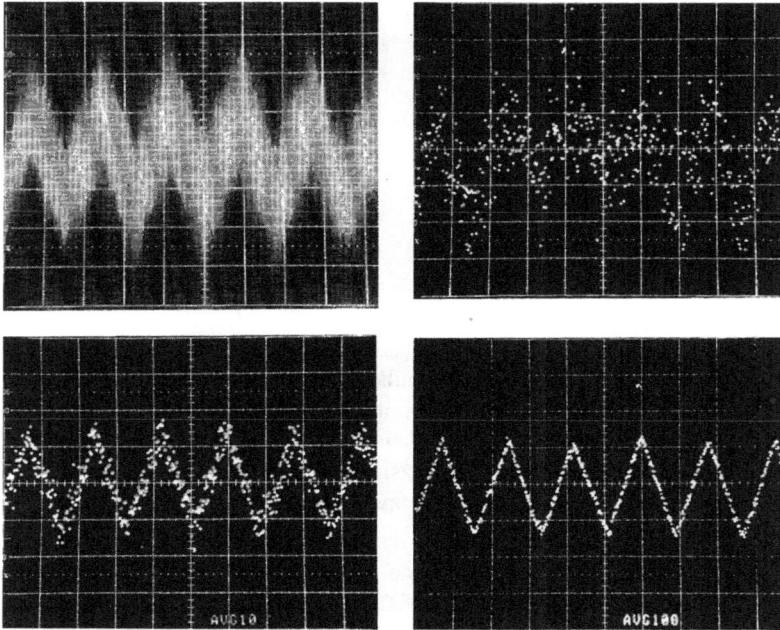

Abb. 4.20:   Wird ein Signal digitalisiert, können die Daten, die sie repräsentieren, auf verschiedene Arten
             manipuliert werden

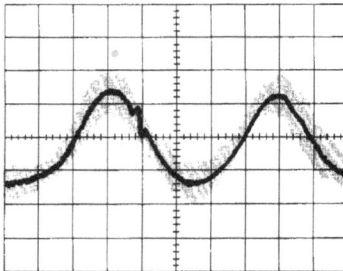

Abb. 4.21:   Vertikale Messung eines verrauschten Signals

4.2.9   Auswahl eines digitalen Speicheroszilloskops

Die nutzbare Speicherbandbreite und Anstiegszeit sind zwei Messparameter, die zum Vergleich von digitalen Speicheroszilloskopen herangezogen werden können. Die Parameter sind nachfolgend beschrieben und werden durch die Erläuterung der Zeitmessgenauigkeit ergänzt. Das Kapitel schließt mit einer Auflistung der Eigenschaften und Spezifikationen, die man für die Auswahl eines digitalen Speicheroszilloskops für sein Messsystem benötigt.

Werden digitale Speicheroszilloskope besprochen, wünschen sich die Anwender meist eine einfache Vorstellung von den Kriterien Bandbreite oder Schreibgeschwindigkeit, das die maximale Signalfrequenz beschreibt, die dieses Gerät speichern kann. Die nutzbare Speicher-Bandbreite ist ein Weg zur Spezifizierung der nutzbaren Frequenz.

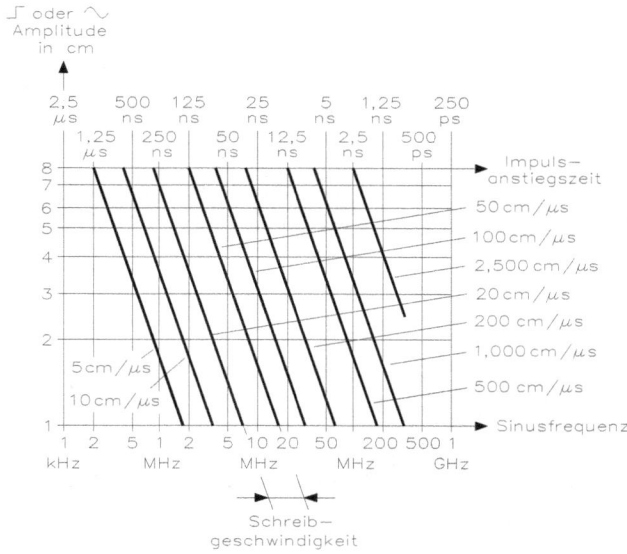

Abb. 4.22:   Diagramm für die Impulsanstiegszeit und Sinusfrequenz

Wie schnell ein Bildröhren-Speicheroszilloskop auf dem Schirm schreiben muss, hängt von der Geschwindigkeit des Eingangssignals und von der Strahlform ab, die das Signal schreiben muss. Im Diagramm von Abb. 4.22 wird die vertikale Ablenkung in Div oder cm und die Geschwindigkeit des Eingangssignals entlang der Horizontalachse gezeigt. Für Sinussignale ist die Frequenz und für Impulse die Anstiegszeit zur Bestimmung der nötigen Schreibgeschwindigkeit zur Signalspeicherung, zu verwenden.

Die Darstellungsart beeinflusst die nutzbare Bandbreite (Abb. 4.23) von digitalen Oszilloskopen. Zur erkennbaren Darstellung einer Sinusfunktion werden bei der Punkt-Darstellung über 25 Abtastungen pro Zyklus benötigt. Darstellungen mittels Impuls-Interpolator geben mit ca. zehn Vektoren pro Zyklus eine brauchbare Signalwiedergabe. Werden weniger verwendet, können die Messungen schwierig werden. Ist ein Sinus-Interpolator (unterste Oszillogrammreihe) vorhanden, liefert dieser mit nur 2,5 Abtastungen pro Zyklus eine Sinusfunktion und stößt damit an die von der Samplingtheorie bestimmten Grenzen.

Punktdarstellungen neigen zu scheinbaren Aliasing-Envelope-Fehlern. Um das zu verringern, müssen zur Darstellung einer Sinusschwingung über 25 Abtastungen pro Zyklus vorgenommen werden. Damit ergibt sich für die Verarbeitung eines Sinussignals über den ganzen Schirmbereich eine nutzbare Bandbreite (USB):

$$USB_{MHz} = \frac{\text{max. Digitalisierungsrate (MHz)}}{25}$$

Beachten Sie, dass die Anzahl der Abtastungen pro Zyklus, die zur Erkennbarkeit des Eingangssignals nötig sind, mit der Amplitude des Schreibstrahls variieren.

Eingangssignal   10 MHz   5 MHz   2,5 MHz   1 MHz

Punktdarstellung

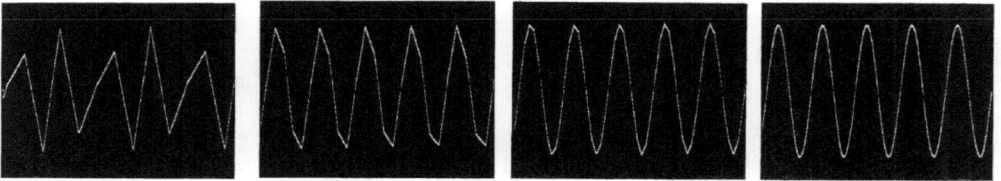

Impuls-Interpolator

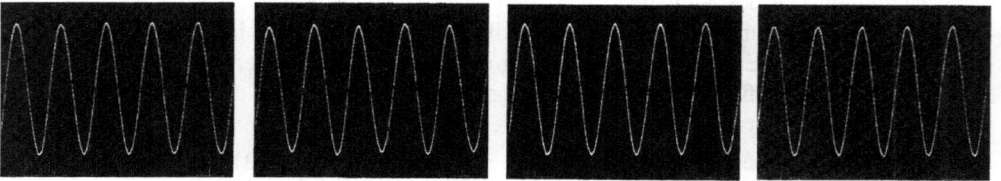

Sinus-Interpolator

Abb. 4.23:   Oszillogramme für die nutzbare Bandbreite bei einer Digitalisierungsrate von 25 MHz

Bei digitalen Oszilloskopen jedoch zeigt ein Oszillogramm, dass zur Messung und Darstellung eines sehr schnellen Signals mit Impuls-Interpolator die dargestellte Anstiegszeit zwischen 0,8 und 1,6 Abtastintervallen variieren kann. Wie Abb. 4.24 verdeutlicht, ist die dargestellte Anstiegszeit eng von der Anordnung der Abtastpunkte auf dem Impuls abhängig.

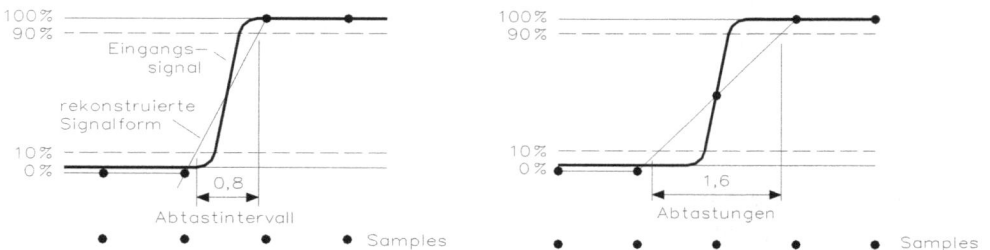

Abb. 4.24:   Anstiegszeitmessung mit einer digital arbeitenden Messanordnung und die Fehler entstehen durch
              Platzierung der Abtastung

Im linken Oszillogramm erscheint der Anstieg genau zwischen zwei Abtastungen. Die aus der Vektordarstellung resultierende Anstiegszeit beträgt in diesem Falle 0,8 Abtastintervalle. Eine andere Signalabtastung ist im rechten Oszillogramm dargestellt. In diesem ungünstigen Fall liegt die angezeigte Abstiegszeit bei 1,6 Abtastintervallen.

Es ergibt sich, dass die maximal möglichen Anstiegszeitfehler, die von einer Darstellung mit Impuls-Interpolatoren erzeugt werden, eng dem Fehlerverlauf eines analogen Oszilloskops folgen (Abb. 4.25), wenn das analoge System über eine Anstiegszeit von 1,6 Abtastintervallen verfügt; die maximalen negativen Anstiegsfehler sind viel kleiner. Die nutzbare Anstiegszeit basiert auf dem größtmöglichen Fehler, denn der tatsächliche Fehler in einer Messung kann zwischen maximal negativen und maximal positiven Werten variieren, abhängig von der Platzierung der Abtastungen auf dem Eingangssignal.

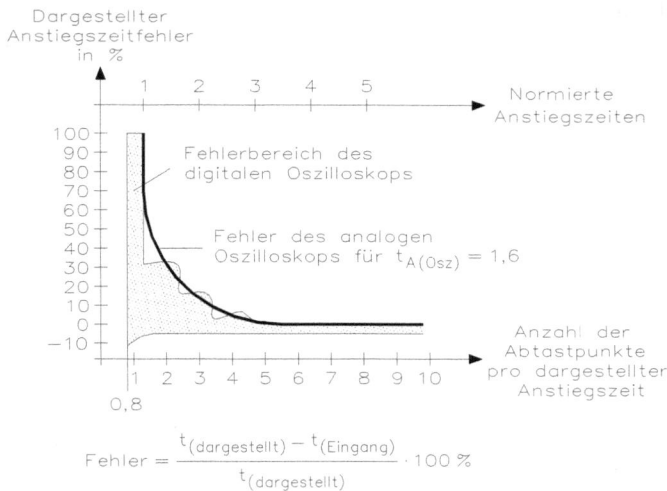

$$\text{Fehler} = \frac{t_{(dargestellt)} - t_{(Eingang)}}{t_{(dargestellt)}} \cdot 100\,\%$$

Abb. 4.25: Bereiche des Anstiegszeitfehlers bei einem digitalen Speicheroszilloskop

Zur Erzeugung der Anstiegszeitfehlerbereiche wird ein Diagramm (Abb. 4.25) eines digitalen Speicheroszilloskops verwendet. Um die Ergebnisse unabhängig von den Digitalisierungsraten zu erstellen, ist horizontal die Anzahl der Abtastpunkte pro dargestellter Anstiegszeit der Eingangsfunktion aufgetragen, während vertikal die Fehler in Prozent der dargestellten Anstiegszeit aufgetragen sind. Als Eingangsspannung wurde eine schwierige Funktion, eine Exponentialfunktion gewählt. Zum Vergleich ist ebenfalls die Fehlerkurve eines analogen Systems mit gleicher Anstiegszeit eingezeichnet.

Der Fehlerbereich ist in Abb. 4.25 grafisch dargestellt. Die nutzbare Anstiegszeit und nutzbare Bandbreitenparameter zeigen eine bemerkenswerte Differenz zwischen analogen und digitalen Oszilloskopen. Verfügt ein analoges Oszilloskop über eine Bandbreite und Anstiegszeit, die sich nicht mit der eingestellten Zeitablenkung ändert, so ändern sich diese aufgrund der unterschiedlichen Digitalisierungsraten beim digitalen Oszilloskop durch verschiedene Zeitbasiseinstellungen. Die nutzbaren Bandbreiten- und Anstiegsparameter geben Ihnen jedoch genauso Aufschluss darüber, ob ein digitales Oszilloskop schnellste Signale erfassen kann, wie sie die Bandbreiten- und Anstiegszeit-Spezifikation beim analogen Instrument gewährleisten.

Zeitmessfehler sind darüber hinaus abhängig vom Typ des Eingangssignals und des verwendeten Interpolators. Impuls-Zeitabstände und Impulsbreiten sind Beispiele für Messungen, bei denen Impuls-Interpolatoren am besten arbeiten. In solchen Fällen können die Fehler durch Interpolatoren sehr klein sein z. B. tritt bei drei Abtastungen auf der Anstiegsfläche eines Eingangssignals ein Messfehler von weniger als ±5 % auf. Bei einer Signalkurve, die mit 500 Datenpunkten auf dem Bildschirm dargestellt ist, sind das ±0,01 % des Gesamtbereiches.

Für Perioden- und Phasenmessungen von Sinusfunktionen eignet sich der Sinus-Interpolator am besten. In einem solchen Fall, mit nur 2,7 Abtastungen pro Zyklus des Eingangssignals, beträgt der vom Interpolator hervorgerufene Fehler weniger als ±0,5 % vom Abtastintervall, d. h. ± 0,001 % des Gesamtbereichs mit 500 Datenpunkten. Diese Fehler sind in den Abb. 4.26 und Abb. 4.27 als Funktion der Anzahl der Abtastungen aufgetragen. Die Fehlerkurven zeigen, dass die durch die Interpolation verursachten Fehler wahrscheinlich nicht die einschränkenden Faktoren in den Messungen sind, sie sind gewöhnlich kleiner als durch Rauschen verursachte Fehler.

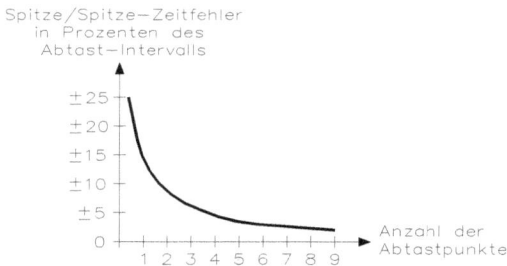

Abb. 4.26:   Hier sind die bei der Messung mit einem Impuls-Interpolator hervorgerufenen Fehler dargestellt. Die Fehler sind zwischen zwei 5-%-Punkten von einer Signalkurve zur anderen gemessen. Um die Ergebnisse unabhängig von der Digitalisierungsrate zu erhalten, wird der Fehler als prozentualer Anteil vom Abtastintervall angegeben.

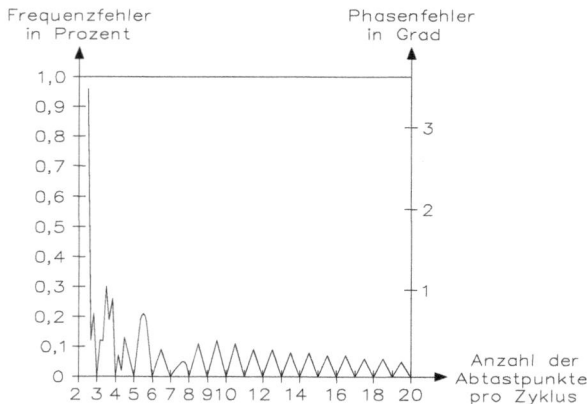

Abb. 4.27:   Darstellung des maximalen Fehlers, der von einem Sinus-Interpolator bei Frequenz- und Phasenmessungen hervorgerufen wird. Die Fehlerkurve gilt für eine einzelne Sinusperiode.

4.3 Messübungen mit simuliertem Zweikanal-Oszilloskop

Das Zweikanal-Oszilloskop zeigt die Betrags- und Frequenzverläufe elektrischer Signale an. Es kann die Amplitude eines oder zweier Signale zeitabhängig darstellen, und es ermöglicht den Vergleich der beiden Signalkurven miteinander. Abb. 4.28 zeigt ein Oszilloskop mit Funktionsgenerator zur Spannungsmessung.

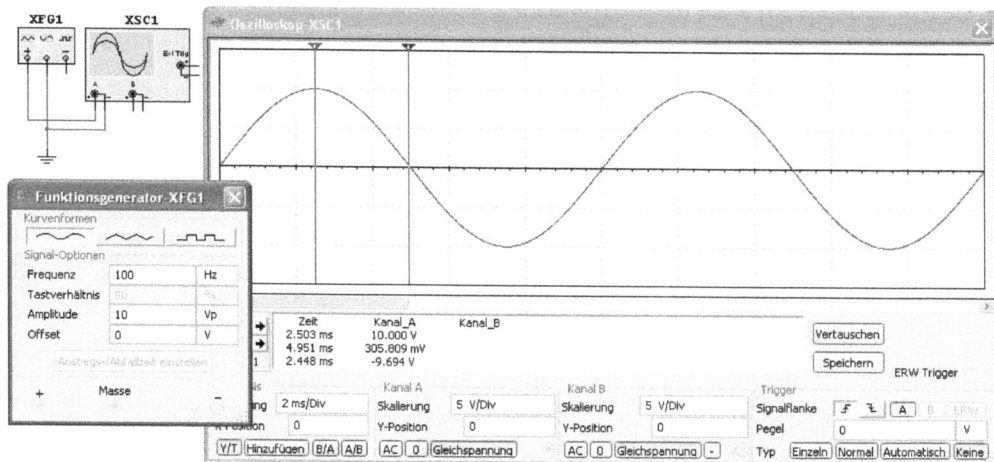

Abb. 4.28: Zweikanal-Oszilloskop mit Funktionsgenerator zur Spannungsmessung

Nachdem Sie die Schaltung aktiviert haben und das Schaltungsverhalten simuliert wurde, können Sie die Oszilloskopanschlüsse an andere Messpunkte in der Schaltung anschließen. Das Oszilloskop zeigt die Signale an den neuen Messpunkten automatisch an.

Der Funktionsgenerator erzeugt einen Spitzenwert von $U_S = 10$ V bei einer Frequenz von $f = 100$ Hz. Diese Spannung wird vom Oszilloskop gemessen mit $U_S = 10$ V oder $U_{SS} = 20$ V. Schaltet man ein Voltmeter parallel, zeigt es einen Effektivwert von $U = 7,07$ V an. Für die sinusförmige Wechselspannung ergibt sich:

$$U_S = U \cdot \sqrt{2} = U \cdot 1,414 = U / 0,707$$

$$U_{SS} = 2 \cdot U_S = U \cdot 2\sqrt{2} = U \cdot 2,828$$

Der Ablenkfaktor ist in Abb. 4.28 auf $x = 2$ ms/Div eingestellt und das Ablesen der X-Achse beträgt $a = 5$ Div.

$$f = \frac{1}{a \cdot x} = \frac{1}{5 Div \cdot 2ms / Div} = \frac{1}{10ms} = 100 Hz$$

4.3.1 Oszilloskopeinstellungen

Man kann sowohl während als auch nach der Simulation eine Feinabstimmung der Oszilloskopeinstellungen vornehmen; auch in diesem Fall stellt das Oszilloskop die Signale automatisch neu dar. *Tipp:* Wenn Sie die Oszilloskopeinstellungen oder Analyseoptionen so ändern, dass mehr Details angezeigt werden, erscheinen die Kurven möglicherweise unregelmäßig oder zerhackt. Aktivieren Sie in einem solchen Fall die Schaltung erneut. Sie können die Signalgenauigkeit auch erhöhen, indem Sie die Simulationszeitschritte erhöhen.

Die Einstellung der Eingangskopplung auf „DC" bewirkt, dass das vollständige Signal (Summe aus AC- und DC-Anteil) angezeigt wird. Die Einstellung „0" führt zu einer geraden Bezugslinie durch den Startpunkt, der durch den Y-Positionswert vorgegeben ist. Hinweis: Fügen Sie in Ihrer Schaltung keinen Kopplungskondensator in die Leitung zwischen Messpunkt und Messeingang ein. Das Oszilloskop kann in diesem Fall keinen Strompfad bereitstellen, und die Schaltungsanalyse würde ergeben, dass der Kondensator falsch angeschlossen ist. Klicken Sie stattdessen auf „AC".

Nachdem die Schaltung aktiviert und das Schaltungsverhalten simuliert wurde, können Sie die Oszilloskopanschlüsse an andere Messpunkte in der Schaltung anschließen. Das Oszilloskop zeigt die Signale an den neuen Messpunkten automatisch an. Sie können sowohl während als auch nach der Simulation eine Feinabstimmung der Oszilloskopeinstellungen vornehmen; auch in diesem Fall stellt das Oszilloskop die Signale automatisch neu dar. Abb. 4.29 zeigt Einstellungsmöglichkeiten für das Zweikanal-Oszilloskop.

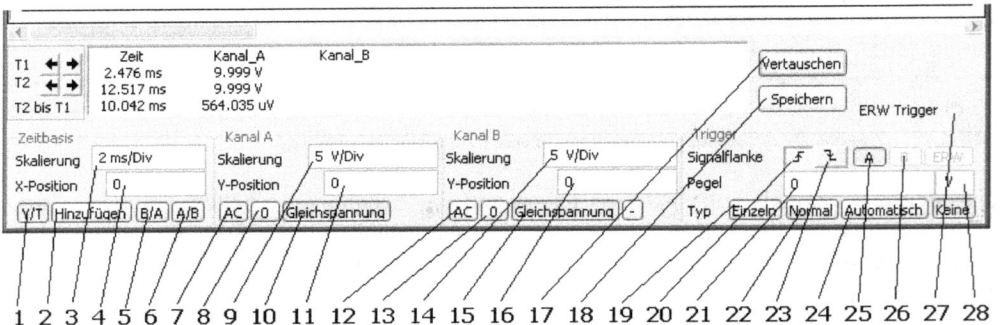

1 Achsenbelegung des Oszilloskops (Y/T = Betrag über Zeit)	13 Nulllinienabgleich
2 Addition von Kanal A mit Kanal B	14 Skalierung für den Kanal B, einstellbar von 1 µV/Div bis 1 kV/Div
3 Einstellung der Zeitablenkung, Zeitbasis zwischen 0,10 ns/Div und 1 s/Div einstellbar	15 DC (Direct Current)
4 X-Position	16 Y-Position
5 Darstellung eines Kanals über den anderen Kanal (B/A)	17 Schwarz- oder Weißbildschirm
6 Darstellung eines Kanals über den anderen Kanal (A/B)	18 Speichern
7 AC (Alternating Current)	19 Einzel-Triggerung
8 Nulllinienabgleich	20 positive Flanken-Triggerung
9 Skalierung für den Kanal A, einstellbar von 1 µV/Div bis 1 kV/Div	21 Pegel für Triggerung
10 DC (Direct Current)	22 Normal-Triggerung
11 Y-Position	23 negative Flanken-Triggerung
12 AC (Alternating Current)	24 Auto-Triggerung
	25 Triggerpegel für Kanal A
	26 Triggerpegel für Kanal B
	27 Masseanschluss
	28 Spannungseinstellung für Pegel

Abb. 4.29: Einstellungsmöglichkeiten für das Zweikanal-Oszilloskop

Mit den Einstellungen der Zeitbasis (Timebase) wird die Skalierung der horizontalen X-Achse des Oszilloskops bei der Darstellung des Betrags über die Zeit (Y/T) definiert. Um eine sinnvolle Darstellung zu erhalten, stellen Sie die Zeitbasis umgekehrt proportional zur Frequenz des Funktionsgenerators oder der AC-Quelle in der Schaltung ein, d. h., je höher die Frequenz, desto kleiner (stärker vergrößernd) ist die Zeitbasis einzustellen. Wenn Sie beispielsweise eine Periode eines 1-kHz-Signals darstellen wollen, sollte die Zeitbasis ca. 0,1 ms betragen. Für die Darstellung einer 10-kHz-Periode müssen Sie die Zeitbasis mit ca. 0,01 ms einstellen.

Die X-Position legt den Signalstartpunkt auf der X-Achse fest. Bei der X-Position 0 beginnt die Signaldarstellung am linken Bildschirmrad. Ein positiver Wert verschiebt den Startpunkt nach rechts, ein negativer Wert verschiebt den Startpunkt nach links.

4.3.2   Messungen von unsymmetrischen Spannungen

Eine typische Messung von unsymmetrischen Spannungen bietet die AM-Modulation. Die Amplitudenmodulation ist das älteste Verfahren zur Übertragung einer Nachricht über einen Träger. Hierunter versteht man die Steuerung der Amplitudenwerte eines hochfrequenten Trägers entsprechend dem zeitlichen Verlauf einer niederfrequenten Modulationsspannung. Die Trägerkreisfrequenz ω_T muss dabei stets groß gegenüber der Modulationskreisfrequenz ω_M des Nachrichtensignals sein.

Durch Addition zweier Schwingungen mit unterschiedlichen Frequenzen an einem linearen Bauteil erhält man eine Überlagerung, wie Abb. 4.30 zeigt. Es gelten die Bedingungen: $f_1 = \frac{1}{2} f_2$, $\hat{u}_2 = \frac{1}{2} \hat{u}_1$, $\varphi_1 = \varphi_2$.

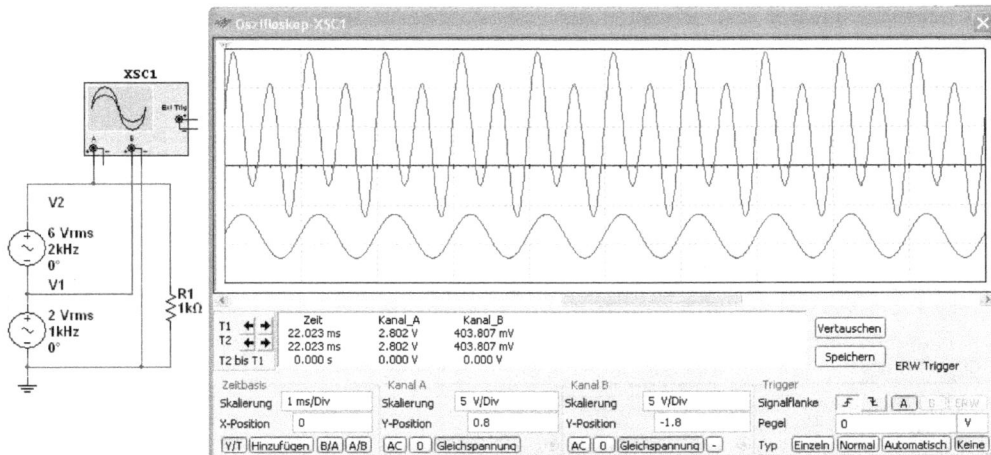

Abb. 4.30:   Überlagerung durch Addition zweier Schwingungen mit unterschiedlichen Frequenzen f, 2f und Amplituden U, 3U

Mathematisch lautet die Addition zweier Spannungen wie folgt:

$$u = u_1 + u_2 = \hat{U}_1 \cdot \sin_1 \omega t + \hat{U}_{2\sim} \sin(\omega_2 t_1 + \varphi)$$

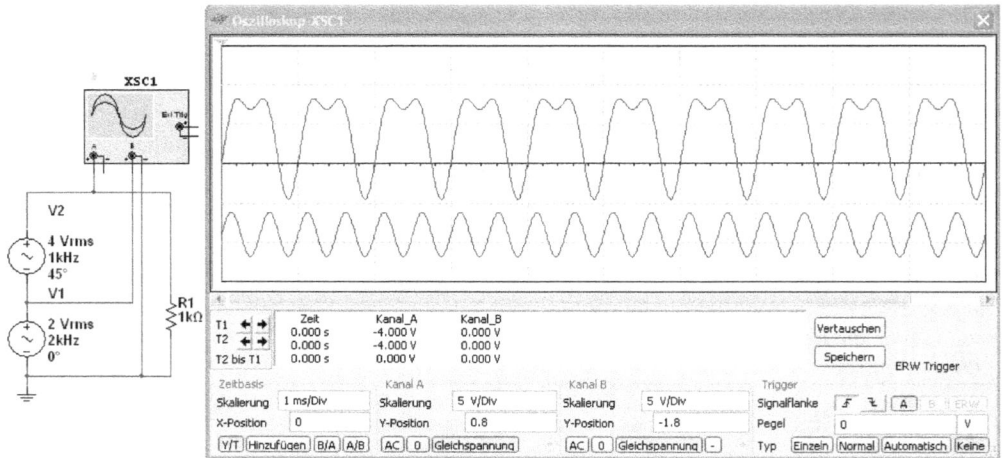

Abb. 4.31:   Überlagerung durch Addition zweier Schwingungen mit unterschiedlichen Frequenzen

Für die Schaltung von Abb. 4.31 gelten die Bedingungen: $2 f_1 = f_2$, $\hat{u}_2 = \frac{1}{2} \hat{u}_1$, $\varphi_1 = 45°$, $\varphi_2 = 0°$. Vergleicht man diese Überlagerung mit der von Abb. 4.30, erkennt man, wie eine Hüllkurve entsteht. Hüllkurven sind gedachte Linien als Verbindung aller Maxima bzw. Minima, wie sie beispielsweise durch eine Schwebung entsteht. Wichtig, Hüllkurven verlaufen immer parallel.

Bei den Schaltungen von Abb. 4.30 und Abb. 4.31 sind zwei Spannungsquellen in Reihe geschaltet und damit addieren sich die Spannungen. In der Praxis ist ein Betrieb möglich, wenn sich ein Widerstand in dem Ausgangsteil befindet. Durch den Widerstand hat man ein lineares Bauelement in der Schaltung und es können keine neuen Frequenzen entstehen, wie das bei nicht linearen Bauelementen der Fall ist. Dies ist auch aus der Fourier-Analyse erkennbar.

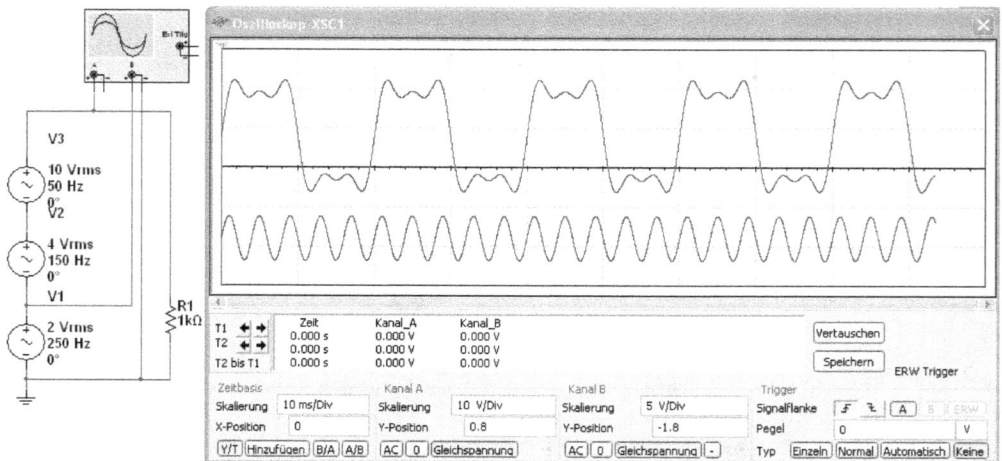

Abb. 4.32:   Addition von Spannungen verschiedener Frequenzen mit der Bedingung von f, 3f und 5f, und dem Amplitudenverhältnis 5 : 3 : 1

Für die Schaltung von Abb. 4.32 gelten die Bedingungen für die Frequenzen von f, 3f und 5f, bei einem Amplitudenverhältnis von 5 : 3 : 1. Die drei Spannungsquellen erzeugen Frequenzen, die sehr ähnlich sind. Dadurch tritt ein besonderer Fall der Überlagerung auf, den man als Schwebung bezeichnet. Zwei Sinusschwingungen mit ähnlich gleicher Amplitude und fast identischen Frequenzen addieren sich zu einer positiven und negativen Hüllkurve. Es entsteht keine Sinusschwingung, sondern eine Schwebung aus sinusförmigen Halbbögen. Die charakteristischen Punkte einer Schwingung sind die Punkte A, die so genannten Phasensprünge.

Je nach Frequenzverhältnis und Amplituden der beiden Schwingungen stellen sich im Prinzip die in Abb. 4.33 gezeigten Überlagerungsbilder ein. Insgesamt hat man in der Praxis vier Formen von Überlagerungsschwingungen:

Fall a: $a_1 < a_2$ und $\omega_1 < \omega_2$
Fall b: $a_1 > a_2$ und $\omega_1 < \omega_2$
Fall c: $a_1 = a_2$ und $\omega_1 \approx \omega_2$
Fall d: $a_1 \neq a_2$ und $\omega_1 \approx \omega_2$

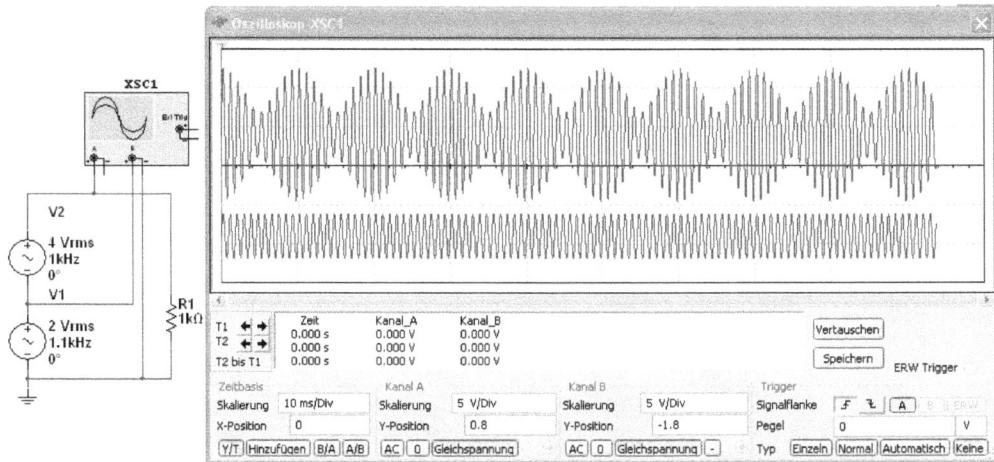

Abb. 4.33: Entstehung einer Schwebung durch Addition zweier Schwingungen, wobei die beiden Frequenzen annähernd identisch sind

Je nach Frequenzverhältnis und Amplituden der beiden Schwingungen stellt sich ein entsprechendes Übertragungsbild ein, wie die Abb. 4.34 zeigt. Für die Schaltung gelten die Bedingungen: $f_1 \approx 2 \cdot f_2$, $\hat{u}_2 = \hat{u}_1$, $\varphi_1 = \varphi_2$. Da mit fast identischen Frequenzen gearbeitet wird, tritt wieder ein Sonderfall der Überlagerung ein, nämlich eine Schwebung. Sie entsteht, wenn zwei Teilschwingungen nahezu die gleiche Schwingungszahl aufweisen. In diesem Fall verstärken sich die beiden Schwingungen zu gewissen Zeiten. Zu anderen Zeiten heben sie sich dagegen ganz oder teilweise auf, je nachdem, ob sie gleiche oder ungleiche Amplituden aufweisen. Abb. 4.35 zeigt diesen Fall zweier gleichgroßer Schwingungen, deren Frequenzen sich wie 50 : 51 verhalten. Immer dann, wenn die eine Schwingung der anderen um eine oder mehrere ganze Schwingungen oder Vielfache von 360° vorauseilt, sind beide miteinander in Phase und verstärken sich. Das geschieht beispielsweise nach jeweils 15 Schwingungen der

XSC1

V2
1 Vrms
2kHz
0°
V1
1 Vrms
1kHz
0°

R1
1kΩ

	Zeit	Kanal_A	Kanal_B
T1	0.000 s	0.000 V	-0.000 V
T2	0.000 s	0.000 V	-0.000 V
T2 bis T1	0.000 s	0.000 V	0.000 V

Vertauschen
Speichern
ERW Trigger

Zeitbasis		Kanal A		Kanal B		Trigger	
Skalierung	1 ms/Div	Skalierung	2 V/Div	Skalierung	5 V/Div	Signalflanke	
X-Position	0	Y-Position	0.8	Y-Position	-1.8	Pegel	0

Y/T Hinzufügen B/A A/B   AC 0 Gleichspannung   AC 0 Gleichspannung -   Typ Einzeln Normal Automatisch Keine

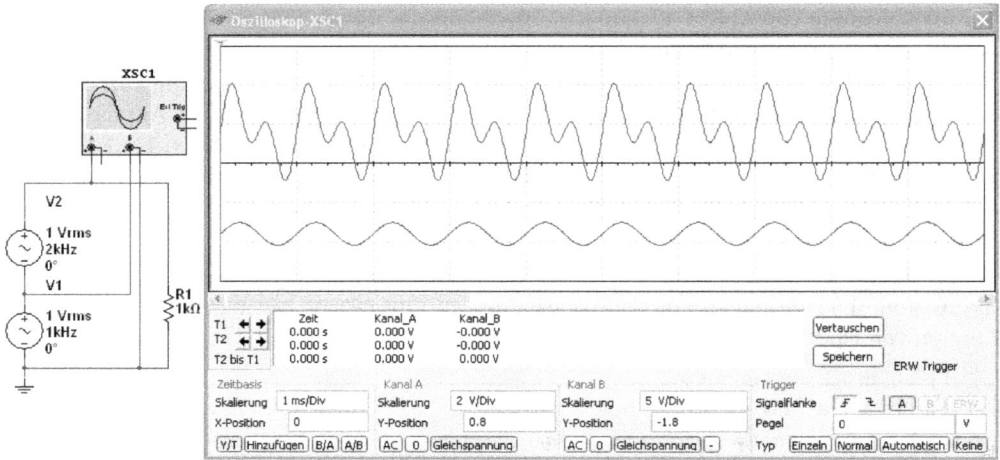

Abb. 4.34: Überlagerung durch Addition zweier Schwingungen

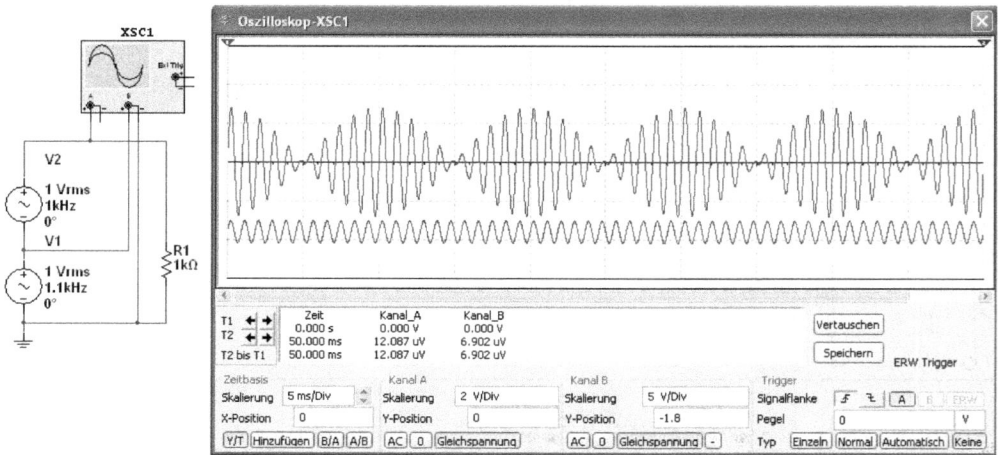

XSC1

V2
1 Vrms
1kHz
0°
V1
1 Vrms
1.1kHz
0°

R1
1kΩ

	Zeit	Kanal_A	Kanal_B
T1	0.000 s	0.000 V	0.000 V
T2	50.000 ms	12.087 uV	6.902 uV
T2 bis T1	50.000 ms	12.087 uV	6.902 uV

Vertauschen
Speichern
ERW Trigger

Zeitbasis		Kanal A		Kanal B		Trigger	
Skalierung	5 ms/Div	Skalierung	2 V/Div	Skalierung	5 V/Div	Signalflanke	
X-Position	0	Y-Position	0	Y-Position	-1.8	Pegel	0

Y/T Hinzufügen B/A A/B   AC 0 Gleichspannung   AC 0 Gleichspannung -   Typ Einzeln Normal Automatisch Keine

Abb. 4.35: Entstehung einer Schwebung durch Addition zweier Schwingungen, wobei die beiden Frequenzen fast identisch sind

tiefen oder 16 Schwingungen der höheren Frequenz. In der Mitte zwischen den Summationsstellen heben sich die beiden Schwingungen gegenseitig auf, da ein Phasenunterschied von 180° vorhanden ist.

Mathematisch ergibt sich Folgendes: Hat man bei den Einzelschwingungen die gleiche Amplitude, ist also $u_1 = U \sin \omega_1 \approx t$ und $u_2 = U \sin \omega_2 t$, erhält man eine Gesamtspannung von

$$u = u_1 + u_2 = U(\sin \omega_1 t + \sin \omega_2 t)$$

Für die Schaltung von Abb. 4.36 gelten die Bedingungen: $f_1 \approx 2 f_2$, $\hat{u}_2 = \hat{u}_1$, $\varphi_1 = 180°$, $\varphi_2 = 0°$. An den Oszillogrammen von Abb. 4.30 bis Abb. 4.35 erkennt man in der Summenschwingung immer einen sehr flachen Verlauf. Dies ist dadurch zu erklären, dass in diesem Bereich die beiden addierten Schwingungen gleich große, aber entgegengesetzte Steigungen aufweisen.

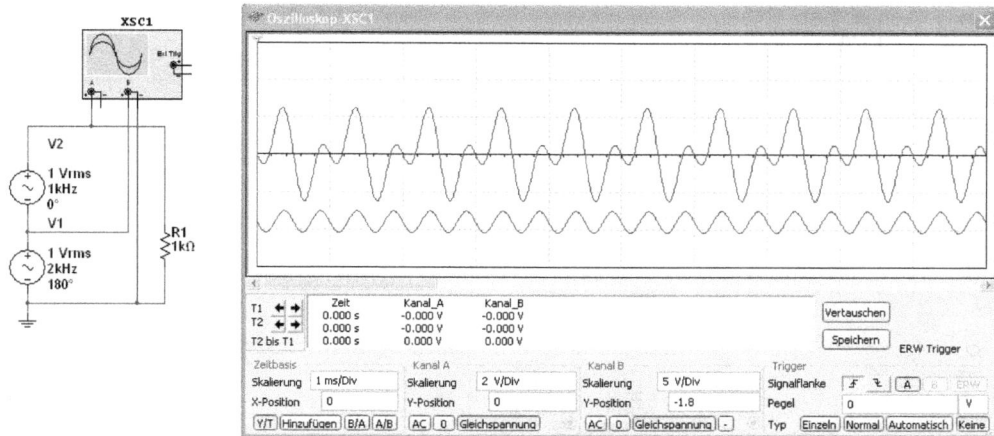

Abb. 4.36:   Entstehung einer Schwebung durch Addition zweier Schwingungen, wobei eine Phasenverschiebung
zwischen den beiden Amplituden vorhanden ist

In Abb. 4.36 ergeben sich infolge der verschiedenen Steigungen mit etwa gleicher Amplitude
in den Bereichen in denen sie sich aufheben, die gewünschten Phasensprünge. Durch diese
Phasensprünge erreicht man die Grundlagen der Phasenumtastung.

4.3.3   Messung der Phasenverschiebung

Bei der Phasenmessung liegen immer zwei identische Signale (Amplitude und Frequenz) am
Oszilloskop an. Hierzu hat man zwei Messmethoden für die Phasenmessung, die direkte
Messung der Phasenverschiebung mittels zwei Kurven und über die Lissajous-Figur.

Eine Sinusspannung liegt an einer RC-Kombination (R = 1 kΩ und C = 1 µF) an. Die Sinusspannung hat 1 V/160 Hz. Es ergeben sich folgende Rechnungen:

$$f_g = \frac{1}{2 \cdot \pi \cdot R \cdot C} = \frac{1}{2 \cdot 3,14 \cdot 1k\Omega \cdot 1\mu F} = 160\,Hz$$

$$X_C = \frac{1}{2 \cdot \pi \cdot f \cdot C} = \frac{1}{2 \cdot 3,14 \cdot 160\,Hz \cdot 1\mu F} = 1k\Omega$$

$$\tan\varphi = \frac{X_C}{R} = \frac{1k\Omega}{1k\Omega} = 1 \Rightarrow \varphi = 45°$$

Zwischen der Eingangs- und Ausgangsspannung tritt eine Phasenverschiebung von 45° auf.
Die messtechnische Phasenverschiebung erhält man durch eine Verhältnisrechnung:

$$\varphi = \frac{X_0 \cdot 360°}{X}$$

Abb. 4.37 zeigt das Bedienungsfeld des Zweikanal-Oszilloskops. Eine Cursorsteuerung hat
jedes reale Speicheroszilloskop. Der Kanal A hat in diesem Beispiel die „Time" von
t_A = 49,995 ms und Kanal B einen Wert von t_B = 50,802 ms. Die Differenz von $T_2 − T_1$ be-

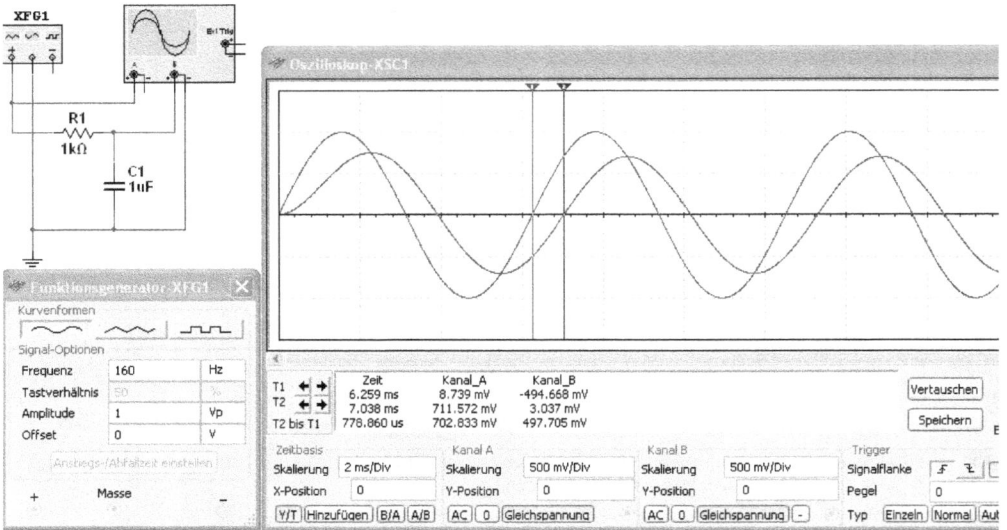

Abb. 4.37: Messung der Phasenverschiebung mit dem Zweikanal-Oszilloskop

trägt $\Delta t = 0{,}807$ ms (Messergebnis: 806,676 µs). Bei 5,503 ms hat Kanal A eine Spannung von $-189{,}359$ mV und Kanal B eine Spannung von $-5{,}406$ V. Die Differenz von $T_2 - T_1$ beträgt $U = -5{,}217$ V. Mit den Schaltflächen T_1 und T_2 können Sie die beiden Cursors verschieben, d. h., um exakte Kurvenwerte anzuzeigen, ziehen Sie den vertikalen Cursor bis der gewünschte Bereich erscheint oder Sie verwenden beide Schaltflächen. Für die Amplitudenwerte können Sie auch wieder die beiden Cursors verstellen und die Messergebnisse ablesen. Die Zeit- und Spannungswerte, die sich im Schnittpunkt des jeweiligen Cursors ergeben, werden in den Feldern unter dem Bildschirm angezeigt. Zusätzlich wird die Differenz der beiden Cursorpositionen angezeigt.

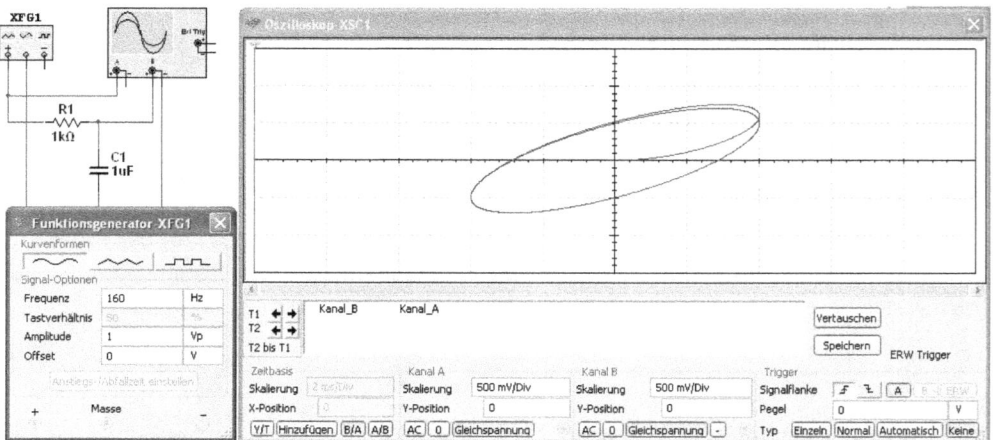

Abb. 4.38: Messung der Phasenverschiebung mit Lissajous-Figur

Die Messergebnisse sind:

$$X = 3,1 \text{ Div} \cdot 2 \text{ ms/Div} = 6,2 \text{ ms}$$

$$X_0 = 0,4 \text{ Div} \cdot 2 \text{ ms/Div} = 0,8 \text{ ms}$$

$$\varphi = \frac{X_0 \cdot 360°}{X} = \frac{0,8ms \cdot 360°}{6,2ms} = 45°$$

Abb. 4.38 zeigt die Messung der Phasenverschiebung mit Lissajous-Figur. Der Betrieb des Oszilloskops muss durch Drücken der Y/T-Taste auf X-Y-Ablenkung umgestellt werden. Die messtechnische Phasenverschiebung erhält man über

$$\sin \varphi = \frac{X_0}{X} = \frac{1,4 Div}{2 Div} = 0,7 \Rightarrow \varphi = 45°$$

4.3.4   Messung einer Frequenz mit Lissajous-Figur

Der Funktionsgenerator G1 soll eine bekannte und G2 eine unbekannte Frequenz erzeugen. Abb. 4.39 zeigt die Schaltung für die Messung nach der Frequenzverhältnismethode.

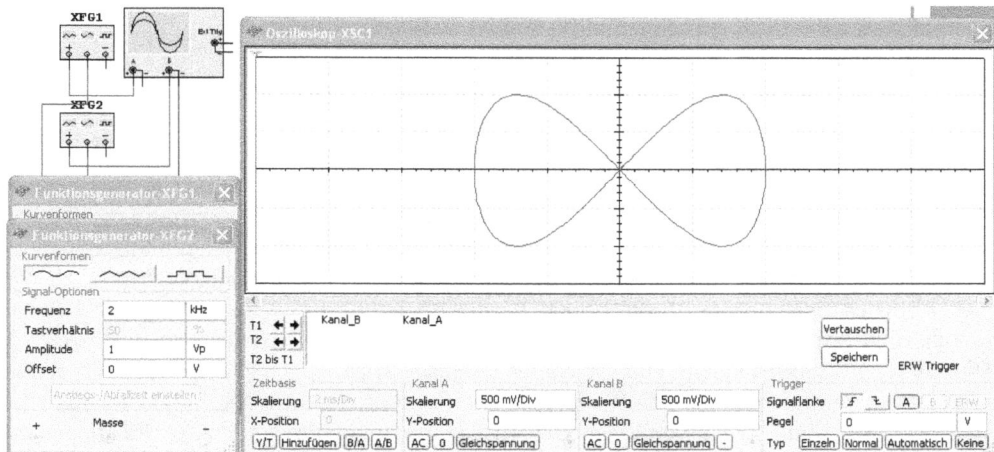

Abb. 4.39:   Beispiel für eine Frequenzmessung mit Lissajous-Figur

Bei der Frequenzmessung ist eine bekannte und eine unbekannte Frequenz vorhanden. Der Bildschirm zeigt die Entstehung eines Bilds im X-Y-Betrieb. Es sind hierbei zwei Kurvenzüge aufgetragen mit y(t) und x(t). Die beiden Spannungsquellen sind parallel geschaltet, da beide mit Masse verbunden sind. Eine bekannte Vergleichsfrequenz (f = 1 kHz) wird an ein Plattenpaar gelegt und die unbekannte Frequenz (f = 2 kHz) mit dem anderen Plattenpaar des Oszilloskops verbunden. Bei ganzzahligen Frequenzverhältnissen werden stehende Figuren erzeugt.

Die Berechnung erfolgt mit der nachfolgenden Formel:

$$\frac{f_x}{f_y} = \frac{s}{w}$$

w = Anzahl der Berührungspunkte auf der waagerechten Tangente
s = Anzahl der Berührungspunkte auf der senkrechten Tangente
f_x = Frequenz an den x-Platten
f_y = Frequenz an den y-Platten

Die Vergleichsfrequenz in Abb. 4.40 hat an der waagerechten Tangente zwei Berührungspunkte und an der senkrechten einen Berührungspunkt und an der waagerechten vier Berührungspunkte.

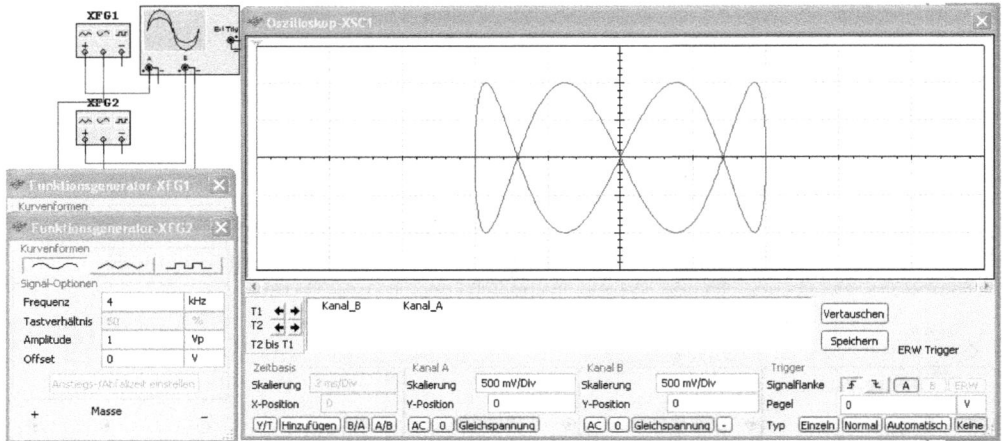

Abb. 4.40:   Beispiel für eine Frequenzmessung mit Lissajous-Figur

Mittels der Lissajous-Figur lassen sich sehr genaue oszilloskopische Frequenz- und Phasenwinkelmessungen durchführen. Hierfür werden die unbekannte und die Normalfrequenz an den beiden Kanälen angeschlossen. Der Elektronenstrahl wird genau entsprechend dem augenblicklichen Spannungswert der beiden Wechselspannungen abgelenkt und zeichnet bei periodischen Vorgängen charakteristische Kurvenbilder auf den Bildschirm. Bei gleicher Amplitude, gleicher Frequenz und gleicher Phasenlage wird beispielsweise ein nach rechts um 45° geneigter Strich gezeichnet. Bei ganzzahligen Vielfachen der Vergleichsfrequenz entstehen verschlungene Kurvenbilder. Die Auswertung kann durch angelegte Tangenten an die Figur erfolgen.

Wenn Sie den Funktionsgenerator G1 auf 1 kHz lassen, den Generator G2 auf 500 Hz einstellen, zeigt die Lissajous-Figur eine „8". Es ergibt sich folgende Berechnung für die unbekannte Frequenz:

$$f_y = f_x \cdot \frac{w}{s} = 1kHz \cdot \frac{0,5}{1} = 500 Hz$$

Die unbekannte Frequenz hat einen Wert von f = 500 Hz.

4.3.5   Messung der Blindleistung

Ein Oszilloskop ist grundsätzlich ein spannungsempfindliches Messgerät, d. h. man kann nur Spannungen messen und keine Ströme bzw. Widerstände. Wenn man Ströme messen muss, so kann dies nicht direkt erfolgen, sondern nur über das Prinzip des Spannungsfalls. Bei der Schaltung von Abb. 4.41 ist die Wechselspannungsquelle nicht mit Masse verbunden, sondern mit dem Kondensator und dem Widerstand. Der Anschluss des Kondensators ist mit dem A-Eingang des Oszilloskops und der Widerstand mit dem B-Eingang verbunden. Auf der anderen Seite werden Kondensator und Widerstand an Masse angeschlossen.

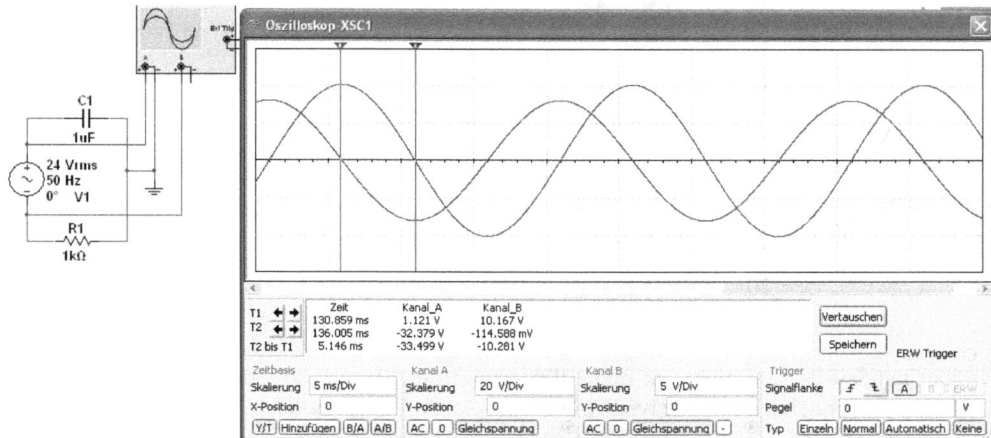

Abb. 4.41:   Schaltung zur Messung der Blindleistung an einem Kondensator

Die Wechselspannungsquelle hat U = 24 V/50 Hz. Aus dem Diagramm des Oszilloskops erkennt man eine Phasenverschiebung von 90° und der Strom eilt der Spannung um 90° voraus. Der Strom errechnet sich aus

$$I_C = \frac{2,7\,Div \cdot 20V\,/\,Div}{1k\Omega} = 54mA$$

Hierbei handelt es sich nicht um den Effektivwert des Stroms, sondern um seinen Spitzen-Wert I_S, d. h. es ergibt sich ein effektiver Strom von $I_C = 38$ mA, denn $I_{eff} = \sqrt{2} \cdot I_S$. Die Blindleistung erhält man aus

$$Q_C = U \cdot I_C = 24V \cdot 38mA = 0,92 \text{ var}$$

Mit der Schaltung von Abb. 4.42 lässt sich die Phasenverschiebung an einer Spule messen. Bei dieser Schaltung ist die Wechselspannungsquelle nicht mit Masse verbunden, sondern mit der Spule und dem Widerstand. Der Anschluss der Spule ist mit dem A-Eingang des Oszilloskops und der Widerstand mit dem B-Eingang verbunden. Auf der anderen Seite werden die Spule und Widerstand mit Masse verbunden.

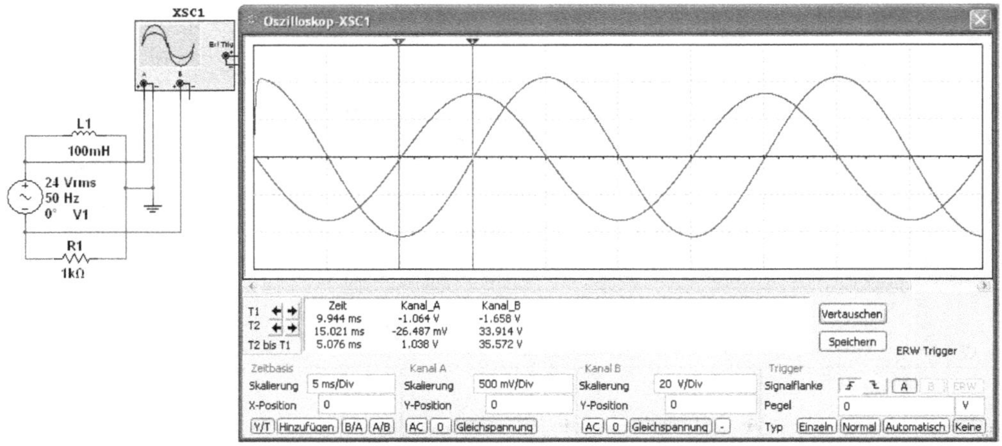

Abb. 4.42:   Schaltung zur Messung der Blindleistung an einer Spule

Aus dem Diagramm des Oszilloskops erkennt man eine Phasenverschiebung von 90° und der Strom eilt der Spannung um 90° vor. Der Strom errechnet sich aus

$$I_C = \frac{2,7\,Div \cdot 20V\,/\,Div}{1k\Omega} = 54mA$$

Hierbei handelt es sich nicht um den Effektivwert des Stroms, sondern um seinen Spitzen-Wert I_S. Es ergibt sich ein effektiver Strom von 38 mA. Die Blindleistung erhält man aus

$$Q_C = U \cdot I_C = 24V \cdot 38mA = 0,92\,var$$

Wenn man statt der Schaltfläche Y/T auf B/A klickt, erscheint die Lissajous-Figur und man erkennt eine Phasenverschiebung von φ = 90°.

4.3.6   Messung der Phasenverschiebung an einer RCL-Reihenschaltung

Für die Messung der Phasenverschiebung bei einem Reihenschwingkreis verwendet man die Linienzüge der einzelnen Messpunkte oder die Lissajous-Figur von Abb. 4.43. Aus den Linienzügen lässt sich eine relativ genaue Messung der Phasenverschiebung erstellen. Erst wenn man die Zeitbasis entsprechend verändert, erhält man einen Wert um die 45°. Aus diesem Grund arbeitet man immer mit der Lissajous-Figur. Für die Messung der Phasenverschiebung mit der Lissajous-Figur ergibt sich ein Wert von

$$\cos\varphi = \frac{1,6\,Div}{2,6\,Div} = 0,61 \Rightarrow \varphi = 52°$$

Bei Änderung der Frequenz der Eingangsspannung einer Reihenschaltung ergibt sich für jede Frequenz ein anderer Scheinwiderstand Z. Bei Gleichspannung (f = 0) sperrt der Kondensator (Z = ∞, I = 0) und bei hohen Frequenzen (f = ∞) sperrt die Spule (Z = ∞, I = 0). Im Resonanzfall (f_{res}) heben sich die Blindwiderstände von X_C und X_L auf, und es gilt Z = R und I = I_{max}.

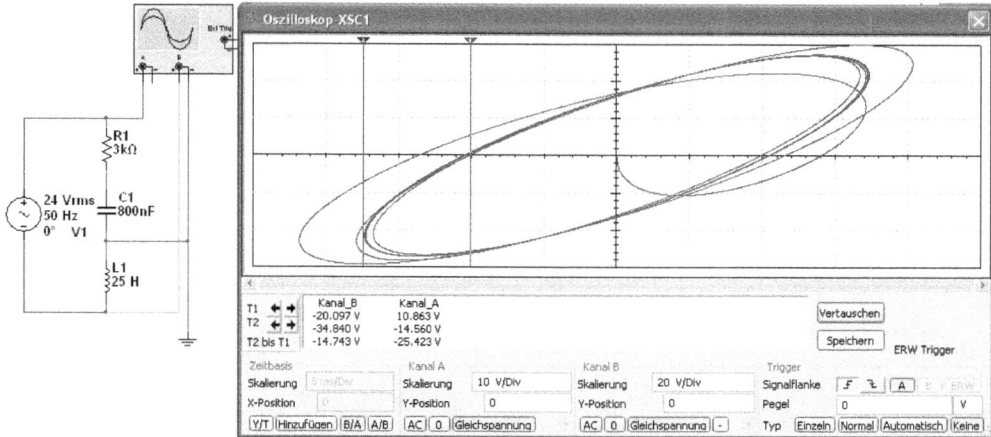

Abb. 4.43:   Messung der Phasenverschiebung mittels Lissajous-Figur

Das Messergebnis soll überprüft werden. Es sind zuerst die beiden Blindwiderstände zu bestimmen mit

$$X_C = \frac{1}{2 \cdot \pi \cdot f \cdot C} = \frac{1}{2 \cdot 3{,}14 \cdot 50\,Hz \cdot 800\,nF} = 3{,}98\,k\Omega$$

$$X_L = 2 \cdot \pi \cdot f \cdot L = 2 \cdot 3{,}14 \cdot 50\,Hz \cdot 25\,H = 7{,}85\,k\Omega$$

Der Blindwiderstand X der Schaltung beträgt

$$X = X_L - X_C \qquad\qquad\qquad \text{(induktiver Fall)}$$

$$X = X_C - X_L \qquad\qquad\qquad \text{(kapazitiver Fall)}$$

$$X = 7{,}85\,k\Omega - 3{,}98\,k\Omega = 3{,}87\,k\Omega \qquad \text{(induktiver Fall)}$$

Der Scheinwiderstand der RCL-Reihenschaltung ist

$$Z = \sqrt{R^2 + X^2} = \sqrt{(3\,k\Omega)^2 + (3{,}87\,k\Omega)^2} = 4{,}89\,k\Omega$$

Es ergibt sich eine Phasenverschiebung von

$$\sin\varphi = \frac{X}{Z} = \frac{3{,}87\,k\Omega}{4{,}89\,k\Omega} = 0{,}79 \Rightarrow \varphi = 52°$$

Mess- und Rechenergebnis sind identisch.

4.3.7   Messung einer Signalkopplung in einem Kleinsignalverstärker

Ein Transistor ist ein verstärkendes Bauelement, d. h. man kann den Transistor mit einer geringen Signalleistung ansteuern und am Ausgang einer Transistorstufe ergibt sich eine größere, im Sinne des Signals eine gesteuerte Signalleistung.

Unter einer Kleinsignalverstärkung versteht man das Anwenden des Transistors als Verstär-
kerelement derart, dass nur ein geringer Teil des verfügbaren Arbeitsbereichs ausgenutzt
wird. Kleinsignalverstärkung findet in allen Vorstufen von Leistungsverstärkern statt, in der
elektronischen Messtechnik und in der Regelungstechnik. Hierzu benötigt man Transistoren
mit guten Verstärkungseigenschaften für den in Frage kommenden Arbeitsfrequenzbereich.
Die bei Kleinsignalverstärkung in Transistoren umgesetzten Leistungen sind sehr gering.
Folglich kommt man hierfür mit relativ niedrigen Verlustleistungen aus, was sich in einer
entsprechend geringen Eigenerwärmung auswirkt.

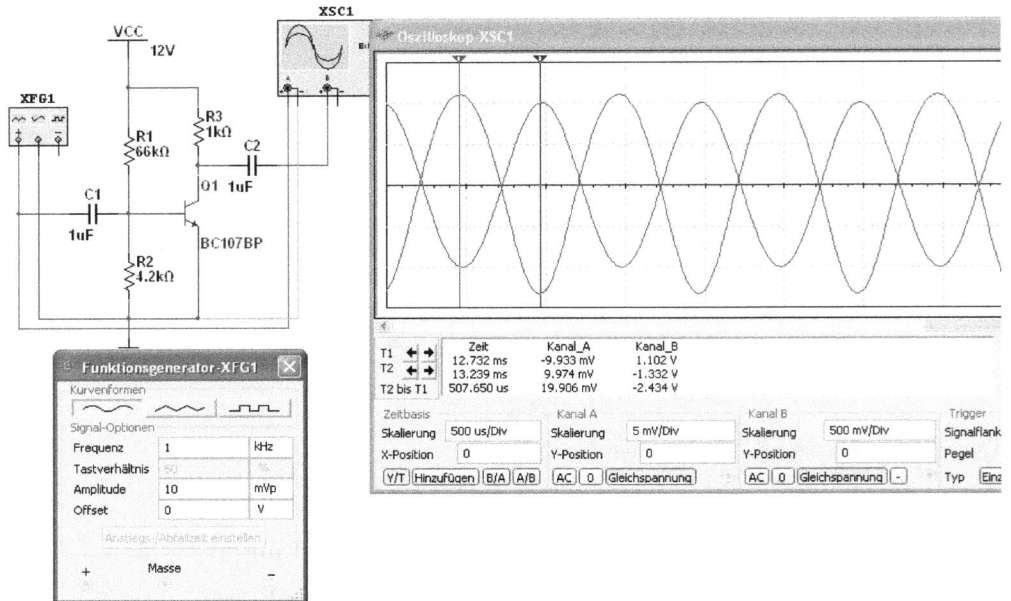

Abb. 4.44:   Transistorverstärker in Emitterschaltung mit kapazitiver Kopplung an Ein- und Ausgang. Zwischen
              Ein- und Ausgang tritt eine Phasenverschiebung von 180° auf, ein typisches Merkmal der Emitter-
              schaltung.

Die Transistorstufe von Abb. 4.44 stellt die klassische Emitterschaltung dar, da der Emitter
des Transistors direkt mit Masse verbunden ist. Am Eingang befindet sich ein niederohmiger
Spannungsteiler und der Kondensator C_{K1}, der den Funktionsgenerator von der Transistorstufe trennt. Die Ausgangsspannung wird nicht direkt von der Transistorstufe abgenommen,
sondern ebenfalls über einen Koppelkondensator C_{K2}.

Der Funktionsgenerator erzeugt eine sinusförmige Wechselspannung von $U_{1s} = 10$ mV. Am
Ausgang tritt dagegen eine verstärkte Wechselspannung von $U_{2s} = 1,2$ V auf. Damit ergibt
sich eine Spannungsverstärkung von

$$v_U = \frac{U_2}{U_1} = \frac{1,2V}{10mV} = 120$$

Die beiden Koppelkondensatoren C_{K1} und C_{K2} beeinflussen das Frequenzverhalten der Transistorstufe. Die hier in Frage kommenden Frequenzkenngrößen sind Grenzfrequenzen. Eine

solche Grenzfrequenz ist die Frequenz, bei der jeweils eine bestimmte Eigenschaft, in der Praxis die Ausgangsspannung, auf einen festgelegten Wert von $1/\sqrt{2} = 0{,}707$ der stabilen Eingangsspannung abgesunken ist.

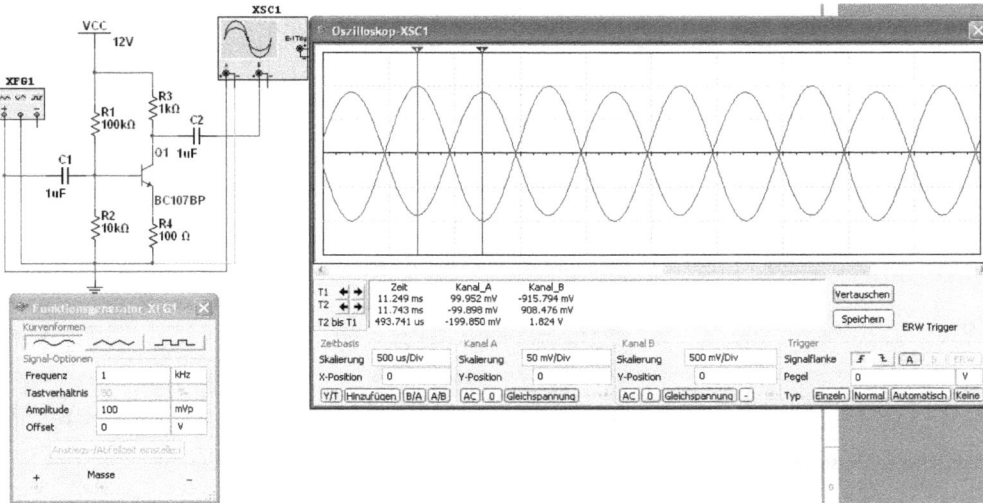

Abb. 4.45:   Transistorverstärker in Emitterschaltung mit Stromgegenkopplung

Der Kollektorstrom durch die Schaltung von Abb. 4.45 wird von den beiden Widerständen R_3 und R_4 bestimmt. Durch diese Reihenschaltung ergibt sich ein Wert von $R_{ges} = 1{,}1$ kΩ und es fließt ein Strom von 10,9 mA. Dieser Strom verursacht an dem Kollektorwiderstand R_3 einen Spannungsfall von 10,9 V und an dem Emitterwiderstand R_4 von 1,09 V, vorausgesetzt, der Transistor ist durchgeschaltet.

Durch den Spannungsfall an dem Emitterwiderstand R_3 muss die Spannung an der Basis des Transistors $U_E = 1{,}09$ V $+ 0{,}7$ V $= 1{,}79$ V sein. Setzt man einen Basisstrom von $I_B = 17$ µA voraus, ergeben sich für die beiden Widerstände im Spannungsteiler:

$$R_1 = \frac{U_B - U_E}{N \cdot I_B} = \frac{12V - 1{,}79V}{10 \cdot 17\mu A} = 60k\Omega \qquad \text{(bei N = 10)}$$

und

$$R_2 = \frac{U_E}{N \cdot I_B} = \frac{1{,}79V}{9 \cdot 17\mu A} = 11{,}7k\Omega$$

4.4   Messübungen mit simuliertem Vierkanal-Oszilloskop

Mit einem Vierkanal-Oszilloskop lassen sich vier unterschiedliche Spannungen messen.

4.4.1   Messung von unterschiedlichen Spannungen

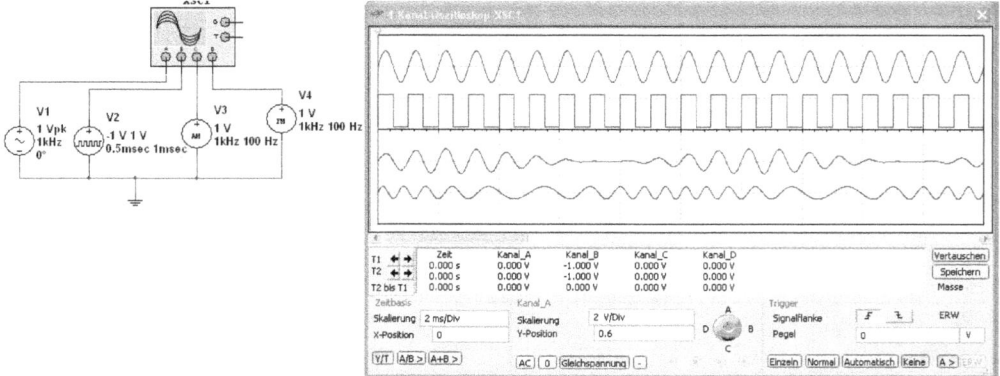

Abb. 4.46:   Messungen von vier verschiedenen Spannungen mit dem Vierkanal-Oszilloskop

Abb. 4.46 zeigt das simulierte Vierkanal-Oszilloskop. Dieses Oszilloskop hat erweiterte Messmethoden, die im Wesentlichen dem Zweikanal-Oszilloskop entsprechen. Die obere Spannung (Zeile 1) ist eine sinusförmige Wechselspannung mit U_{SS} = 10 V/1 kHz. Zeile 2 zeigt eine rechteckförmige Spannung mit 5 V/1 kHz und die Zeile 3 zeigt eine AM-Spannung (Amplituden-Modulation) mit einer Trägerfrequenz von 10 kHz und einer Modulationsfrequenz von 1 kHz. Die untere Zeile ist eine FM-Spannung (Frequenz-Modulation) mit einer Trägerfrequenz von 10 kHz und einer Modulationsfrequenz von 1 kHz. Für jeden Kanal kann man den Verstärkungsfaktor (Skalierung) und die Y-Position separat einstellen. Die einzelnen Kanäle wählt man mit dem Drehknopf aus.

4.4.2   Sinusgenerator mit RC-Phasenschieber

Jedes RC-Glied, ob als Hoch- oder als Tiefpass geschaltet, erzeugt eine frequenzabhängige Phasenverschiebung zwischen Ein- und Ausgangsspannung. Beim Tiefpass eilt die Ausgangsspannung U_2 der Eingangsspannung U_1 um den Phasenwinkel φ nach, beim Hochpass um den Winkel φ vor. Bei einem idealen Kondensator lässt sich eine Phasenverschiebung von $\varphi = 90°$ erreichen.

Der Operationsverstärker arbeitet im invertierenden Betrieb und hat eine Phasenverschiebung von $\varphi = 180°$. Da auch der Phasenschieber eine Verschiebung von $\varphi = 180°$ bewirkt, ist die Schwingungsbedingung erfüllt und am Ausgang U_2 entsteht eine Sinusschwingung. Die Ausgangsspannung wird über das frequenzbestimmende Glied, das gleichzeitig auch das Rückkopplungsnetzwerk darstellt, auf den invertierenden Eingang des Operationsverstärkers geschaltet. Da der Phasenschieber einen Kopplungsfaktor von k = 1/29 hat, muss der Operationsverstärker eine Verstärkung von V = 29 aufweisen, damit die Amplitudenbedingung erfüllt ist.

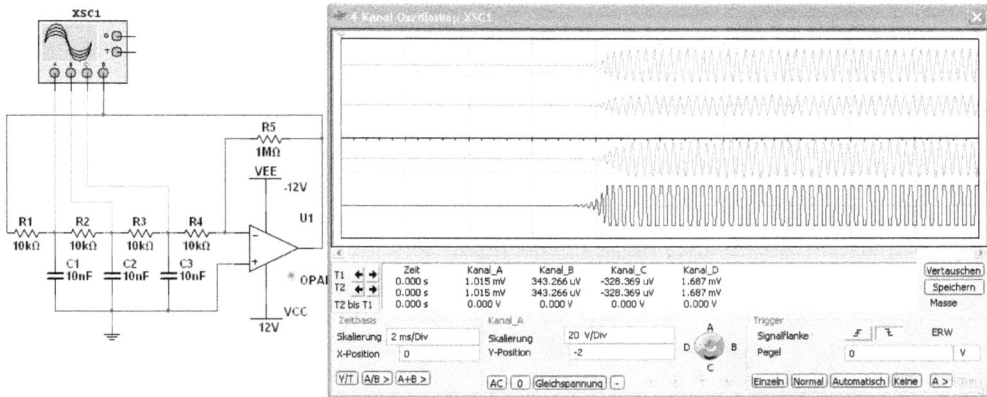

Abb. 4.47:   Einfache Schaltung eines Tiefpass-Phasenschiebers zur Erzeugung einer sinusförmigen Ausgangsspannung

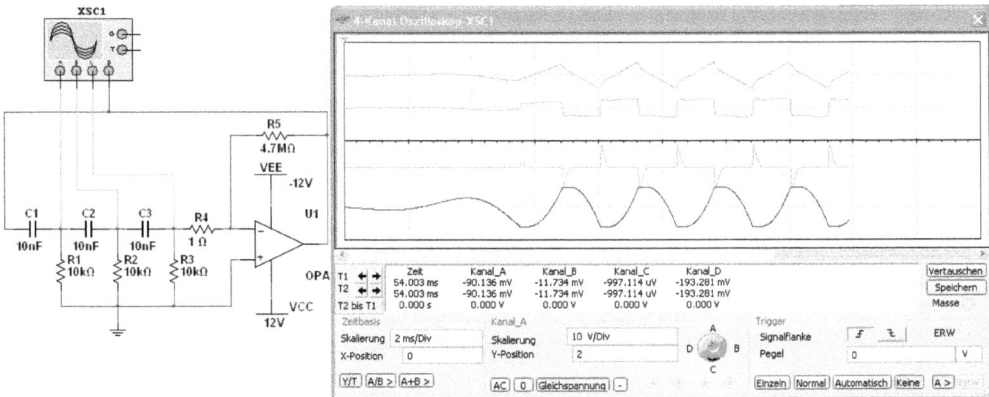

Abb. 4.48:   Einfache Schaltung eines Hochpass-Phasenschiebers zur Erzeugung einer sinusförmigen Ausgangsspannung

Die beiden Schaltungen von Abb. 4.47 und Abb. 4.48 arbeiten ohne Amplitudenbegrenzung, wodurch es leicht zu einem Überschwingen der Ausgangsspannung kommen kann, d. h. statt einer sinusförmigen Spannung erzeugt die Schaltung eine übersteuerte Kurvenform.

5   Bode-Plotter

Der Bode-Plotter erzeugt ein Diagramm des Frequenzverhaltens einer Schaltung und ist nützlich für die Analyse von Filterschaltungen. Mit dem Bode-Plotter lässt sich die Spannungsverstärkung bzw. -abschwächung und die Phasenlage eines Signals messen. Der angeschlossene Bode-Plotter analysiert auch das Frequenzspektrum einer Schaltung. Abb. 5.1 zeigt Symbol und das geöffnete Fenster für einen Bode-Plotter, wobei ein RC-Hochpass gemessen wird. Die Wechselspannung arbeitet als Stimulus für den Bode-Plotter und die Spannung bzw. Frequenz kann beliebig gewählt werden.

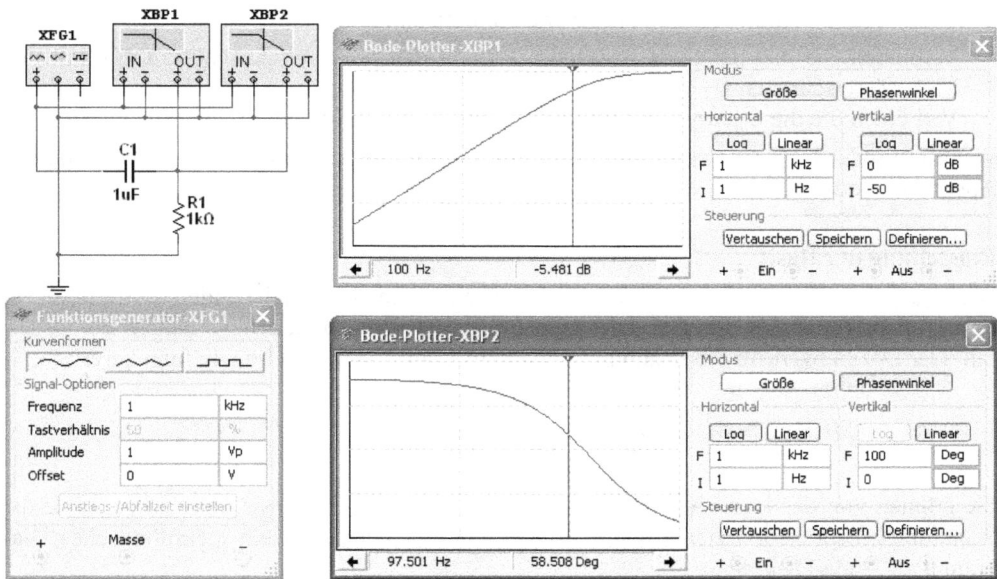

Abb. 5.1:   RC-Hochpass-Schaltung, gemessen mit einem Bode-Plotter

Der Bode-Plotter erzeugt Frequenzen, die einen vorgegebenen Frequenzbereich abdecken. Die Frequenz der erforderlichen AC-Quelle in der Schaltung wirkt sich in keiner Weise auf den Bode-Plotter aus, es muss jedoch mindestens eine AC-Quelle in der Schaltung vorhanden sein.

https://doi.org/10.1515/9783110544428-006

5.1   Arbeiten mit dem Bode-Plotter

Der Anfangswert I und der Endwert F ist für die horizontale und vertikale Skala auf den Minimal- bzw. Maximalwert voreingestellt. Diese Werte können jederzeit geändert werden, um das Diagramm mit einer anderen Skala anzeigen zu lassen. Möchte man nach Abschluss einer Simulation die Skala oder die Skalierungsbasis ändern, kann es erforderlich sein, die Schaltung erneut zu aktivieren, um das Diagramm detailgetreuer neuzeichnen zu lassen. Wenn Sie den Bode-Plotter an andere Messpunkte anschließen (umklemmen), sollte die Schaltung stets erneut aktiviert werden, damit korrekte Ergebnisse angezeigt werden.

Betrag und Phase

Wählen Sie „Betrag", um die Spannungsverstärkung (in Dezibel) zwischen den beiden Punkten U+ und U− zu messen. Wählen Sie „Phase", um die Phasenverschiebung (in Grad) zwischen zwei Punkten zu messen. Sowohl die Spannungsverstärkung als auch die Phasenverschiebung werden über die Frequenz (in Hz) dargestellt.

Wenn U+ und U− einzelne Punkte in einer Schaltung sind:

- Verbinden Sie den positiven Anschluss IN und den positiven Anschluss OUT mit den Verbindungspunkten U+ und U−.
- Verbinden Sie die negativen Anschlüsse IN und OUT mit Masse.

Wenn U+ (oder U−) der Betrag oder die Phase über ein Bauteil ist, schließen Sie beide IN-Anschlüsse (oder beide OUT-Anschlüsse) parallel zu dem Bauteil an.

Einstellung der Basis

Die logarithmische Skalierung wird verwendet, wenn die zu vergleichenden Werte in einem sehr großen Wertebereich liegen. Dies ist bei der Analyse des Frequenzverhaltens der Regelfall. Der Dezibelwert für die Spannungsverstärkung eines Signals wird wie folgt berechnet:

$$a_{dB} = 20 \cdot \log_{10}\left(\frac{U_a}{U_e}\right)$$

Sie können von der logarithmischen (LOG) zur linearen (LIN) Basis umschalten, ohne die Schaltung erneut zu aktivieren. Definitionsgemäß gilt jedoch nur ein logarithmisches Diagramm als Bode-Diagramm.

Horizontale Achse (1,0 mHz bis 10,0 GHz)

Auf der horizontalen bzw. x-Achse ist die Frequenz dargestellt. Die Skala wird von den vorgegebenen Werten für I (Anfangswert) und F (Endwert) festgelegt. Aufgrund des großen Frequenzbereichs, der für Frequenzverhaltensanalysen charakteristisch ist, wird in der Regel eine logarithmische Skaleneinteilung verwendet.

Vertikale Achse

Die Einheit und die Skalierung für die vertikale Achse hängen von der gemessenen Größe und der gewählten Basis ab. Die Parameter – Einheiten und Wertebereiche für die vertikale Achse des Bode-Plotters – sind in Tabelle 5.1 zusammengestellt.

Tab. 5.1:   Einheiten und Wertebereiche für die vertikale Achse

Gemessene Größe	Basis	Minimaler Anfangswert	Maximaler Endwert
Betrag (Spannungsverstärkung)	logarithmisch	−200 dB	200 dB
Betrag (Spannungsverstärkung)	linear	0	10e+09
Phase	logarithmisch	−720°	720°
Phase	linear	−720°	720°

Bei Messung der Spannungsverstärkung gibt die vertikale Achse das Verhältnis der Ausgangs- zur Eingangsspannung der Schaltung an. Bei logarithmischer Skala wird der Betrag in der Einheit „Dezibel" angegeben. Bei der linearen Skala zeigt die vertikale Achse das Verhältnis der Ausgangs- zur Eingangsspannung. Bei Messung der Phase zeigt die vertikale Achse den Phasenwinkel in Grad an. Anfangswert (I) und Endwert (F) kann man ungeachtet der Einheit mit den Steuerelementen des Bode-Plotters einstellen.

Anzeigefelder

Sie können für einen beliebigen Diagrammpunkt den Wert der Frequenz, des Betrags oder der Phasenlage anzeigen lassen, indem man den vertikalen Cursor an den gewünschten Punkt verschiebt. Der vertikale Cursor befindet sich anfangs am linken Rand des Bode-Plotter-Bildschirms.

Um den vertikalen Cursor zu verschieben,

*   klickt man auf die Pfeile unten im Bode-Plotter,
*   zieht man den vertikalen Cursor vom linken Rand des Bode-Plotter-Bildschirms zu dem zu messenden Punkt der Kennlinie.

Der Betrag (oder die Phase) und die Frequenz im Schnittpunkt des vertikalen Cursors mit der Kennlinie wird in den Feldern neben den Pfeilen angezeigt.

Die Hochpass-Schaltung von Abb. 5.1 hat eine Grenzfrequenz f_g von

$$f_g = \frac{1}{2 \cdot \pi \cdot R \cdot C} = \frac{1}{2 \cdot 3{,}14 \cdot 1\,k\Omega \cdot 1\mu F} \approx 160\,Hz$$

Dabei ist die Bedingung erfüllt mit R = X_C (ohmscher Widerstand = kapazitiver Blindwiderstand). Die Phasenverschiebung ist

$$\tan \varphi = \frac{X_C}{R} = \frac{1\,k\Omega}{1\,k\Omega} = 1 \Rightarrow \varphi = 45°$$

Die logarithmische Skalierung wird verwendet, wenn die zu vergleichenden Werte in einem sehr großen Wertebereich liegen. Dies ist bei der Analyse des Frequenzverhaltens der Regelfall. Der Dezibelwert für die Spannungsverstärkung eines Signals wird wie folgt berechnet:

$$a_{dB} = 20 \cdot \log\left(\frac{U_e}{U_a}\right)$$

Bei der Grenzfrequenz von f_g = 160 Hz tritt eine Dämpfung von a = 3 dB auf.

Man kann für einen beliebigen Diagrammpunkt den Wert der Frequenz, des Betrags oder der Phasenlage anzeigen lassen, indem Sie den vertikalen Cursor an den gewünschten Punkt verschieben. Der vertikale Cursor befindet sich anfangs am linken Rand des Bode-Plotter-Bildschirms.

Um den vertikalen Cursor zu verschieben,

- klickt man auf die Pfeile unten im Bode-Plotter oder
- zieht man den vertikalen Cursor vom linken Rand des Bode-Plotter-Bildschirms an den zu messenden Punkt der Kennlinie.

Das Messergebnis lautet 160 Hz bei −3 dB.

Auch die Messung der Phasenverschiebung wird im Frequenzbereich von 1 Hz bis 1 kHz ausgeführt. Führt man die Messung durch, ergibt sich bei der Einstellung des Messcursors eine Frequenz von f = 160 Hz und eine Phasenverschiebung von $\varphi = 45°$. Bei der Grenzfrequenz tritt zwischen dem Widerstand R und dem Kondensator C eine Phasenverschiebung von 45° auf.

Der Amplituden-Frequenzgang $|G(j\omega)|$ ist der Betrag der komplexen Übertragungsfunktion in Abhängigkeit der Frequenz. Der Phasen-Frequenzgang ist der Phasenwinkelverlauf $\varphi(\omega) = \arg G(j\omega)$ der komplexen Übertragungsfunktion in Abhängigkeit von der Frequenz. Das Bode-Diagramm ist der Verlauf des Dämpfungsmaßes $a(\omega)$ oder auch des Phasenmaßes $b(\omega)$ über einer logarithmischen Frequenzachse.

5.1.1   Verhalten eines passiven RC-Tiefpass-Filters

Bei einem passiven RC-Tiefpass-Filter benötigt man einen Widerstand und einen Kondensator, wie Abb. 5.2 zeigt.

Die Tiefpass-Schaltung von Abb. 5.2 hat eine Grenzfrequenz von $f_g = 1{,}58$ kHz, denn bei dieser Frequenz verringert sich die Ausgangsspannung um 3 dB. Die Grenzfrequenz lässt sich berechnen mit

$$f_g = \frac{1}{2 \cdot \pi \cdot R \cdot C} = \frac{1}{2 \cdot 3{,}14 \cdot 4{,}7\,k\Omega \cdot 22nF} \approx 1{,}54 kHz$$

Dabei ist die Bedingung erfüllt mit R = X_C (ohmscher Widerstand = kapazitiver Blindwiderstand). Die Phasenverschiebung ist

$$\tan\varphi = \frac{X_C}{R} = \frac{1\,k\Omega}{1\,k\Omega} = 1 \Rightarrow \varphi = 45°$$

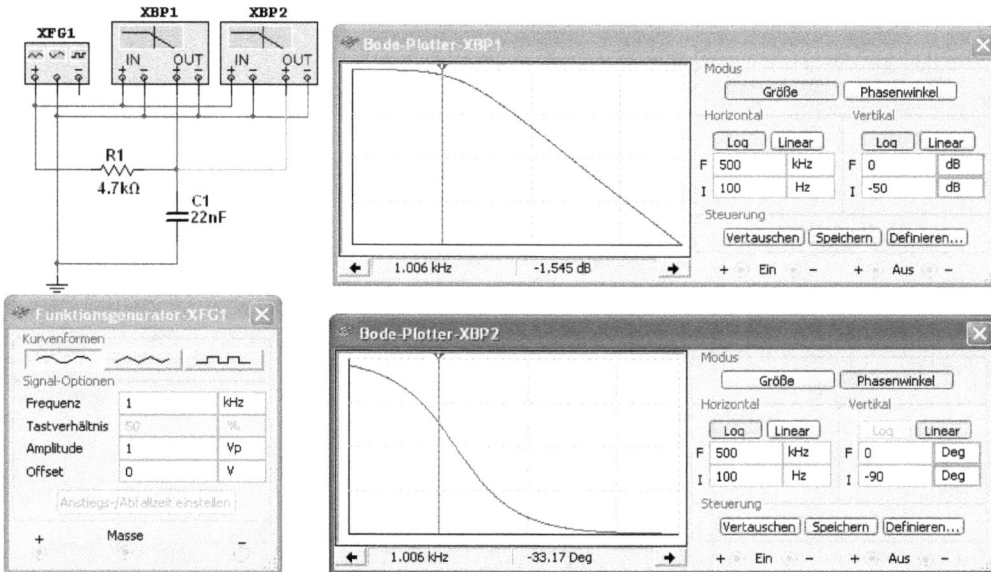

Abb. 5.2:   Frequenzverhalten eines passiven RC-Tiefpass-Filters

Man muss ein Diagramm zeichnen, damit man die Phasenverschiebung in negativer Richtung erkennt. Bei der Einstellung des Bode-Plotters für die Phasenverschiebung ist der Anfang auf 0° und der Endpunkt auf −90° einzustellen, andernfalls erhält man keine Kurve.

5.1.2   Verhalten eines Reihenschwingkreises

Bei einem Reihenschwingkreis liegt der Kondensator und die Spule an einer sinusförmigen Wechselspannung. Für den Resonanzfall gilt die Widerstandsbedingung

$$X_C = X_L$$

mit den Größen für den Kondensator und Spule

$$\frac{1}{2 \cdot \pi \cdot f \cdot C} = 2 \cdot \pi \cdot f \cdot L \quad \text{oder} \quad f_{res} = \frac{1}{2 \cdot \pi \cdot \sqrt{C \cdot L}} \quad \text{bzw.} \quad f_{res} = \frac{1}{(2 \cdot \pi)^2 \cdot C \cdot L}$$

d. h. mit kleinen Werten für den Kondensator und/oder der Spule erreicht man die entsprechend hohen Resonanzfrequenzen.

Bei einem Parallelschwingkreis liegen Kondensator und Spule parallel an einer sinusförmigen Wechselspannung.

Der obere Bode-Plotter in Abb. 5.3 zeigt die Ausgangsspannung über der Frequenz an. Die Frequenzanzeige mit $f = 24,69$ kHz zeigt die Ausgangsspannung mit einer Dämpfung von −30,659 dB an. Das gleiche gilt auch für den unteren Bode-Plotter mit der Phasenverschiebung von −88,958°. Welche Resonanzfrequenz ergibt sich für die Schaltung von Abb. 5.3?

$$f_{res} = \frac{1}{2 \cdot \pi \cdot \sqrt{C \cdot L}} = \frac{1}{2 \cdot 3,14 \cdot \sqrt{22nF \cdot 1mH}} = 34 kHz$$

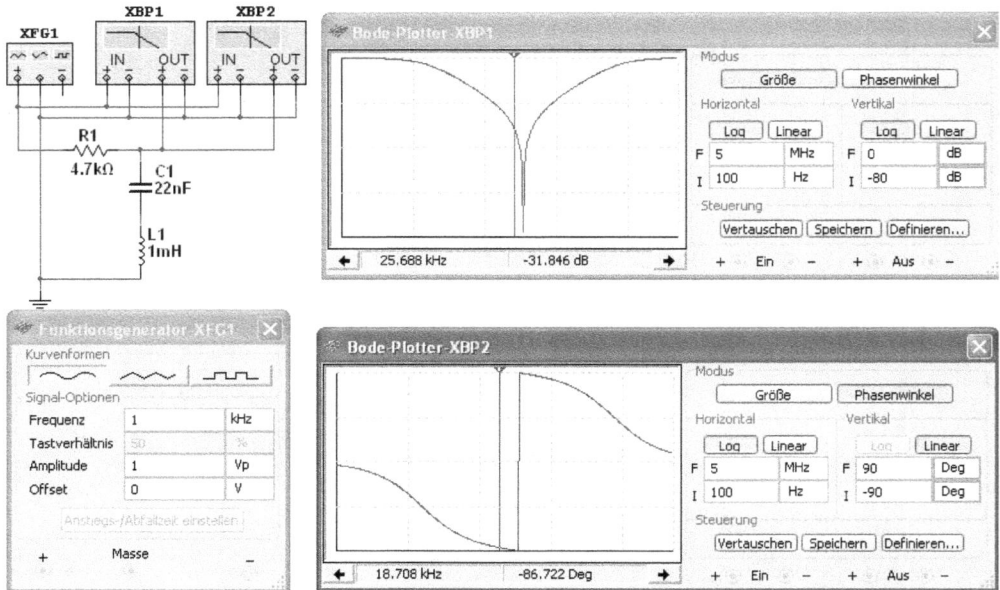

Abb. 5.3:   Schaltung zur Untersuchung eines idealen Reihenschwingkreises

Mittels des Bode-Plotters lässt sich diese Frequenz überprüfen und es ergibt sich nur eine geringfügige Abweichung. Bei der Resonanzfrequenz ist $X_C = X_L$ und damit tritt der größte Spannungsfall am Widerstand R auf. Die Dämpfung liegt bei gemessenen -78 dB und dabei tritt eine Phasenverschiebung von $0°$ auf. Die Eingangsspannung beträgt 10 V und die Ausgangsspannung liegt bei 1 mV (angenommener Spannungswert). Es ergibt sich

$$20 \cdot \lg \frac{U_e}{U_a} = 20 \cdot \lg \frac{10V}{1mV} = 20 \cdot 4 = 80 dB$$

Mit dem Bode-Plotter kann man messen, wann sich die Phasenverschiebung von $-90°$ auf $+90°$ ändert.

Die Berechnung der Windungszahl für die Spule erfolgt nach

$$N = k \cdot \sqrt{L}$$

Der Faktor k ist die Spulenkonstante mit k = 3 bis k = 8, je nach den Angaben des Herstellers.

5.1.3   Verhalten eines Parallelschwingkreises

Bei einem Parallelschwingkreis liegen Kondensator und Spule parallel an einer sinusförmigen Wechselspannung des Bode-Plotters.

Welche Resonanzfrequenz ergibt sich für die Schaltung von Abb. 5.4?

$$f_{res} = \frac{1}{2 \cdot \pi \cdot \sqrt{C \cdot L}} = \frac{1}{2 \cdot 3,14 \cdot \sqrt{68nF \cdot 15mH}} = 4,98 kHz$$

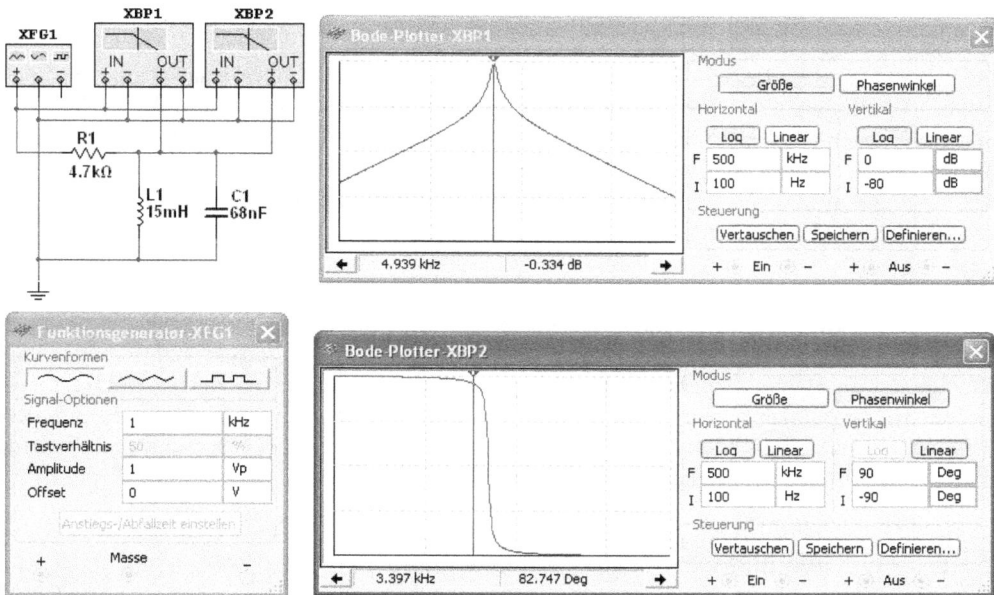

Abb. 5.4:   Schaltung zur Untersuchung eines idealen Parallelschwingkreises

Mittels des Bode-Plotters lässt sich diese Frequenz überprüfen und es ergibt sich nur eine geringfügige Abweichung.

Ein realer Kondenstor besteht aus einem idealen Kondensator und einem parallel geschalteten Verlustwiderstand R_v. Hieraus berechnet sich der Verlustfaktor tan δ

$$\tan\delta = \frac{X_C}{R_v} \qquad d = \tan\delta.$$

Die Güte Q (Gütefaktor) ist

$$Q = \frac{R_v}{X_C} = \frac{1}{d}$$

Eine reale Spule besteht aus einer idealen Induktivität und einem in Reihe geschalteten Verlustwiderstand R_v. Hieraus berechnet sich der Verlustfaktor tan δ

$$\tan\delta = \frac{R_v}{X_L} \qquad d = \tan\delta.$$

Die Güte Q (Gütefaktor) ist

$$Q = \frac{X_L}{R_v} = \frac{1}{d}.$$

5.1.4   Reale Schwingkreise

Bei einem realen Reihenschwingkreis muss man die Verluste des Kondensators und der Spule berücksichtigen. Die Kondensatorverluste sind in der Praxis sehr klein gegenüber den Spulenverlusten. Es genügt daher für die Praxis, wenn der Verlustwiderstand R_v nur die Verlustanteile der Spule zusammenfasst. Bei Resonanz heben sich die Wirkungen der Blindwiderstände X_C und X_L nach außen hin auf. Der Resonanzwiderstand Z_r des Reihenschwingkreises ist deshalb identisch mit dem Verlustwiderstand R_v:

$$Z_r = R_v$$

Der ohmsche Resonanzwiderstand von Reihenschwingkreisen ist umso kleiner, je geringer die Spulenverluste sind. Der Strom durch den Reihenschwingkreis erreicht im Resonanzfall den von der angelegten Spannung und vom Resonanzwiderstand begrenzten Höchstwert. Die Größe des Stroms und die Gesamtspannung ist im Resonanzfall phasengleich. An den Blindwiderständen entstehen zwar hohe Spannungsfälle, die sich aber nach außen aufheben, da sie gleich groß, aber entgegengerichtet sind.

5.1.5   Güte und Bandbreite

Der Verlauf des Scheinwiderstands Z in Abhängigkeit von der Frequenz f kennzeichnet die Eigenschaften von Schwingkreisen. Je nach praktischem Einsatzgebiet benötigt man bestimmte Kenngrößen für den Schwingkreis.

Der hohe ohmsche Resonanzwiderstand von Parallelschwingkreisen gestattet es, Wechselspannungen hervorzuheben, deren Frequenz der Resonanzfrequenz entspricht. Spannungserzeuger mit hohem Innenwiderstand, wie bei Antennen und speziellen Verstärkern, erzeugen die größte Klemmenspannung, wenn der Laststrom ein Minimum erreicht. Die Frequenz der Leerlaufspannung muss hierzu mit der Resonanzfrequenz des angeschlossenen Parallelschwingkreises übereinstimmen. Durch Anpassen des ohmschen Resonanzwiderstands an den Innenwiderstand eines Spannungserzeugers lässt sich im Resonanzfall die höchste Leistungsentnahme erreichen.

Bestimmte Spannungserzeuger liefern eine sinusförmige Wechselspannung, wie der Funktionsgenerator oder der Bode-Plotter, deren Frequenz einstellbar ist. In LC-Generatoren geschieht dies durch Veränderung der Kapazität im frequenzbestimmenden Schwingkreis. Die Senderwahl in früheren Rundfunkgeräten und Fernsehempfängern erfolgte mit Hilfe eines Schwingkreises, dessen veränderbare Resonanzfrequenz mit der Sendefrequenz der gewünschten Station übereinstimmt.

Der Parallelverlustwiderstand R_{vp} hat erheblichen Einfluss auf die Form der Resonanzkurve von Parallelschwingkreisen, wie Abb. 5.5 zeigt. Der Wert dieses Widerstands bestimmt den Scheitelwert $Z_r = R_{vp}$ der Resonanzkurve. Bei niederohmigen Parallelverlustwiderständen ist der Wirkanteil I_w im Gesamtstrom I groß. Der Einfluss der Blindwiderstände verringert sich hierdurch erheblich, d. h. jede Art von Frequenzveränderung verursacht nur geringe Widerstandsänderungen. Die Resonanzkurve nähert sich dem waagerechten Verlauf eines konstanten ohmschen Widerstands umso mehr, je niederohmiger der Parallelverlustwiderstand ist. Bei hohen Schwingkreisverlusten verläuft die Resonanzkurve entsprechend flach, ohne ausgeprägten Resonanzpunkt. Der Scheinwiderstand unterscheidet sich im Bereich der Resonanzfrequenz nur unwesentlich vom Widerstandswert für benachbarte Frequenzen.

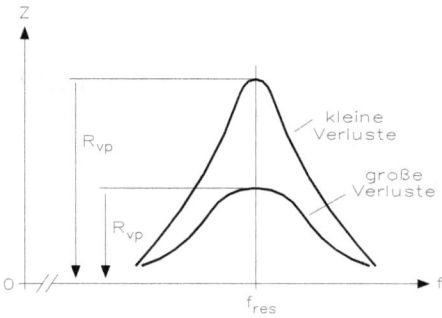

Abb. 5.5:   Verlauf der Resonanzkurve bei einem Parallelschwingkreis in Abhängigkeit vom Parallelverlustwiderstand R_{vp}

Die Güte Q errechnet sich für den Reihenschwingkreis aus

$$Q = \frac{X_L}{R_v} = \frac{X_C}{R_v} = \frac{1}{R_v} = R_v \cdot \sqrt{\frac{L}{C}} = \frac{1}{d} = \frac{1}{\tan \delta}$$

R_v: Verlustwiderstand der Spule
d: Dämpfung
$\tan \delta$:   Verlustfaktor

Die Güte Q errechnet sich für den Parallelschwingkreis aus

$$Q = \frac{R_{vp}}{X_C} = \frac{R_{vp}}{X_L} = \frac{1}{R_{vp}} \cdot \sqrt{\frac{C}{L}} = \frac{1}{d}$$

Aus dem Vergleich der Zeigerdarstellungen für die Resonanzfrequenz erkennt man, dass sich der Gesamtstrom bei gleicher Spannung an den Frequenzgrenzen auf den 1,41-fachen Wert des Resonanzstromes erhöht. Der Scheinwiderstand des Parallelschwingkreises muss sich bei der unteren und der oberen Grenzfrequenz auf den 1/1,41-fachen Wert des Resonanzwiderstands verringern. Dies entspricht einer Abnahme auf etwa 70,7 %. Abb. 5.6 zeigt die Bandbreite mit der Resonanzfrequenz und den beiden Messpunkten für die untere und obere Grenzfrequenz.

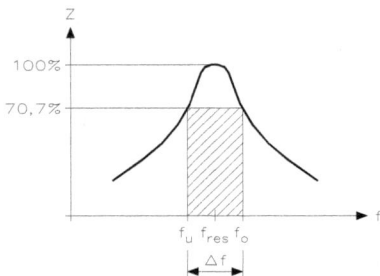

Abb. 5.6:   Bandbreite eines Schwingkreises oder Verstärkers

Die Bandbreite eines Schwingkreises ist umso größer, je höher die Spulenverluste sind. Die auf die Resonanzfrequenz bezogene relative Bandbreite ist gleich dem Verlustfaktor d der Spule, wenn man die Kondensatorverluste nicht berücksichtigt. Um einen hohen Gütefaktor Q zu erreichen, muss das Verhältnis von Induktivität zur Kapazität möglichst groß sein, d. h. großer Wert für die Spule und einen kleinen Wert für den Kondensator.

Die Bandbreite für den Reihen- und Parallelschwingkreis berechnet sich aus

$$\Delta f = f_o - f_u$$

Die Güte Q steht im direkten Zusammenhang mit

$$Q = \frac{f_{res}}{\Delta f}$$

Die Bandbreite eines Schwingkreises ist umso größer, je größer der Verlustfaktor und die Resonanzfrequenz sind.

5.1.6   Untersuchung eines LC-Filters

Ein LC-Filter besteht aus einer Reihenschaltung einer Spule und eines Kondensators. Abb. 5.7 zeigt die Schaltung eines LC-Filters.

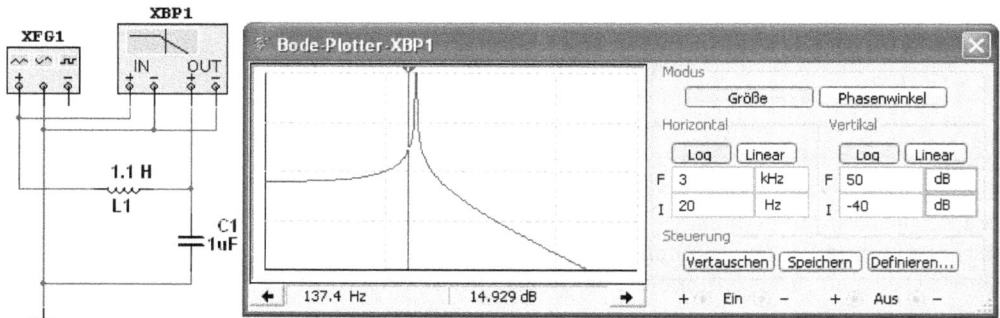

Abb. 5.7:   Schaltung eines LC-Filters

Die Eingangsspannung U_e liegt an der Spule und die Ausgangsspannung U_a wird an der Spule und dem Kondensator abgegriffen. Es ergeben sich folgende Berechnungen:

$$U_a = U_e \cdot \frac{X_C}{Z} = U_e \cdot \frac{X_C}{X_L - X_C} = U_e \cdot \frac{\frac{1}{\omega \cdot C}}{\omega \cdot L - \frac{1}{\omega \cdot C}} = U_e \cdot \frac{U_e}{\omega \cdot C \left(\omega \cdot L - \frac{1}{\omega \cdot C} \right)} = \frac{U_e}{\omega^2 \cdot L \cdot C - 1}$$

$$X_C = \frac{1}{\omega \cdot C}; \quad X_C = Z \cdot \frac{U_a}{U_e} = \frac{Z}{s}; \quad \omega \cdot C = \frac{U_e}{U_a \cdot Z} = \frac{s}{Z}$$

$$X_L = \omega \cdot L = 2 \cdot \pi \cdot f \cdot L$$

$$f = \frac{U_e}{U_a \cdot \omega \cdot C \cdot Z}$$

$$Z = X_L - X_C = \omega L - \frac{1}{\omega \cdot C}; \quad Z = X_C \cdot \frac{U_e}{U_a} = s \cdot X_C$$

$$s = \frac{U_e}{U_a} = \frac{Z}{X_C}$$

Die LC-Schaltung liegt an U_e = 10 V und die Frequenz beträgt f = 200 Hz. Wie groß ist U_a und der Siebfaktor s?

$$U_a = \frac{U_e}{\omega^2 \cdot L \cdot C - 1} = \frac{10V}{(2 \cdot 3{,}14 \cdot 200Hz)^2 \cdot 1H \cdot 1\mu F - 1} = 6{,}3V$$

$$s = \frac{U_e}{U_a} = \frac{10V}{6{,}3V} = 1{,}6$$

5.1.7 Untersuchung eines T- und π-Filters

Ein T- und π-Filter ist im Prinzip ein LC-Glied mit einem

Durchlassbereich: $f < f_g$
Sperrbereich: $f > f_g$

Voraussetzung für die Arbeitsweise eines T- und π-Filters ist die richtige Anpassung, d. h.

$$Z_e = Z_a = Z = \sqrt{\frac{L}{C}}$$

Die Grenzfrequenz ist die Resonanzfrequenz für L und C:

$$f_g = \frac{1}{2 \cdot \pi \cdot \sqrt{L \cdot C}}$$

$$L = \frac{Z}{2 \cdot \pi \cdot f}$$

$$C = \frac{1}{2 \cdot \pi \cdot f \cdot Z}$$

Die gleichen Formeln gelten für das T-Glied mit zwei Einzelspulen von je einem Wert einer Spule und einem Kondensator von 2 · C (Farad) und einem π-Glied mit einer Spule von 2 · L (Henry) und zwei Einzelkondensatoren von je einem Wert von C.

Abb. 5.8 zeigt die Schaltung eines T-Filters. Die Anpassung errechnet sich aus

$$Z = \sqrt{\frac{L}{C}} = \sqrt{\frac{0{,}1H}{270nF}} = 608\Omega$$

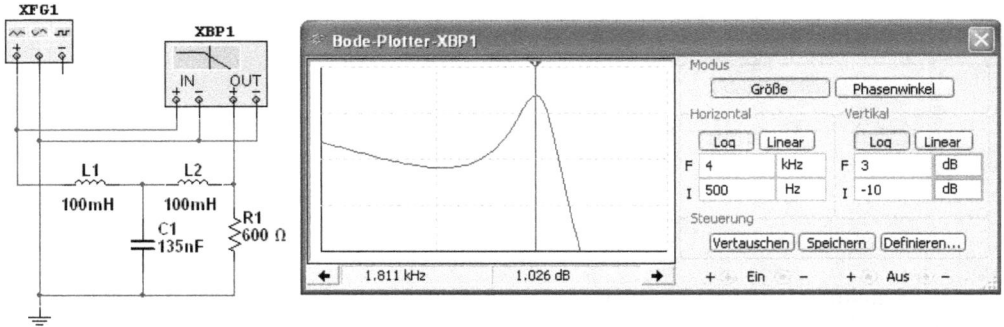

Abb. 5.8:   Schaltung eines T-Filters

Die Grenzfrequenz ist die Resonanzfrequenz von

$$f_g = \frac{1}{2 \cdot \pi \cdot \sqrt{L \cdot C}} = \frac{1}{2 \cdot 3,14 \cdot \sqrt{0,1H \cdot 270nF}} = 970\,Hz$$

Die Spule hat einen errechneten Wert von

$$L = \frac{Z}{2 \cdot \pi \cdot f} = \frac{608\,\Omega}{2 \cdot 3,14 \cdot 970\,Hz} = 0,1H$$

Der Kondensator hat einen errechneten Wert von

$$C = \frac{1}{2 \cdot \pi \cdot f \cdot Z} = \frac{1}{2 \cdot 3,14 \cdot 970\,Hz \cdot 608\,\Omega} = 270nF$$

Es kommt ein Kondensator mit C = 135 nF zur Anwendung.

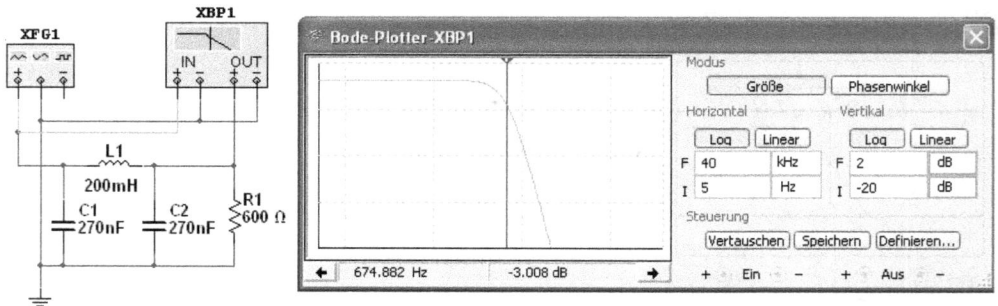

Abb. 5.9:   Schaltung eines π-Filters

Abb. 5.9 zeigt die Schaltung eines π-Filters. Die Anpassung errechnet sich aus

$$Z = \sqrt{\frac{L}{C}} = \sqrt{\frac{0,1H}{270nF}} = 600\,\Omega$$

Die Grenzfrequenz ist die Resonanzfrequenz von

$$f_g = \frac{1}{2 \cdot \pi \cdot \sqrt{L \cdot C}} = \frac{1}{2 \cdot 3,14 \cdot \sqrt{0,1H \cdot 270nF}} = 970\,Hz$$

Die Spule hat einen errechneten Wert von

$$L = \frac{Z}{2 \cdot \pi \cdot f} = \frac{600\,\Omega}{2 \cdot 3,14 \cdot 970\,Hz} = 0,1H$$

Der Kondensator hat einen errechneten Wert von

$$C = \frac{1}{2 \cdot \pi \cdot f \cdot Z} = \frac{1}{2 \cdot 3,14 \cdot 970\,Hz \cdot 600\,\Omega} = 270\,nF$$

5.1.8   Untersuchung eines Tiefpass-Doppelsiebgliedes

Die steile Flanke des Tiefpass-Doppelsiebgliedes erhält man durch einen Längssperrkreis, der auf die Frequenz f_1 abgestimmt ist. Der Kondensator und die Induktivität müssen auf die Resonanz bei der Grenzfrequenz f_g abgestimmt sein. Zur Berechnung wird das Verhältnis $f_g : f_2$ gewählt, zweckmäßiger mit etwa 0,95 bis 0,8. Ist R der bei Z_a angeschlossene Abschlusswiderstand, so wird der Nennwiderstand der Schaltung $Z = 1,25 \cdot R$ gewählt. Abb. 5.10 zeigt die Schaltung.

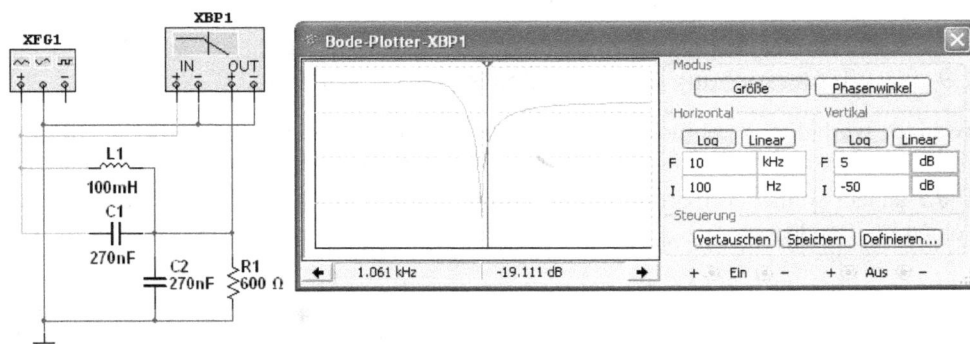

Abb. 5.10:   Untersuchung eines Tiefpass-Doppelsiebgliedes

Aus der Abb. 5.10 lassen sich die Grenzfrequenz mit f_g = 684 Hz und die Sperrkreisfrequenz mit f_2 = 975 Hz bestimmen. Der Abschlusswiderstand beträgt R = 600 Ω.

Der Nennwiderstand Z berechnet sich aus

$$Z = 1,25 \cdot R = 1,25 \cdot 600\,\Omega = 750\,\Omega$$

Der Filterkennwert m lässt sich ermitteln aus

$$m = \sqrt{1 - \left(\frac{f_g}{f_2}\right)^2} = \sqrt{1 - \left(\frac{684\,Hz}{975\,Hz}\right)^2} = 0,71$$

Die Sperrkreisinduktivität hat

$$L = m \cdot \frac{Z}{2 \cdot \pi \cdot f_g} = 0,71 \cdot \frac{750\,\Omega}{2 \cdot 3,14 \cdot 684\,Hz} = 175\,mH$$

Die Sperrkreiskapazität berechnet sich nach

$$C_1 = \frac{1 - m^2}{m} \cdot \frac{1}{2 \cdot \pi \cdot f_g \cdot Z} = \frac{1 - 0,71^2}{0,71} \cdot \frac{1}{2 \cdot 3,14 \cdot 684\,Hz \cdot 750\,\Omega} = 220\,nF$$

Die Querkapazität ist

$$C_2 = m \cdot \frac{1}{2 \cdot \pi \cdot f_g \cdot Z} = 0,71 \cdot \frac{1}{2 \cdot 3,14 \cdot 684\,Hz \cdot 750\,\Omega} = 220\,nF$$

Die errechnete Grenzfrequenz ist

$$f_g = \frac{m \cdot Z}{2 \cdot \pi \cdot L} = \frac{0,71 \cdot 750\,\Omega}{2 \cdot 3,14 \cdot 100\,mH} = 850\,Hz$$

Messung und Rechnung stimmen weitgehend überein.

5.1.9   Untersuchung eines Bandpasses nach Wien

Verwendet wird die Wienbrücke als Rückkopplung in einem RC-Sinusgenerator. Dabei ergibt sich der Vorteil, dass die Frequenz sich mit C und nicht wie bei einem Schwingkreis mit $\sqrt{2}$ ändert, so dass sich große Frequenzbereiche ergeben. Abb. 5.11 zeigt die Schaltung für einen LC-Bandpass.

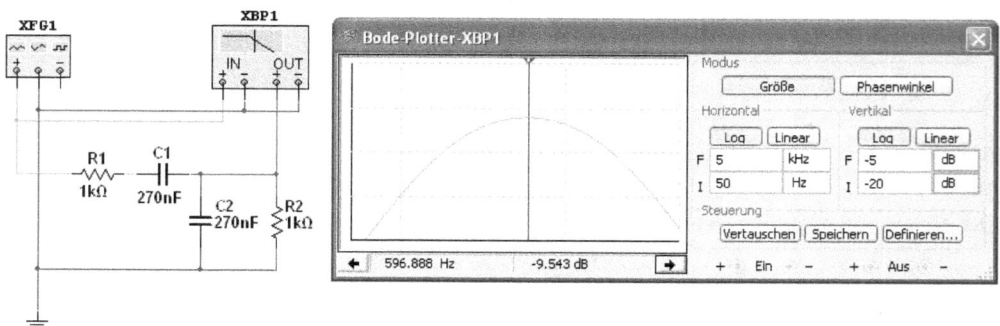

Abb. 5.11:   Schaltung für einen LC-Bandpass nach Wien

Die Resonanzfrequenz errechnet sich aus

$$f_0 = \frac{1}{2 \cdot \pi \sqrt{R_1 \cdot C_1 \cdot R_2 \cdot C_2}}$$

Die Ausgangsspannung ist

$$\frac{U_e}{U_a} = \frac{1}{1 + \dfrac{R_1}{R_2} + \dfrac{C_2}{C_1}}$$

Wenn $R_1 = R_2 = R$ und $C_1 = C_2 = C$ ist, dann gilt

$$f_0 = \frac{1}{2 \cdot \pi \cdot R \cdot C} = \frac{1}{2 \cdot 3{,}14 \cdot 1k\Omega \cdot 270nF} = 590\,Hz$$

Dabei wird

$$\frac{U_a}{U_e} = \frac{1}{3}.$$

6   Frequenzmessgeräte

In der Messpraxis unterscheidet man grundsätzlich zwischen der Binär- und der Dekadenzählung für einen Multifunktionszähler. Bei der Binärzählung wird der Zählerstand zwischen vier Flipflops von 0 und F erfasst. Die Zählweise wird durch vier Flipflops erreicht und die Werte A (10), B (11), C (12), D (13), E (14) und F (15) sind hexadezimale Zahlen. Setzt man die vier Flipflops und eine Rückstellungslogik ein, ergibt sich eine dezimale Zählweise von 0 bis 9.

6.1   Praxis der Dekadenzählung

Elektronische Zähler finden in der Mess- und Steuerungstechnik für die vielfältigsten Aufgaben Verwendung. Dabei bildet ihr ursprüngliches Einsatzgebiet – nämlich die reine Zählung beliebiger, durch elektrische Impulse darstellbarer Ereignisse – heute nur noch den geringsten Teil aller Anwendungsgebiete. Weit häufiger benutzt man Zählschaltungen zur Messung von Zeiten, Frequenzen und Frequenzverhältnissen sowie zur Frequenzuntersetzung.

6.1.1   Mengenzählung

Die einfachste Applikation eines Zählgeräts besteht in der Zählung der einzelnen Impulse von Impulsserien. Grundsätzlich können alle Dinge oder Ereignisse gezählt werden, die sich durch elektrische Impulse darstellen lassen. Zur Umwandlung der verschiedenen physikalischen Größen in die entsprechenden, zur Ansteuerung eines Zählers erforderlichen elektrischen Impulse stehen eine Reihe von Möglichkeiten zur Verfügung, angefangen bei mechanischen Kontakten für langsame Vorgänge bis zu piezoelektrischen, induktiven, kapazitiven und fotoelektrischen Aufnehmern für schnelle und berührungslose Messungen. Diesen Aufnehmern ist in der Regel eine Verstärker- und Impulsformerstufe nachgeschaltet, um die empfangenen Impulse auf das vom Zähler benötigte Spannungs- und Leistungsniveau zu bringen.

Das Blockschaltbild für einen vierstufigen Mengenzähler zeigt Abb. 6.1. Die zu zählenden Impulse werden dem Eingang E zugeführt. Von dort gelangen diese Impulse über das UND-Glied an den Zähleingang der 1. Dekade. Das UND-Glied wird von einem Flipflop gesteuert, welches die Befehle „Start" und „Stopp" speichert. Der gesamte Zähler lässt sich über den Rückstelleingang auf 0000 zurückstellen. Der Ablauf eines Zählvorgangs ist nun folgender. Zunächst muss der Zähler über den Rückstelleingang in die Grundstellung gebracht werden. Ein danach am Starteingang gegebenes Startsignal bringt das Flipflop in die Arbeitsstellung, wodurch das UND-Glied durchschaltet. Der eigentliche Zählvorgang beginnt und die zu zählenden Impulse laufen in den Zähler ein. Mittels eines Signals am Eingang Stopp kann der Zählvorgang zu jedem späteren Zeitpunkt wieder beendet werden. Das bis dahin aufgelaufene Zählergebnis wird über eine Ergebnisanzeige zur Anzeige gebracht.

https://doi.org/10.1515/9783110544428-007

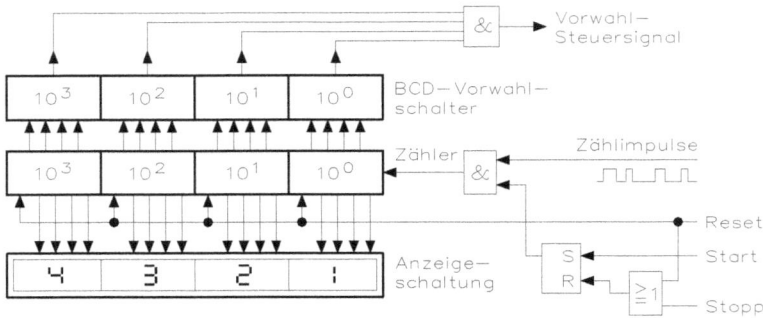

Abb. 6.1:   Blockschaltbild eines vierstufigen Zählers zur Mengenzählung mit zusätzlicher Vorwahleinrichtung

Ergänzt man diese Zähleinrichtung von Abb. 6.1 noch mit einer Vorwahlschaltung, bestehend aus einer entsprechenden Anzahl von einfachen Schaltern und dem UND-Glied, die bei einem bestimmten Zählerstand ein Steuersignal abgeben, so ist ein solches Gerät auch für Dosiervorgänge einsetzbar, z. B. an einer automatischen Verpackungsmaschine. An den Vorwahlschaltern wird eingestellt, wieviele Einzelstücke in einen Behälter gelangen sollen (z. B. 100 Pillen in eine Schachtel). Bei Erreichen dieses Zählerstands stoppt die Vorwahlschaltung die Materialzufuhr über ein Steuersignal am Ausgang und setzt den Zähler auf 0000 zurück. Danach kann ein erneuter Dosiervorgang beginnen.

6.1.2   Zeitmessung

Die Zählanordnung von Abb. 6.1 – jedoch ohne die Vorwahlschaltung – ist auch zur Zeitmessung geeignet. Anstelle der Impulsserien aus dem vorhin gezeigten Anwendungsbeispiel wird dem Zähler dabei eine bekannte, einem sehr stabilen Oszillator entnommene Bezugsfrequenz f_{osz} zugeführt. Die Start- und Stoppsignale an den Eingängen (Stopp und Start) begrenzen das auszumessende Zeitintervall. Abb. 6.2 zeigt das Blockschaltbild für die Zeitmessung.

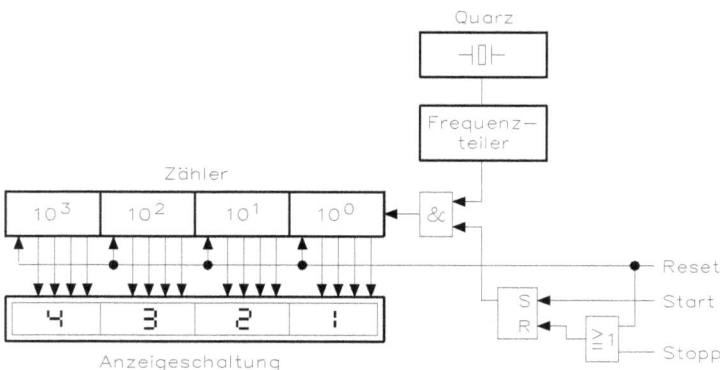

Abb. 6.2:   Blockschaltbild für die Zeitmessung

Als Generator für die Bezugs- oder Zeit- oder Zählerbasisfrequenz werden in der Regel quarzstabilisierte Oszillatoren verwendet, die eine sehr hohe Temperaturstabilität und Langzeitkonstanz aufweisen. Ihre Frequenz ist für die erreichbare Zeitauflösung a, bestimmend, d. h. es ist

$$a_t = \frac{1}{f_{osz}}$$

Die Dekadenzahl d des Ergebniszählers bestimmt sich einerseits aus der gewünschten Zeitauflösung a_t, und andererseits aus dem längsten auszumessenden Zeitintervall t_{Mmax} zu

$$d \geq \lg\left(t_{M\,max} \cdot f_{osz}\right)$$

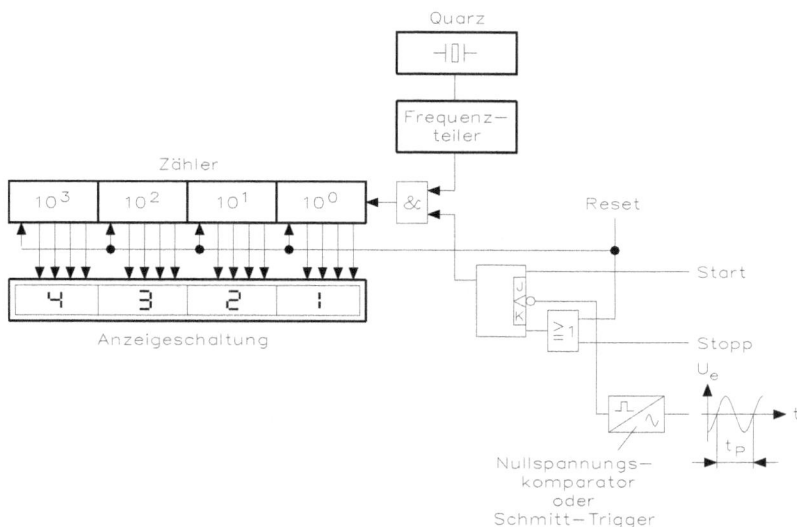

Abb. 6.3:   Blockschaltbild einer Zähleinrichtung zur Messung der Periodendauer eines Schwingungsvorgangs

Eine weitere Anwendungsmöglichkeit für das gezeigte Zeitmessgerät ist die Bestimmung der Periodendauer t_P eines Schwingungsvorgangs. Als Zusatzeinrichtung ist hierfür ein Diskriminator erforderlich, der die gleichsinnigen Nulldurchgänge der zu vermessenden Schwingung erkennt und ein Signal zur Ansteuerung des Flipflops FF abgibt, wie das Blockschaltbild in Abb. 6.3 zeigt. Die Frequenz der unbekannten Schwingung errechnet sich dann zu

$$f_x = \frac{1}{t_P}$$

Wenn eine analoge Spannung erfasst werden soll, ist ein Nullspannungskomparator oder ein Schmitt-Trigger erforderlich, der als Umformer für die nachfolgenden Digitalschaltungen arbeitet. Ein Nullspannungskomparator besteht in der Regel aus einem Operationsverstärker, der an seinem Ausgang übersteuert ist und damit rechteckförmige TTL-Spannungen erzeugt.

6.1.3   Frequenzmessung

Durch Erweiterung der Zeitmessschaltung mit einem zweiten Zähler erhält man einen zählenden Frequenzmesser in Abb. 6.4.

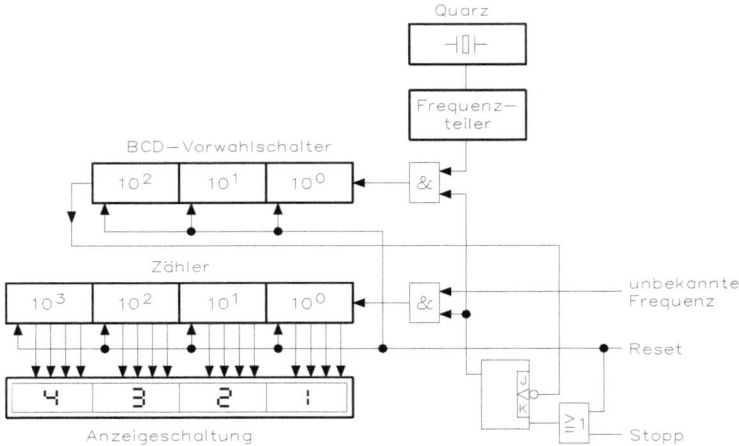

Abb. 6.4:   Blockschaltbild einer Zähleinrichtung zur Frequenzmessung

Die unbekannte Frequenz f_x wird für eine genau definierte Zeitdauer – die Messzeit – an den Eingang des Zählers 1 gelegt. Der Zähler erfasst dann die Anzahl der Schwingungen oder Impulse, die während dieser Messzeit auftreten. Die Erzeugung dieser Messzeit – auch Zeitbasis genannt – geschieht über einen hochgenauen Quarzoszillator und den Zeitbasis-Zähler II. Die Schaltung arbeitet wie folgt. Zunächst werden alle Zähler in die Grundstellung gebracht. Durch ein Startsignal am Eingang S erfolgt die Auslösung des Messvorgangs, d. h. das Flipflop kippt in die Arbeitsstellung und öffnet die UND-Glieder. Der Zähler 1 zählt nun die Impulse des zu untersuchenden Schwingungsvorgangs, der Zähler II die des Quarzoszillators. Ist der Zähler II vollgezählt, erfolgt durch den Übertragsimpuls der höchsten Dekade ein Zurückkippen des Flipflops FF, und damit ein Sperren der beiden UND-Glieder. Aus dem Inhalt n_1 des Zählers 1 ergibt sich der Wert der unbekannten Frequenz f zu

$$f_x = n_1 \cdot \frac{f_{osz}}{10^{d_{II}}}$$

6.1.4   Frequenzverhältnismessung

Frequenz- oder Drehzahlverhältnisse, wie sie z. B. beim Schlupf eines Asynchronmotors oder einer Flüssigkeitskupplung auftreten können, werden mit einer Zähleinrichtung entsprechend Abb. 6.5 bestimmt. Die Frequenz f_2 dient hier gewissermaßen als Basis- oder Bezugsfrequenz.

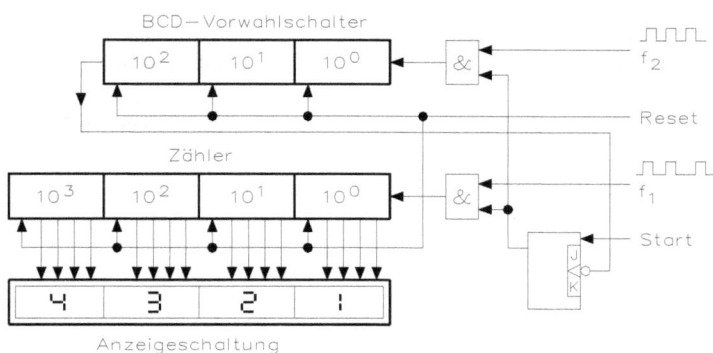

Abb. 6.5: Blockschaltbild einer Zähleinrichtung zur Frequenzverhältnismessung

Die durch sie abgegrenzte Messzeit ist

$$t_M = \frac{10^{d_{II}}}{f_2}$$

Das in diesem Zeitintervall im Zähler 1 aufgelaufene Zählergebnis n_1 errechnet sich dann zu

$$n_1 = f_1 \cdot t_M = 10^{d_{II}} \cdot \frac{f_1}{f_2}$$

und ist somit ein direktes Maß für das Frequenzverhältnis f_1/f_2.

6.1.5   Frequenzuntersetzung

Frequenzuntersetzer setzt man überall dort ein, wo aus einer Vorgabe-Frequenz eine andere, phasenstarr gekoppelte Frequenz in einem exakten Teilerverhältnis erzeugt werden soll. Von allen in der Literatur bekannt gewordenen Untersetzungsverfahren sollen hier nur die digitalen Teiler auf der Basis von Zählschaltungen besprochen werden.

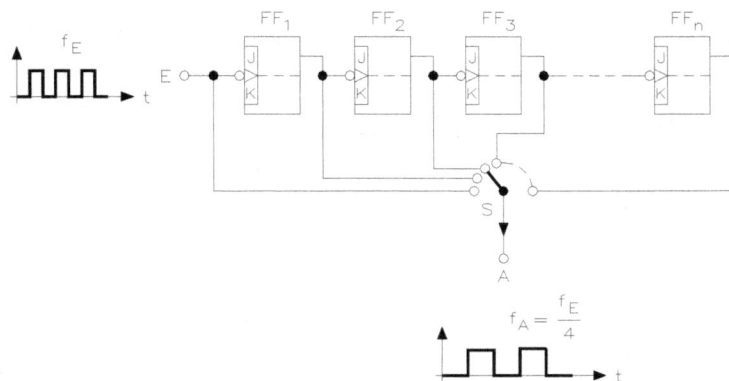

Abb. 6.6: Umschaltbarer binärer Frequenzuntersetzer je nach Stellung des Schalters S kann am Ausgang eine Rechteckspannung mit der Frequenz $f_A = (1, 1/2, 1/4, 1/8$ usw.$) \cdot f_E$ entnommen werden

Digitale Frequenzuntersetzer bestehen aus bistabilen Kippstufen (Flipflops). Da jedes Flipflop im Verhältnis 2 : 1 teilt, erreicht man durch eine einfache Hintereinanderschaltung von
Flipflops eine Reihe binärer Teilungsverhältnisse (Abb. 6.6). Je nach der Stellung des Schalters S kann dem Ausgang A eine Frequenz f_A von folgender Größe entnommen werden:

$$f_A = (1, 1/2, 1/4, 1/8, 1/2^n) \cdot f_E$$

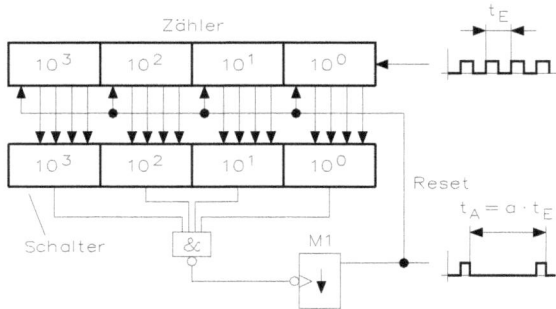

Abb. 6.7:   Frequenzuntersetzer mit beliebig einstellbarem ganzzahligem Teilerverhältnis

Abb. 6.7 zeigt einen Frequenzuntersetzer mit einem beliebig einstellbaren ganzzahligen
Teilerverhältnis. Die Schaltung besteht aus einem mehrdekadischen Zähler mit Vorwahl-
schaltern, einem NAND-Gatter und einer monostabilen Kippstufe M. Immer wenn der Zäh-
ler den an den Vorwahlschaltern eingestellten Wert a erreicht hat, wird über das NAND-
Gatter die monostabile Kippstufe getriggert, die den Zähler auf 000 zurückstellt und einen
Impuls über den Ausgang abgibt.

6.1.6   Realisierung einer Zählerdekade

Eine Zählerdekade besteht im einfachsten Fall aus einem Zähler 7490, einem 7-Segment-
Decoder 7447, sieben Widerstände zur Strombegrenzung und einer 7-Sement-Anzeige mit
gemeinsamer Anode. Ein Taktgenerator steuert den Zähler 7490 an und dieser zählt von
0 bis 9. Danach setzt er sich automatisch auf 0 zurück und zählt wieder von 0 bis 9. Die vier
Ausgänge des Zählers Q_A (2^0) bis Q_D (2^3) steuern dann den 7-Segment-Decoder 7447 an. Der
Baustein 7447 hat die Aufgabe, den binären Ausgangscode des Zählers in einen sieben Seg-
mentcode umzuwandeln. Die sieben Segmente leuchten entsprechend auf. Abb. 6.8 zeigt eine
einfache Zählerdekade.

Der Taktgenerator erzeugt ein TTL-Signal mit einer Frequenz von 1 kHz und steuert den
7490, einen Dezimalzähler an. Der Dezimalzähler arbeitet von 0 bis 9 und setzt sich dann
wieder auf 0 zurück. Die vier Ausgänge sind mit der linken 7-Segment-Anzeige mit einem
internen Decoder verbunden und mit dem 7-Segment-Decoder 7447. Aus den vier Zuständen
A bis D am TTL-Baustein erzeugen sieben Leitungen die Ausgangsbedingungen „aktiv 0"
für die Segmente. Für den Betrieb sind noch sieben Widerstände für die Strombegrenzung
erforderlich.

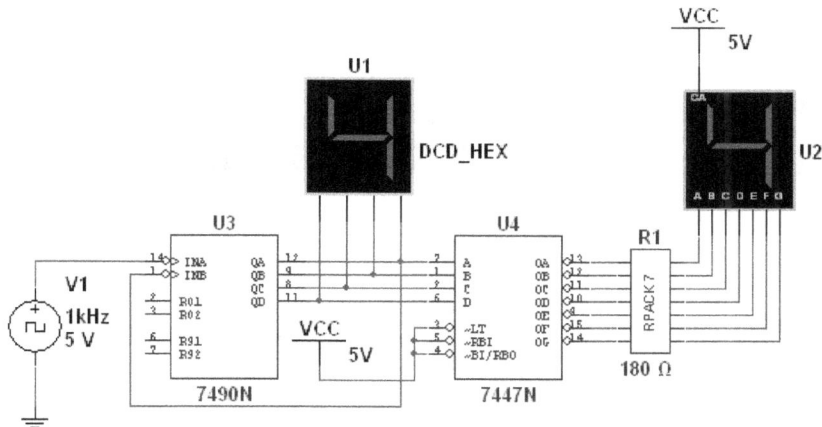

Abb. 6.8: Zählerdekade mit 7-Segment-Anzeige ohne und mit 7-Segment-Decoder 7447

Bei den 7-Segment-Anzeigen muss man zwischen CC- und CA-Typen unterscheiden. Wenn man mit dem Baustein 7447 arbeitet, setzt man CA-Typen (Common Anode) ein, den CC-Typ (Common Cathode) verwendet man dagegen in Verbindung mit dem TTL-Baustein 7448. Die 7-Segment-Anzeigen gibt es in den Größen von 7 mm bis 180 mm. In der praktischen Elektronik verwendet man entweder den statischen oder dynamischen Anzeigenbetrieb. Für einfache Anwendungen bevorzugt man den statischen Betrieb, da dieser wesentlich einfacher ist, als der aufwendige dynamische Betrieb, den man meistens in Verbindung mit integrierten Schaltkreisen einsetzt.

Für den statischen Betrieb verwendet man den TTL-Baustein 7447, einen BCD zu 7-Segment-Decoder/Anzeigentreiber mit offenen Kollektorausgängen. Legt man ein BCD-Datenwort (Binär Codierte Dezimalzahl) an die Eingänge, leuchten die entsprechenden Leuchtdioden am Ausgang auf und wir erkennen in der Anzeige eine bestimmte Zahl, die das BCD-Wort wiedergibt.

6.2 Messungen mit dem simulierten Frequenzzähler

Mit dem Frequenzmessgerät kann man die Frequenz bestimmen, wie der Versuchsaufbau in Abb. 6.9 zeigt. Mit dem Frequenzzähler lassen sich auch die Periodendauer, die Impulsbreite und die Anstiegs-/Abfallzeit erfassen und messen.

Der Funktionsgenerator ist auf eine rechteckförmige Spannung mit 5 V und eine Frequenz von 1 kHz eingestellt. Der Funktionsgenerator wird mit dem Frequenzzähler verbunden. Startet man die Messung, erscheint nach wenigen Millisekunden der Frequenzwert in der Anzeige. Wichtig ist die Einstellung der „Sensitivity", die etwas geringer eingestellt werden muss als die Eingangsspannung. Mit „Trigger Level" wird der Schwellwert bestimmt, bei dem das Messgerät ansprechen soll. Mit den beiden Schaltflächen „AC" und „DC" können Sie zwischen einer Wechsel- und Gleichspannungsmessung wählen.

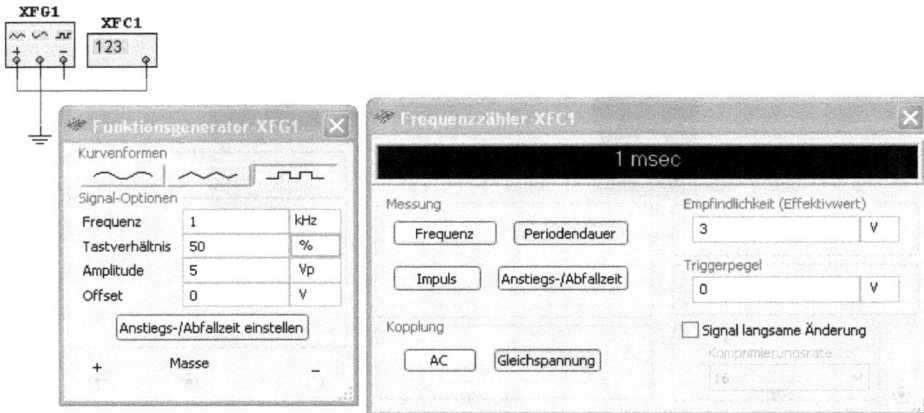

Abb. 6.9:   Frequenzzähler an einer rechteckförmigen Spannung

Der Funktionsgenerator wird auf eine Frequenz von 1,5 kHz und einem Tastverhältnis von 90 % eingestellt, wie Abb. 6.10 zeigt. Der Frequenzzähler wird auf die Funktion „Periodendauer" eingestellt. Die Impulsdauer berechnet sich aus

$$T = \frac{1}{f} = \frac{1}{1,25\,kHz} = 800\,\mu s$$

Die Impuls- oder Periodendauer ist 800 µs lang, wobei das Tastverhältnis nicht berücksichtigt werden muss, denn es gilt:

$$T = t_i + t_p$$

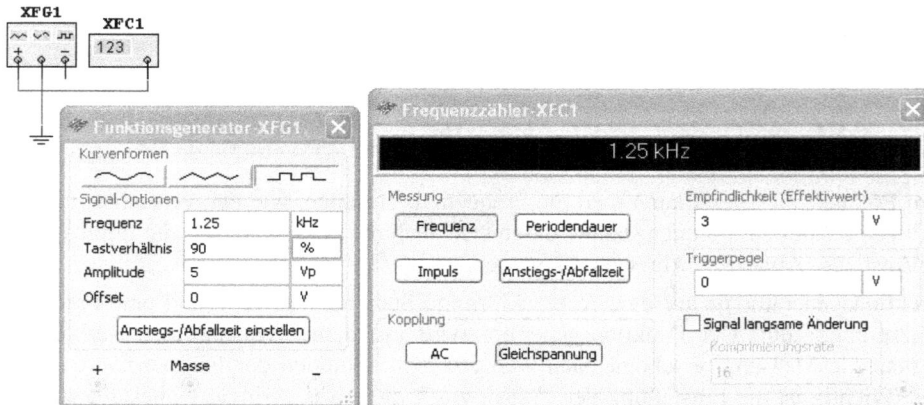

Abb. 6.10:   Frequenzzähler an einer Rechteckspannung mit einem Tastverhältnis von 90 %

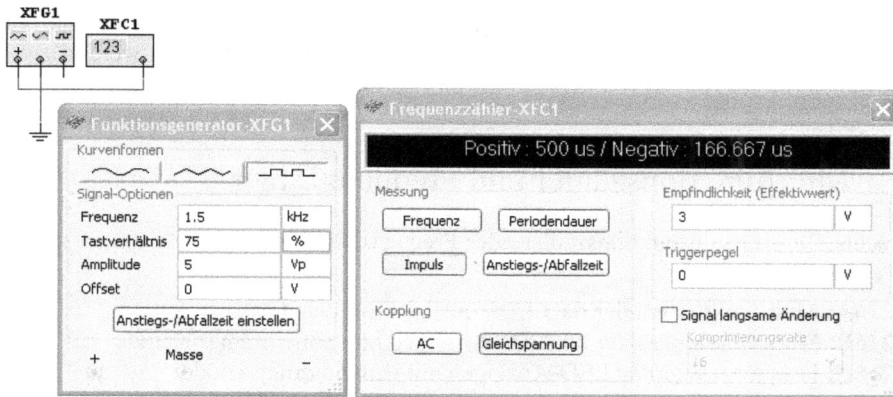

Abb. 6.11:   Frequenzzähler an einer Rechteckspannung mit einem Tastverhältnis von 75 %

Der Funktionsgenerator in Abb. 6.11 wird auf eine Frequenz von 1,5 kHz und einem Tast-verhältnis von 75 % eingestellt. Der Frequenzzähler soll sich auf der Funktion „Pulse" befin-den, d.h. es werden Impulsdauer und Impulspause gemessen. Die Berechnung lautet:

$$T = \frac{1}{f} = \frac{1}{1\,kHz} = 1ms$$

$$T = t_i + t_p = 750\,\mu s + 250\,\mu s = 1000\,\mu s = 1ms$$

$$f = \frac{1}{T} = \frac{1}{1ms} = 1\,kHz$$

Messung und Berechnung sind identisch.

Mit dem Schaltfeld „Rise/Fall" (Anstiegs- und Abfallzeit) lässt sich die Anstiegs- und Ab-fallzeit eines Impulses messen. Die Anzeige wechselt zwischen „Rise" und „Fall". Die Im-pulsflanken lassen sich in dem Funktionsgenerator durch das Schaltfeld „Set Rise/Fall Time" ändern.

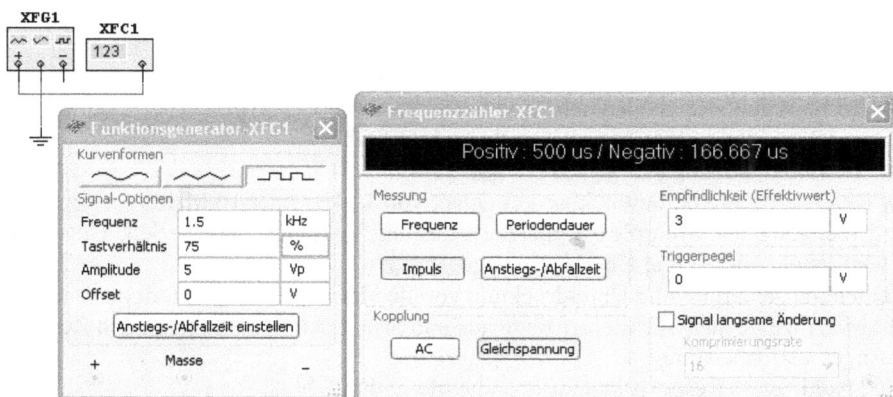

Abb. 6.12:   Frequenzzähler an einer Rechteckspannung mit geänderten Taktflanken

In Abb. 6.12 wurden die Anstiegs- und Abfallzeiten der Taktflanken geändert. Beide Flanken sind auf 50 µs eingestellt und das Messgerät zeigt 40 µs an. Die Taktflanken werden zwischen 10 % und 90 % der Anstiegs- und Abfallzeiten erfasst.

6.3   Multifunktionszähler und Frequenzzähler

Für einen achtstelligen Multifunktionszähler oder Frequenzzähler mit LED-Anzeigen stehen folgende Typen zur Verfügung:
- **ICM7216A:** Multifunktionszähler für LED-Anzeigen mit gemeinsamer Anode
- **ICM7216B:** Multifunktionszähler für LED-Anzeigen mit gemeinsamer Katode
- **ICM7216C:** Frequenzzähler für LED-Anzeigen mit gemeinsamer Anode
- **ICM7216D:** Frequenzzähler für LED-Anzeigen mit gemeinsamer Katode

Die vier Bausteine verwenden unterschiedliche Pinbelegung. Es werden der Multifunktionszähler ICM7216A und der Frequenzzähler ICM7216C für LED-Anzeigen mit gemeinsamer Anode erklärt.

6.3.1   Multifunktionszähler ICM7216A/B und Frequenzzähler ICM7216C/D

Die Eigenschaften für den Multifunktionszähler ICM7216A und ICM7216B sind:
- einsetzbar für Frequenzmessung, Periodendauermessung, Ereigniszählung, Frequenzverhältnismessung und Zeitintervallmessung:
  - vier interne Torzeiten von 0,01 s, 0,1 s, 1 s und 10 s als Frequenzzähler
  - 1 Zyklus, 10 Zyklen, 100 Zyklen, 1000 Zyklen bei Perioden-, Frequenzverhältnis- und Zeitintervallmessung
  - misst Frequenzen von 0 Hz bis 10 MHz
  - misst Periodendauer von 500 ns bis 10 s

Die Eigenschaften für den Frequenzzähler ICM7216C und ICM7216D sind:
- Einsetzbar für Frequenzmessung und misst Frequenzen von 0 Hz bis 10 MHz
- Dezimalpunkt und Unterdrückung voreilender Nullen

Für die vier Versionen gemeinsam:
- Ansteuerung einer 8-stelligen LED-Anzeige in Multiplexbetrieb
- Direkte Ansteuerung der Stellen und Segmente großer LED-Anzeigen. Versionen für gemeinsame Anode und gemeinsame Katode sind verfügbar
- Nur eine Betriebsspannung (+5 V)
- Stabiler Referenzoszillator, beschaltbar mit Quarz von 1 MHz oder 10 MHz
- Interne Erzeugung der Multiplex-Signale, Austastung zwischen den Stellen, Unterdrückung voreilender Nullen und Überlaufanzeige
- Dezimalpunktansteuerung und Unterdrückung voreilender Nullen wird intern gesteuert
- Betriebsart „Anzeige aus" schaltet Anzeige aus und bringt den Schaltkreis in den Zustand sehr geringer Verlustleistung
- Eingang „Hold" und „Reset" bringt zusätzliche Flexibilität
- Alle Anschlüsse gegen statische Entladung geschützt

Die Typen ICM7216A und ICM7216B sind vollintegrierte Multifunktionszähler und für die direkte Ansteuerung einer LED-Anzeige geeignet. Die Bausteine kombinieren die internen Funktionen für einen Referenzoszillator, einen dekadischen Zeitbasiszähler, einen 8-Dekaden-Daten-Zähler mit Zwischenspeicher, 7-Segment-Decodierer, Stellen-Multiplexer, Stellen- und Segmenttreiber für die direkte Ansteuerung großer achtstelliger LED-Anzeigen auf einem CMOS-Chip.

Der Zählereingang besitzt eine maximale Eingangsfrequenz von 10 MHz in den Betriebsarten Frequenzmessung und Ereignismessung und eine von 2 MHz in den anderen Betriebsarten. Beide Eingänge sind digitale Eingänge mit Schmitt-Trigger. In den meisten Anwendungen werden zusätzliche Verstärkung und Pegelanpassung des Eingangssignals notwendig sein um geeignete Eingangssignale für den Zählerbaustein zu erzeugen.

ICM7216A und ICM7216B arbeiten als Frequenzzähler, Periodendauerzähler, Frequenzverhältniszähler, (f_A/f_B) oder Zeitintervallzähler. Der Zähler benutzt einen Referenzoszillator von 10 MHz oder 1 MHz, der mit einem externen Quarz beschaltet wird. Zusätzlich ist ein Eingang für eine externe Zeitbasis vorhanden. Bei der Messung von Periodendauer und Zeitintervall ergibt sich bei Verwendung einer Zeitbasis von 10 MHz eine Auflösung von 0,1 µs. Bei den Mittelwertmessungen von Periodendauer und Zeitintervall kann die Auflösung im Nanosekundenbereich liegen.

Bei der Betriebsart „Frequenzmessung" kann der Anwender Torzeiten von 10 ms, 100 ms, 1 s und 10 s auswählen. Mit einer Torzeit von 10 s ist die Wertigkeit der niederwertigsten Stelle 0,1 Hz. Zwischen aufeinanderfolgenden Messungen liegt eine Pause von 0,2 s in allen Messbereichen und Funktionen.

Die Typen ICM7216C und D arbeiten nur als Frequenzzähler. Alle Versionen des ICM7216 ermöglichen die Unterdrückung voreilender Nullen. Die Frequenz wird in kHz dargestellt. Beim ICM7216A und B erfolgt die Darstellung der Zeit in µs. Die Anzeige wird in Multiplex mit einer Frequenz von 500 Hz und einem Tastverhältnis von 12,5 % für jede Stelle angesteuert.

Mit dem ICM7216A soll ein Multifunktionszähler bis 10 MHz realisiert werden. Für die Arbeitsweise des ICM7216A (Abb. 6.13) ist ein externer Schalter für die Funktionen und einer für die Messbereiche erforderlich. Tabelle 6.1 zeigt die Funktionen dieser Eingänge und die Zuordnung der entsprechenden Stellentreiberausgänge (Digit).

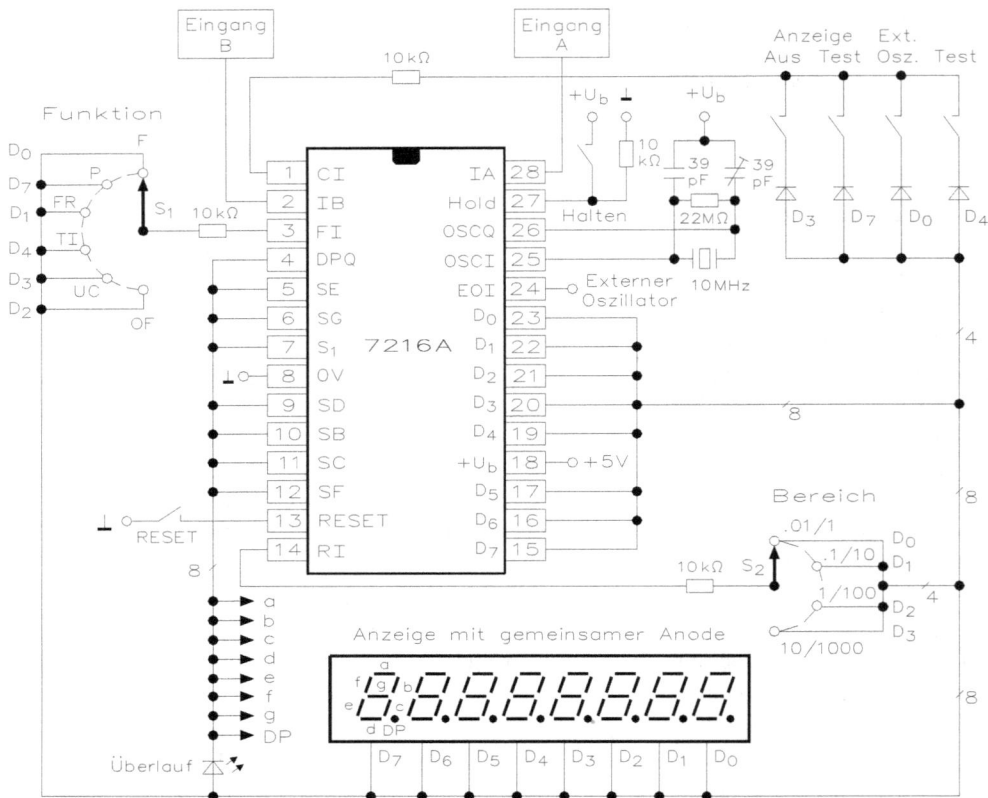

Abb. 6.13:   Schaltung des ICM7216A (Multifunktionszähler) mit LED-Anzeigen für gemeinsame Anode

Tab. 6.1:   Funktionen des ICM7216A und ICM7216B

	Funktionen	Digit
Funktionseingänge	Frequenz (F)	D_0
(Pin 3)	Periode (P)	D_7
	Differenzmessung (FR)	D_1
	Zeitintervall (TI)	D_4
	Zähler (U.C.)	D_3
	Oszillator (O.F.)	D_2
Bereichseingang	0,01 s/1 Zyklus	D_0
(Pin 14)	0,1 s/10 Zyklus	D_1
	1 s/100 Zyklus	D_2
	10 s/1000 Zyklus	D_3
	externer Bereichseingang	D_4
Kontrolleingang	ohne Anzeige	D_3 und Halten
(Pin 1)	Anzeigentest	D_7
	1-MHz-Quarz	D_1
	Sperre des externen Oszillators	D_0
	Sperre der Dezimalpunkte	D_2
	Test	D_4
Eingang für den Dezimalpunkt (Pin 13)	Ausgang für Dezimalpunkt	
nur ICM7216C und D		

6.3.2 Funktionen des ICM7216A/B

Die Eingänge A und B sind digitale Eingänge mit einer Schaltschwelle von 2 V bei einer Betriebsspannung von +5 V. Um optimale Bedingungen sicherzustellen sollte das Eingangssignal so eingestellt werden, dass die Amplitude (Spitze-Spitze) mindestens 50 % der Betriebsspannung beträgt und die „Null-Linie" bei der Schwellspannung liegt. Werden diese Eingänge von TTL-Schaltkreisen angesteuert, ist es zweckmäßig, einen „Pull-up"-Widerstand zur positiven Betriebsspannung zu verwenden. Die Schaltung zählt die negativen Flanken an beiden Eingängen.

Vorsicht: Die Amplitude der Eingangsspannungen darf die Betriebsspannung nicht überschreiten, die Schaltung kann dadurch zerstört werden.

6.3.3 Multifunktionszähler mit dem ICM7216A bis 10 MHz

Der ICM7216A ist in einem weiten Anwendungsbereich als Multifunktionszähler einsetzbar, wenn man einige Zusatzschaltungen anwendet. Da die Eingänge A und B als digitale Eingänge ausgelegt sind, muss man häufig zusätzliche Beschaltung für Pufferung des Eingangssignals, Verstärkung, Hysterese und Pegelverschiebung vorsehen. Der Aufwand hierfür hängt sehr stark von der für das Messsystem spezifizierten maximalen Frequenz und von der Empfindlichkeit der Eingangsschaltung ab.

Für Eingangsfrequenzen bis 40 MHz kann für einen Frequenzzähler die Schaltung mit Vorteiler benutzt werden. Um den richtigen Messwert zu erhalten, ist es notwendig, die Frequenz des Referenzoszillators um den Faktor 4 zu teilen, da auch die Frequenz des Eingangssignals durch diesen Faktor geteilt wird. Durch diese Teilung wird auch die „Pausenzeit" zwischen den Messungen auf 800 ms verlängert und die Multiplexfrequenz der Anzeige auf 125 Hz reduziert. Es empfiehlt sich ein Quarz mit 2,5 MHz.

Wird die Eingangsfrequenz eines Messsystems durch den Faktor 10 geteilt, kann die Referenzoszillatorfrequenz bei 10 MHz oder 1 MHz bleiben. Jedoch muss der Dezimalpunkt um eine Stelle nach rechts verschoben werden. Es sei darauf hingewiesen, dass auch links vom Dezimalpunkt eine Null dargestellt wird, da die interne Vornullenunterdrückung nicht geändert werden kann.

6.3.4 Frequenzzähler bis 10 MHz mit dem ICM7216C/D

Die Funktionsweise des ICM7216C/D ist weitgehend mit dem ICM7216A/B identisch, nur das Anschlussschema ist etwas abgewandelt, wie Abb. 6.14 zeigt.

Der Baustein ICM7216C/D kann nur eine Rechteckfrequenz erfassen und die Frequenz ausgeben. Im Gegensatz zu den Bausteinen ICM7216A/B ist nur ein Eingang vorhanden und auch der Schalter „Funktion" fehlt. Der Schalter für den externen Oszillator ist nicht vorhanden und so lässt sich ein Anzeige ein- bzw. ausschalten und die Anzeige testen.

Der Baustein ICM7216C/D kann Frequenzen von 0 bis 10 MHz erfassen. Dezimalpunkt und Unterdrückung voreilender Nullen lassen sich extern einstellen.

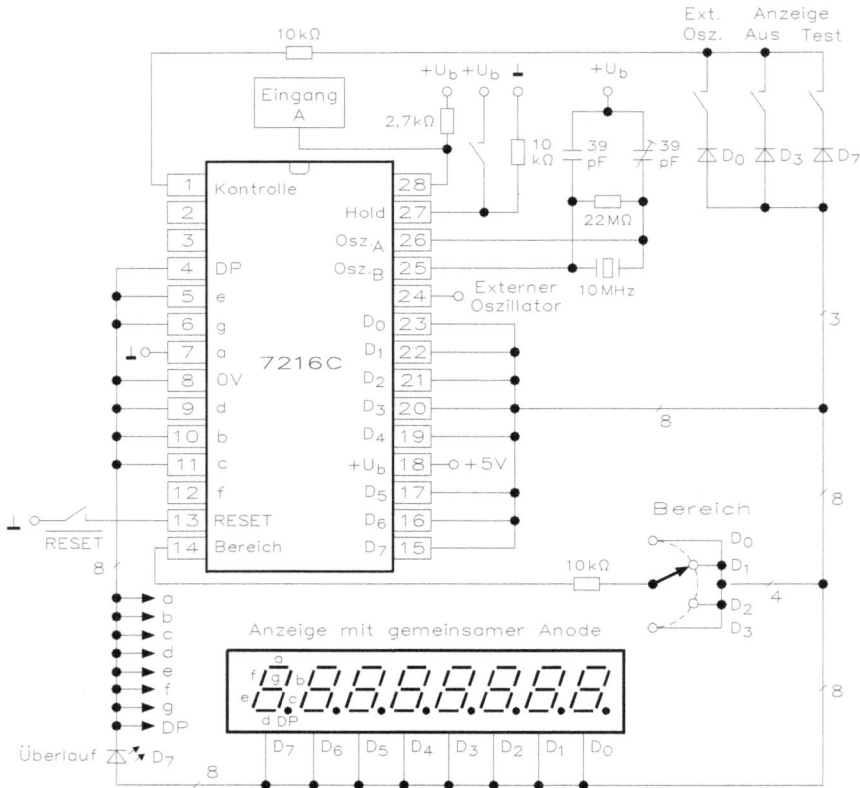

Abb. 6.14:   Schaltung des Frequenzzählers bis 10 MHz

Durch einen Vorteiler (zusätzlicher Frequenzteiler) kann der ICM7216C/D auf eine Eingangsfrequenz von 40 MHz erweitert werden. Zweckmäßigerweise wird dann ein Quarz von 2,5 MHz verwendet.

6.3.5   Erweiterte Schaltungen mit dem ICM7216C/D

Der ICM7216C/D ist in einem weiten Anwendungsbereich als Universalzähler und Frequenzzähler einsetzbar. In vielen Fällen wird man Vorteilerschaltungen benutzen, um das Eingangssignal für den ICM7216 auf unter 10 MHz herunterzuteilen. Da die Eingänge A und B als digitale Eingänge ausgelegt sind, muss man häufig zusätzliche Beschaltung für Pufferung des Eingangssignals, Verstärkung, Hysterese und Pegelverschiebung vorsehen. Der Aufwand hierfür hängt sehr stark von der für das Messsystem spezifizierten maximalen Frequenz und von der Empfindlichkeit der Eingangsschaltung ab.

Die Typen ICM7216C und ICM7216D können zum Aufbau eines universellen Zählers mit sehr wenig externen Bauelementen, wie Abb. 6.15 dargestellt ist, verwendet werden. Die maximale Frequenz dieser Schaltung liegt bei 10 MHz für Eingang A und bei 2 MHz für Eingang B.

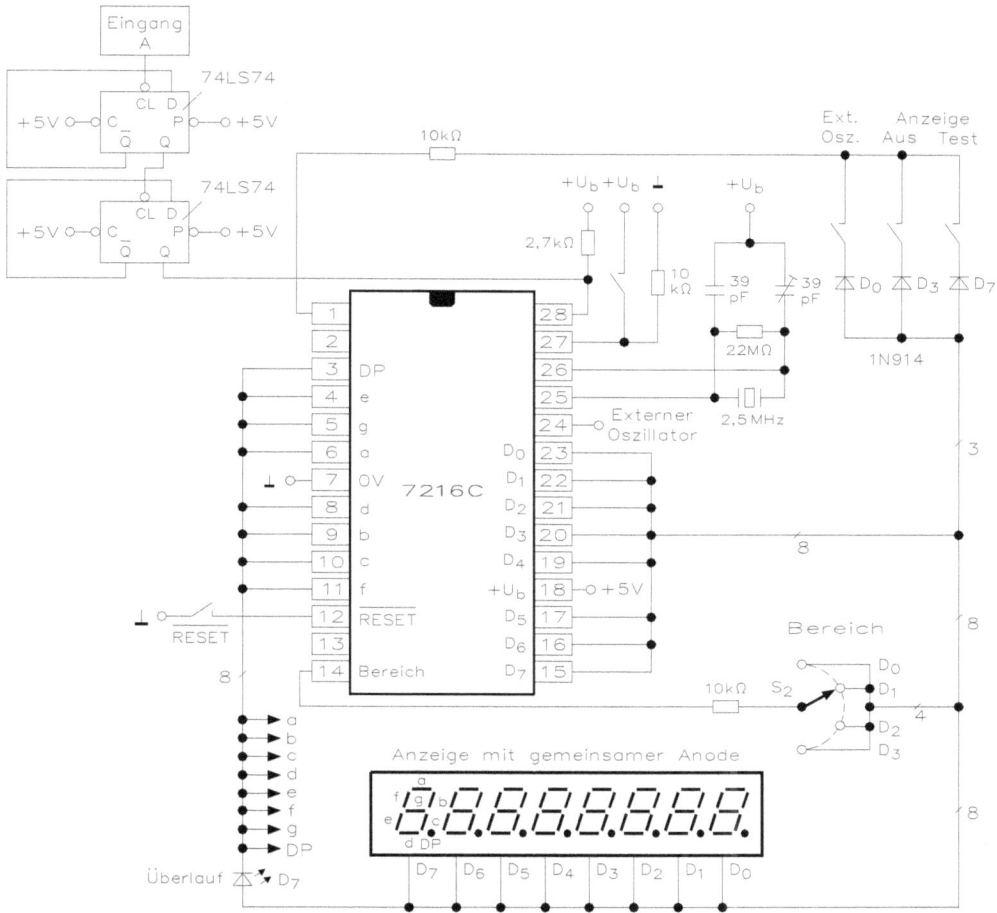

Abb. 6.15: Schaltung eines 40-MHz-Frequenzzählers mit dem ICM7216C

Für Eingangsfrequenzen bis 40 MHz kann für den Frequenzzähler die Schaltung mit dem ICM7216C benutzt werden. Um den richtigen Messwert zu erhalten, ist es notwendig, die Frequenz des Referenzoszillators um den Faktor 4 zu teilen, da auch die Frequenz des Eingangssignals durch diesen Faktor geteilt wird. Durch diese Teilung wird auch die „Pausenzeit" zwischen den Messungen auf 800 ms verlängert und die Multiplexfrequenz der Anzeige auf 125 Hz reduziert.

Für die Realisierung des Vorteilers eignen sich die TTL-Serie S (Schottky), ALS (Advanced Low Power Schottky) und AS (Advanced Schottky).

Wechselt man den TTL-Baustein 7474 (zwei Flipflops mit Preset und Clear) gegen einen 74290 aus, erhält man einen Vorteiler mit 10 zu 1. Abb. 6.16 zeigt die Schaltung eines 100-MHz-Frequenzzählers mit dem ICM7216C. Verwendet man den Dezimalzähler 74290, erreicht man eine maximale Eingangsfrequenz von 32 MHz. Will man echte 100 MHz erreichen, muss man einen 7474 in Schottky, ALS und AS als 2-zu-1-Teiler vorschalten und der 74290 teilt die Frequenz mit dem 5-zu-1-Teiler.

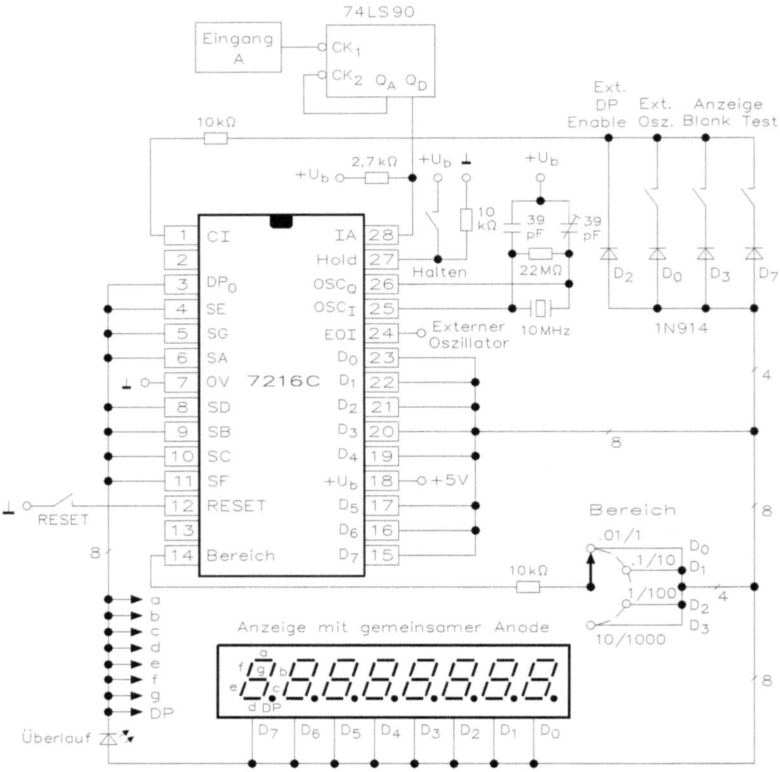

Abb. 6.16:   Schaltung eines 100-MHz-Frequenzzählers mit dem ICM7216C

Für den 100-MHz-Frequenzzähler verwendet man zwei 74AS74 und schaltet dann einen 74LS290 nach. Der 74LS290 ist ein Dezimalzähler mit vier internen Flipflops. Der Eingangszähler A hat eine garantierte Zählfrequenz von 32 MHz und arbeitet separat. Der andere Zähler B beinhaltet drei Flipflops und hat eine garantierte Zählfrequenz von 16 MHz. Für einen Dezimalzähler muss der Ausgang Q_A (Pin 9) vom Eingangszähler mit dem Eingang B (Pin 11) der zweiten Zählstufe verbunden sein.

Für eine Eingangsfrequenz von 100 MHz muss man einen Vorteiler, bestehend aus dem 74LS74 und einem 74290 realisieren. An dem ersten 74LS74 liegt eine Eingangsfrequenz von 100 MHz an und diese wird auf 50 MHz heruntergeteilt. Dann folgt der nächste 74LS74 und eine Frequenzteilung auf 25 MHz. Diese Frequenz liegt nur an dem Dezimalzähler 74290 und wird entsprechend heruntergeteilt. Es ergeben sich 2,5 MHz an dem Ausgang Q_D. Man kann den Quarz wechseln. Die andere Möglichkeit ist die automatische Rückstellung durch das NAND-Gatter. Es gilt:

Q_3	Q_2	Q_1	Q_0	
0	1	1	1	
1	0	0	0	
1	0	0	1	
1	0	1	0	← für ≈ 10 ns automatische Rückstellung
0	0	0	0	

Tritt der Zählerstand von 10 auf, ist die NAND-Bedingung erfüllt und die RESET-Leitung hat ein 0-Signal. Die beiden Flipflops und die Zählerdekade werden auf den Zählerstand 0 zurückgesetzt. Wichtig ist die Verbindung zwischen dem Ausgang Q_A und Eingang B.

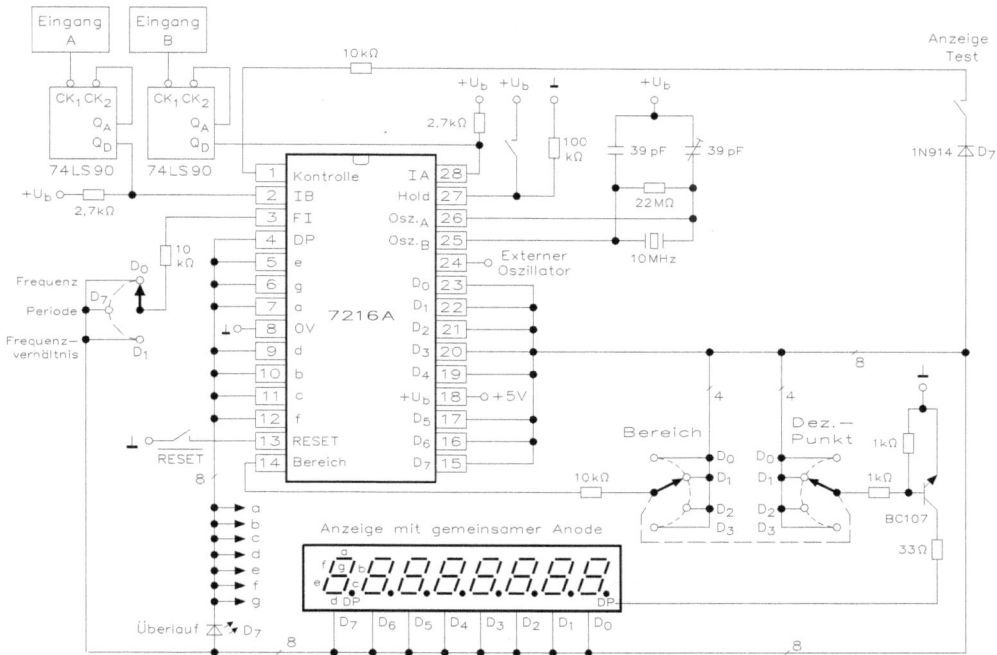

Abb. 6.17: Schaltung eines 100-MHz-Multifunktionszählers mit dem ICM7216A

Mit zwei Vorteilern ergibt sich die Schaltung (Abb. 6.17) eines 100-MHz-Multifunktions-zählers mit dem ICM7216A.

Wird die Eingangsfrequenz eines Messsystems durch den Faktor 10 geteilt, kann die Referenzoszillatorfrequenz bei 10 MHz oder 1 MHz bleiben. Jedoch muss der Dezimalpunkt um eine Stelle nach rechts verschoben werden. Die Schaltung von Abb. 6.16 zeigt einen Zähler mit einem Vorteiler (Faktor 10) und einem ICM7216C. Da der Anschluss für einen externen Dezimalpunkt beim ICM7216A und ICM7216B nicht vorhanden ist, muss man bei Verwendung dieser Versionen eine externe Treiberschaltung (Abb. 6.16) für den Dezimalpunkt realisieren.

In der Schaltung nach Abb. 6.18 ist eine zusätzliche Beschaltung realisiert, um zur Erzielung der besten Genauigkeit die Periodendauer des Eingangssignals messen zu können. (Schalter „Function Switch"). In den Schaltungen der Abb. 6.16 und Abb. 6.17 wird das Eingangssignal für Eingang A des Zählers vom Ausgang Q_C des Vorteilers abgegriffen, um ein Tastverhältnis von 40 % oder mehr zu erhalten. Wenn das Tastverhältnis an Eingang A zu klein wird, muss man unter Umständen einen monostabilen Multivibrator oder eine ähnliche Schaltung einsetzen, um eine minimale Pulslänge von 50 ns sicherzustellen.

Abb. 6.18 zeigt die Schaltung eines 100-MHz-Frequenzzählers und eines 2-MHz-Perioden-zählers mit dem ICM7216A .

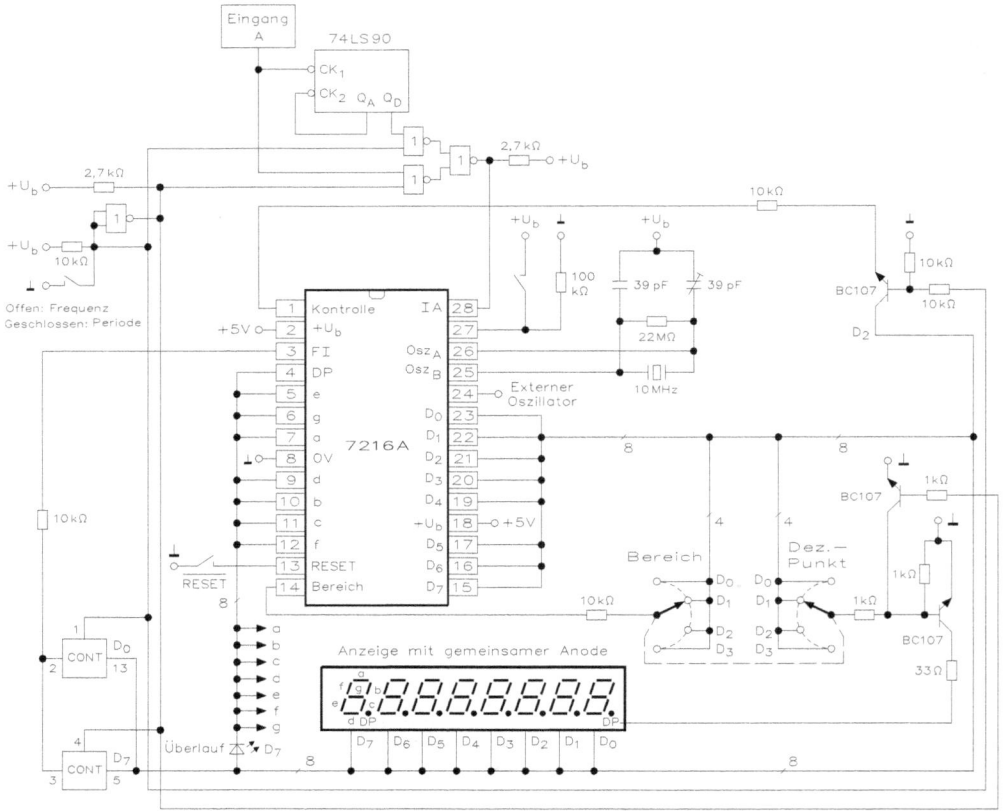

Abb. 6.18:   Schaltung eines 100-MHz-Frequenzzählers und eines 2-MHz-Periodenzählers mit dem ICM7216A

7   Logikanalysator und Bitmustergenerator

Um ein schnelles und sicheres Arbeiten in der digitalen Schaltungstechnik zu gewährleisten, benötigt man vernünftige, aber leider sehr teuere Messgeräte. Der Fehlersuchprozess, auch als Testlauf oder „debugging" (entwanzen) bezeichnet, ist ein integraler Bestandteil im Entwurf und Aufbau eines digitalen Systems mit oder ohne Mikroprozessor bzw. Mikrocontroller. Üblicherweise gilt in der Praxis das *Gesetz von Murphy:* Wenn irgendetwas schief gehen kann, so wird es auch schief gehen! Gegenüber einem verkehrt laufenden oder stillstehenden System hat der Entwickler eine Reihe von Techniken zur Verfügung, die ihm helfen, die einzelnen Probleme aufzufinden und zu beseitigen.

7.1   Digitale Messgeräte

Jedem Entwickler von analogen und digitalen Schaltungen unterlaufen unbeabsichtigt diverse Fehler, und jeder sollte bereit sein, diese sich auch einzugestehen. Mittels mehrerer Messgeräte lässt sich die Fehlerquote aber erheblich verringern. Die Beseitigung von Fehlern in der digitalen Elektronik erfordert einen großen Messgerätepark für ein optimales Arbeiten. Ist jedoch der Zeitaufwand zweitrangig, so kann man mit einem Multimeter und einem Oszilloskop auskommen.

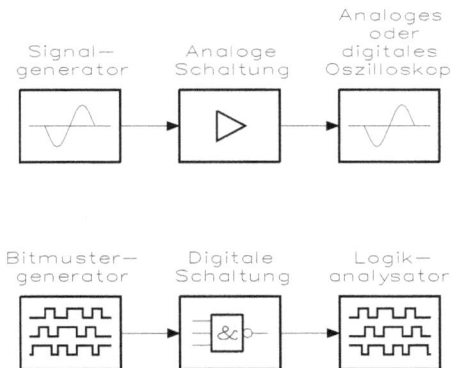

Abb. 7.1:   Unterschiedliche Messmethoden in der analogen und digitalen Elektronik

In Abb. 7.1 sind die unterschiedlichen Messmethoden für die Bereiche der analogen und digitalen Schaltungstechnik gezeigt. In der analogen Elektronik erzeugt ein Funktionsgenerator ein Sinussignal, das dann am Eingang der analogen Schaltung anliegt. Die Messung erfolgt durch ein analoges oder digitales Oszilloskop. Wenn man den Frequenzgang der Schaltung untersucht, benötigt man einen Wobbler am Eingang und einen Bode-Plotter zur Messung und Darstellung des Ausgangssignals.

https://doi.org/10.1515/9783110544428-008

Für die Untersuchung digitaler Schaltungen verwendet man einen Bitmustergenerator zur Erzeugung der digitalen Eingangssignale und für die Aufzeichnung einen Logikanalysator. Diese beiden Geräte zum Testen von digitalen Schaltungen erlauben einen systematischen und vollständigen Schaltungstest. Zunächst soll die Frage untersucht werden, worin der Vorteil durch den Einsatz eines Bitmustergenerators begründet liegt und warum ein Logikanalysator allein nicht immer schnell zum Ziel führt.

Mit einem Bitmustergenerator, den man häufig auch als Inhaltsgenerator bezeichnet, lassen sich logische Schaltungen dynamisch testen. Durch die selbstdefinierten Signalfolgen am Ausgang erhält die Logikschaltung eine Bitfolge.

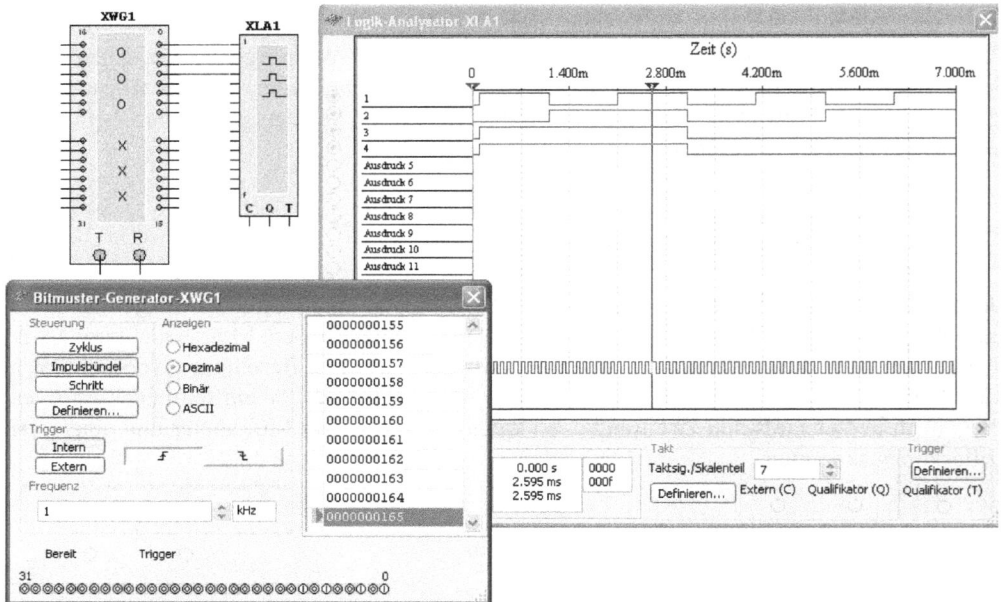

Abb. 7.2:   Zusammenschaltung eines Bitmustergenerators mit einem Logikanalysator

Der Bitmustergenerator von Abb. 7.2 beruht auf der Tatsache, dass jede sich wiederholende Folge von Signalwerten in einem geschlossenen Schieberegister gespeichert werden kann, dessen Inhalt man schrittweise abarbeitet, einen kompletten Durchlauf wählt oder kontinuierlich durch die Anzeige geschoben wird.

Um ein Bitmuster einzugeben, positioniert man den Cursor in dem Eingabefeld des Bitmustergenerators und drückt kurzzeitig die linke Maustaste. Daraufhin erscheint ein Texteditor und über diesen kann man das gewünschte Bitmuster mittels Eingabe von „0" oder „1" festlegen.

Mit den drei Funktionsfeldern Zyklus, Impulsbündel und Schritt lassen sich folgende Funktionen durchführen: Durch Anklicken von Zyklus wird die Bitmustertabelle schrittweise ausgegeben. Über das Anklicken von Impulsbündel wird der Inhalt der Bitmustertabelle einmal ausgegeben. Hierbei wird die gesamte Tabelle abgearbeitet und bleibt immer wieder an der Ausgangsposition stehen. Das Anklicken von Schritt bewirkt eine ständige, kontinuierliche Ausgabe der einzelnen Bitmuster. Diese endlose Ausgabeschleife lässt sich durch Anklicken des Simulationsschalters jederzeit unterbrechen.

Für die Triggermöglichkeiten sind vier Funktionen vorhanden. Der Trigger bestimmt, zu welchem Zeitpunkt der Bitmustergenerator das Bitmuster bzw. das Taktsignal an seinen Ausgängen zur Verfügung stellt. Das Triggersignal kann intern oder durch ein externes Signal (z. B. aus der Schaltung) erzeugt werden. Ein Triggerstart kann entweder durch die aufsteigende (positive) oder abfallende (negative) Flanke des Triggersignals erfolgen.

7.1.1   Simulierter Bitmustergenerator

Mit dem Bitmustergenerator (Wortgenerator) können Sie Binärwörter (Bitmuster) erzeugen und in die zu testende Schaltung speisen. In Abb. 7.2 sind die Einstellungen für die Steuerung und Anzeigeformate des Bitmustergenerators gezeigt. Für die Bitmustereinstellungen kann man zwischen hexadezimal, dezimal, binär und ASCII-Format wählen.

Bei der Eingabe unterscheidet man zwischen:

- **Eingabe von hexadezimalen Bitmustern:** Links im Dialogfeld des Bitmustergenerators werden Zeilen mit 4-Zeichen-Hexadezimalzahlen angezeigt. Die Werte der 4-Zeichen-Hexadezimalzahlen liegen im Bereich von 0000 bisFFFF FFFF (0 bis $\approx 4{,}3 \cdot 10^9$ in Dezimalwerten). Jede Zeile repräsentiert ein binäres 32-Bit-Wort. Nach der Aktivierung des Generators wird eine Bit-Zeile parallel an den entsprechenden Ausgang am unteren Generatorrand ausgegeben.
- **Eingabe von dezimalen Bitmustern:** Die Zählfolge ist das dezimale Zahlensystem von 0 bis 9
- **Eingabe von binären Bitmustern:** Die Zählfolge ist das binäre Zahlensystem mit 0- und 1-Signalen
- **Eingabe von ASCII-Bitmustern:** Die Zählfolge sind ASCII-Zeichen (American Standard Code for Information Interchange)

Klickt man in dem Steuerung-Anzeigen-Feld den Balken „Definieren" an, erscheint ein Fenster für die Einstellungen, wie Abb. 7.3 zeigt.

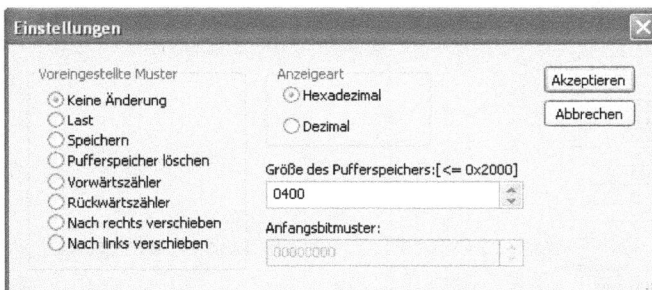

Abb. 7.3:   Einstellungen des Bitmustergenerators

Mit diesem Dialogfeld speichert man in den Bitmustergenerator eingegebene Bitmuster in einer Datei und laden die vorher gespeicherten Bitmuster. Mit diesem Dialogfeld können Sie auch nützliche Muster erzeugen oder die Anzeige löschen, wie Abb. 7.3 zeigt.

Aus dem Fenster lassen sich vier vorgefertigte und ein Bitmuster abrufen bzw. erstellen:

- Löschen des Bitmuster-Puffers (ändert alle Bitmuster auf 0000)
- Öffnen (öffnet gespeicherte Bitmuster)
- Speichern (speichert das aktuelle Bitmuster)
- Aufwärtszähler
- Abwärtszähler
- Schieberegister/rechts
- Schieberegister/links

Wichtig ist die Anzeigenart und man kann zwischen hexadezimal und dezimal wählen. Die Größe des Pufferspeichers ist auf 400 Speicherplätze eingestellt und der Speicher lässt sich erweitern. Nach Beendigung der Einstellungen klickt man auf „Akzeptieren" und die Einstellungen werden gespeichert.

Die Größe des Pufferspeichers ist auf die Speicherkapazität von 400 eingestellt und die maximale Größe ist 2000.

7.1.2 Simulierter Logikanalysator

Der Logikanalysator zeigt die Pegel von bis zu 16 digitalen Signalen in einer Schaltung an. Er wird zur schnellen Erfassung von logischen Zuständen und zur erweiterten Zeitsteueranalyse eingesetzt und bietet Unterstützung bei der Entwicklung großer Systeme und der Fehlersuche. Abb. 7.4 zeigt den Bildschirm und die Einstellmöglichkeiten des simulierten Logikanalysators.

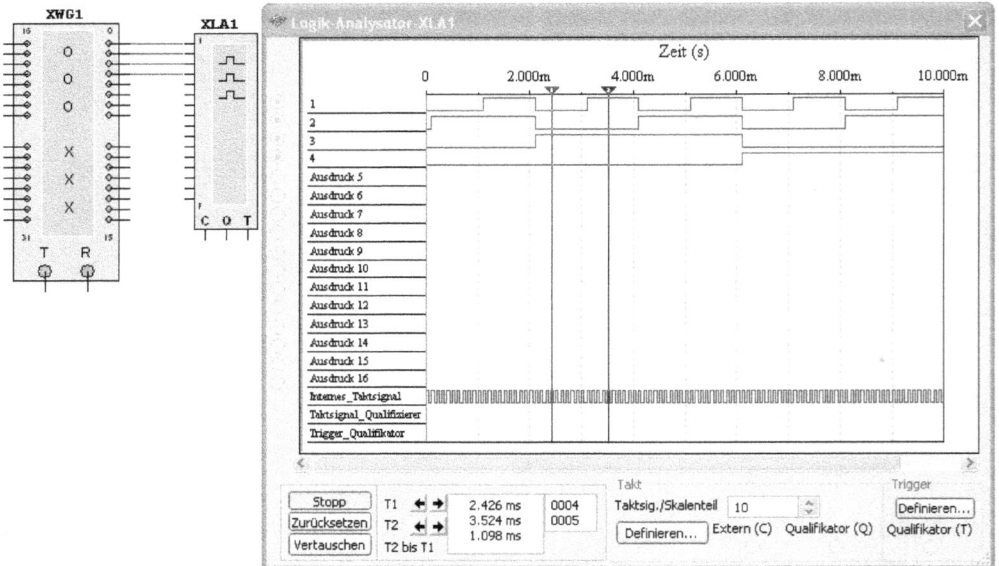

Abb. 7.4: Bildschirm und Einstellmöglichkeiten des simulierten Logikanalysators

Die 16 Anschlüsse an der linken Seite des Symbols entsprechen den Anschlüssen und Zeilen im Instrumentenfenster. Die Befehlleiste ist entsprechend in Funktionen unterteilt. Links wird die Aufzeichnung des Logikanalysators gestoppt und wieder gestartet. Durch Anklicken von zurücksetzen wird der Logikanalysator auf die Anfangsbedingungen gesetzt. Unter „Vertauschen" versteht man, ob das Messfenster hell oder dunkel dargestellt wird.

Der Logikanalysator verfügt über zwei Cursors T1 und T2. Man kann die Cursors mit der Maus verschieben, wenn man diese direkt anklickt oder über die Pfeiltasten T1 und T2 freigibt. Rechts davon ist die Anzeige über die zeitliche Positionierung. Unten wird die Differenz T2 bis T1 gebildet.

Über den Takt stellt man die Signaleinstellungen ein, wenn man „Definieren" anklickt. Es erscheint das Einstellfenster von Abb. 7.5.

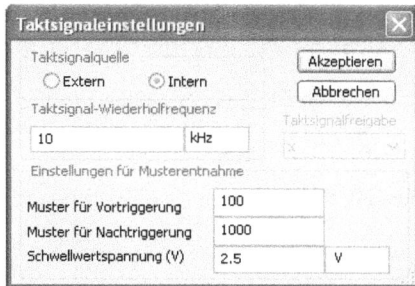

Abb. 7.5:   Einstellungen für das Taktsignal

Zuerst muss man zwischen der externen und internen Signalquelle unterscheiden. Beim Messen arbeitet man mit der internen Taktsignalquelle. Wird eine logische Schaltung mit digitalen Bausteinen bei einer Taktfrequenz von 1 MHz getestet, muss der Logikanalysator auf einen internen Takt von mindestens 2 MHz eingestellt werden. In der Regel verwendet man das 10-fache, also 10 MHz. Wenn Sie eine Schaltung testen und es erscheinen keine Kurven im Bildschirm des Logikanalysators, ist die interne Taktrate nicht richtig eingestellt.

Anschließend wird die Vor- und Nachtriggerung festgelegt. Nach der Aktivierung zeichnet der Logikanalysator die Eingangssignalwerte an den Anschlüssen auf. Wenn das Triggersignal erkannt wird, zeigt der Logikanalysator die Pre- und Post-Triggerdaten (Vor- und Nachtriggerung) an. Mit der Definition der Spannung bestimmt man den Triggerwert. Zum Schluss muss der Balken „Akzeptieren" angeklickt werden und das Einstellfenster wird verlassen.

Wird eine logische Schaltung bei einer Taktfrequenz von 1 kHz getestet, muss der Logikanalysator auf einen internen Takt von mindestens 2 kHz eingestellt werden. In der Regel verwendet man das 10-fache, also 10 kHz. Durch das Taktsignal im Skalenteil kann man die Darstellung auf dem Bildschirm beeinflussen und je höher der Wert, umso mehr Messsignale erscheinen.

Ganz rechts im Bildschirm wird die Triggerung definiert. Wenn man den Balken „Definieren" anklickt, erscheint das Fester für die Triggereinstellungen, wie Abb. 7.6 zeigt. Der Logikanalysator wird mit der positiven, negativen und mit beiden Taktsignalen getriggert.

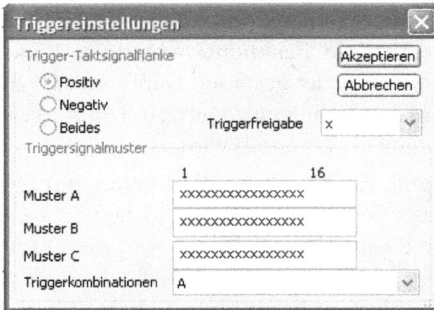

Abb. 7.6:   Triggereinstellungen im simulierten Logikanalysator

Die Triggersignalmuster sind in drei Abschnitte unterteilt:

- Klicken Sie in das Feld A, B oder C und geben Sie ein binäres Wort ein. Ein „X" bedeutet entweder 1 oder 0.
- Klicken Sie in das Feld „Trigger-Kombinationen" und wählen Sie aus den acht Kombinationen.
- Klicken Sie auf „Akzeptieren".

Die folgenden acht Trigger-Kombinationen, die Sie über das Einstellfenster wählen können, stehen Ihnen zur Verfügung:

```
A
A OR B
A OR B OR C
A THEN B
(A OR B) THEN C
A THEN (B OR C)
A THEN B THEN C
A THEN (B WITHOUT C)
```

Der Trigger-Kennzeichner ist ein Eingangssignal, das das Triggersignal filtert. Ein auf X eingestellter Kennzeichner ist deaktiviert, und das Triggersignal bestimmt, wann der Logikanalysator getriggert wird. Bei den Definitionen 1 oder 0 wird der Logikanalysator nur getriggert, wenn das Triggersignal mit dem gewählten Trigger-Kennzeichner übereinstimmt.

7.1.3   Untersuchung des Dezimalzählers 7490

Der Baustein 7490 besteht aus vier Flipflops, die intern derart verbunden sind, dass ein Zähler bis 2 und ein Zähler bis 5 entsteht. Alle Flipflops besitzen eine gemeinsame Reset-Leitung, über die sie jederzeit gelöscht werden können. Das Flipflop A ist intern nicht mit den übrigen Stufen verbunden, wodurch verschiedene Zählfolgen möglich sind:

- **Zählen bis 10:** Hierfür wird der Ausgang QA mit dem Takteingang INB verbunden. Die Eingangsspannung wird dem Anschluss INA zugeführt und die Ausgangsspannung an QD entnommen. Der Baustein zählt im Binärcode bis 9 und setzt sich beim 10. Impuls auf den Zustand Null zurück. Die Pins 2, 3 und 6, 7 müssen hierbei auf Masse liegen.
- **Zählen bis 2 und Zählen bis 5:** Hierbei wird das Flipflop A als Teiler 2 : 1, und die Flipflops B, C und D werden als Teiler 5 : 1 verwendet.

Die Triggerung erfolgt immer an der negativen Flanke des Taktimpulses. Über die Anschlüsse $R_{9(A)}$ und $R_{9(B)}$ ist eine Voreinstellung auf 9 möglich.

Abb. 7.7 zeigt den TTL-Baustein 7490 als Dezimalzähler mit dem Logikanalysator.

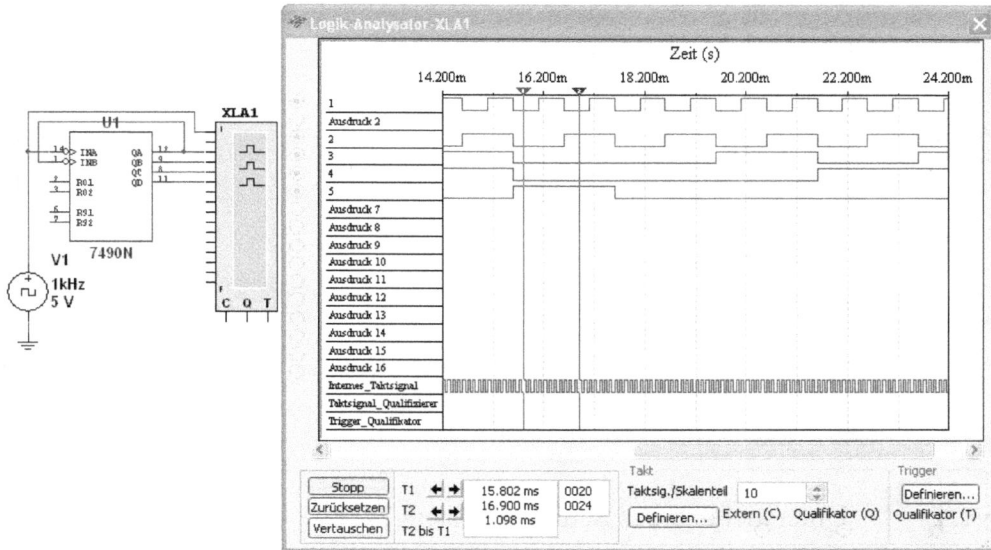

Abb. 7.7:   Dezimalzähler 7490 mit Logikanalysator

Der Taktgenerator erzeugt eine Spannung mit 5 V/1 kHz. Diese Spannung liegt an dem Eingang INB und ist mit dem Kanal 1 vom Logikanalysator verbunden. Der Ausgang QA des Dezimalzählers wird an den Kanal 3 und an den Eingang INB angeschlossen. Die Ausgänge QC und QD sind ebenfalls mit dem Logikanalysator verbunden. In der ersten Zeile erscheint im Logikanalysator das Taktsignal und dann wurde als Abstand zu den Ausgängen des Dezimalzählers eine Zeile freigelassen. Anschließend folgen die vier Ausgänge des 7490. Man erkennt aus dem Impulsdiagramm die Zählweise. Der Ausgang QA hat die Wertigkeit von 2^0, QB ist 2^1, QC entspricht 2^2 und QD ist 2^3.

Die einzelnen Flipflops werden mit negativen Flanken gesteuert. Für das Flipflop A beträgt die garantierte Taktfrequenz 32 MHz und für den Eingang B nur 16 MHz. Abb. 7.8 zeigt die Ansteuerung des Dezimalzählers 7490 mit 10 MHz.

Aus dem Impulsdiagramm kann man die Zeitverzögerung zwischen dem Taktimpuls und dem Reagieren des Ausgangszustandes eines Flipflops erkennt. Erzeugt der Taktgenerator eine negative Flanke, tritt eine Verzögerung von ≈10 ns auf, bis das Flipflop A reagiert und das Flipflop hat ein stabiles 1-Signal. Bei der nächsten negativen Flanke kippt das Flipflop A zurück und es tritt eine zeitliche Verzögerung von ≈20 ns auf.

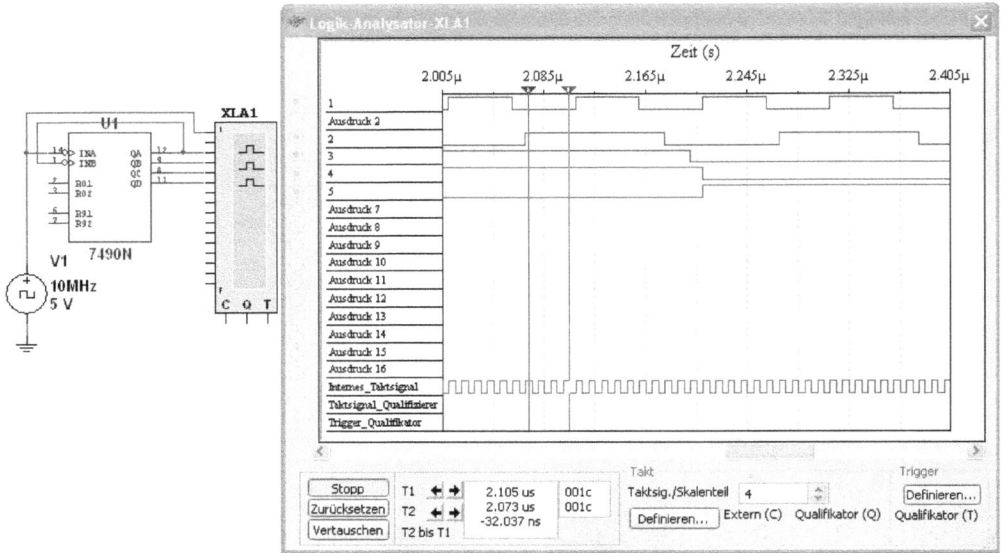

Abb. 7.8:   Untersuchung des Dezimalzählers 7490 mit 10 MHz

7.1.4   Untersuchung des Schieberegisters 74164

Der TTL-Schaltkreis 74164 enthält ein schnelles 8-stufiges Schieberegister mit serieller Eingabe und paralleler oder serieller Ausgabe, sowie Löschmöglichkeit. Für Normalbetrieb wird der Lösch- (Clear-) Eingang und einer der beiden seriellen Dateneingänge A oder B auf 0-Signal gehalten. Die Daten werden dem zweiten seriellen Dateneingang zugeführt. Dann werden bei jedem 01-Übergang (positive Flanke) des Taktes am CLK-Anschluss die Daten um eine Stufe nach rechts geschoben. Die Information erscheint dann bei der ersten Takt-flanke an QA, ein bereits vorhandener Inhalt in QA geht nach QB usw. der Inhalt von QG geht nach QH, und der Inhalt von QH gelangt in ein gegebenenfalls angeschlossenes weite-res Schieberegister oder geht verloren. In Abb. 7.9 ist der Ausgang QH über ein NICHT-Gatter mit Eingang A verbunden und damit ergibt sich ein Ringzähler.

Der Inhalt des Registers kann gelöscht werden, wenn man CLK kurzzeitig auf 0-Signal schaltet und dann gehen alle Ausgänge QA bis QH auf 0-Signal. Das Löschen ist unabhängig vom Zustand des Takteinganges.

Um ein 1-Signal in das Register einzuschieben, müssen beide seriellen Eingänge S1 und S2 auf 1-Signal liegen. Legt man einen der beiden seriellen Eingänge auf 0-Signal, so gelangt beim nachfolgenden Taktimpuls ein 0-Signal in das Register.

Erhöht man die Frequenz des Taktgenerators von 1 kHz auf 20 MHz, muss der Logikanaly-sator auf einen internen Takt von mindestens 40 MHz eingestellt werden. In der Regel ver-wendet man das 10-fache, also 200 MHz. Der TTL-Baustein 74164 eignet sich für Taktfre-quenzen bis 36 MHz.

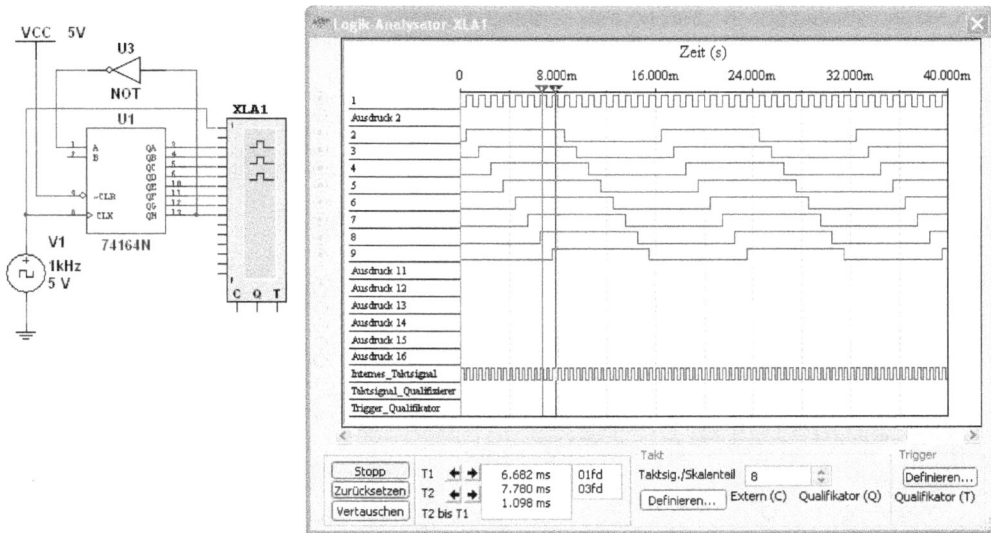

Abb. 7.9:   Ringzähler mit dem Schieberegister 74164

7.1.5   Untersuchung eines 8-Bit-DA-Wandlers

In jedem DA-Wandler ist der Wert am Analogausgang – entweder eine bestimmte Spannung oder Strom – das Produkt einer Zahl (durch das anliegende Digitalwort ausgedrückt) und einer analogen Referenzspannung oder eines Referenzstroms. In der Praxis bezeichnet man diese Typen als multiplizierende Wandler, da die Funktion nicht an feste Referenzen gebunden ist, sondern mit variablen Spannungen oder Strömen arbeitet. Signale mit wesentlichem Informationsgehalt, können eine Festreferenz aufnehmen und verarbeiten. Die Funktion eines multiplizierenden DA-Wandlers entspricht genau der eines digital gesteuerten Abschwächers. Der Ausdruck „digitales Potentiometer" ist durchaus gerechtfertigt.

Ein Treppenspannungsgenerator ist ein Teil des Digital-Analog-Wandlers, wenn man einen einfachen DA-Wandler einsetzt. In einem Zähler wird der Stand pro Taktimpuls um +1 erhöht und dadurch lässt sich ein Treppenspannungsgenerator realisieren, wenn man am Ausgang ein Widerstandsnetzwerk betreibt. Hierzu sind zwei Widerstandsnetzwerke möglich, die nach dem 8–4–2–1-Code oder R2R-Verfahren arbeiten.

Mit einem 8-Bit-DA-Wandler lassen sich digitale Informationen in analoge Spannungen umwandeln. Abb. 7.10 zeigt die Schaltung eines 8-Bit-DA-Wandlers.

Der Rechteckgenerator steuert zwei TTL-Bausteine 7493 an. Dieser Baustein enthält einen zweifachen und einen achtfachen Teiler. Der Baustein besteht aus vier Flipflops die intern derart verbunden sind, dass ein Zähler bis 2 und ein Zähler bis 8 entsteht. Alle Flipflops besitzen eine gemeinsame Rückstellleitung (Reset), über die sie jederzeit gelöscht werden können (Pin 2 und Pin 3 auf 1-Signal).

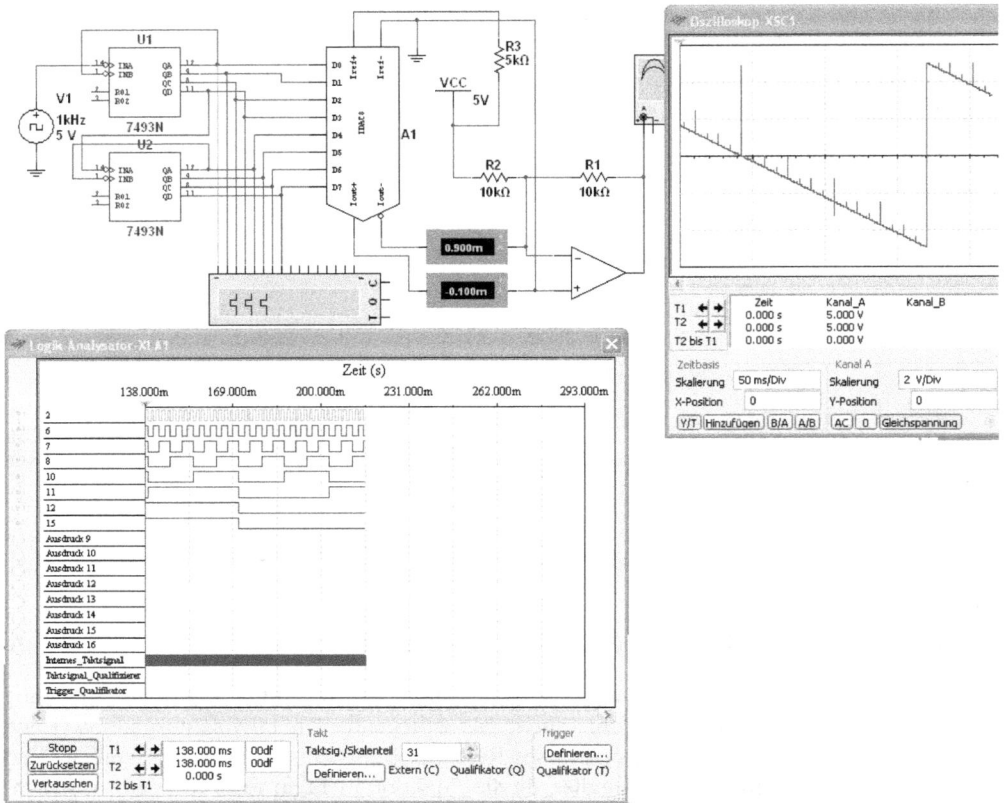

Abb. 7.10:   Externe Beschaltung eines 8-Bit-DA-Wandlers mit Stromausgängen

Das Flipflop A ist intern nicht mit den übrigen Stufen verbunden, wodurch verschiedene Zählfolgen möglich sind:

- **Zählen bis 16:** Hierzu wird der Ausgang QA mit dem Takteingang INB verbunden. Die Eingangsfrequenz wird dem Anschluss INA zugeführt und die Ausgangsfrequenz an QD entnommen. Der Baustein zählt im Binärcode bis 16 (0 bis 15) und kippt beim 16. Impuls in den Zählerzustand 0 zurück.

- **Zählen bis 2 und Zählen bis 8:** Hierbei wird das Flipflop A als Teiler 2 : 1 und die Flip-flops B, C und D als Teiler 8 : 1 verwendet.

Mit den acht Ausgängen steuern die beiden Zählerdekaden den 8-Bit-DA-Wandler an. Der 8-Bit-DA-Wandler setzt die digitalen Wertigkeiten des Zählers in einen Spannungswert um. Hierfür ist noch ein Referenzstrom von $I_{ref} = 1$ mA notwendig. Dieser Referenzstrom wird von dem Widerstand R_3 erzeugt.

$$I_{ref+} = \frac{+U_b}{R_3} = \frac{+5V}{5k\Omega} = 1mA$$

Am Ausgang sind zwei Amperemeter eingeschaltet und man erkennt die unterschiedlichen Ströme. Der Operationsverstärker arbeitet mit der Verstärkung v = 1 und wird als Strom-

Spannungswandler betrieben. Die Ausgangsspannung des Operationsverstärkers wird durch das Oszilloskop angezeigt.

Für die Untersuchung eines 8-Bit-DA-Wandlers mit Spannungsausgang verwendet man die Schaltung von Abb. 7.11. Dieser Wandler erhält durch den Zähler seine digitalen Werte zwischen 0 und 255. Nach 255 setzt sich der Zähler auf 0 zurück und beginnt mit einer neuen Zählsequenz. Die Ausgänge des Zählers sind direkt mit dem DA-Wandler verbunden und die gesamte Impulsfolge des Zählers wird durch den Logikanalysator angezeigt. Dieser 8-Bit-DA-Wandler beinhaltet als Grundelement das Widerstandsnetzwerk und die digital angesteuerte Schaltung. Für den Betrieb ist kein externer Operationsverstärker erforderlich, denn dieser Operationsverstärker ist bereits integriert.

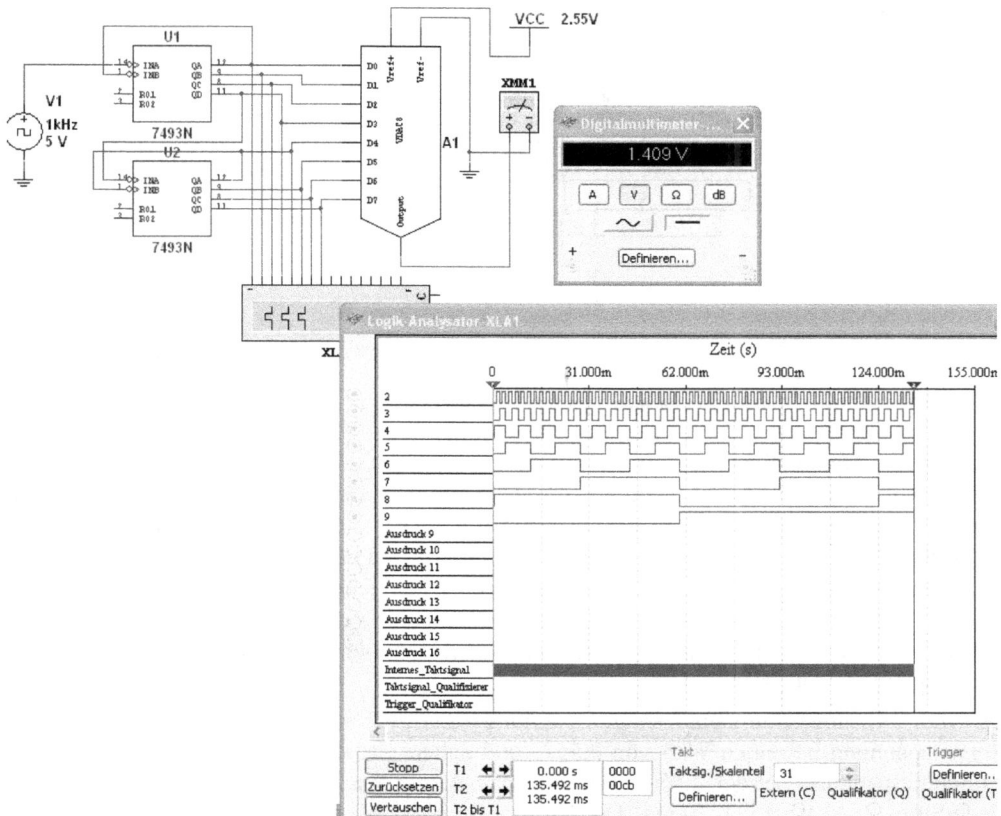

Abb. 7.11:   Externe Beschaltung eines 8-Bit-DA-Wandlers mit Spannungsausgang

7.1.6   Untersuchung eines 8-Bit-AD-Wandlers

Analog-Digital-Wandler oder ADW funktionieren nach sehr unterschiedlichen Umsetzungs-
verfahren. Überwiegend werden jedoch, ähnlich wie bei den DA-Wandlern, nur einige wenige Verfahren in der Praxis eingesetzt. Die Wahl des Verfahrens wird in erster Linie durch die
Auflösung und die Umsetzgeschwindigkeit bestimmt.

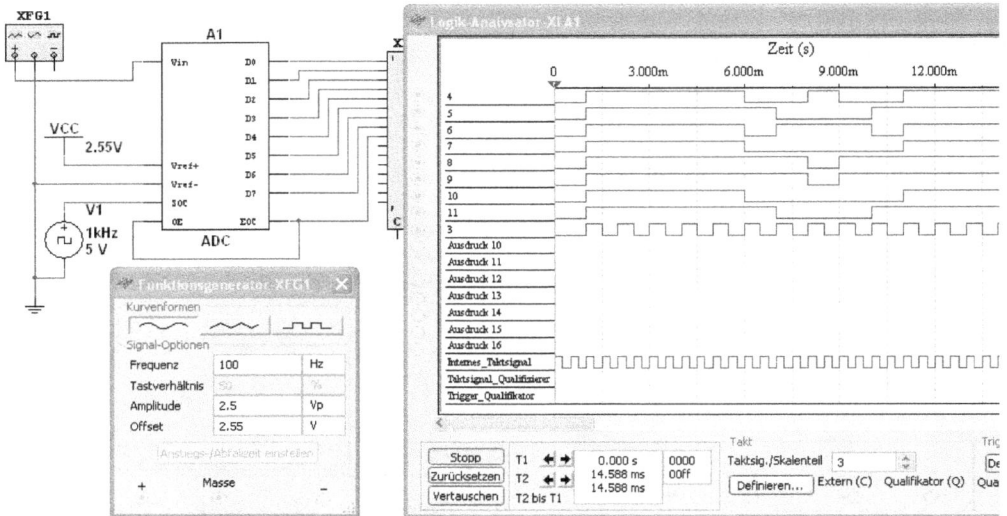

Abb. 7.12:   8-Bit-AD-Wandler, der nach der „sukzessiven Approximation" arbeitet

Für Analog-Digital-Wandler von Abb. 7.12 hat man die „sukzessive Approximation" gewählt. Mit mittlerer bis sehr schneller Umsetzgeschwindigkeit ist dieses Verfahren der „sukzessiven Approximation", dem Wägeverfahren oder der stufenweisen Annäherung in der
Praxis wichtig, denn über 80 % aller AD-Wandler arbeiten nach diesem Prinzip. Ebenso wie
die Zähltechnik gehört diese Methode zur Gruppe der Rückkopplungssysteme. In diesen
Fällen liegt ein DA-Wandler in der Rückkopplungsschleife eines digitalen Regelkreises, der
seinen Zustand so lange ändert, bis seine Ausgangsspannung dem Wert der analogen Eingangsspannung entspricht.

In Abb. 7.12 liegt eine sinusförmige Spannung von 2,5 V am Analog-Digital-Wandler. Die
Offsetspannung hat einen Wert von 2,55 V und daher wird die Nulllinie nicht erreicht. Die
Referenzspannung beträgt 2,55 V und teilt man den Spannungswert durch 255 Stufen, hat
jede Stufe einen Wert von 10 mV. Der Umsetztakt wird von dem Rechteckgenerator erzeugt
und nach 125 ms ist eine Umwandlung vorgenommen worden. Der Ausgang EOC (End of
Conversion) zeigt mit einer positiven Flanke das Ende der Umsetzung an. Dieser Eingang ist
mit dem Ausgang OE (Output Enable) verbunden und mit einem 1-Signal wird eine neue
Umsetzung gestartet. Der Logikanalysator zeigt die einzelnen Kanäle der digitalen Ausgänge.

7.1.7   Mikrocontroller mit LED-Baranzeige

Bei der internen Datenübertragung im Mikrocontroller 8051 unterscheidet man zwischen:

- Datenübertragung zwischen zwei Registern
- Laden eines Registers aus Speicher und Peripherie
- Unmittelbares Laden eines Registers
- Abspeichern eines Registers in Speicher oder Peripherie
- Unmittelbares Laden einer Speicherstelle

Das Register im Mikrocontroller 8051 ist folgendermaßen aufgebaut:

```
MOV A,Rr1 1 1 0 1 r  r  r
              0  0  0  Register 0
              0  0  1  Register 1
              0  1  0  Register 2
              0  1  1  Register 3
              1  0  0  Register 4
              1  0  1  Register 5
              1  1  0  Register 6
              1  1  1  Register 7
```

Mit dem Befehl „MOV A,Rr" lässt sich ein gespeicherter Wert eines Registers in den Akkumulator laden. In Abb. 7.13 ist eine nicht sinnvolle Befehlsfolge gezeigt, die aber das Zusammenspiel der einzelnen Funktionen zeigt.

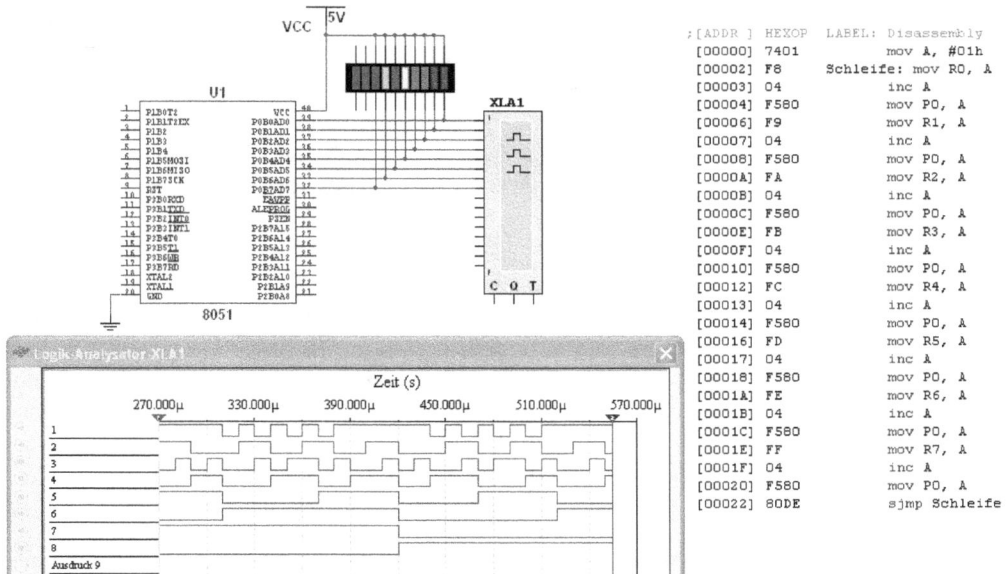

Abb. 7.13:   Mikrocontroller mit LED-Baranzeige mit Programm in Assembler

Die Ausgangsleitungen P0 des 8051 sind mit der Baranzeige verbunden. Startet man die Simulation, wird der Akkumulator mit dem Wert 1 geladen. Mit dem Einsprung in die Schleife erhöht sich der Inhalt des Akkumulators um +1 (Inkrement) und wird ausgegeben. Anschließend erfolgt die Speicherung in einem Register, z. B. r2. Beim nächsten Schritt wird der Akkumulator mit +1 erhöht und wieder ausgegeben. Dieser Schritt wird dann im Register r3 abgespeichert.

Das Programm besteht aus einer Reihe von Befehlen. Jeder Befehl löst eine elementare Operation, wie eine Datenübertragung, eine arithmetische oder logische Operation mit einem Datenbyte-Wort oder eine Änderung der Reihenfolge der auszuführenden Befehle aus. Ein Programm wird als eine Reihe von Bits, die die Befehle des Programms repräsentieren und die wir hier mit hexadezimalen Ziffern symbolisieren, dargestellt. Die Speicheradresse des nächsten, auszuführenden Befehls, steht im Befehlszähler PC (Program Counter). Vor der Ausführung eines Befehls wird der Befehlszähler um 1 erhöht und enthält so die Adresse des nächstfolgenden Befehls. Das Programm läuft prinzipiell sequentiell ab, bis ein Sprungbefehl (Jump, Call oder Return) ausgeführt wird, wobei der Befehlszähler auf eine vom linearen Ablauf abweichende Adresse gesetzt wird. Das Programm wird von dieser neuen Speicheradresse an wieder sequentiell fortgesetzt.

7.1.8   Mikrocontroller am Logikanalysator

Mikrocontrollerschaltungen sind dadurch gekennzeichnet, dass sie umfangreiche Busstrukturen mit vielen wichtigen Signalen enthalten. Ist nur eines dieser Signale verfälscht oder fällt sogar ganz aus, funktioniert das ganze System nicht mehr. Im Besonderen kann bei den heutzutage üblichen Taktfrequenzen von mehr als 10 MHz, die Verzögerung einer Signalflanke von wenigen Nanosekunden eine Mikrocontrollerschaltung total außer Tritt bringen. Legt ein ROM-Baustein beispielsweise seine Daten zu spät auf den Bus, läuft dieser in der Regel in wenigen Mikrosekunden auf nicht interpretierbare Codes auf. Typische andere Fehler könnten Kurzschlüsse zwischen Adress- und Datenleitungen oder fehlende Verbindungen zwischen einzelnen Bausteinen sein. All diese Fehler können den Hardwareentwickler schier zur Verzweiflung bringen, wenn nicht die richtigen Messmittel zur Verfügung stehen. Auch bei der Hardwareentwicklung ist es daher von größter Wichtigkeit, dass die richtigen Werkzeuge zur Verfügung stehen. Wie nun muss ein Werkzeug aussehen, das für Messungen an der Mikrocontrollerhardware geeignet ist?

Da es bei den Mikrocontrollerschaltungen vorwiegend um die Analyse von sich zeitlich ändernden Signalen geht, scheint ein Oszilloskop (in Multisim sind mehrere Geräte vorhanden) das geeignete Werkzeug zu sein. Allerdings kann man mit einem Oszilloskop nur maximal zwei bis vier Signale zur gleichen Zeit analysieren. Dies ist für eine Mikrocontrollerschaltung mit 40 bis 150 wichtigen Signalen natürlich viel zu wenig. Auch die Triggerschaltung, die beim Oszilloskop nur das Signal eines einzigen Kanals berücksichtigt, ist bei Mikrocontrollerproblemen äußerst unzureichend.

Abb. 7.14 zeigt einen Logikanalysator am 8051.

Wie nun ist ein moderner Logikanalysator aufgebaut und wie arbeitet er?

Prinzipiell ist der Logikanalysator ein überdimensionales Speicheroszilloskop. Die Signale der zu analysierenden Schaltung werden in Echtzeit mit hoher Geschwindigkeit aufgezeichnet, später verarbeitet und dann abhängig von der Art der Analyse, in unterschiedlichen Formaten auf einem Bildschirm dargestellt. Besonders wichtig ist dabei, dass der Logikanalysator, ebenso wie ein Oszilloskop, rein passiv arbeitet. Das zu untersuchende Objekt wird bei der Analyse also nicht beeinflusst. Der Echtzeitemulator greift im Gegensatz dazu, aktiv in die Arbeitsweise des zu untersuchenden Objektes ein.

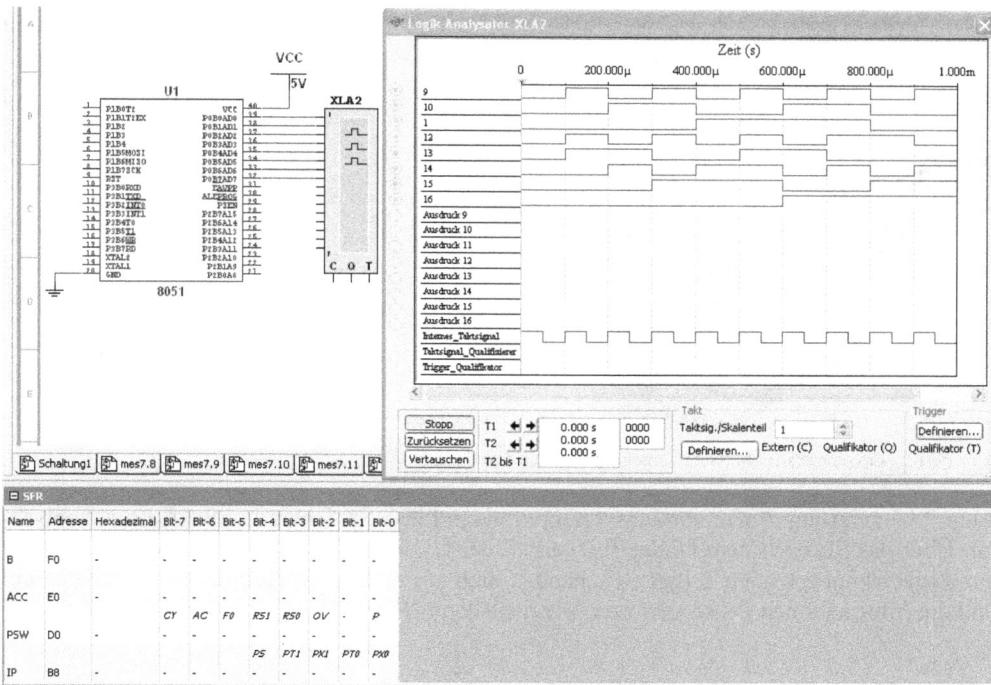

Abb. 7.14:   Simulierter Logikanalysator mit acht Kanälen, Programm und den internen Registern des 8051

Abb. 7.15 zeigt die Anschlüsse an einen integrierten Schaltkreis.

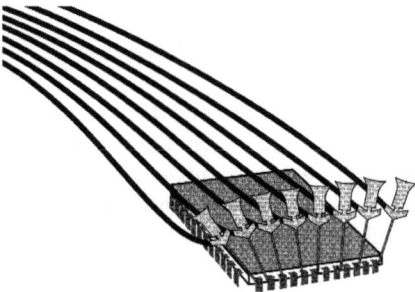

Abb. 7.15:   Anschlüsse an einen integrierten Schaltkreis

Logikanalysatoren schließt man mit Leitungen beispielsweise an einen Mikrocontroller an. Die Anschlüsse übertragen das zeitliche Verhalten und die Logikzustände. Damit lassen sich die Abfolge digitaler Ereignisse triggern und eine große Menge digitaler Daten aufzeichnen.

Abb. 7.16 zeigt die getrennten Anschlüsse an einen integrierten Schaltkreis. Die Anschlüsse übertragen getrennt das zeitliche Verhalten und die Logikzustände. Hiermit kann der Ablauf eines Programms wie mit einem Software-Debugger dargestellt wird. Die disassemblierte Darstellung erfolgt, wenn die Eingänge am Adress- und Datenbus eines Mikroprozessors oder eines Mikrocontrollers angeschlossen werden. Zusätzlich können die Aktivitäten auf allen Bussen (Daten-, Adress- und Steuerbus) in ihren Details und verschiedenen Phasen analysiert und dargestellt werden.

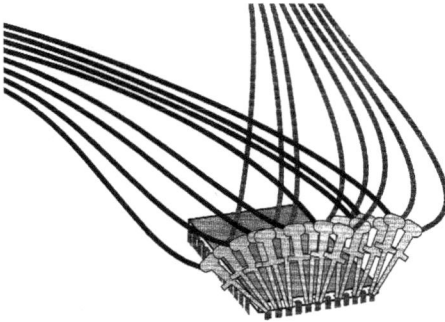

Abb. 7.16:   Getrennte Anschlüsse an einen integrierten Schaltkreis

Abb. 7.17 zeigt das Aufzeichnungsverfahren eines FIFO-Speichers in einem Logikanalysator. Über das SUT (System Under Test) erhält der Logikanalysator seine Daten und benötigt zur Aufzeichnung keinen Trigger. Es handelt sich um eine unsynchronisierte Aufzeichnung und die Informationen gehen verloren, wenn sie den FIFO verlassen.

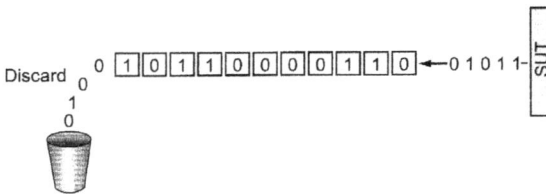

Abb. 7.17: Aufzeichnungsverfahren eines Logikanalysators

Abb. 7.18 zeigt das getriggerte Aufzeichnungsverfahren mit der Pre- und Post-Funktion. Über das SUT (System Under Test) erhält der Logikanalysator seine Daten und benötigt zur Aufzeichnung vorerst keinen Trigger. Tritt durch ein externes Fehlerereignis ein Trigger auf, erfolgt die Trennung zwischen der Aufzeichnung vor und nach der Triggerung. Damit kann man analysieren, was vor und nach dem Fehlerereignis in der Schaltung abgelaufen ist.

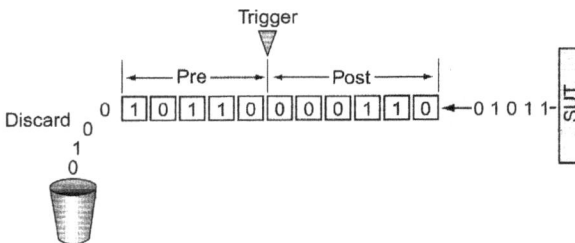

Abb. 7.18:   Getriggertes Aufzeichnungsverfahren mit Pre- und Post-Funktion

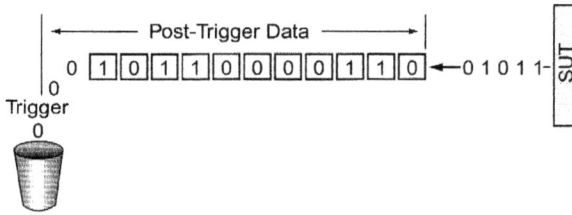

Abb. 7.19: Getriggertes Aufzeichnungsverfahren mit verzögerter Auslösung

Abb. 7.19 zeigt ein getriggertes Aufzeichnungsverfahren mit verzögerter Auslösung. Die Auslösung des Triggers erfolgt automatisch, wenn der FIFO voll ist.

7.1.9 Mikrocontroller mit DA-Wandler

Bei Sägezahngeneratoren unterscheidet man einen mit steigender (positiven) und den anderen mit fallender (negativen) Flanke, wobei das Tastverhältnis nicht symmetrisch ist. Hat man eine steigende und fallende Flanke mit symmetrischem Tastverhältnis, spricht man von einem Dreieckgenerator. Abb. 7.20 zeigt eine steigende Flanke eines Sägezahngenerators.

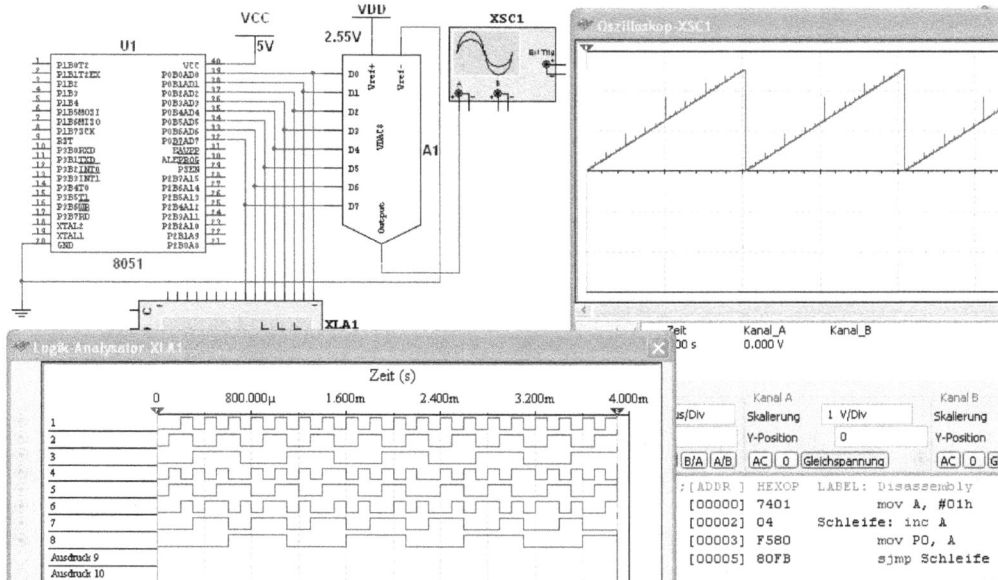

Abb. 7.20: Sägezahngenerator mit steigender Flanke und Assemblerprogramm

Der Mikrocontroller 8051 steuert einen 8-Bit-DA-Wandler mit Spannungsausgang an. Die Referenzspannung hat $U_{REF} = 2{,}55$ V und daher beträgt die Auflösung pro Treppe $U_a = 10$ mV. Das Assemblerprogramm erhöht seinen Akkumulatorinhalt pro Schleifendurchlauf um $+1$ (Inkrement) und springt von 255 auf 0 zurück. Damit erreicht man eine minimale Spannung von $U_a = 0$ mV und maximal $U_a = 2{,}55$ V.

Bevor die Programmschleife beginnt, wird der Akkumulator mit 255 geladen und dann beginnt eine Reduzierung um −1 (Dekrement) pro Schleifendurchlauf. Das Oszilloskop ist so eingestellt, das man die Verarbeitungsgeschwindigkeit erkennt, nämlich 6,954 µs. In dieser Zeit ändert sich die Ausgangsspannung um $\Delta U = 10$ mV.

7.1.10 Mikrocontroller mit AD-Wandler

Der simulierte AD-Wandler von Multisim erzeugt aus einer Eingangsspannung einen 8-Bit-Digitalwert und dieser kann dann von einem Mikrocontroller verarbeitet werden.

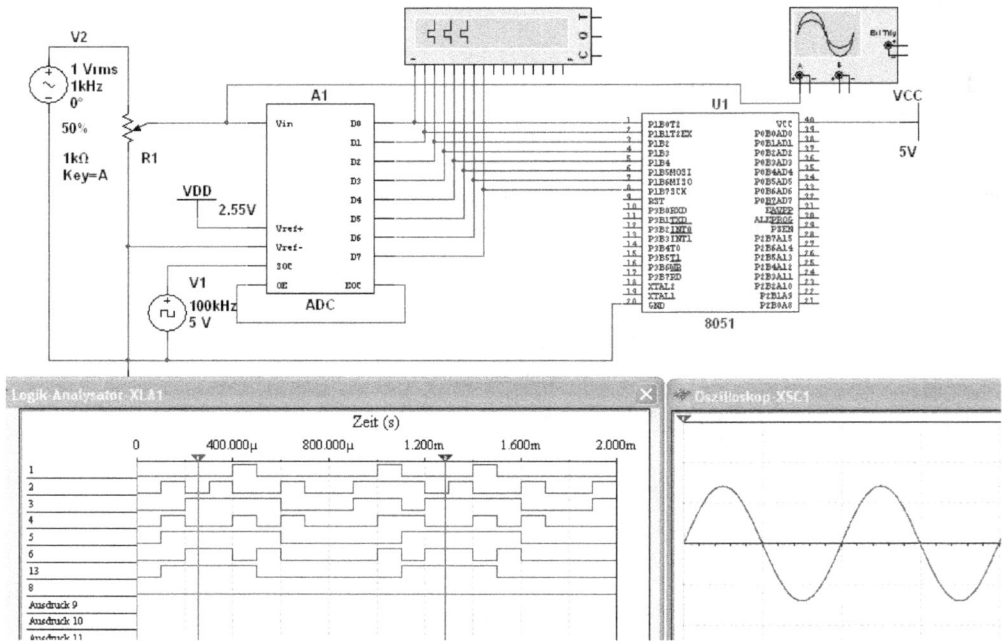

Abb. 7.21: Mikrocontroller mit AD-Wandler

Abb. 7.21 zeigt den Mikrocontroller 8051 mit einem vorgeschalteten AD-Wandler. Als Eingangsspannung dient eine sinusförmige Wechselspannung von $U = 2$ V mit einer Frequenz von $f = 1$ kHz. Diese Spannung liegt an dem Potentiometer von 1 kΩ. Als Referenzspannung dient 2,55 V und der AD-Wandler wird mit einer Frequenz von 100 kHz betrieben. Die acht Ausgänge des AD-Wandlers sind mit Port P1 vom Mikrocontroller verbunden.

7.1.11 Mikrocontroller mit AD- und DA-Wandler

Die Voraussetzungen, physikalische Größen wie Druck, Temperatur, Geschwindigkeit, Position usw. mit Hilfe eines Mikrocontrollers digital verarbeiten zu können, schaffen sogenannte Datenerfassungssysteme (Data Acquisition Systems). Diese Bausteine erfüllen die Schnittstellenfunktion zwischen der analogen Welt mit ihren physikalischen Parametern und deren digitale Verarbeitung. Die Anforderungen, die an Datenerfassungssysteme gestellt werden, werden im Wesentlichen durch zwei Faktoren bestimmt:

Zwei große Funktionsblöcke kennzeichnen also ein herkömmlich aufgebautes Datenerfassungssystem, der Analogteil und der Digitalteil. Als „Bindeglied" zwischen diesen beiden Funktionseinheiten dient ein Analog-Digital-Wandler am Eingang und ein Digital-Analog-Wandler am Ausgang. Abb. 7.22 zeigt die Schaltung mit AD- und DA-Wandler.

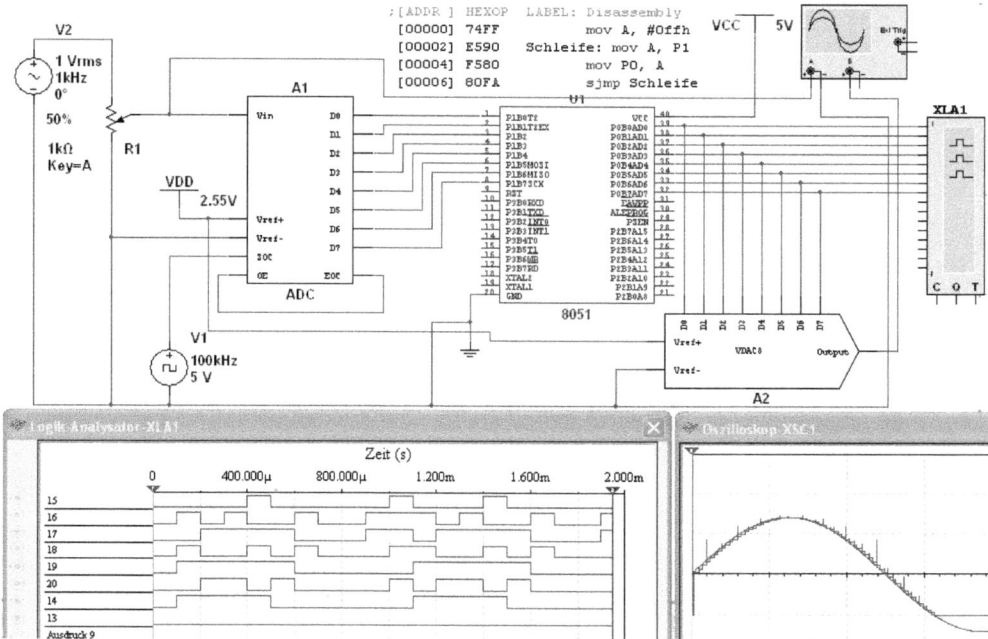

Abb. 7.22:   AD- und DA-Wandler

An dem AD-Wandler liegt eine sinusförmige Wechselspannung an. Es wurde die Offsetspannung so eingestellt, dass keine negative Eingangsspannung auftritt, d. h. $U_{max} = 2,41$ V und $U_{min} = 0$ V. Die Frequenz beträgt 1 kHz. Über das Potentiometer liegt die Spannung am Eingang und wird mit einer Frequenz von 100 kHz digitalisiert. Dann erfolgt die Datenübernahme in Port P1 und die Ausgabe über P0. Der DA-Wandler übernimmt das 8-Bit-Format und setzt diesen in eine analoge Spannung um.

In Abb. 7.22 ist die analoge Eingangsspannung und die digitalisierte Ausgangsspannung gezeigt. Das Programm übernimmt das 8-Bit-Format des Port P1 und speichert dies in den Akkumulator ab. Anschließend wird der Inhalt des Speichers auf Port P0 ausgelesen.

8   Logikkonverter

Mit dem Logikkonverter können die einzelnen Darstellungsformen einer Schaltung untereinander konvertiert werden. Der Logikkonverter besitzt keine Entsprechung als reales Instrument.

8.1   Arbeiten mit dem Logikkonverter

Mit dem Logikkonverter kann eine Wahrheitstabelle oder ein Boolescher Ausdruck aus einem Schaltplan abgeleitet werden. Umgekehrt kann der Logikkonverter eine Wahrheitstabelle oder einen Booleschen Ausdruck in eine Schaltung umsetzen. Abb. 8.1 zeigt das Symbol und auf das Symbol ist zweimal zu klicken und es öffnet sich ein Fenster mit den Umwandlungsbedingungen.

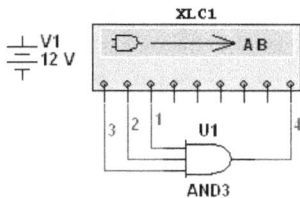

Abb. 8.1:   Symbol und geöffnetes Fenster für ein UND-Gatter mit drei Eingängen

Für den Betrieb des Logikkonverters benötigt man eine separate Gleichspannungsquelle von z. B. +12 V. Wie man in dem Symbol erkennt, wird das UND-Gatter an den drei linken Eingängen (A, B und C) angeschlossen. Der Ausgang des UND-Gatters wird an den rechten Anschluss angeschlossen. Startet man den Logikkonverter, erscheint automatisch die Zählung von 0 bis 7, da drei Eingänge vorhanden sind. Die Wahrheitstabelle wird ebenfalls automatisch erstellt und in der rechten Spalte sind die acht Ausgangsbedingungen gezeigt. Da ein UND-Gatter mit drei Eingängen nur erfüllt ist, wenn alle drei Eingänge ein 1-Signal aufweisen, ist nur dann in der letzten Zeile die UND-Bedingung erfüllt. Es gilt:

$$X = A\,B\,C \quad \text{oder} \quad X = A \cdot B \cdot C \quad \text{oder} \quad X = A \wedge B \wedge C$$

1. So wandelt man eine Schaltung in eine Wahrheitstabelle um:
    - Die Eingangsanschlüsse des Logikkonverters mit bis zu acht Eingangspunkten in der Schaltung sind zu verbinden.
    - Den einzigen Ausgang der Schaltung mit dem Ausgangsanschluss verbindet man mit dem Logikkonverter-Symbol.
    - Auf die Schaltfläche „Schaltung in Wahrheitstabelle" klicken, wenn man die Wahrheitstabelle im Logikkonverter erzeugen will.

    - Die Wahrheitstabelle für die Schaltung erscheint in der Anzeige des Logikkonverters.

https://doi.org/10.1515/9783110544428-009

2. Eingabe und Umwandlung einer Wahrheitstabelle. So erstellt man eine Wahrheitstabelle:
   – Man klickt auf die gewünschte Eingangskanalanzahl (von A bis H) oben im Logik-
     konverter-Fenster. Der Anzeigebereich unterhalb der Anschlüsse wird mit den er-
     forderlichen Kombinationen von Einsen und Nullen aufgefüllt, um die Eingangsbe-
     dingungen zu erfüllen. Die Werte in der Ausgangsspalte auf der rechten Seite sind
     anfangs auf 0 eingestellt.
   – Man bearbeitet die Ausgangsspalte, um den gewünschten Ausgangswert für alle
     Eingangsbedingungen anzugeben. Um einen Ausgangswert zu ändern, markiert man
     diesen und gibt einen neuen Wert ein: 1, 0 oder X. (X zeigt an, dass sowohl 1 als
     auch 0 zulässig ist).
   – Um eine Wahrheitstabelle in einen Booleschen Ausdruck umzuwandeln, klickt man
     auf Schaltfläche „Wahrheitstabelle in Booleschen Ausdruck".

   $\overline{1\,0\,1}$ → A|B

   – Der Boolesche Ausdruck wird unten im Logikkonverter angezeigt.

Um eine Wahrheitstabelle in einen vereinfachten Booleschen Ausdruck umzuwandeln oder
einen vorhandenen Booleschen Ausdruck zu vereinfachen, klickt man auf Schaltfläche „Vereinfachen".

Die Ausdrücke werden mit der Quine-McCluskey-Methode vereinfacht, und nicht mit der
bekannteren Karnaugh-Methode. Ein Karnaugh-Diagramm eignet sich nur für wenige Variablen und erfordert eine Entscheidung über den sinnvollsten Ansatz für die Zusammenfassung. Das Quine-McCluskey-Verfahren ist dagegen für beliebig viele Variablen anwendbar,
jedoch ungeeignet für die Berechnung von Hand.

Hinweis: Das Vereinfachungsverfahren für Boolesche Ausdrücke ist sehr speicherintensiv.
Wenn nicht genügend freier Arbeitsspeicher verfügbar ist, kann Multisim die Vereinfachung
nicht ausführen.

3. Eingabe und Umwandlung eines Booleschen Ausdrucks: Ein Boolescher Ausdruck kann
   in das Feld unten im Logikkonverter-Fenster eingegeben werden. Dazu kann die Sum-
   menproduktnotation oder die Produktsummennotation verwendet werden.
   – Um einen Booleschen Ausdruck in eine Wahrheitstabelle zu konvertieren, klickt
     man auf die Schaltfläche „Boolescher Ausdruck in Wahrheitstabelle".

   $\overline{1\,0\,1}$ ^{SIMP} A|B

   – Um einen Booleschen Ausdruck in eine Schaltung zu konvertieren, klickt man auf
     die Schaltfläche „Boolescher Ausdruck in Schaltung".

   A|B → $\overline{1\,0\,1}$

4. Die Logikgatter, die den Booleschen Ausdruck erfüllen, erscheinen daraufhin im Schaltungsfenster. Die Gatter sind bereits markiert, so dass Sie diese an einen anderen Ort im
   Schaltungsfenster verschieben oder in ein Makro ablegen können. Man kann die Markie-
   rung aufheben, indem man auf eine freie Stelle im Schaltungsfenster klickt.

   A|B → ⊏>

   – Um den Booleschen Ausdruck in eine Schaltung umzuwandeln, die ausschließlich
     aus NAND-Gattern aufgebaut ist, klickt man auf die Schaltfläche „Boolescher Aus-
     druck in NAND"

   A|B → NAND

Der Logikkonverter arbeitet nach Verfahren von Quine und McCluskey.

8.1.1 Verfahren nach Quine und McCluskey

Dieses Verfahren zur systematischen Vereinfachung von Schalttermen ist benannt nach den amerikanischen Mathematikern Quine und McCluskey. Als algorithmisches Verfahren ist das Quine-McCluskey-Verfahren auf dem Papier umständlich durchzuführen, führt dafür aber sicher zu einer Minimalform des Schaltterms, und kann, das ist das Wesentliche, zur Ausführung auf Rechnern programmiert werden.

8.1.2 Untersuchung einer negierten UND-Verknüpfung

Ein UND-Gatter hat zwischen dem Ausgang A und dem unteren Eingang ein NICHT-Gatter, wie Abb. 8.2 zeigt.

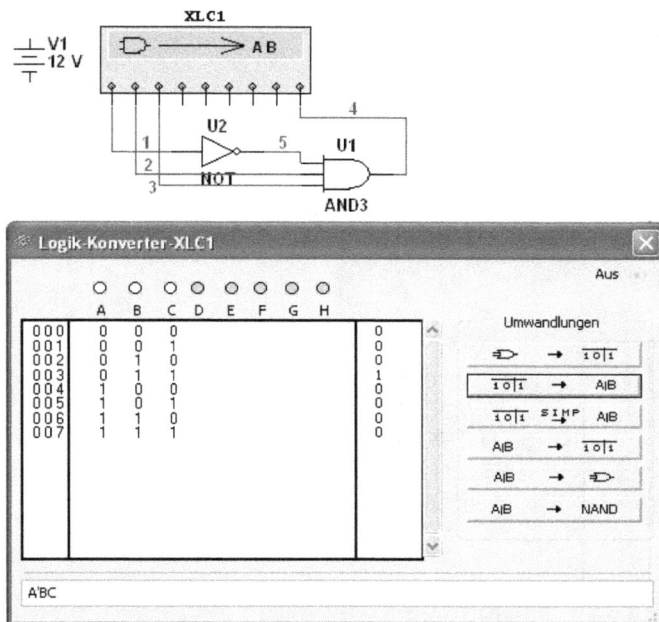

Abb. 8.2:   UND-Gatter mit vorgeschaltetem NICHT-Gatter

Wenn man die Schaltung simulieren möchte, startet man die Simulation und schaltet diese nach einer Dauer von etwa einer Sekunde aus. Dann klickt man auf den ersten Balken für die Umwandlung und es erscheint die Funktionstabelle, die noch nicht bearbeitet wurde. Danach klickt man auf den zweiten Balken und es erscheint die Maximalform der logischen Gleichung. Wenn man den dritten Balken von oben anklickt, wird die Maximalform nach dem Quine-McCluskey-Verfahren bearbeitet.

Aus der Wahrheitstabelle lässt sich die logische Funktion bestimmen:

$$X = \overline{A}BC \quad \text{oder} \quad X = \overline{A} \cdot B \cdot C \quad \text{oder} \quad X = \overline{A} \wedge B \wedge C$$

Wenn der Eingang A auf 0-Signal liegt, wird aus 0 ein 1-Signal und das UND ist erfüllt, wenn sich die beiden anderen Eingänge B und C ebenfalls auf 1-Signal befinden.

8.1.3 Untersuchung einer UND-ODER-Verknüpfung mit zwei Eingängen

Zwei UND-Gatter mit je zwei Eingängen werden über ein ODER-Gatter verknüpft, wie Abb. 8.3 zeigt.

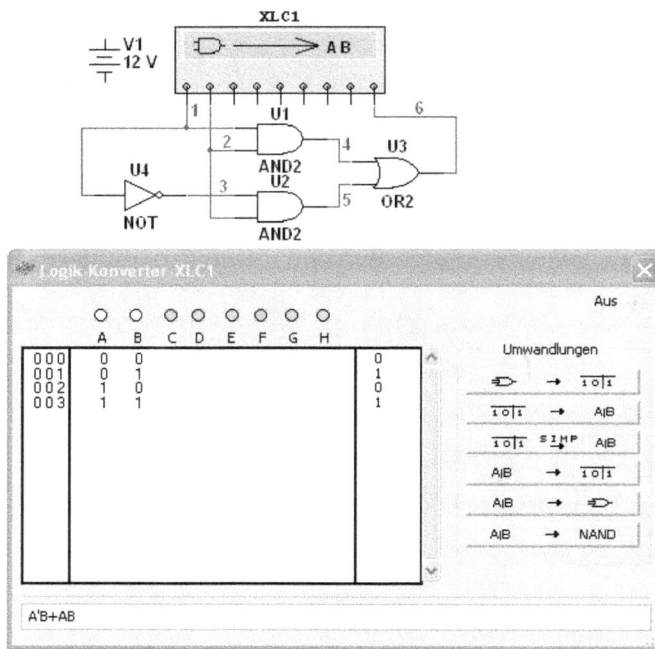

Abb. 8.3:   UND-ODER-Verknüpfung mit zwei Variablen

Wenn man die Schaltung simuliert, startet man die Simulation und schaltet diese nach einer Dauer von etwa einer Sekunde aus. Dann klickt man auf den ersten Balken für die Umwandlung und es erscheint die Funktionstabelle, die noch nicht bearbeitet wurde, mit einem Fragezeichen. Danach klickt man auf den zweiten Balken und es erscheint die Maximalform der logischen Gleichung. Wenn man den dritten Balken anklickt, wird die Maximalform nach dem Quine-McCluskey-Verfahren bearbeitet.

Aus der Wahrheitstabelle lässt sich die logische Funktion bestimmen:

$$X = \overline{A}B + AB \quad \text{oder} \quad X = \overline{A}B \vee AB$$

Mit Hilfe der Booleschen Algebra kann man die Gleichung minimalisieren:

$$X = \overline{A}B + AB$$
$$X = B \cdot (\overline{A} + A)$$
$$X = B$$

Statt der Booleschen Algebra lässt sich zur Minimalisierung das Karnaugh-Diagramm verwenden, wie Abb. 8.4 zeigt.

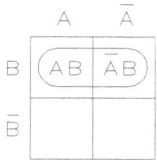

Abb. 8.4:   Minimalisierung der UND-ODER-Verknüpfung mittels Karnaugh-Diagramm

Durch die Zusammenfassung im Karnaugh-Diagramm erhält man die Ausgangsvariable B.

8.1.4   Untersuchung einer UND-ODER-Verknüpfung mit drei Variablen

Drei UND-Gatter mit je drei Eingängen werden über ein ODER-Gatter verknüpft, wie Abb. 8.5 zeigt.

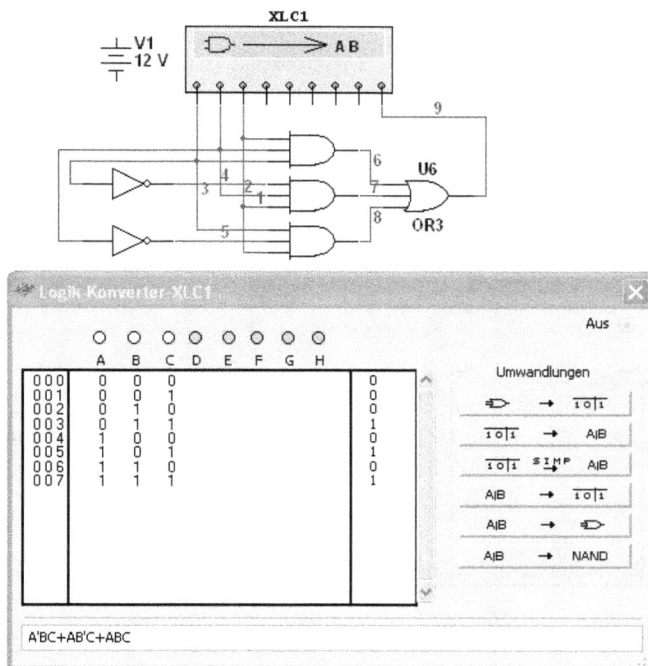

Abb. 8.5:   UND-ODER-Verknüpfung mit drei Variablen

Wenn man die Schaltung simuliert, startet man die Simulation und schaltet diese nach einer Dauer von etwa einer Sekunde aus. Dann klickt man auf den ersten Balken in der Umwandlung und es erscheint die Funktionstabelle, die noch nicht bearbeitet ist. Danach klickt man auf den zweiten Balken und es erscheint die Maximalform der logischen Gleichung. Wenn man den dritten Balken oben anklickt, wird die Maximalform nach dem Quine-McCluskey-Verfahren bearbeitet.

Aus der Wahrheitstabelle lässt sich die logische Funktion bestimmen:

$$X = \overline{A}BC + A\overline{B}C + ABC$$

Mit Hilfe der Booleschen Algebra kann man die Gleichung minimalisieren:

$$X = \overline{A}BC + A\overline{B}C + ABC$$
$$X = BC(\overline{A} + A) + AC(\overline{B} + B)$$
$$X = BC + AC$$

Statt der Booleschen Algebra lässt sich zur Minimalisierung das Karnaugh-Diagramm verwenden, wie Abb. 8.6 zeigt.

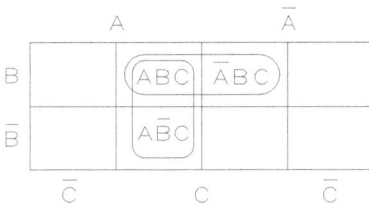

Abb. 8.6:   Minimalisierung der UND-ODER-Verknüpfung mittels Karnaugh-Diagramm

Durch die Zusammenfassung im Karnaugh-Diagramm erhält man die Ausgangsvariable

$$X = B\,C + A\,C$$

8.1.5   Untersuchung einer UND-ODER-Verknüpfung mit vier Variablen

Vier UND-Gatter mit je vier Eingängen werden über ein ODER-Gatter verknüpft, wie Abb. 8.7 zeigt.

Wenn man die Schaltung simuliert, startet man die Simulation und schaltet diese nach einer Dauer von etwa einer Sekunde aus. Dann klickt man auf den ersten Balken für die Umwandlung und es erscheint die Funktionstabelle, die noch nicht bearbeitet ist. Danach klickt man auf den zweiten Balken und es erscheint die Maximalform der logischen Gleichung. Wenn man den dritten Balken oben anklickt, wird die Maximalform nach dem Quine-McCluskey-Verfahren bearbeitet.

Aus der Wahrheitstabelle lässt sich die logische Funktion bestimmen:

$$X = \overline{A}BCD + AB\overline{C}D + A\overline{B}\overline{C}D + ABCD$$

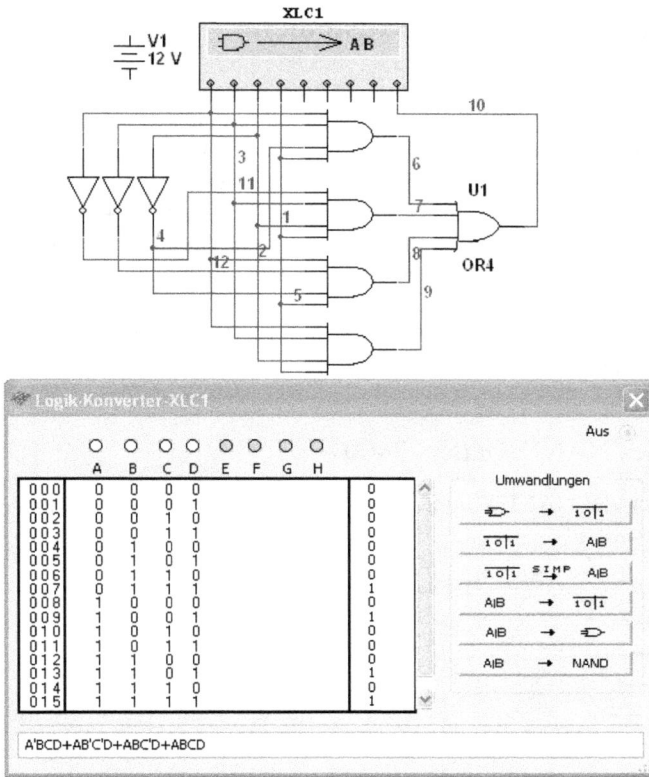

Abb. 8.7:   UND-ODER-Verknüpfung mit drei Variablen

Mit Hilfe der Booleschen Algebra kann man die Gleichung minimalisieren:

$$X = \overline{A}BCD + AB\overline{C}D + A\overline{B}\overline{C}D + ABCD$$
$$X = A\overline{C}D(\overline{B} + B) + BCD(\overline{A} + A)$$
$$X = A\overline{C}D + BCD$$

Statt der Booleschen Algebra lässt sich zur Minimalisierung das Karnaugh-Diagramm verwenden, wie Abb. 8.8 zeigt: $X = A\overline{C}D + BCD$

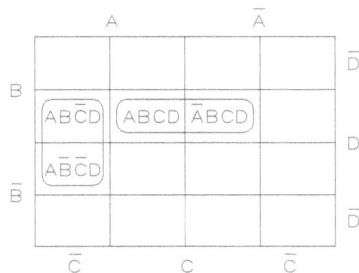

Abb. 8.8:   Minimalisierung der UND-ODER-Verknüpfung mittels Karnaugh-Diagramm

8.2   Schaltungsanalyse von TTL-Bausteinen

In Multisim stehen mehrere Bibliotheken der Digitaltechnik zur Verfügung. Es handelt sich um digitale Schaltkreise in TTL-Technik, um CMOS-Bausteine und integrierte Digitalschaltkreise, die nach ihrer Funktion geordnet sind. Wenn Sie den Button „TTL" anklicken, erscheinen die Bibliotheken 74STD und 74LS. Klicken Sie auf CMOS, erscheinen die Bibliotheken „CMOS-5V", 74HC_2V", „CMOS-10V", 74HC_4V", „CMOS-15V" und „74HC_5V". Wenn Sie den Button „Misc Digital" anklicken, kommen Sie in die Bibliothek von „TIL", „VHDL" und „VERILOG_HDL". Die drei Bibliotheken sind in entsprechende Familien, den Bauelementen und in Symbole unterteilt. Wenn Sie ein Bauteil anklicken, erscheint im Symbol das Anschlussbild. Mit „OK" übernimmt der Schaltplaneditor das Symbol und mit „Schließen" verlässt man die Funktion „Bauelement wählen".

8.2.1   Untersuchung des NAND-Gatters 7400

Der TTL-Baustein 7400 beinhaltet vier NAND-Gatter mit je zwei Eingängen. Die Funktionstabelle 8.1 für ein NAND-Gatter lautet:

Tab. 8.1:   Ausgangsfunktion eines NAND-Gatters vom TTL-Baustein 7400

Eingänge	Ausgang
0 0	1
0 1	1
1 0	1
1 1	0

Tabelle 8.2 zeigt die technischen Daten und Tabelle 8.3 die Lastfaktoren des TTL-NAND-Bausteins 7400.

Tab. 8.2:   Technische Daten des TTL-NAND-Bausteins 7400

	7400	74LS00	74S00	74L00	74H00
Eingangskappdioden	ja	ja	ja	nein	ja
Typ. Impulsverzögerungszeit	10 ns	9,5 ns	3 ns	33 ns	6 ns
Typ. Leistungsaufnahme	40 mW	8 mW	76 mW	4 mW	88 mW

Tab. 8.3:   Belastungswerte (Lastfaktoren) vom TTL-NAND-Baustein 7400

Messpunkt	Zustand	Lastfaktoren				
		7400	74LS00	74S00	74L00	74H00
Eingänge	0	1,0	1,0	1,0	1,0	1,0
Ausgänge	0	10,0	22,2	10,0	20,0	10,0
	1	10,0	20,0	20,0	20,0	10,0

Die Untersuchung kann statisch, d. h. mit Schaltern und Leuchtdioden durchgeführt werden. In Multisim ist jedoch ein Logikkonverter vorhanden. Mit dem Logikkonverter können die einzelnen Darstellungsformen einer digitalen Schaltung untereinander konvertiert werden.

Der Logikkonverter ist jedoch nicht als reales Messinstrument verfügbar, sondern wird per Programm erzeugt. Mit dem Logikkonverter kann eine Wahrheitstabelle oder ein boolescher Ausdruck aus einem Schaltplan abgeleitet werden. Abb. 8.9 zeigt einen Logikkonverter mit dem NAND-Gatter 74LS00, wobei für die Anschlüsse und Innenschaltung ein Datenblatt erforderlich ist.

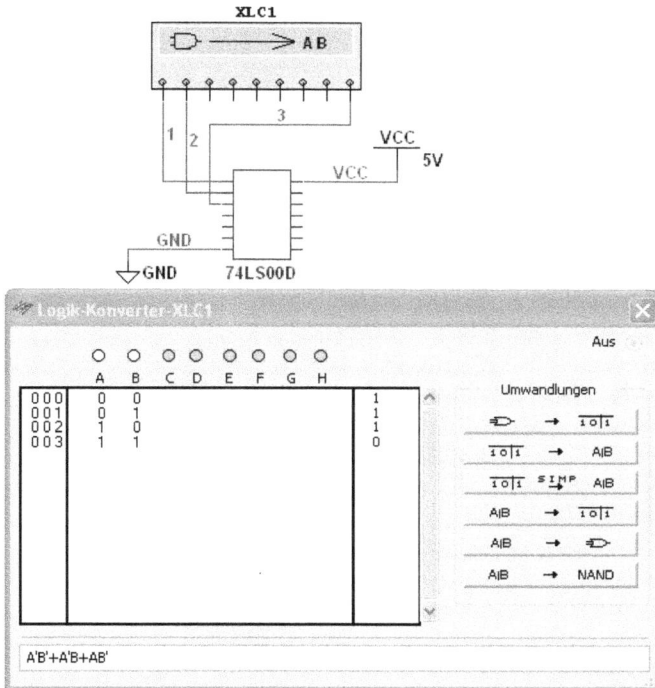

Abb. 8.9:   Logikkonverter mit dem NAND-Gatter 74LS00

Dieser Baustein enthält vier getrennte NAND-Gatter mit je zwei Eingängen. Alle vier NAND-Gatter können unabhängig voneinander verwendet werden. Legt man auf einen Eingang oder auf beide Eingänge des NAND-Gatters ein 0-Signal, so schaltet der Ausgang auf 1-Signal. Für die Schaltung ist immer die Betriebsspannung mit Masse (Pin 7) und +5 V (Pin 14) erforderlich, im Gegensatz zur Simulation.

Aus der Wahrheitstabelle lässt sich die logische Funktion bestimmen:

$$X = \overline{A}\,\overline{B} + \overline{A}B + A\overline{B}$$

Die Gleichung lässt sich minimalisieren.

$$X = \overline{A}\,\overline{B} + \overline{A}B + A\overline{B}$$
$$X = B(\overline{A} + A) + A(\overline{B} + B)$$
$$X = A + B$$

Es ergibt sich eine ODER-Verknüpfung.

8.2.2   Untersuchung des Exklusiv-ODER-Gatters 7486

Das EXOR-Gatter 7486 ist ein Exklusiv-ODER-Gatter (Antivalenz) mit zwei Eingängen und einem Ausgang mit Gegentaktendstufe. Abb. 8.10 zeigt eine Exklusiv-ODER-Verknüpfung am Logikwandler.

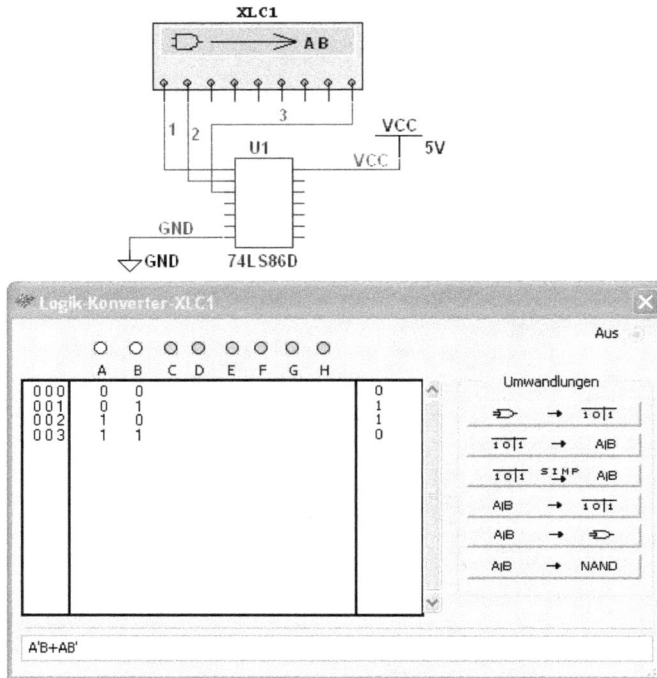

Abb. 8.10:   Exklusiv-ODER-Verknüpfung am Logikwandler

Der Baustein 7486 beinhaltet vier Exklusiv-ODER-Gatter (Antivalenz), die voneinander unabhängig verwendet werden können. Der Anschluss erfolgt wie beim 7400 und für den Betrieb ist Masse (Pin 7) und +5 V (Pin 14) erforderlich.

Aus der Wahrheitstabelle lässt sich die logische Funktion bestimmen:

$$X = \overline{A}B + A\overline{B}$$

Die Gleichung lässt sich nicht minimalisieren.

Für die Schreibweise gilt auch

$$X = A'B + AB' \quad \text{bzw.} \quad X = \overline{A} \wedge B \vee A \wedge \overline{B}$$

Bei jedem Gatter ist, wenn ein Eingang, jedoch nicht beide auf 1-Signal liegen, der Ausgang auf 1-Signal. Wenn beide Eingänge 0 oder 1 aufweisen, wird der Ausgang auf 0 liegen. Das Gatter kann als Komparator verwendet werden, der bei identischen Eingangssignalen an seinem Ausgang ein 0-Signal führt. Bei unterschiedlichen Eingangssignalen hat der Ausgang dagegen 1-Signal. Ein Exklusiv-ODER-Gatter lässt sich auch als steuerbarer Inverter verwenden, denn mit einem 0-Signal an einem Eingang wird alles am Gatter durchgeschaltet, was immer am zweiten Eingang liegt. Ein 1-Signal dagegen wird immer ein Komplement bilden, was am anderen Eingang liegt.

Tabelle 8.4 zeigt technische Daten und Tabelle 8.5 die Lastfaktoren des TTL-Exklusiv-ODER-Bausteins 7486.

Tab. 8.4:   Technische Daten vom TTL-Exklusiv-ODER-Baustein 7486

	7486	74LS86	74S86	74L86
Eingangskappdioden	ja	ja	ja	nein
Typ. Impulsverzögerungszeit	14 ns	ns	7 ns	33 ns
Typ. Leistungsaufnahme	60 mW	12 mW	112 mW	15 mW

Tab. 8.5:   Belastungswerte (Lastfaktoren) vom TTL-Exklusiv-ODER-Baustein 7486

Messpunkt	Zustand	Lastfaktoren			
		7486	74LS86	74S86	74L86
Eingänge	0	1,0	1,0	1,0	1,0
Ausgänge	0	10,0	22,2	10,0	20,0
	1	20,0	20,0	20,0	20,0

8.2.3   Inhibition und Implikation

Die beiden Funktionen von Inhibition (Sperrgatter) und Implikation (Subjunktion) setzt man für Steuerungszwecke ein. Abb. 8.11 zeigt die Simulation für eine Inhibition und Abb. 8.12 für eine Implikation.

Die Gleichung für die Inhibition lautet

$$X = \overline{A} \cdot B$$

Die Funktionstabelle in Abb. 8.11 zeigt $\overline{A} \cdot B$. Hat der Eingang A ein 0-Signal, wird dieser durch das NICHT-Gatter invertiert. Die Gleichung bzw. die UND-Bedingung ist erfüllt, wenn Eingang B ein 1-Signal hat.

Die Gleichung für die Implikation lautet

$$X = \overline{A} + B$$

Verwendet man ein ODER-Gatter und ist der Eingang A invertiert, hat man die Wirkungsweise einer Implikation. Das ODER-Gatter hat ein 0-Signal, wenn A = 1 und B = 0 ist.

Die Implikation wird zwar in der formalen Logik häufig verwendet, für Schaltnetzwerke ist sie jedoch nur von geringer Bedeutung. Die Gleichungen lauten

$$X = \overline{A} + B = A \supset B \text{ bzw. } X = A \cdot \overline{B} = A \subset B$$

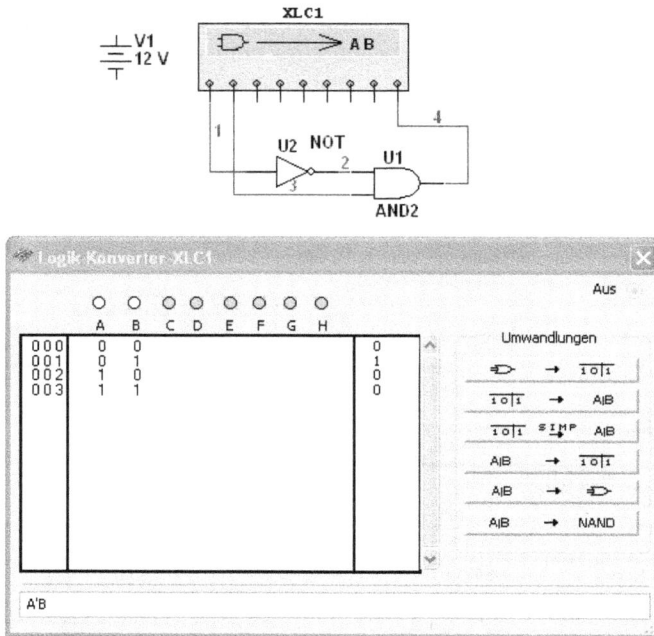

Abb. 8.11:   Simulation einer Inhibition

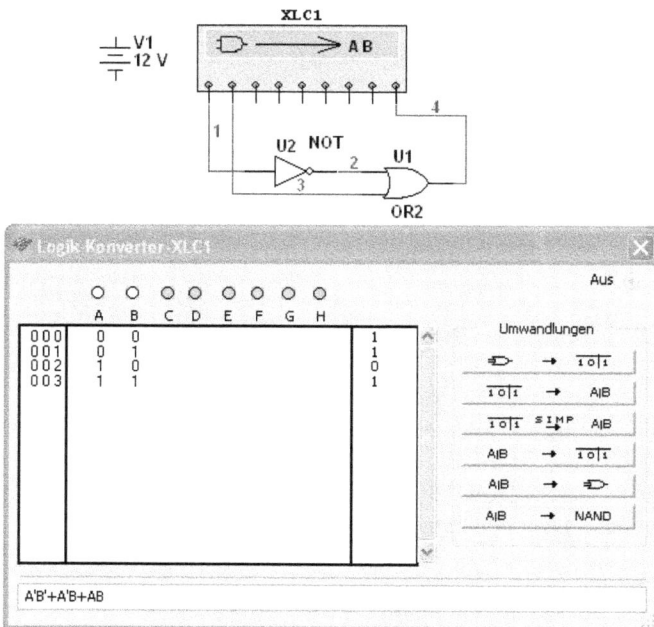

Abb. 8.12:   Simulation einer Implikation

8.2.4 Untersuchung des UND/NOR-Gatters 7451

Der TTL-Baustein 7451 beinhaltet zwei unabhängige UND/NOR-Gatter. Jedes der Gatter besteht aus jeweils zwei UND-Gattern mit je zwei Eingängen, die wiederum ein NOR-Gatter mit zwei Eingängen steuern. Der Ausgang Q geht nur dann auf 0-Signal, wenn entweder die beiden Eingänge vom oberen UND-Gatter oder die beiden Eingänge vom unteren UND-Gatter auf 1-Signal liegen. Abb. 8.13 zeigt die Schaltung des 7451.

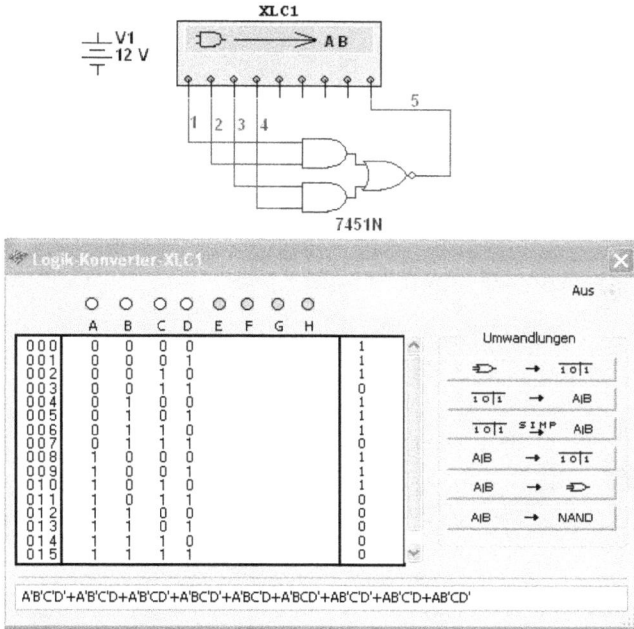

Abb. 8.13:   Schaltung des UND/NOR-Gatters 7451

Aus der Wahrheitstabelle lässt sich die logische Funktion bestimmen:

$$X = \overline{A}\,\overline{B}\,\overline{C}\,\overline{D} + \overline{A}\,\overline{B}\,\overline{C}D + \overline{A}\,\overline{B}C\overline{D} + \overline{A}B\overline{C}\,\overline{D} + \overline{A}B\overline{C}D$$

$$+\,\overline{A}BC\overline{D} + A\overline{B}\,\overline{C}\,\overline{D} + A\overline{B}\,\overline{C}D + A\overline{B}C\overline{D}$$

Die logische Funktion in der Minimalisierung kann langwierig mit der Booleschen Algebra durchgeführt werden. In der Praxis wird für die Minimalisierung das Karnaugh-Diagramm verwendet, wie Abb. 8.14 zeigt.

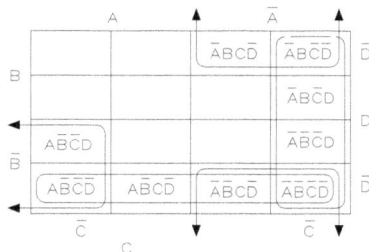

Abb. 8.14:   Minimalisierung mittels Karnaugh-Diagramm

Durch die Zusammenfassung im Karnaugh-Diagramm erhält man die Ausgangsvariable X.

$$X = \overline{A}\overline{D} + \overline{A}\overline{C} + \overline{B}\overline{C} + \overline{B}\overline{D}$$

Das Ergebnis lässt sich mit dem Karnaugh-Diagramm ohne Probleme grafisch erstellen. Dieses Ergebnis gibt auch der Logikkonverter aus.

9   Kennlinienschreiber (I/U-Analyse)

Zur Wechselstrommessung ist die indirekte Strommessmethode anzuwenden. Bei der rechnerischen Auswertung der Messung ist unbedingt zu berücksichtigen, dass die gemessene Ablenkweite immer den Spitze-Spitze-Wert des Spannungsfalls am Messwiderstand ergibt. Soll für sinusförmigen Wechselstrom der Effektivwert bestimmt werden, so ist mit dem Faktor 0,3535 zu multiplizieren.

Die messtechnischen Eigenschaften eines Universal-Messgeräts oder Oszilloskops werden durch sein statisches und dynamisches Verhalten bzw. durch seine Genauigkeit charakterisiert. Der stationäre Zustand eines Messgeräts ist bei zeitlicher Konstanz aller Eingangsgrößen nach Ablauf aller Ausgleichsvorgänge erreicht. Für diesen Zustand beschreibt die Kennlinie, wie das Ausgangssignal u_a eines Messgeräts vom Eingangssignal u_e abhängig ist:

$$u_a = f(u_e)$$

Der Zusammenhang zwischen beiden Größen wird meistens in Form eines geschlossenen mathematischen Ausdrucks, weniger in Form einer Wertetabelle angegeben. Aus der Kennlinie wird die Empfindlichkeit E gewonnen, indem am Arbeitspunkt die beobachtete Änderung des Ausgangssignals durch die verursachende Änderung des Eingangssignals dividiert wird.

$$E = \frac{du_a}{du_e}$$

Der Wert du_a ist die Einheit des Ausgangssignals und du_e die Einheit des Eingangssignals.

Bei den Messgeräten, bei denen Ein- und Ausgangssignal gleichartige Größen sind (z. B. Ein- und Ausgangsspannung eines Verstärkers), kann man die Einheiten kürzen und die Empfindlichkeit ist eine reine Zahl. Ist dies nicht der Fall, so sind die Einheiten stets mit anzugeben.

9.1   Kennlinie

Ist die Kennlinie eine Gerade, hat das Messgerät an allen Arbeitspunkten dieselbe, konstante Empfindlichkeit E = k, die oft als Proportionalitäts- oder Übertragungsfaktor bezeichnet wird. Für eine durch den Nullpunkt gehende Kennlinie gilt:

$$u_a = k \cdot u_e$$

Diese lineare Abhängigkeit zwischen Ausgangs- und Eingangssignal ist für die Darstellung und Weiterverarbeitung vorteilhaft. So werden größere Anstrengungen unternommen, um bei Messgeräten eine konstante Empfindlichkeit zu erreichen.

Da man den Elektronenstrahl in einer Elektronenstrahlröhre sowohl waagerecht als auch senkrecht ablenken kann, bietet sich ein Oszilloskop zur Darstellung von Diagrammen – also

https://doi.org/10.1515/9783110544428-010

auch Kennlinien – geradezu an. Bei Spannungs-Strom-Kennlinien muss berücksichtigt werden, dass die Stromstärke beim Oszilloskop nur indirekt angezeigt werden kann. In Abb. 9.1
ist die Grundschaltung zur Kennlinienaufnahme eines ohmschen Widerstands wiedergegeben.

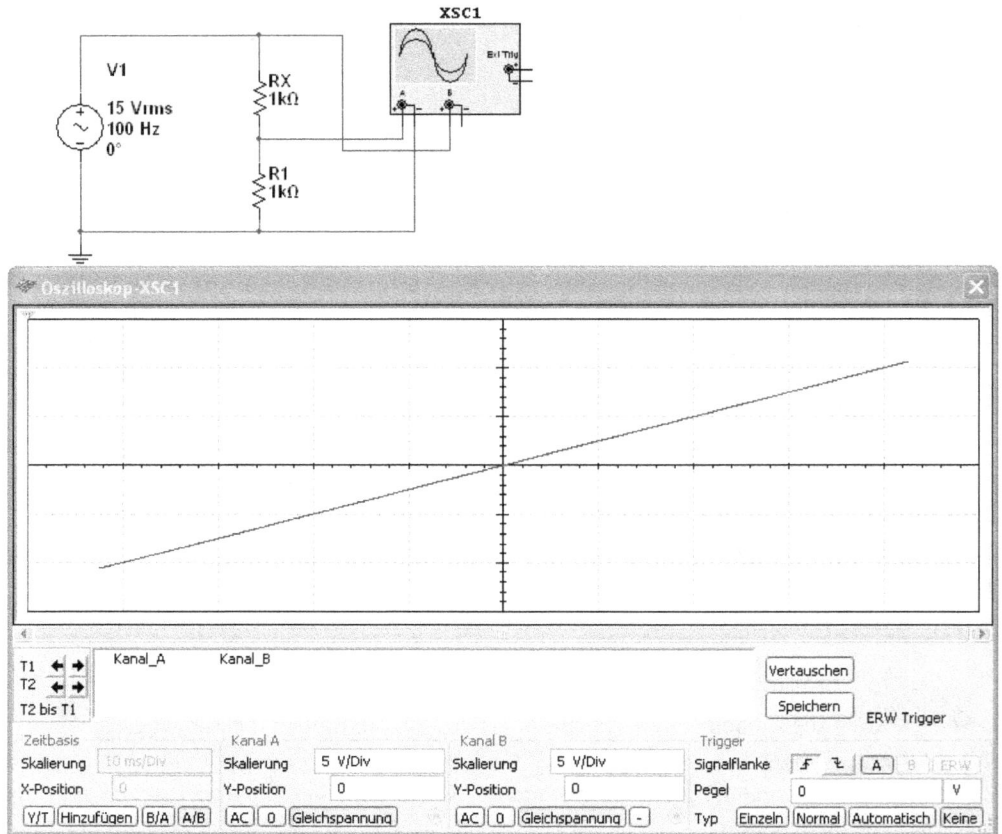

Abb. 9.1:   Schaltung zur Kennlinienaufnahme

Die Messspannung wird dabei dem Horizontaleingang (Zeitbasis-Schalter ausschalten und
B/A bzw. A/B anklicken) zugeführt. Der Spannungsfall am niederohmigen Widerstand R_1 ist
ein Maß für die Stromstärke und liegt am Vertikaleingang. Wird nun die Spannung an der
Messschaltung sehr schnell – z. B. 100-Hz-Wechselspannung – geändert, so zeigt sich auf
dem Bildschirm die Kennlinie des Widerstands R_X. Der Abbildungsmaßstab lässt sich waagerecht durch den Einsteller HORIZONTAL AMPLITUDE und senkrecht durch den Schalter
VERTICAL AMPLITUDE wunschgemäß einstellen.

Der Strom errechnet sich aus

$$I = \frac{U_1}{R_1}$$

Hinweis: Die Messschaltung enthält einen Fehler. Die Spannung U wird nicht nur an R_X, sondern an der Reihenschaltung $R_X - R_1$ abgegriffen. Das ist notwendig, weil die „unteren" Buchsen des Horizontal- und Vertikaleingangs galvanisch miteinander verbunden sind (Masse). Würde der Verbindungspunkt $R_1 - R_X$ der Messschaltung an den Masseanschluss des Oszilloskops gelegt, ergäbe sich ein um 180° gedrehtes Oszillogramm, das der üblichen Kennliniendarstellung nicht entspricht. Der Fehler in der „seitenrichtigen" Messschaltung lässt sich umso geringer halten, je kleiner R_1 im Verhältnis zu R_X ist.

Nach dem hier angegebenen Verfahren können die Kennlinien von Halbleiter-Bauelementen, z. B. von Dioden, Z-Dioden, VDR-Widerständen usw., dargestellt werden. Die Bauelemente werden dazu anstelle des Widerstands R_X in die Schaltung eingefügt.

9.1.1   Statische Kennlinienaufnahme einer Diode

Am anschaulichsten wird das Verhalten eines Bauelements anhand seiner Spannungs-Strom-Kennlinie. Sie zeigt, wie schon besprochen, die Abhängigkeit der Stromstärke von der Höhe der angelegten Spannung. Um die grundsätzliche Wirkungsweise einer Diode kennen zu lernen, genügt die folgende Messschaltung zur Kennlinienaufnahme einer Diode. Wegen der durch Spannungs- und Strommesser bedingten Fehler muss die Messschaltung für die Durchlass- bzw. Sperrrichtung geändert werden.

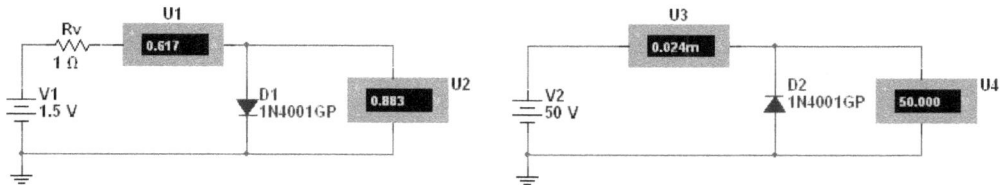

Abb. 9.2:   Messschaltung zur statischen Aufnahme einer Diodenkennlinie;
             links: Durchlassbereich und rechts: Sperrbereich

Als Diode kann man eine Selenzelle aus einem Netzgleichrichter verwenden. Zum Schutz gegen Überlastung ist ein Schutzwiderstand R_v vorzusehen. Dieser ist so zu bemessen, dass der für die Diode höchstzulässige Strom nicht überschritten wird. Die Spannung wird zunächst in Durchlassrichtung gepolt und mit Hilfe des Potentiometers stufenweise bis ca. 1,4 V erhöht. Zu jeder Spannung wird der zugehörige Strom gemessen und anschließend die Messreihe für den Sperrbereich aufgenommen (Höchstspannung etwa 1,5 V). Die anhand der Messwerte dargestellte Kennlinie zeigt etwa nebenstehenden Verlauf. Dazu ist noch zu bemerken, dass man aus rein praktischen Gründen für den Durchlassbereich einer Diodenkennlinie einen anderen Maßstab für Spannung und Strom wählt als für den Sperrbereich. Die Spannung in Durchlassrichtung wird mit U_F, der Durchlassstrom mit I_F bezeichnet. Das „F" stammt aus dem Englischen: forward (vorwärts). Für Sperrspannung und Sperrstrom setzt man die Formelzeichen U_R und I_R, wobei R aus dem Englischen: return (zurückkehren), übernommen wurde. Bei der Diodenkennlinie wird grundsätzlich zwischen zwei Bereichen unterschieden.

Durchlassbereich

Solange die Spannung in Durchlassrichtung kleiner als die Diffusionsspannung des PN-Übergangs ist, fließt ein kaum messbarer Strom. Die Kennlinie verläuft noch sehr flach, was gleichbedeutend mit einem hohen Widerstand ist. Wird die Diffusionsspannung überschritten, so steigt der Strom stark an. Der Kennlinienverlauf wird steil, das lässt auf einen niedrigen Widerstandswert schließen.

Sperrbereich

Legt man an eine Diode eine Spannung in Sperrrichtung, so fließt ein – wenn auch geringer – Strom. Er wird durch die Eigenleitung des Halbleiterstoffs bei Raumtemperatur ermöglicht und steigt mit zunehmender Erwärmung. Bis zur Höhe der Durchbruchspannung verläuft die Kennlinie sehr flach. Die Diode ist also in diesem Bereich sehr hochohmig. Beim Erreichen der Durchbruchspannung beginnt jedoch der Durchbruch von Ladungsträgern und der Strom steigt auch im Sperrbereich an. Hohe Spannung und zunehmender Strom ergeben aber eine zunehmende Leistung = Verlustleistung, d. h. sie führt zu stärkerer Erwärmung und innerhalb kurzer Zeit zur Zerstörung der Diode. Da die Spannungs-Strom-Kennlinie einer Diode nicht linear verläuft, ist ihr Widerstand nicht konstant. Der Widerstand hängt von der Größe und Richtung der angelegten Spannung ab. Diese Erkenntnis ist für viele Messungen an Dioden oder PN-Übergängen von großer Bedeutung für die richtige Beurteilung des Messergebnisses.

Der Verlauf einer Diodenkennlinie lässt auch erkennen, dass man für das Verhalten der Diode keine mathematische Formel angeben kann. Eine genaue Beurteilung über das Verhalten einer Diode in einer bestimmten Schaltung ist daher nur mit Hilfe ihrer Kennlinie möglich.

9.1.2   Dynamische Kennlinienaufnahme einer Diode

Für die dynamische Aufnahme einer Kennlinie benötigt man ein Oszilloskop. Ein Oszilloskop ist grundsätzlich ein spannungsempfindliches Messgerät und aus diesem Grunde kann man Ströme und Widerstände nicht direkt messen. Der Strom (Gleich- oder Wechselstrom) lässt sich normalerweise an dem Spannungsfall messen, den er an einem bekannten, induktivitätsfreien Widerstand erzeugt, also durch praktische Anwendung des Ohmschen Gesetzes.

Widerstände lassen sich auf gleiche Weise messen. Zuerst wird der Strom durch ein Bauelement bestimmt und dann der Spannungsfall über den unbekannten Widerstand gemessen. Eine zweite Anwendung des Ohmschen Gesetzes ergibt dann den ohmschen Wert des Widerstands.

Die folgenden Überlegungen zeigen, auf welche Art das gleiche Prinzip angewendet werden kann, um ein Oszilloskop als einfachen Kennlinienschreiber einzusetzen. Das Einfügen eines Widerstands in einen Schaltkreis wird den in diesem Kreis fließenden Strom reduzieren, aber es handelt sich um den reduzierten Stromwert, der tatsächlich gemessen wird.

Ein zweiter Fehler liegt in der Ungenauigkeit beim Ablesen des Oszilloskops vor. Dieser Fehler ist umso größer, je kleiner die Ablenkung des Strahls auf dem Bildschirm ist. Der gewählte Wert des Vorwiderstands muss also niederohmig sein, um eine zu große Reduzierung des Stroms zu vermeiden, und gleichzeitig so hochohmig sein, um eine ausreichende Ablenkung auf dem Bildschirm erzeugen zu können. *Es gilt:* je niederohmiger der Gesamtwiderstand der Schaltung ist, umso schwieriger werden die Einstellungen am Oszilloskop.

In der Praxis hat sich gezeigt, dass das Verhältnis von Vorwiderstand zu Gesamtwiderstand von 1 : 100 für Gleichspannungsmessungen geeignet ist. Dieses Verhältnis ergibt eine Verfälschung des Stroms um 1 %. Ein solcher Fehler kann bei der Wechselspannungsmessung um den Faktor 10 verkleinert werden und zwar durch die Erhöhung des Verhältnisses auf 1 : 1.000 und Wahl der 10-fachen Empfindlichkeit (AC · 10) des Oszilloskops.

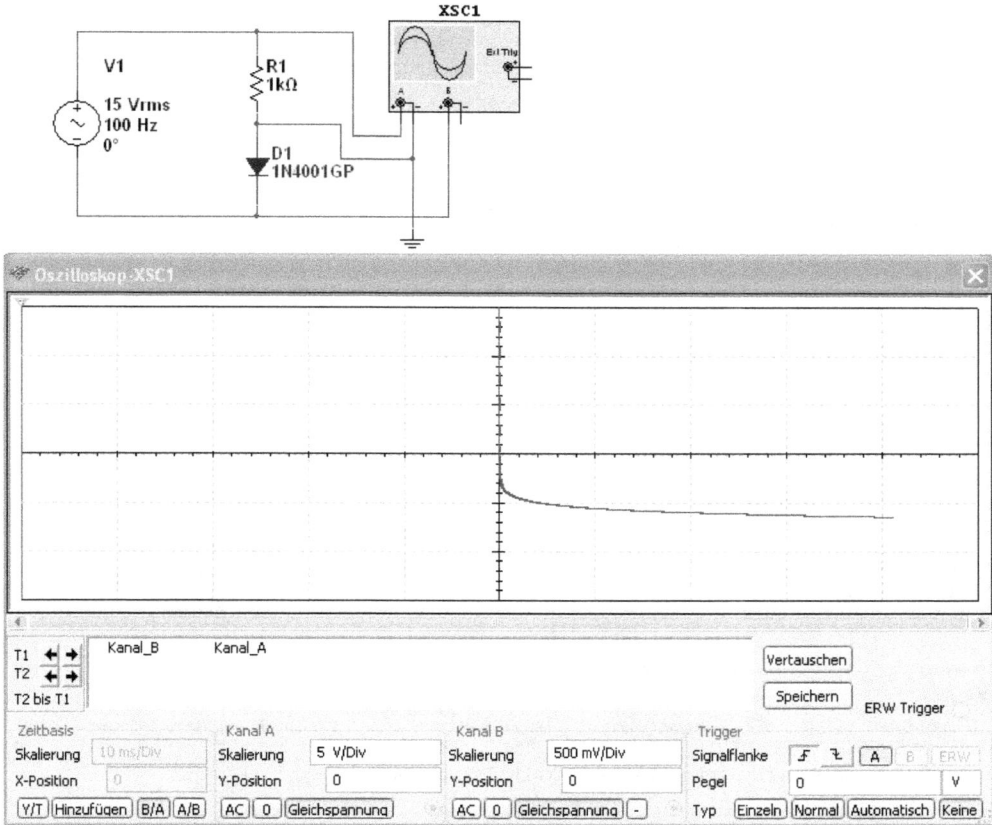

Abb. 9.3: Schaltung zur dynamischen Messung der Diodenkennlinie, wobei die Kennlinie gespiegelt dargestellt wird

Benutzt man das Oszilloskop, um auf der Y-Achse den Strom und auf der X-Achse die Spannung darzustellen, erhält man einen einfachen Kennlinienschreiber, wie Abb. 9.3 zeigt. Wenn die Darstellungen justiert sind, können die Werte des Stroms direkt abgelesen werden. Da dies aber in der Praxis kaum der Fall ist, muss eine Umrechnung erfolgen.

Die Y-Ablenkung, die durch den Spannungsfall über den 1-kΩ-Widerstand erzeugt wird, ist proportional dem fließenden Strom, d. h.

$$\text{Y-Ablenkung} = \frac{1V/Div}{1k\Omega} = 1mA/Div$$

Wenn dieser Widerstand auf 100 Ω verkleinert wird, ergibt sich für die Y-Ablenkung ein Strom von 10 mA/Div.

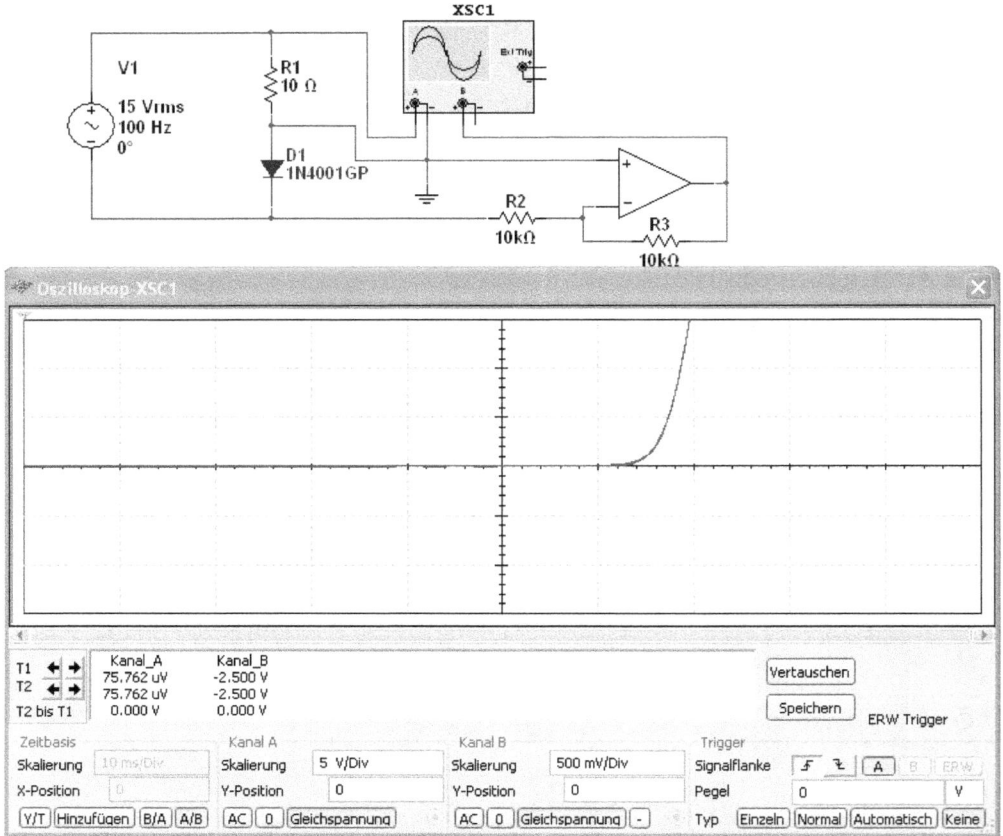

Abb. 9.4:   Schaltung zur dynamischen Messung der Diodenkennlinie

Abb. 9.4 zeigt eine Schaltung zur dynamischen Messung der „richtigen" Diodenkennlinie.

Durch den Operationsverstärker ergibt sich die richtige Ablenkung der Strom-Spannungs-Kennlinie, wie das Datenblatt zeigt. Ist die unabhängige Variable der Strom i und die abhängige Variable der Spannungsfall, den dieser Strom an einem nicht linearen Prüfling verursacht, dann ist $u = f(i)$ die gewünschte darzustellende Funktion.

Abb. 9.4 zeigt ein messtechnisches Problem, nämlich die drei dargestellten Spannungspotentiale. Bekanntlich können bei den 2-Kanal-Oszilloskopen auch nur drei Spannungspotentiale angeschlossen werden, weil das GND-Potential für beide Kanäle dasselbe ist. Andererseits ist das Spannungspotential des Punktes B für beide Messsignale, nämlich für u_y und für u_x erforderlich. Das Oszilloskop muss demnach so angeschlossen werden, dass der Punkt B auf den GND-Anschluss des Oszilloskops gelegt wird. Damit gibt es aber die Schwierigkeit, dass nur u_y vorzeichenrichtig angeschlossen werden kann, während der noch verbleibende Anschluss (Punkt C) für u diese Spannung vorzeichenverkehrt auf dem Bildschirm darstellt.

Aus diesem Grund muss das Signal am X-Kanal umgekehrt (invertiert, Stellung INV) werden. Abb. 9.4 zeigt den Aufbau der endgültigen Messschaltung.

Die Größe des Messwiderstandes R_1 und der Betriebsspannung U_b richtet sich jeweils nach dem Strom- bzw. Spannungsbereich, für den die Kennlinie aufzunehmen ist. Zur Bestimmung dieser Werte müssen ungefähre Angaben über den Prüfling vorliegen. Soll nicht die Funktion U(I) dargestellt werden, sondern I(U), dann müssen lediglich die Y- und X-Anschlüsse getauscht werden.

Die Kennlinie einer Z-Diode mit der Z-Spannung von 4,7 V ist im Sperr- und Durchlassbereich in der Form I = f(U) darzustellen. Der maximale Strom in Durchlassrichtung soll 50 mA nicht überschreiten. Zur Verfügung steht ein Funktionsgenerator mit einer Spannung von $+U_b$ = 15 V und einem Innenwiderstand von 50 Ω. In der Simulation hat man einen Innenwiderstand von 0 Ω, aber der Innenwiderstand lässt sich einstellen. Als nächstens bestimmt man den Ablenkkoeffizienten, den Wert eines Vorwiderstandes und den Wert des Messwiderstandes.

Es wird davon ausgegangen, dass der Koordinatenursprung genau in Bildschirmmitte liegen soll. Die Spannung in Sperrrichtung wird maximal Werte von etwa 5 V annehmen können, weshalb der X-Ablenkkoeffizient mit c_x = 1 V/DIV festgelegt wird. Die Z-Diode ist ein Bauelement, das bei entsprechend großer Spannung auch sehr große Ströme zulässt. Deshalb muss eine Strombegrenzung erfolgen. Hierfür könnte der Wert des Messwiderstandes entsprechend groß gewählt werden. Das ist jedoch ungünstig, weil im Messwiderstand die Wärmeentwicklung (Leistung) möglichst klein bleiben sollte. Für die Versorgung wird deshalb ein zusätzlicher Vorwiderstand gewählt. Die an ihm fallende Spannung sollte nicht zu klein sein (Störungen, Rauschen!). Außerdem muss er einen Wert erhalten, mit dem die Umrechnung von Spannung in Strom leicht möglich ist.

Da in dem Beispiel der maximale Strom 50 mA betragen soll, müssen vier Divisions diesem Strom entsprechen. Der Stromablenkkoeffizient c_i beträgt also 20 mA/DIV. Mit $c_i = c_y/R_m$ kann R bestimmt werden. Allerdings muss hierzu erst der Wert des Y-Spannungsablenkkoeffizienten c_y festgelegt werden. Er wird zu c = 0,1 V/DIV gewählt. Damit errechnet sich R_m zu: $R_m = c_y/c_i$ = (0,1 V/DIV)/(20 mA/DIV) = 5 Ω.

Vor-, Innen- und Messwiderstand ergeben zusammen maximal 15 V – 0,8 V = 14,2 V ab (0,8 V ist etwa die Diodendurchlassspannung). Damit muss der Vorwiderstand R_1 einen Wert von R_1 = 10 Ω aufweisen.

Praktisch wird man so vorgehen, dass der ungefähre Wert des Vorwiderstandes eingebaut wird, z. B. 100 Ω. Bei der Schaltungsinbetriebnahme beginnt man zunächst mit kleiner Spannungsamplitude und erhöht diese so weit, bis die 50 mA erreicht sind. Der genaue Wert der Betriebsspannung ist für den Anwender meist uninteressiert.

9.1.3   Kennlinienschreiber mit Diode

Durch den Einsatz des Kennlinienschreibers von Multisim kann die Kennlinie einer Diode gemessen werden. Wenn man die Schaltung von Abb. 9.5 aufbaut und dann die Simulation einschaltet, ergeben sich die Simulationsparameter mit Start = −60 V und Stopp mit +60 V.

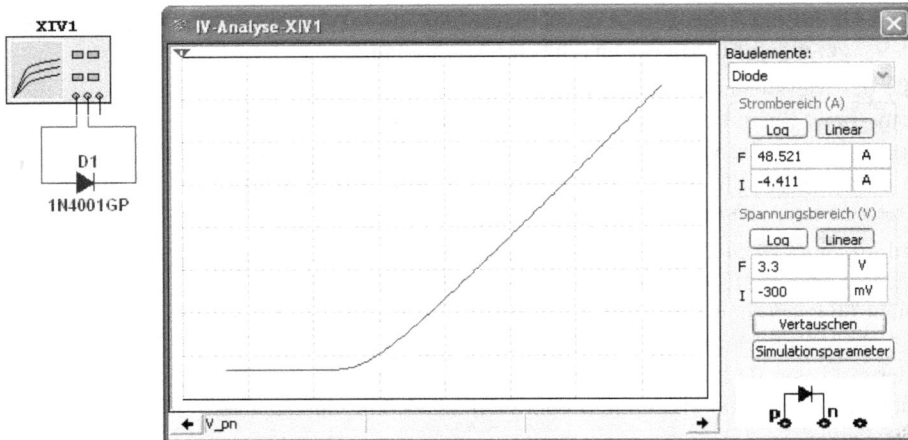

Abb. 9.5:   Diode mit Kennlinienschreiber

Mit dieser Einstellung erhält man das gezeigte Bild.

9.1.4   Statischer und dynamischer Wert einer Diode

Bevor man sich mit praktischen Anwendungen und Messungen an Dioden beschäftigt, soll der Unterschied zwischen dem statischen und dynamischen Widerstand erläutert werden. In der Gleichstromlehre wird der Widerstand eines Bauelements mit Hilfe einer Spannungs- und Strommessung bestimmt. Der Widerstandswert lässt sich nach dem Ohmschen Gesetz berechnen ($R = U/I$). Eine Diode besitzt aber keinen bestimmten gleichbleibenden Widerstand. Zur besseren Beurteilung des Widerstandsverhaltens einer Diode hat man daher zwei Größen eingeführt, den statischen und den dynamischen Widerstand. Wie die Bezeichnung schon erkennen lässt, bezieht sich der statische Widerstand auf einen „Ruhezustand". Ein unveränderlicher – also statischer – elektrischer Zustand ergibt sich bei Gleichstrom. Legen wir an eine Diode in Durchlassrichtung eine Gleichspannung U_F bestimmter Höhe, so fließt ein bestimmter Diodenstrom I_F. Aus diesen beiden Werten ergibt sich der statische Widerstand

$$R_F = \frac{U_F}{I_F}$$

Der Widerstandswert wird üblicherweise für den vorgesehenen Betriebszustand (Arbeitspunkt) einer Diode angegeben. Ebenso lässt sich für den Sperrbereich der statische Widerstand aus Sperrspannung U_R und Sperrstrom I_R bestimmen.

In der Diodenkennlinie nach Abb. 9.6 sind zwei Punkte markiert und für diese beiden Punkte ergeben sich folgende statische Widerstände:

$$R_F = \frac{U_F}{I_F} = \frac{0,75V}{0,5A} = 1,5\Omega$$

$$R_R = \frac{U_R}{I_R} = \frac{100V}{20\mu A} = 5M\Omega$$

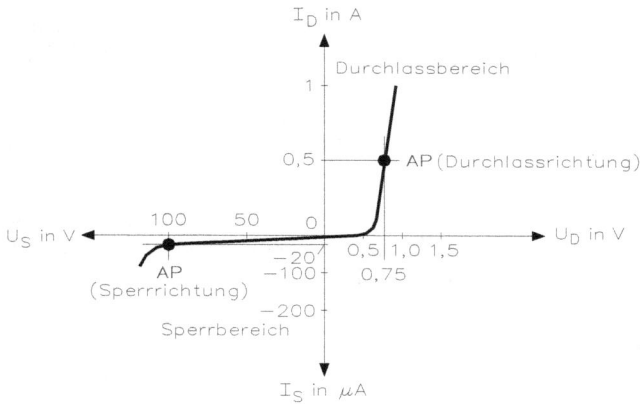

Abb. 9.6:   Bestimmung des statischen Widerstands einer Diode

Anders liegen die Verhältnisse, wenn die Gleichspannung schwankt oder mit Wechselspannung überlagert wird. Angenommen, die Diode liegt an einer Gleichspannung von 1,5 V in Durchlassrichtung.

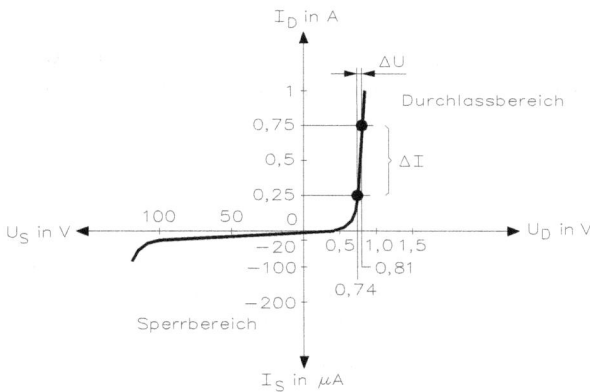

Abb. 9.7:   Bestimmung des dynamischen Widerstands einer Diode

Abb. 9.7 zeigt die Bestimmung des dynamischen Widerstands für eine Siliziumdiode. Wird diese Gleichspannung mit einer Wechselspannung von $U_{max} = 0,5$ V überlagert, so ändert sich die Spannung an der Diode im Rhythmus der Wechselspannung zwischen 0,74 V und 0,81 V. Der Diodenstrom ändert sich dabei zwischen 250 mA und 750 mA. Für die Schwankungen – also den Wechselstrom – stellt die Diode einen dynamischen Widerstand dar, der sich berechnen lässt mit

$$r = \frac{\Delta U}{\Delta I} = \frac{0,81V - 0,74V}{750mA - 250mA} = \frac{0,07V}{500mA} = 0,14\,\Omega$$

Dieser Widerstand ist für den angenommenen Arbeitspunkt also kleiner als der statische Widerstand und man bezeichnet ihn als dynamischen oder auch differentiellen Widerstand.

Der statische Widerstand eines Halbleiter-Bauelements ergibt sich aus Gleichspannung und Gleichstrom, und er ist vom Arbeitspunkt AP abhängig. Unter dem dynamischen Widerstand r eines Halbleiterbauelements versteht man den Widerstandswert, der sich aus Spannungs- und Stromänderung ergibt. Der dynamische Widerstand stellt gewissermaßen einen Wechselstromwiderstand dar. Statischer und dynamischer Widerstand werden immer für einen Arbeitspunkt angegeben.

Den differentiellen Widerstand kann man dadurch ermitteln, dass man im Arbeitspunkt eine Tangente an die Kennlinie legt. Diese Tangente stellt dann die Widerstandsgerade für den differentiellen Widerstand dar. Im geradlinigen Bereich einer Kennlinie sind dynamischer und differentieller Widerstand gleich.

Unter dem Arbeitspunkt AP ist allgemein der Punkt auf einer Kennlinie zu verstehen, der durch eine bestimmte Gleichspannung oder einen bestimmten Gleichstrom festgelegt wird. Er wird so gewählt, dass das Bauelement für den vorgesehenen Zweck einwandfrei arbeitet, ohne überlastet zu werden. Bei der Anwendung von Wechselspannungen muss der Arbeitspunkt so liegen, dass der positive und der negative Scheitelwert der Wechselspannung im geradlinigen Teil der Kennlinie liegen, um Verzerrungen zu vermeiden.

9.2   Kennlinienschreiber für Transistoren

Die zum Betrieb am Transistor liegenden Spannungen werden in der Bezeichnung jeweils durch die beiden Anschlüsse des Transistors gekennzeichnet, zwischen denen die Spannung wirksam ist, also:

*   Spannung zwischen Kollektor und Emitter: U_{CE}
*   Spannung zwischen Kollektor und Basis: U_{CB}
*   Spannung zwischen Basis und Emitter: U_{BE}

Als positive Zählrichtung gilt bei NPN-Transistoren die Spannungsangaben die Reihenfolge der Transistorenschlüsse, wobei immer der erste Anschluss positiv gegenüber dem zweiten sein soll. Liegt eine Spannung in der Polarität aber genau umgekehrt, so werden beim PNP-Transistor die Spannungsangaben durch ein negatives Vorzeichen ausgedrückt.

9.2.1   Einfache Messungen und Prüfungen an bipolaren Transistoren

Ähnlich wie bei den Dioden wollen wir Art und Funktionsfähigkeit von Transistoren mit Hilfe einfacher Messungen mit einem Vielfachinstrument prüfen. Diese einfachen Messungen lassen zwar keine Rückschlüsse auf die genauen Betriebsdaten der Bauelemente zu. Sie ermöglichen es uns jedoch, die Schichtfolge eines Transistors, seine Funktionsfähigkeit bzw. grobe Fehler verhältnismäßig einfach zu bestimmen.

Für die erste Messung verwendet man den Transistor BC107. Von der Metallfahne am Gehäuse angefangen liegen also nacheinander Emitter-, Basis- und Kollektoranschluss rechtsherum.

Eine Diodenprüfung wird durch eine Widerstandsmessung mit einem Ohmmeter vorgenommen und der Messbereich des Ohmmeters oder Vielfachinstruments auf x 1k geschaltet. Die erste Messung gilt der Basis-Emitter-Diode. Für diese Diodenstrecke ermitteln wir in üblicher Weise Durchlass- und Sperrrichtung sowie Durchlass- und Sperrwiderstand. Da es sich in diesem Fall um einen Silizium-Transistor handelt, ist der Sperrwiderstand mit einem einfachen Instrument nicht mehr messbar (er hat einen Wert von ≈ 10 MΩ). Man kann aber eindeutig Durchlass- und Sperrrichtung unterscheiden und damit den Katodenanschluss dieser Diodenstrecke bestimmen. Die Messungen führen zu etwa folgendem Ergebnis:

Sperrwiderstand:	Anzeige ∞
Durchlasswiderstand:	≈ 15 kΩ
Katode:	Emitter
folglich Durchlassrichtung:	Basis-Emitter
(technische Stromrichtung)	

Ergibt sich im Sperrbereich ein deutlicher Ausschlag des Ohmmeterzeigers, dann ist die Basis-Emitter-Diode nicht einwandfrei. Als nächstes folgt die gleiche Prüfung zwischen Basis- und Kollektoranschluss. Die Messungen ergeben

Sperrwiderstand:	Anzeige ∞
Durchlasswiderstand:	≈ 10 kΩ
Katode:	Kollektor
folglich Durchlassrichtung:	Basis-Kollektor
(technische Stromrichtung)	

Auch hier gilt: Ist die Anzeige des Ohmmeters im Sperrbereich deutlich kleiner als ∞, so ist diese Diodenstrecke nicht einwandfrei. Damit erhält man das Ersatzschaltbild für den Transistor und es handelt sich um einen NPN-Transistor.

Für die Ermittlung der Schichtfolge an Germanium-Transistoren gelten die gleichen Messungen. Zu beachten ist aber dabei, dass sich bei Germanium-PN-Übergängen im Allgemeinen nicht so große Sperrwiderstände ergeben wie bei Silizium-PN-Übergängen. Bei den Typen muss sich die Schichtfolge PNP ergeben. Für die Messungen dieser Art gilt das gleiche wie für die einfachen Messungen an Dioden. Das Verhältnis von Sperrwiderstand zu Durchlasswiderstand sollte bei jedem der beiden PN-Übergänge eines Transistors etwa 150 : 1 oder größer sein. Bei Kleinleistungs- und vor allem Siliziumtransistoren beträgt das Verhältnis mehr als 150. Dagegen kann es bei Leistungstransistoren auch noch darunter liegen.

Ist kein Anschluss des zu prüfenden Transistors bekannt, so sind folgende Prüfungen vorzunehmen:

1. Man ermittelt durch Messungen den Basisanschluss. Dazu wird jeweils ein Messkabel des Ohmmeters zunächst fest an einen beliebigen Transistoranschluss gelegt und der Widerstand zu den anderen Transistoranschlüssen gemessen. Diese Messung wird nach Wechseln des ersten Anschlussdrahtes bzw. durch Vertauschen der Messkabel so oft wiederholt, bis sich vom festen Anschluss zu den übrigen beiden ein niedriger Widerstandswert ergibt. In diesem Fall ist bei einem funktionsfähigen Transistor der erste, fest mit einer Messkabel verbundene Anschlussdraht der Basisanschluss.
2. Die Funktionsfähigkeit der beiden PN-Übergänge wird dadurch geprüft, dass von dem gefundenen Basisanschluss aus auch die Sperrwiderstände zu den beiden anderen Transistoranschlüssen gemessen werden. Ergibt sich auch nach Umpolen der Messkabel ein niedriger Widerstandswert, so ist der Transistor nicht in Ordnung.
3. Die Funktionsfähigkeit des Transistors wird durch eine Widerstandsmessung zwischen Kollektor und Emitter überprüft. Die Polarität spielt dabei eine untergeordnete Rolle. Der gemessene Widerstand muss für beide Richtungen einen hohen Wert ergeben. Er liegt aber im Allgemeinen etwas unter dem Sperrwiderstand eines einzelnen PN-Übergangs.

4. Den Kollektoranschluss kann man – wenn auch nicht immer sehr zuverlässig – durch genaues Messen der Durchlasswiderstände für die beiden PN-Übergänge bestimmen, und zwar von der Basis aus. Dabei ergibt sich fast immer, dass einer der gemessenen Durchlasswiderstände geringfügig kleiner ist als der andere. Der etwas kleinere Durchlasswiderstand gehört zum Basis-Kollektor-PN-Übergang. Das hängt damit zusammen, dass die Kollektorschicht eines Transistors einen größeren Querschnitt hat als die Emitterschicht. Da der Basisanschluss bereits gefunden wurde, liegt jetzt auch der Kollektoranschluss fest. Demnach muss der dritte Anschluss der Emitteranschluss sein.

9.2.2   Messung des Gleichstromverstärkungsfaktors B

Nachdem man in der Lage sind, die drei Anschlüsse eines Transistors zu bestimmen, kann man ihn jetzt auch richtig für die folgenden Messungen und Schaltungen anschließen. Wie bereits angegeben, ergibt sich der Gleichstromverstärkungsfaktor B eines Transistors aus dem Verhältnis von Kollektorruhestrom zu Basisruhestrom:

$$B = \frac{I_C}{I_B}$$

Zur Messung des Gleichstromverstärkungsfaktors werden noch die Daten für den richtigen Arbeitspunkt benötigt. Zum Gleichstromverstärkungsfaktor eines Transistors ist noch folgendes zu bemerken: In den Datenblättern wird entweder für einen angegebenen Arbeitspunkt ein ganz bestimmter Wert für B angegeben oder aber ein Bereich, innerhalb dessen der Verstärkungsfaktor liegen soll. Dies ist darauf zurückzuführen, dass Transistoren in der Fertigung erheblichen Streuungen unterliegen, so dass es unmöglich ist, Transistoren gleichen Typs mit genau gleichen Verstärkungsfaktoren herzustellen. Abweichungen um −50 % bis zu +100 % vom angegebenen Mittelwert sind durchaus möglich! Die angegebenen Festwerte für B sind also nur als Mittelwerte zu verstehen.

Der Verstärkungsfaktor hängt weiter, wie man durch Messungen bestätigt findet, vom jeweiligen Arbeitspunkt ab. Will man sich also ein Bild vom tatsächlichen Verstärkungsfaktor eines bestimmten Transistors machen, so bleibt nur die Messung als Mittel übrig.

Da sich einerseits die Klemmenspannung einer Batterie während längerer Belastung ändert und andererseits Halbleiter-Bauelemente im Betrieb erwärmen, sind alle Messungen so kurzzeitig wie möglich vorzunehmen. Zur Vermeidung von Fehlern wird daher die Verwendung einer Taste zum kurzzeitigen Einschalten empfohlen. Für die Messungen soll wieder der Transistor BC107 verwendet werden. Die Schaltung in Abb. 9.8 zeigt die Messung.

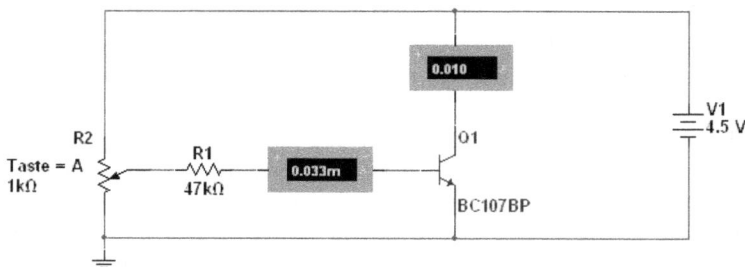

Abb. 9.8:   Messung des Gleichstromverstärkerungsfaktors B

Es ergibt sich ein Gleichstromverstärkerungsfaktor von

$$B = \frac{I_C}{I_B} = \frac{10mA}{33\mu A} = 303$$

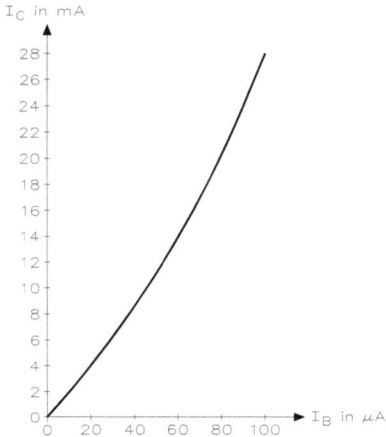

Abb. 9.9:   Steuer- bzw. Stromverstärkerkennlinie des Transistors BC107

Die Messung von Abb. 9.8 ergibt die Steuer- bzw. Stromverstärkerkennlinie von Abb. 9.9.

Für den Transistor BC107 findet man im Datenblatt unter anderem folgende Angaben:

P_v = 300 mW
U_{CE} = 5V
I_C = 2 mA
B = 180

Ohne einen merklichen Fehler zu machen, kann einfachheitshalber als Spannungsquelle eine Flachbatterie 4,5 V verwendet werden. Diese Spannungsquelle kann man sowohl für U_{CE} als auch für U_{BE} ausnutzen. Um eine Überbelastung des Transistors zu vermeiden, wird in den Basisstromkreis ein Schutzwiderstand geschaltet.

Berechnung des Schutzwiderstands: Aus den gegebenen Werten für I_C und B lässt sich der zu erwartende Basisstrom I_B berechnen:

$$I_B = \frac{I_C}{B} = \frac{2mA}{180} = 11,1\mu A$$

Da die Basis-Emitter-Strecke in Durchlassrichtung betrieben wird, ist ihr Widerstand vernachlässigbar klein. Als Spannungsquelle dient die 4,5-V-Batterie. Im Stromkreis Basis-Emitter muss demnach ein Gesamtwiderstand von

$$R = \frac{U}{I_B} = \frac{4,5V}{11,1\mu A} = 405k\Omega$$

liegen. Da sich jedoch die Verlustleistung für den gegebenen Arbeitspunkt nur zu

$$P_v = U_{CE} \cdot I_C = 4,5V \cdot 2mA = 9mW$$

gegenüber 300 mW zulässiger Verlustleistung ergibt, kann der Schutzwiderstand ohne weiteres kleiner gewählt werden. Für den Aufbau verwendet man einen 50-kΩ-Widerstand (nächster Normwert 47 kΩ).

Die Messung geht folgendermaßen vor sich: Ein Messinstrument (Messbereich 2,5 mA) zeigt den Kollektorstrom I_C an. Bei eingeschalteter Batterie (Taste benutzen!) wird jetzt mit Hilfe des 1-kΩ-Potentiometers die Basis-Emitter-Spannung und damit der Basisstrom I_B so eingestellt, dass sich ein Kollektorstrom von genau 2 mA ergibt. Damit ist der vorgesehene Arbeitspunkt erreicht. Für diesen Arbeitspunkt muss nun auch der Basisstrom I_B ermittelt werden. Dieser wird mit einem Strommesser (50-μA-Messbereich) gemessen.

Im Verhältnis zum gesamten Stromkreiswiderstand ist der Innenwiderstand des Messinstruments so klein, dass sich Fehler durch das Einschalten des Instruments ergeben. Für einen durchgemessenen Transistor BC107 ergeben sich folgende Messwerte:

$$I_C = 2 \text{ mA} \qquad\qquad I_B = 12 \text{ μA}$$

Demnach beträgt der Gleichstromverstärkungsfaktor:

$$B = \frac{I_C}{I_B} = \frac{2mA}{12\mu A} = 167$$

An diesem Messbeispiel ist bereits zu erkennen, dass zwischen der Angabe im Datenblatt und dem tatsächlichen Wert für einen Transistor dieser Type Abweichungen auftreten.

9.2.3   Messung der Eingangskennlinie $I_B = f\,(U_{BE})$

Durch die einfachen Messungen hat man sich grundsätzlich mit dem Transistor vertraut gemacht und jetzt soll er messtechnisch genauer untersucht werden. Die bisher bei Messungen gemachten Erfahrungen sind dabei sehr nützlich. Um einen Transistor und sein Verhalten vollkommen beurteilen zu können, ist die Aufnahme von Kennlinien notwendig. Das Verhalten eines Transistors wird im Wesentlichen durch drei verschiedene Kennlinienarten veranschaulicht, nämlich die Eingangskennlinie, die Ausgangskennlinie und die Steuerkennlinie.

Die Eingangskennlinie stellt die Abhängigkeit des Eingangsstroms I_B von der Höhe der Basis-Emitter-Spannung U_{BE} dar, wobei eine konstante Spannung U_{CE} zwischen Kollektor und Emitter anliegt. Für die statische Erstellung der Eingangskennlinie benötigt man die Messschaltung nach Abb. 9.10.

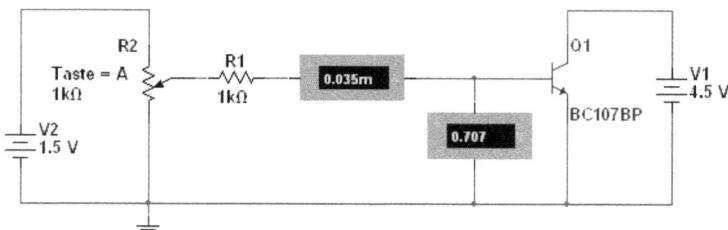

Abb. 9.10:   Messschaltung zur statischen Aufnahme der Eingangskennlinie

Bei der Untersuchung der Eingangskennlinie lässt sich die Abhängigkeit des Basisstroms I_B von der Basis-Emitter-Spannung U_{BE} ermitteln. Bedingung ist hier, dass die Kollektor-Emitter-Spannung U_{CE} einen konstanten Wert für die Kennlinienaufnahme hat. Aus der Tabelle lässt sich die Eingangskennlinie im doppelt-linearen Maßstab erstellen, wie Abb. 9.11 zeigt. In den Datenblättern findet man häufig die Eingangskennlinie im doppelt-logarithmischen Maßstab dargestellt.

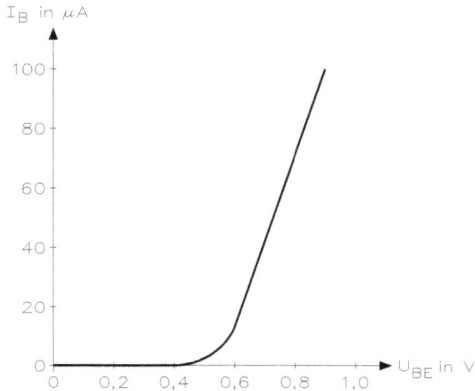

Abb. 9.11:   Eingangskennlinie des Transistors BC107 im doppelt-linearen Maßstab

Man benötigt die Eingangskennlinie aus zwei Gründen in der analogen Schaltungstechnik:

*   Die Kennlinie gibt Aufschluss über die Belastung bzw. das Ansteuerverhalten der Signalquelle am Eingang der Transistorstufe.
*   Man muss den zur Basis-Emitter-Spannung fließenden Basisstrom kennen, um die Stromquelle dieser Signalerzeugung richtig zu berechnen und damit die erforderlichen Bauelemente dimensionieren zu können.

Mit Hilfe der unteren Schaltung in Abb. 9.12 kann die Eingangskennlinie eines Transistors seitenrichtig mit dem Oszilloskop dargestellt werden. Die Basis-Emitter-Strecke in einem Transistor stellt einen PN-Übergang dar. Deshalb zeigt die Eingangskennlinie auch einen ähnlichen Verlauf wie eine Diodenkennlinie im Durchlassbereich.

Da durch die Höhe der Basis-Emitter-Spannung der Basisstrom und damit auch der Arbeitspunkt festliegt, gilt für die richtige Größe folgendes: Für Vorverstärker ist am Eingang nur mit kleinen Spannungsänderungen zu rechnen. In Vorverstärkern ist ein Rauschen unerwünscht, denn es würde ja von den nachfolgenden Stufen mit dem Signal weiterverstärkt. Da das Rauschen eines Transistorverstärkers mit höherem Arbeitspunkt steigt, wird die Basis-Emitter-Spannung für Vorverstärker verhältnismäßig niedrig gewählt (etwa gleich der Diffusionsspannung). Die nachfolgenden Verstärkerstufen sollen das Signal weiterverstärken und diese erhalten also am Eingang bereits größere Spannungsänderungen. Ihr Arbeitspunkt muss daher durch eine entsprechend höhere Basis-Emitter-Spannung vergrößert werden.

Aus der Eingangskennlinie kann man den statischen (Gleichstrom-) und den dynamischen (Wechselstrom-) Eingangswiderstand eines Transistors bestimmen. Die Höhe der konstanten Kollektor-Emitter-Spannung U_{CE} hat übrigens auf den Verlauf der Eingangskennlinie nur einen sehr unwesentlichen Einfluss, so dass man hier von der Aufnahme einer Kennlinienschar (etwa wie bei den Ausgangskennlinien) absehen kann.

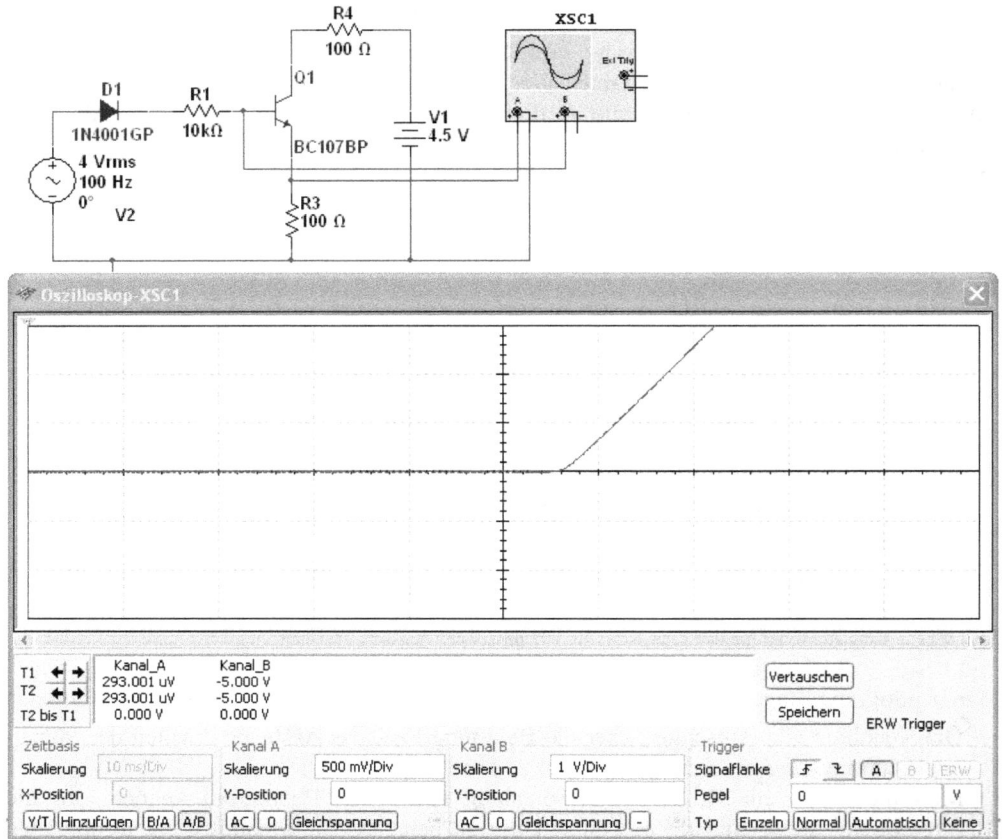

Abb. 9.12:   Messschaltung zur dynamischen Aufnahme der Eingangskennlinie und Schaltung für den Transistor
             BC107

Kennlinien stellen im mathematischen Sinn sogenannte Funktionen dar. Unter einer Funktion
versteht man die Abhängigkeit einer Größe von einer anderen veränderlichen Größe. Da
solche Abhängigkeiten – sprich Funktionen – in der Physik und in der Technik sehr häufig
untersucht werden, soll man die dafür übliche Schreibweise beachten. Unsere Eingangskennlinie stellt als Funktion die Abhängigkeit des Basisstroms I_B von der Basis-Emitter-Spannung
U_{BE} dar. Man schreibt daher $I_B = f(U_{BE})$ und liest:

   „I_B ist eine Funktion von U_{BE}" oder einfach „I_B in Abhängigkeit von U_{BE}"

Die während der Messungen konstant bleibende Größe – hier die Spannung U_{CE} – wird als
Parameter bezeichnet.

Die Eingangskennlinie $I_B = f(U_{BE})$ eines Transistors lässt das Verhalten des PN-Übergangs
von Basis-Emitter bei veränderlicher Basis-Emitter-Spannung erkennen. Aus der Eingangskennlinie können der Eingangswiderstand und die für einen bestimmten Basisstrom (Arbeitspunkt) erforderliche Basis-Emitter-Spannung bestimmt werden.

9.2.4 Ausgangskennlinien eines Transistors

Die Ausgangskennlinien stellen die Abhängigkeit des Kollektorstroms von der Spannung zwischen Kollektor und Emitter dar. Dabei wird entweder die Basis-Emitter-Spannung oder der Basisstrom konstant gehalten (Parameter). Da der Kollektorstrom jedoch auch vom Basisstrom (und dieser von der Basis-Emitter-Spannung) abhängt, nimmt man mehrere solcher Ausgangskennlinien auf, wobei zu jeder Kennlinie ein ganz bestimmter Wert der Basis-Emitter-Spannung oder des Basisstroms gehört (Kennlinienschar). Wegen der Schwierigkeit, die Basis-Emitter-Spannung auf einem einfachen Messinstrument genau abzulesen, sollen die Kennlinien für jeweils konstanten Basisstrom aufgenommen werden und man setzt die Messschaltung nach Abb. 9.13 ein.

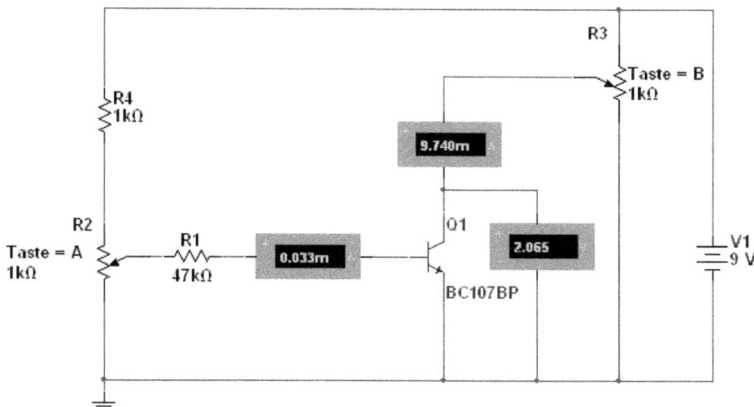

Abb. 9.13:   Messschaltung zur Aufnahme der Ausgangskennlinien

Bei den Messungen ist zu beachten:

* Die Kollektorspannung wird zunächst in kleineren Stufen geändert, da die Kennlinien für kleine Spannungen noch sehr gekrümmt sind. Für den nahezu linearen Kennlinienbereich reichen größere Spannungsstufen aus.
* Alle drei Anschlüsse eines Transistors sind galvanisch untereinander verbunden. Infolgedessen ändern sich u. U. alle anderen Werte, wenn man eine Größe verändert. Man muss also bei jeder eingestellten Stufe der Kollektorspannung unbedingt auch den richtigen Wert des Basisstroms überprüfen und ggf. nachjustieren!
* Unter keinen Umständen darf die Messschaltung zu lange an der Stromversorgung liegen, da sich sonst durch Absinken der Batteriespannung oder Erwärmung des Transistors Messfehler ergeben.

In Abb. 9.14 sind die Ausgangskennlinien für einen Transistor BC107 dargestellt.

Diese Kennlinien gelten für eine größere Typenzahl von Kleinsignaltransistoren. Dabei unterscheiden sich die vergleichbaren Typen nur durch die Art des Gehäuses und die zulässige Verlustleistung.

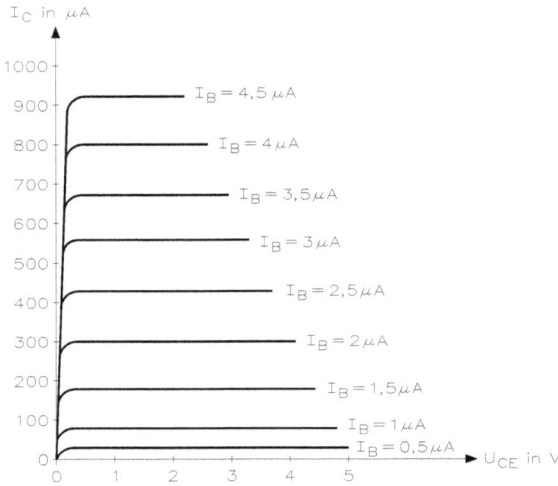

Abb. 9.14:   Ausgangskennlinien für den Transistor BC107 $I_C = f(U_{CE})$

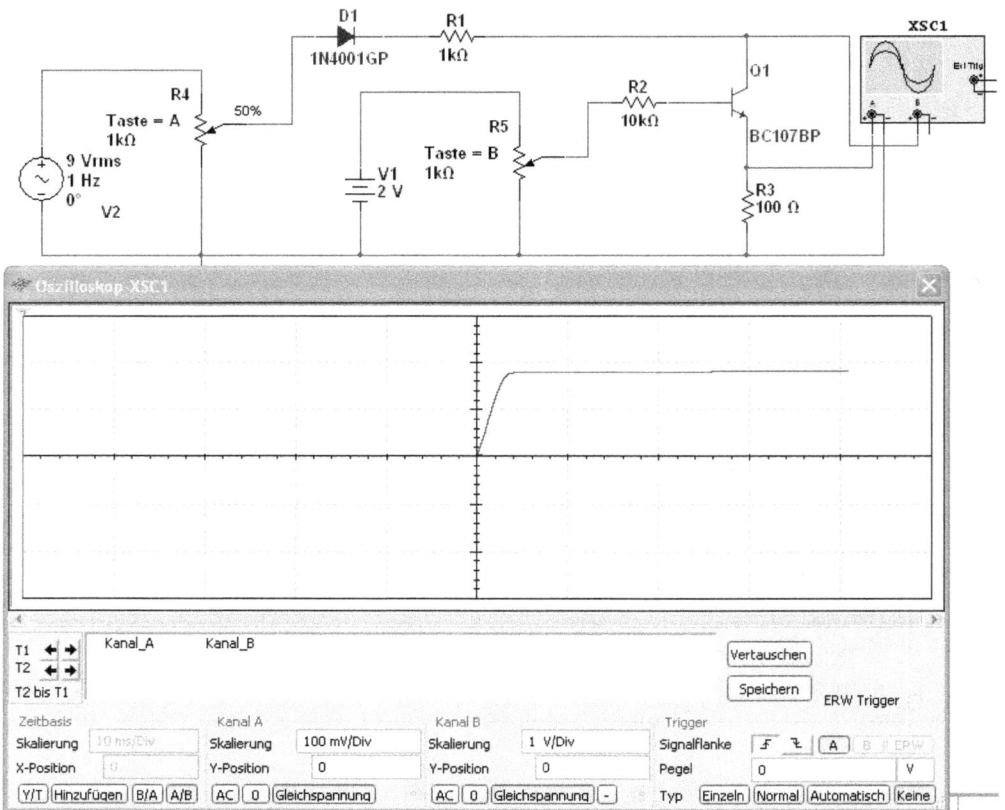

Abb. 9.15:   Dynamische Aufnahme der Ausgangskennlinien für den Transistor BC107 $I_C = f(U_{CE})$

Mit Hilfe der Schaltung in Abb. 9.15 lassen sich die Ausgangskennlinien oszillografisch darstellen. Die Schaltung ermöglicht sowohl das „Schreiben" einer Kennlinie von Null bis zum Maximalwert als auch die Darstellung einzelner Ausgangskennlinien zu verschiedenen Parametern. Mit dem Potentiometer R_4 ändert man die Betriebsspannung zwischen 0 V und 9 V stufenlos. Die Gleichspannungsquelle liefert über das Potentiometer den Basisstrom für den Transistor.

Dass der Kollektorstrom dennoch mit steigender Spannung geringfügig zunimmt, ist damit zu erklären, dass mit zunehmender Gesamtspannung zwischen Kollektor und Emitter auch die Teilspannung am Basis-Emitter-Widerstand größer wird. Der Transistor stellt ja mit seinen beiden Teilwiderstanden R_{BE} und R_{BC} einen Spannungsteiler dar. Infolge der etwas höheren Basis-Emitter-Spannung steigt somit auch die Zahl der in die Basis vordringenden freien Ladungsträger und damit der Kollektorstrom geringfügig an.

Die Ausgangskennlinien eines Transistors veranschaulichen sein elektrisches Verhalten zwischen Kollektor und Emitter, z. B. sein Widerstandsverhalten. Anhand des Ausgangskennlinienfeldes kann der günstigste Wert für den Lastwiderstand im Kollektorstromkreis ermittelt werden.

9.2.5   Dynamische Aufnahme von Ausgangskennlinien

Im Transistor stehen folgende vier Größen zueinander in Beziehung:

- Eingangsstrom I_1 oder Basisstrom I_B
- Eingangsspannung U_1 oder Basis-Emitter-Spannung U_{BE}
- Ausgangsstrom I_2 oder Kollektorstrom I_C
- Ausgangsspannung U_2 oder Kollektor-Emitter-Spannung U_{CE}

Wegen der internen Verkopplungen der einzelnen Sperrschichten sind alle vier Größen untereinander abhängig.

Mit den einzelnen Schaltungen lassen sich folgende vier Kennlinien des Transistors aufnehmen:

- **Eingangskennlinie:** Diese Kennlinie zeigt den Zusammenhang von $I_B = f(U_{BE})$ bei U_{CE} = konstant und hat den Verlauf einer Siliziumdiode.
- **Stromverstärkungskennlinie:** Diese Kennlinie zeigt den Zusammenhang von $I_C = f(I_B)$ bei U_{CE} = konstant. Aus der Stromverstärkungskennlinie kann die Stromverstärkung B (statischer Wert) oder β (dynamischer Wert) eines Transistors ermittelt werden. In der analogen Schaltungspraxis setzt man die Bedingung voraus: B ≈ β.
- **Ausgangskennlinie:** Diese Kennlinie zeigt den Zusammenhang von $I_C = f(U_{CE})$ mit I_B = konstant. Die Ausgangskennlinie stellt für den praktischen Entwurf die wichtigsten Kenngrößen zur Verfügung.
- **Rückwirkungskennlinie:** Diese Kennlinie zeigt den Zusammenhang von $U_{BE} = f(U_{CE})$ bei I_B = konstant. Aus dieser Kennlinie ist zu entnehmen, dass eine Änderung der Kollektor-Emitter-Spannung nur einen sehr geringen Einfluss auf die Spannung U_{BE} hat. Diese Kennlinie wird für den praktischen Schaltungsentwurf nicht benötigt.

Die **Eingangskennlinie** ist aus zwei Gründen in der analogen Schaltungstechnik erforderlich:

- Die Kennlinie gibt Aufschluss über die Belastung bzw. das Ansteuerverhalten der Signalquelle am Eingang der Transistorstufe.
- Man muss den zur Basis-Emitter-Spannung fließenden Basisstrom kennen, um die Stromquelle dieser Signalerzeugung richtig zu berechnen und damit die erforderlichen Bauelemente dimensionieren zu können.

Aus der Basis-Emitter-Spannung U_{BE} und dem Basisstrom I_B kann man den statischen und den dynamischen Eingangswiderstand ermitteln mit

$$R_{ein} = \frac{U_{BE}}{I_B} \qquad\qquad r_{ein} = \frac{\Delta U_{BE}}{\Delta I_B}$$

Es wird zwischen dem Eingangswiderstand für den reinen Gleichstrombetrieb und dem Signalstrom- bzw. Wechselstrombetrieb unterschieden.

Bei der Untersuchung der **Steuerkennlinie** bzw. **Stromverstärkungskennlinie** lässt sich der Kollektorstrom I_C in Abhängigkeit des Basisstroms I_B ermitteln. Bedingung ist hier, dass die Kollektor-Emitter-Spannung U_{CE} einen konstanten Wert für die Kennlinienaufnahme hat. Aus dieser Kennlinie lässt sich die Stromverstärkung des Transistors ermitteln. Dabei unterscheidet man zwischen der

- statischen Stromverstärkung (Gleichstromverstärkung) mit

$$B = \frac{I_C}{I_B} = \frac{2,42\,mA}{11\,\mu A} = 220$$

- dynamischen Stromverstärkung (Wechselstromverstärkung) mit

$$B = \frac{\Delta I_C}{\Delta I_B} = \frac{15\,mA - 2,62\,mA}{69\,\mu A - 11\,\mu A} = 217$$

Die statische und dynamische Stromverstärkung sind sehr ähnlich, denn die Differenzen treten im Wesentlichen durch menschliche Messfehler und Messungenauigkeiten auf. Für die analoge Schaltungstechnik gilt immer die Bedingung:

$$B \approx \beta$$

Die **Ausgangskennlinie** stellt dagegen den Zusammenhang zwischen den beiden Ausgangsgrößen von Kollektorstrom I_C und Kollektor-Emitter-Spannung U_{CE} dar, wobei entweder der Basisstrom I_B oder die Basis-Emitter-Dioden-Spannung U_{BE} auf einem konstanten Wert gehalten wird.

Über die Ausgangskennlinie lässt sich der statische und dynamische Ausgangswiderstand berechnen mit

$$R_{aus} = \frac{U_{CE}}{I_B} \qquad\qquad r_{aus} = \frac{\Delta U_{CE}}{\Delta I_B}$$

Auf die Untersuchung der **Rückwirkungskennlinie**, die den Zusammenhang zwischen $U_{BE} = f(U_{CE})$ mit I_B = konstant darstellt, wird verzichtet, da diese Kennlinie keine praktische Bedeutung hat.

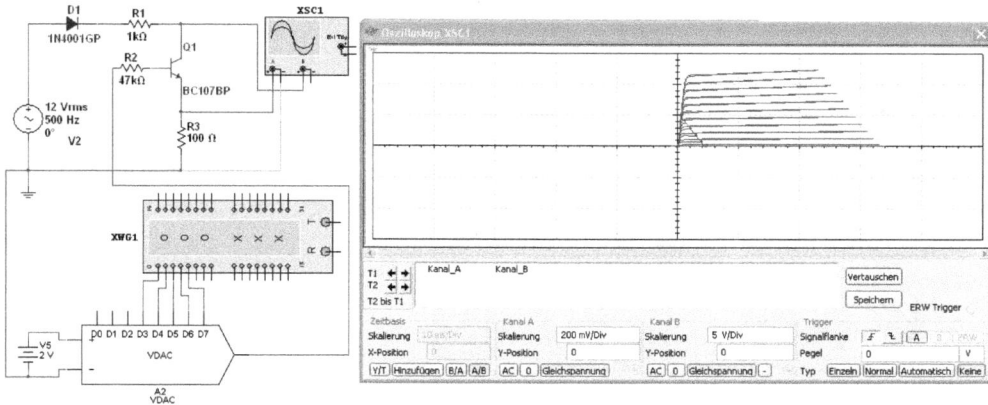

Abb. 9.16: Simulationsschaltung zur dynamischen Kennlinienaufnahme eines NPN-Transistors

Für die Realisierung eines simulierten Kennlinienschreibers für einen NPN-Transistor verwendet man die Schaltung von Abb. 9.16. Der Bitmuster-Generator zählt von 0 bis 31 und gibt seine binären Wertigkeiten auf den Ausgängen von 0 bis 4 aus. Diese Ausgänge sind mit dem VDAC (Spannungs-Digital-Analog-Wandler) zu verbinden und der VDAC erzeugt eine Treppenspannung, die mit der Basis des Transistors BC107 verbunden ist. Das Oszilloskop zeigt nach dem Start der Simulation das Kennlinienfeld nach $I_C = f(U_{CE})$ an.

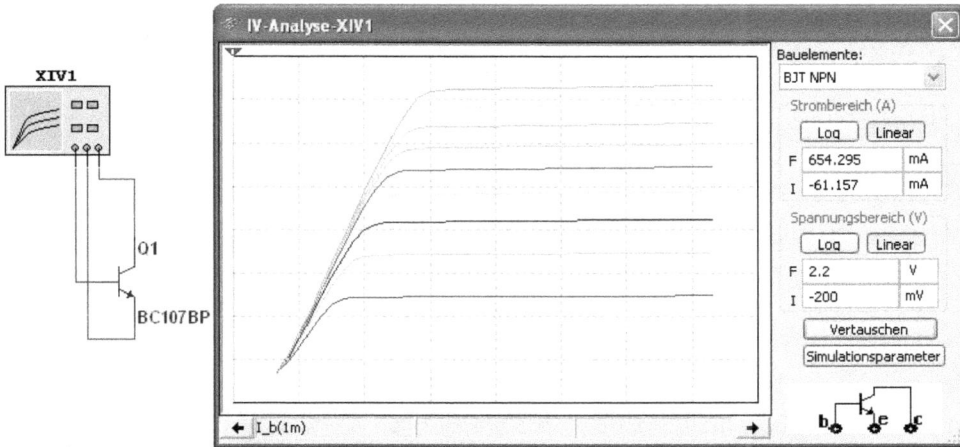

Abb. 9.17: IV-Analyse eines NPN-Transistors

Abb. 9.17 zeigt den Einsatz einer IV-Analyse eines NPN-Transistors mit den Simulationsparametern. Der Start beginnt bei $U_{CE} = 0\,V$ bis $U_{CE} = 2\,V$ mit einem Inkrement von 50 mV. Der Basisstrom beginnt bei 1 mA und mit 10 mA stoppt die Simulation. Über den Simulationsparametern lassen sich die einzelnen Messbereiche einstellen.

10   Klirrfaktormessgerät

Die Grundform der Wechselspannung verläuft sinusförmig, d. h. ihre Augenblickswerte steigen und fallen entsprechend einer mathematischen Sinusfunktion. In einem rechtwinkligen Dreieck ist der Sinus des Winkels φ

$$\sin \varphi = \frac{a}{c}$$

Zeichnet man dieses Dreieck in einen Kreis mit dem Radius r = 1 (Einheitskreis) ein und lässt den Radius oder Zeiger gleichmäßig herumkreisen, dann entspricht die Seitenlänge a dem zahlenmäßigen Sinuswert. Überträgt man die Werte für a aus diesem Kreisdiagramm und verbindet die Punkte in dem Liniendiagramm, erhält man die charakteristische Sinuskurve. Eine Umdrehung um 360° oder um 2 · π ergibt eine volle Sinusschwingung oder eine Periode. Die Zahl der Perioden pro Sekunde entspricht der Frequenz.

Während einer Umdrehung in einem Einheitskreis mit 2 · r legt die Zeigerspitze im Kreisdiagramm den Weg 2 · π zurück. Innerhalb einer Sekunde dreht sie sich f-mal und der gesamte Drehwinkel beträgt 2 · π · f. Diesen Wert bezeichnet man als Winkelgeschwindigkeit oder Kreisfrequenz ω.

Die Zeit für eine Schwingungsperiode ist die Periodendauer T. In einer Sekunde werden f Perioden durchlaufen, d. h.:

$$f = \frac{1}{T} \qquad\qquad T = \frac{1}{f}$$

Mit Rücksicht auf andere Schwingungsformen (Rechteckschwingungen, Impulsreihen, Sägezahnschwingungen) wird die Abszisse im Liniendiagramm vorzugsweise mit t = Zeit bezeichnet, da keine Winkelfunktionen, sondern Zeitabläufe vorliegen.

Um phasenverschobene Sinusschwingungen gleicher Frequenz darzustellen, wäre es aufwendig, stets das vollständige Liniendiagramm zu zeichnen. Es genügt, wenn man den Zeigerwert ihrer Amplituden im richtigen Winkel in das Kreisdiagramm einträgt. Da definitionsgemäß diese Zeiger bzw. Vektoren links herumkreisen, eilt der Zeiger vom Wert „u_1" (Eingangsspannung) vor. Man sagt, diese Spannung ist voreilend oder hat einen voreilenden Phasenwinkel, während „u_2" nacheilt. Abb. 10.1 zeigt eine Addition von zwei verschiedenen Spannungen und zwei unterschiedlichen Frequenzen.

Um zwei Sinusschwingungen zu addieren, muss man die einzelnen Momentanwerte vorzeichenrichtig addieren. Sind die Frequenzen der beiden Sinusspannungen gleich, dann ist das Ergebnis wieder eine Sinuslinie von derselben Frequenz.

Für periodisch wiederkehrende Schaltvorgänge benötigt der Elektrotechniker häufig eine rechteckig verlaufende Wechselspannung. In Fernsehgeräten und Elektronenstrahloszilloskopen

https://doi.org/10.1515/9783110544428-011

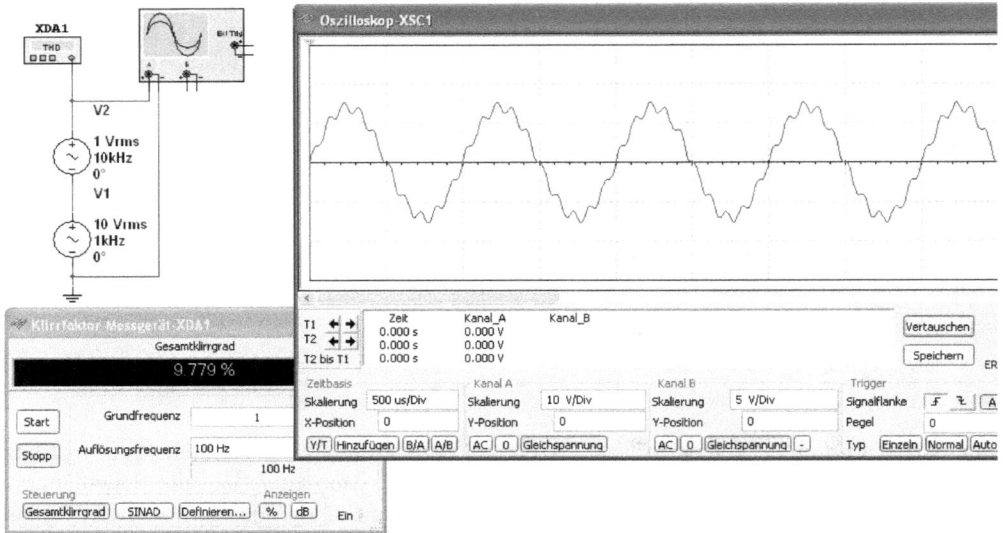

Abb. 10.1:   Addition von zwei Spannungen mit Klirrfaktormessgerät

dient eine sägezahnförmig verlaufende periodische Wechselspannung zur Ablenkung des Elektronenstrahls. Alle nicht sinusförmigen, periodisch verlaufenden Wechselgrößen lassen sich nach einem mathematischen Verfahren (dem Fourier-Prinzip) durch Addition sinusförmiger Wechselgrößen erzeugen. Nach diesem Verfahren überlagert (addiert) man der Grundschwingung einer Wechselspannung oder eines Wechselstroms bestimmte Oberschwingungen (Schwingungen, deren Frequenzen ganzzahlige Vielfache der Grundfrequenz sind) zu einer Summenschwingung. Im gleichen Verhältnis, wie die Frequenzen der Oberschwingung zunehmen (und entsprechend die Periodendauern abnehmen), werden die Amplituden der Oberschwingung verkleinert (die 1. Oberschwingung hat die doppelte Frequenz, also die halbe Periodendauer und damit die halbe Amplitudenhöhe der Grundschwingung).

Durch Amplitudenbegrenzer oder durch Übersteuern von Verstärkern werden die Maximal- und die Minimalspannungen von Sinuskurven abgeschnitten. Durch dieses Abschneiden oder Begrenzen entstehen zusätzliche Sinusschwingungen höherer Frequenz. Wird diese zur Grundschwingung addiert, dann entstehen dort durch Abschneidungen weitere Schwingungen oder umgekehrt: Eine Kurve mit Abschneiden der Maximal- und der Minimalspannung muss aus mehreren reinen Sinusschwingungen bestehen. Diese beim symmetrischen Abkappen unerwünscht auftretenden Oberschwingungen oder Harmonische sind stets ungeradzahlige Vielfache der Grundfrequenz. Eine unsymmetrische Abschneidung erzeugt auch geradzahlige Vielfache der Grundfrequenz. Ihre Amplituden nehmen mit höherer Frequenz ab. Man unterscheidet:

f	Grundschwingung			f	Grundschwingung
2f	2. Harmonische	oder		2f	1. Oberschwingung
3f	3. Harmonische			3f	2. Oberschwingung
4f	4. Harmonische			4f	3. Oberschwingung

Bei Verwendung des Begriffes „Harmonische" ist die Frequenzangabe eindeutiger. Der alte Ausdruck „Oberwellen" ist möglichst zu vermeiden.

Nicht sinusförmige Schwingungen bestehen aus einer Summe von Sinusschwingungen verschiedener Frequenz, Phasenlage und Amplitude. Ungeradzahlige Harmonische schneiden die Maximal- und die Minimalspannung der Grundschwingung ab und formen diese in Flanken. Daher enthalten Rechteckschwingungen vorwiegend ungeradzahlige Harmonische. Geradzahlige Harmonische verursachen spitzzackige Summenkurven und im Extremfall Sägezahnschwingungen.

Eine verzerrte Sinusschwingung klingt in der Wiedergabe unsauber. Man definiert diese Verzerrungen durch den Klirrgrad oder Klirrfaktor. Bei guten Verstärkeranlagen sollen die Verzerrungen so klein sein, dass der Effektivwert aller entstandenen Harmonischen weniger als 1 % des gesamten Effektivwertes beträgt. Der Klirrfaktor ist dann kleiner als 1 %.

10.1 Messen einer Bandsperre mit Klirrfaktormessgerät

Bei einem Klirrfaktormessgerät wird ebenfalls der Effektivwert des gesamten Eingangssignals gemessen und die Anzeige auf eine Vollausschlagsmarke (100 %) eingestellt. Das Klirrfaktormessgerät ist jedoch nicht mit einem Bandpass, sondern mit einer Bandsperre verstehen, die anschließend auf die Grundschwingung des Messvorgangs abgestimmt wird. Dadurch wird die Grundschwingung unterdrückt, während das gesamte Oberschwingungsspektrum die Bandsperre passieren kann. Der Effektivwert zeigt also jetzt den eigentlichen Effektivwert des vorher erfassten gesamten Frequenzgemisches an. Dieses Verhältnis entspricht der Definition des Klirrfaktors (Oberschwingungsgehalts) nach DIN 40110.

10.1.1 Klirrfaktor

Verzerrungen nicht sinusförmiger werden gegenüber der rein sinusförmigen Wechselspannung durch den Klirrfaktor k beschrieben. Der Klirrfaktor ist das Verhältnis der Effektivwerte (quadratische Mittelwerte) der Oberschwingung zum Gesamtwert der Wechselgröße. Der Klirrfaktor k lässt sich errechnen aus

$$k = 100\% \cdot \sqrt{\frac{U_2^2 + U_3^2 + ... + U_n^2}{U_1^2 + U_2^2 + U_3^2 + ... + U_n^2}}$$

1... 2: Index für Schwingungen (laufende Nummern)

Der Klirrfaktor wird meistens in % angegeben:

U_1 = Effektivwert der 1.Harmonischen (Grundwelle)
U_2 = Effektivwert der 2.Harmonischen (1.Oberwelle)

Der Teilklirrfaktor ist

$$k_m = \frac{U_m}{\sqrt{U_1^2 + U_2^2 + U_3^2 + ... + U_n^2}}$$

Das Klirrdämpfungsmaß errechnet sich aus

$$a_k = 20 \cdot \lg \frac{1}{k} \; dB$$

Das Teilklirrdämpfungsmaß ist

$$a_{km} = 20 \cdot \lg \frac{1}{k_m} \; dB$$

Die Grundschwingung ist $f = 1\,kHz$ mit ihren vier Oberwellen $f_1 = 2\,kHz$, $f_2 = 3\,kHz$, $f_3 = 4\,kHz$ und $f_4 = 5\,kHz$ mit passend verkleinerter Amplitude. Je mehr bestimmte Oberwellen zur Grundschwingung addiert werden, desto mehr nähern sich die entstehenden Summenkurven der idealen Rechteck- bzw. Sägezahnschwingung. Die Verzerrungen gegenüber „reinen" Sinusgrößen beschreibt man durch den Klirrfaktor. Der Klirrfaktor ist das Verhältnis der Effektivwerte (quadratische Mittelwerte) der Oberschwingung zum Gesamtwert der Wechselgröße. Der Klirrfaktor kann durch die entsprechenden Anteile berechnet werden.

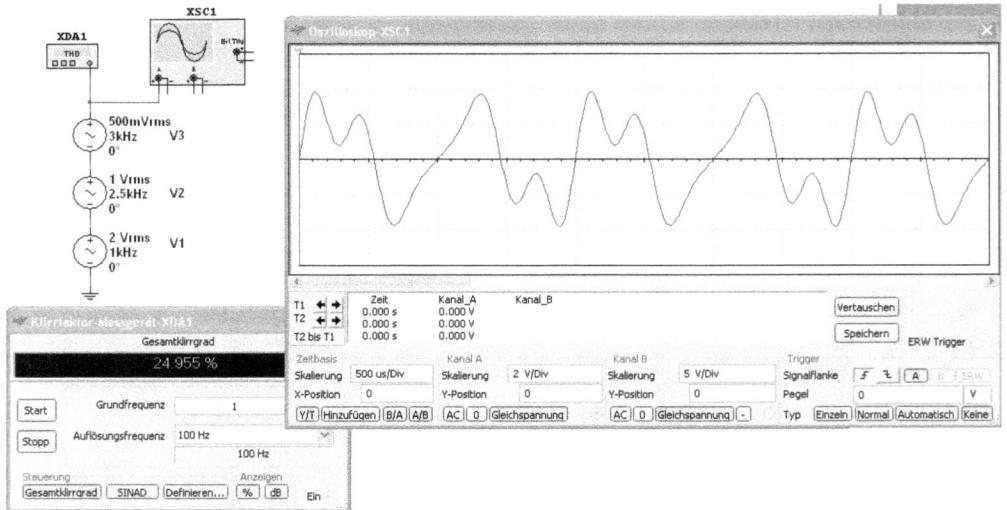

Abb. 10.2:   Addition von drei Spannungen mit Klirrfaktormessgerät und Oszilloskop

Eine Addition von Wechselspannungen zeigt Abb. 10.2 und es ergibt sich ein Gesamtklirrgrad von 24,955 %.

10.1.2   Zweistufiger Verstärker mit kapazitiver Kopplung

Wenn man einen zweistufigen Verstärker benötigt, der eine hohe Verstärkung und eine optimale Arbeitspunktstabilisierung hat, verwendet man eine Gegenkopplung über zwei Stufen. Anhand von zwei Messgeräten wird das Verhalten mit Klirrfaktormessgerät und Oszilloskop untersucht.

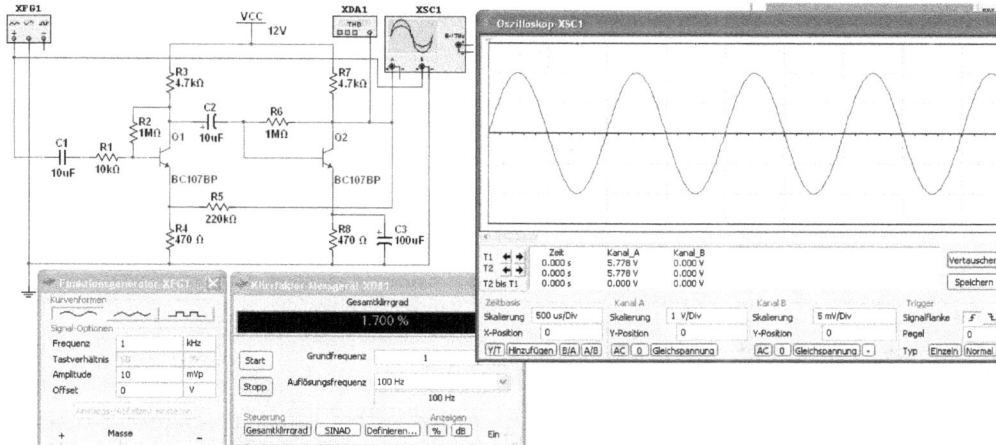

Abb. 10.3: Zweistufiger Verstärker mit gemeinsamer Arbeitspunktstabilisierung und kapazitiver Kopplung

Das Merkmal der Schaltung von Abb. 10.3 ist die stromgesteuerte Gegenkopplung über zwei Stufen, d. h. die Ausgangsspannung wird über einen Widerstand mit der Eingangsstufe verbunden. Vergrößert sich die Eingangsspannung, fließt ein größerer Basisstrom und der Transistor T_1 leitet mehr. Damit wird die Ausgangsspannung geringer und für den Transistor T_2 fließt weniger Basisstrom. Der Transistor steuert etwas zu und die Ausgangsspannung erhöht sich entsprechend. Damit fließt über den Widerstand der Gegenkopplung ein größerer Strom, der auf den Transistor T_1 wirkt.

Die Eingangsspannung von $U_{1S} = 10$ mV wird auf $U_{2S} = 2,5$ V verstärkt, d.h. die Gesamtverstärkung liegt bei $v_{Uges} = 250$. Zwischen Ein- und Ausgangsspannung tritt durch die beiden Emitterschaltungen keine Phasenverschiebung auf.

Die einfache Art zwischen zwei Verstärkerstufen ist die kapazitive Kopplung. Die Ausgangsspannung der ersten Stufe besteht aus einer verstärkten Signalspannung, die einem bestimmten Gleichspannungsanteil überlagert ist. Während bei der galvanischen Kopplung der Gleichspannungsanteil der ersten Stufe in die nachfolgende Transistorschaltung einwirkt, wird der Gleichspannungsanteil bei der kapazitiven Kopplung gesperrt. Nur die überlagerte Signalspannung passiert den Koppelkondensator und wirkt auf die nachgeschaltete Transistorstufe ein.

Für die untere Grenzfrequenz f_u muss man den Koppelkondensator C_K und den Eingangswiderstand r_{ein} betrachten. Es gilt

$$f_u = \frac{1}{2 \cdot \pi \cdot C_K \cdot r_{ein}}$$

Der Koppel- und der Emitterkondensator jeder Stufe beeinflussen die untere Grenzfrequenz und damit auch die gesamte untere Grenzfrequenz. Für die untere Grenzfrequenz eines mehrstufigen Verstärkers muss man die Grenzfrequenzen der einzelnen Stufen berücksichtigen mit

$$f_{uges} = 0,7 \cdot f_{u1} \cdot 0,7 \cdot f_{u2} \cdot 0,7 \cdot f_{un}$$

d. h. die untere Gesamtfrequenz f_{uges} eines mehrstufigen Verstärkers ist nicht identisch mit den unteren Frequenzen der einzelnen Stufen. Wenn man gleiche Einzelverstärkerstufen hat, kann man auch rechnen mit

$$f_{uges} = \sqrt{n} \cdot f_u$$

Dies gilt auch sinngemäß für die obere Grenzfrequenz einer gesamten Schaltung:

$$f_{oges} = \frac{1}{\sqrt{n}} \cdot f_o$$

10.1.3   Intermodulations-Verzerrungen

Intermodulation (Störsignale) entstehen durch unerwünschte Modulationseffekte. Eine Intermodulation liegt vor, wenn zwei Störsignale (f_{S1} und f_{S2}) durch Mischung ein nicht vorhandenes Netzsignal (f_N) vortäuschen. Der Intermodulationsabstand ist der Abstand zwischen Stör- und dem Nutzsignal in dB. Bei der Messung von f_{S1} und f_{S2} ist darauf zu achten, dass die gleich großen Signale f_{S1} und f_{S2} nicht als vorgetäuschte Störsignale auftreten. Die Intermodulation errechnet sich aus:

> Intermodulation 2. Ordnung: $f_N = |\,f_{S1} \pm f_{S2}|$
> Intermodulation 3. Ordnung: $f_N = |\,f_{S1} \pm 2f_{S2}|$ oder $|\,2f_{S1} \pm f_{S2}|$

Ein Klirrfaktormessgerät dient zur Messung der Intermodulations-Verzerrungen und der nicht linearen Verzerrung von Signalen.

Die Einstellungen erfolgen nach:
*   IEEE-Norm:

    Gesamtklirrgrad $= sqrt(f_1 \cdot f_1 + f_2 \cdot f_2 + f_3 \cdot f_3 + ...)\,/\,abs(f_0)$

*   ANSI-, CSA- und IEC-Norm:

    Gesamtklirrgrad $= sqrt(f_1 \cdot f_1 + f_2 \cdot f_2 + f_3 \cdot f_3 + ...)\,/\,abs(f_0 \cdot f_0 + f_1 \cdot f_1 + f_2 \cdot f_2 + ...)$

Bei beiden Normen arbeitet das Klirrfaktormessgerät in der Grundeinstellung mit zehn Oberwellen und 1024 FFT-Punkten. Man kann die Oberwellen ändern und bei den FFT-Punkten nach sechs Einstellkriterien arbeiten. Für die Einstellungen muss man nur das Fenster „Definieren" anklicken.

Abb. 10.4 zeigt die Messung des THD-Wertes mit einem Klirrfaktormessgerät. Der Klirrfaktor k ist das Verhältnis des Oberwelleneffektivwertes zum Gesamteffektivwert, einschließlich Grundwellenanteil. In der Messschaltung erzeugt eine AM-Quelle eine Amplitudenmodulation mit 1 MHz und 100 kHz. Diese AM-Quelle lässt sich einstellen, wenn man das Symbol anklickt. Die AM-Quelle speist ein Kabel mit den Werten von der Länge mit l = 1 m, einem Leitungswiderstand von R = 0,1 Ω, einer Leitungskapazität mit C = 1 pF und einer Leitungsinduktivität von L = 1 µH. Wenn man das Symbol anklickt, öffnet sich ein Fenster und die einzelnen Werte lassen sich einstellen. Das Ende der Leitung ist mit dem Klirrfaktormessgerät und mit dem Oszilloskop verbunden und man erkennt die Verzerrungen.

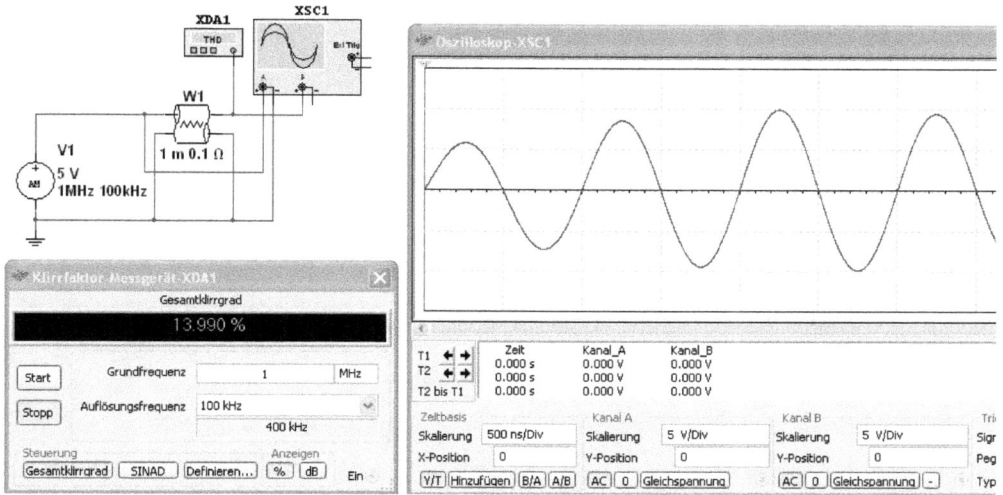

Abb. 10.4: Messung des THD-Wertes (Total Harmonic Distortion) mit einem Klirrfaktormessgerät nach der IEEE-Norm

11 Spektrumanalysator und Netzwerkanalysator

Spektrumanalysator und Netzwerkanalysator sind im Entwicklungslabor für jeden HF-Ingenieur zu finden und sind zwei wichtige Messgeräte. Überall dort, wo es um Signalerzeugung, Signalübertragung oder Signalauswertung geht, wird der Analysator als messtechnisches Hilfsmittel zur Signaldarstellung benutzt. Die Messgeräte sind entwickelt worden, um einzelne Signale oder Signalanteile in ihrer Frequenz und Amplitude zu bestimmen. Der Frequenzmessbereich reicht von wenigen Hertz bis zu einigen hundert Gigahertz (mit externen Mischern). Ebenso ist man mit heutigen Spektrumanalysatoren in der Lage, modulierte Signale zu demodulieren, diese anzuzeigen und zu analysieren. Durch die digitale Signalverarbeitung innerhalb der Geräte stehen die Ergebnisse nahezu in Echtzeit zur Verfügung.

11.1 Grundlagen der Spektrumanalyse

Das Grundprinzip eines Spektrumanalysators beruht auf einem heterodynen Empfängerprinzip. Das Eingangssignal (Messsignal) wird durch einen eingebauten Mischer und einen Lokaloszillator auf eine Zwischenfrequenz gemischt. Wenn die Frequenzdifferenz des Eingangssignals und des Lokaloszillators gleich der Zwischenfrequenz ist, dann wird das Ergebnis angezeigt. Mit diesem vereinfacht beschriebenen Funktionsprinzip eines Spektrumanalysators erhält man im Analysator eine hohe Empfindlichkeit und einen großen nutzbaren Frequenzbereich durch die Ausnutzung der Oberwellen des Lokaloszillators.

11.1.1 Frequenzbereiche

Die untere nutzbare Frequenzgrenze wird durch das Seitenbandrauschen des Lokaloszillators bestimmt. Ebenso wird die Empfindlichkeit im unteren Frequenzbereich durch das Seitenbandrauschen des Oszillators beeinflusst. Bei höheren Frequenzen kann das Rauschen durch die Wahl von verschiedenen Filtern mit unterschiedlichen Grenzfrequenzen und Bandbreiten auch bis zu einem bestimmten Eigenrauschanteil des Analysators verringert werden. Solche Filter, die im Analysator auf das Zwischenfrequenzsignal Einfluss haben, werden als Auflösebandbreitenfilter oder RBW-Filter (resolution bandwidth) bezeichnet. Je nach Wahl des Filters verringert sich auch die Ablaufzeit im Analysator, d. h. je kleiner das Filter, desto größer ist auch die Ablaufzeit für den gesamten Messbereich. Die beiden Größen Ablaufzeit (sweep time) und RBW sind miteinander gekoppelt und werden von heutigen Spektrumanalysatoren automatisch richtig aufeinander eingestellt.

Die Frequenzauflösung im Spektrumanalysator wird im Einzelnen durch drei Faktoren bestimmt: von der Bandbreite, der Filterform und dem Seitenbandrauschen der RBW-Filter. Die Zwischenfrequenzbandbreite der Filter lässt sich durch die übliche 3-dB-Methode spezifizieren.

https://doi.org/10.1515/9783110544428-012

11.1.2   Empfindlichkeit

Die Empfindlichkeit eines Spektrumanalysators ist definiert als die Fähigkeit, ein Signal mit kleiner Amplitude zu detektieren. Die maximale Empfindlichkeit wird durch das interne Analysatorrauschen bestimmt. Da es sich hier um ein bandbegrenztes Rauschen handelt, steigt bzw. fällt der Rauschpegel je nach Wahl des Auflösebandbreitenfilters. Wenn z. B. das RBW-Filter von 1 kHz auf 10 kHz verändert wird, dann steigt der Rauschpegel ebenfalls um 10 dB an. Daher ist es sehr wichtig, dass der Vergleich von Empfindlichkeiten verschiedener Spektrumanalysatoren immer bei gleichem RBW-Filter vorgenommen wird. Abb. 11.1 zeigt den Einsatz eines Spektrumanalysators für die Messung einer AM-Spannung mit einer Trägerfrequenz von 50 kHz und oberen (OSB) bzw. unteren (USB) Seitenbändern mit je 5 kHz.

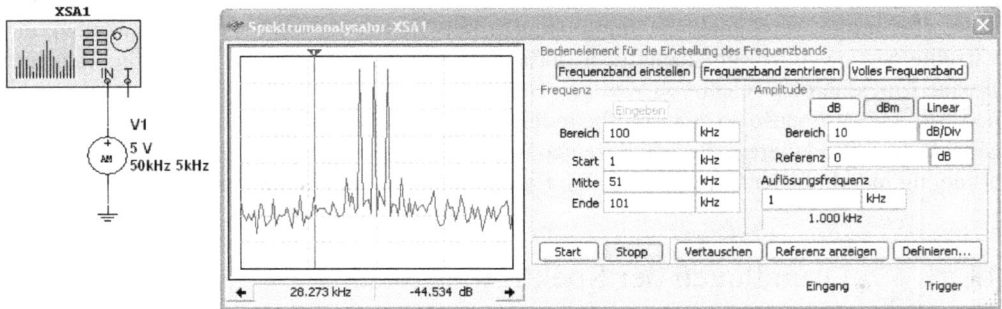

Abb. 11.1:   Messung einer AM-Spannung mit einer Trägerfrequenz von 50 kHz und den beiden Seitenbändern

Bei sehr kleinen Signalen kann es schwierig werden, diese vom internen Rauschpegel zu erkennen. Da bei jeder Darstellung in der Anzeige des Spektrumanalysators auch das interne Rauschen mit eingeschlossen ist, wird durch eine erneute Filterung das interne Rauschen durch Mittelung reduziert. Da sich diese Filter im Signalweg kurz vor der Anzeige befinden, werden diese auch Videobandbreitefilter (VBW) bezeichnet. Diese Filter sind typische Tiefpassfilter, die das interne Rauschen im Analysator mitteln. Weil das Signal immer mit einem Rauschanteil gemessen wird, entspricht wie kleinste Signalleistung, die noch angezeigt wird, der mittleren Rauschleistung des Analysators. In diesem Fall verschwindet das Signal im Rauschen und kann nicht detektiert werden. Daher wählt man für eine eindeutige Signalanzeige ein Verhältnis von Signalleistung zu mittlerer Rauschleistung des Analysators von 1 : 2 und dies entspricht in logarithmischer Darstellung einem Unterschied von 3 dB. Diese 3 dB sind ausreichend, um kleine Signalamplituden vom Rauschpegel eindeutig zu bestimmen.

11.1.3   Signalanzeigebereich

Der gesamte vom Spektrumanalysator angezeigte Signalbereich ohne Eingangsabschwächung ist von zwei Faktoren abhängig. Die kleinste einzustellende Auflösebandbreite in Verbindung mit dem mittleren Rauschpegel des Spektrumanalysators ist zu messen und der maximale Eingangspegel für den Mischer, wenn dieser noch im linearen Bereich arbeitet.

Wenn sich der Eingangspegel für den ersten Mischer soweit erhöht, dass das Ausgangssignal des Mischers kleiner wird, dann wird der Mischer im gesättigten Bereich, d. h. im nicht linearen Bereich, betrieben und die Amplitude des Ausgangsignals verringert sich. Dieser Vorgang wird Kompression genannt. Liegt die Abweichung des Pegels unter 1 dB von dem theoretischen noch linearen Wert der Eingangsamplitude, sind die Verfälschungen noch sehr gering. Daher wird für die maximale Eingangsamplitude auch immer der optimale Eingangspegel des Mischers bei seinem 1-dB-Kompressionspunkt im Datenblatt mit angegeben. Abb. 11.2 zeigt den Einsatz eines Spektrumanalysators für die Messung zweier überlagerter AM-Spannungen.

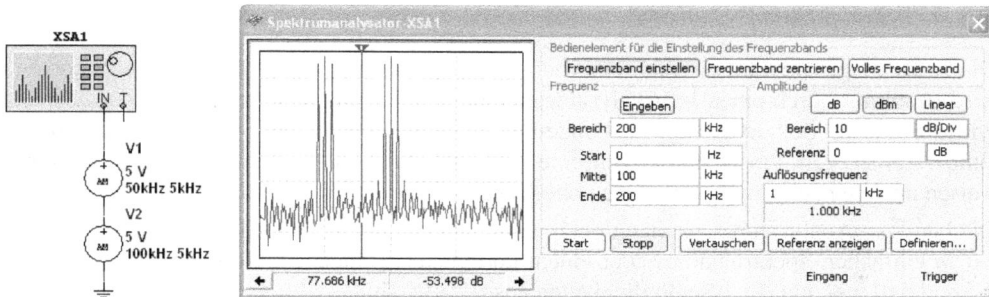

Abb. 11.2: Messung von überlagerten AM-Spannungen mit Trägerfrequenzen von 50 kHz und 100 kHz

Durch die Nichtlinearitäten eines jeden Mischers werden auch sogenannte Verzerrungsprodukte mit jedem Eingangssignal erzeugt. Bei der richtigen Wahl der Vorspannung des Mischers bei optimalem Eingangspegel können diese Störprodukte gering gehalten werden. Typische Werte für einen solchen von Störprodukten freien Messbereich liegen bei 80 dB mit einem Mischereingangspegel von −30 dBm. Damit auch höhere Eingangssignale als −30 dBm am Analysator gemessen werden können, liegt zwischen der Eingangsbuchse und dem Mischer ein Eingangsabschwächer, der den Pegel automatisch auf für den Mischer optimale Bedingungen einstellt.

11.1.4   Dynamikbereich

Der gesamte Dynamikbereich des Analysators wird durch vier Faktoren bestimmt. Das ist der mittlere Rauschpegel, der intern im Analysator erzeugt wird, die vorhandenen Störsignale, die durch die unterschiedlichen Mischerstufen und Mischprodukte zustande kommen, die Verzerrungen durch den Mischer und als viertes die Intermodulationsverzerrungen z. B. von zwei benachbarten Signalen, die gleichzeitig am Messeingang anliegen. Der Bereich, in dem nun Messungen ohne Interferenzen der oben genannten Punkte durchgeführt werden können, bezeichnet man als Dynamikbereich. Dieser Dynamikbereich sagt etwas über die Leistungsfähigkeit eines Spektrumanalysators aus und hat nichts mit Anzeige oder Messbereich des Analysators zu tun. Die vier beschriebenen Parameter findet man in jedem Datenblatt eines Spektrumanalysators wieder. Abb. 11.3 zeigt den Einsatz eines Spektrumanalysators für die Messung einer FM-Spannung.

XSA1

Spektrumanalysator XSA1

Bedienelement für die Einstellung des Frequenzbands

Frequenzband einstellen | Frequenzband zentrieren | Volles Frequenzband

Frequenz | Amplitude

dB | dBm | Linear

Bereich	100	kHz	Bereich	10	dB/Div
Start	1	kHz	Referenz	0	dB
Mitte	51	kHz	Auflösungsfrequenz	
Ende	101	kHz	1	kHz
			1.000 kHz	

Start | Stopp | Vertauschen | Referenz anzeigen | Definieren...

1.000 kHz   -79.810 dB

Eingang   Trigger

V1
5 V
50kHz 1kHz

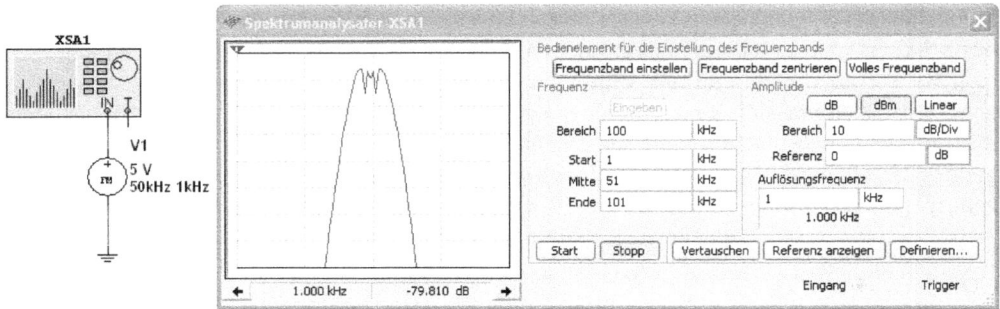

Abb. 11.3:   Messung einer FM-Spannung

Die Frequenzgenauigkeit ist auch ein wichtiger Parameter für den Spektrumanalysator. Sie wird bestimmt durch einen im Analysator eingebauten Referenzquarzoszillator, der über die Phase mit dem Lokaloszillator verbunden ist. Diese Quarzoszillatoren sind in der Regel temperaturgeregelt, um eine unerwünschte Frequenzdrift zu vermeiden. Solche Oszillatoren weisen auch je nach Ausführung eine hohe Kurzzeit- und Langzeitstabilität auf.

Die heutigen Analysatoren vereinen noch eine Vielzahl weiterer Messmöglichkeiten, die mit einem einfachen Spektrumanalysator einem komplexen Signalanalysator mit umfangreichen Demodulations- und Analysemöglichkeiten ausgestattet sind.

Abb. 11.4 zeigt den Einsatz eines Spektrumanalysators für die Messung zweier FM-Spannungen.

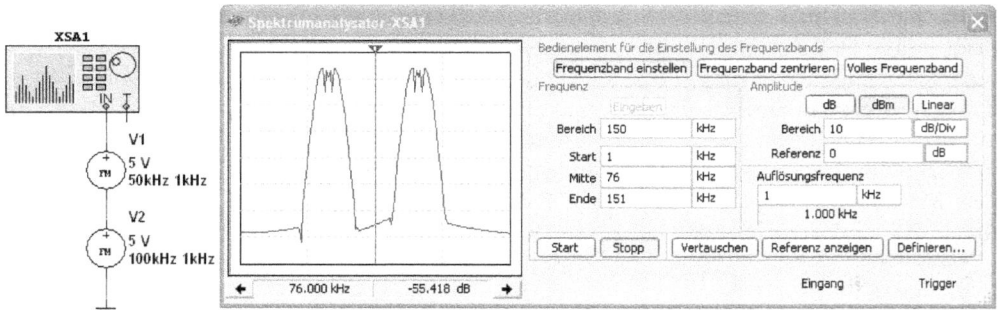

XSA1

Spektrumanalysator XSA1

Bedienelement für die Einstellung des Frequenzbands

Frequenzband einstellen | Frequenzband zentrieren | Volles Frequenzband

Frequenz | Amplitude

dB | dBm | Linear

Bereich	150	kHz	Bereich	10	dB/Div
Start	1	kHz	Referenz	0	dB
Mitte	76	kHz	Auflösungsfrequenz	
Ende	151	kHz	1	kHz
			1.000 kHz	

Start | Stopp | Vertauschen | Referenz anzeigen | Definieren...

76.000 kHz   -55.418 dB

Eingang   Trigger

V1
5 V
50kHz 1kHz

V2
5 V
100kHz 1kHz

Abb. 11.4:   Messung zweier FM-Spannungen

Bei der C/N-Messung enthält das Ausgangssignal eines Signalgenerators kein reines Sinussignal. Es enthält auch noch unterschiedliche Rauschanteile, welche die internen Amplituden beeinflussen oder durch die Frequenz beeinflussenden Komponenten entstehen. Diese werden im Allgemeinen als AM-Rauschen oder FM-(Phasen)-Rauschen bezeichnet. Da das AM-Rauschen wesentlich kleiner ist als das Phasenrauschen, wird im Folgenden lediglich das FM-Rauschen näher behandelt. Das FM-Rauschen existiert gerade oberhalb und unterhalb der Trägerfrequenz und wird definiert als das Verhältnis aus der Einseitenbandrauschleistung zur Trägerleistung innerhalb 1-Hz-Bandbreite mit einem festgelegten Frequenzabstand zum Träger. Bei einem Spektrumanalysator wird die Trägerleistung und das Einseitenbandrauschen direkt auf der Anzeige dargestellt. Die Anzeige des C/N-Verhältnisses wird in dBc/Hz angegeben.

Eine typische Messung für Sender ist die Frequenzbandbreiten-Messung OBW (Occupied Bandwidth). Die Messung berechnet diejenige Bandbreite, welche notwendig ist, um einen bestimmten Betrag der angezeigten Gesamtleistung zu erhalten. Es gibt zwei Methoden, um die Bandbreite zu berechnen. Die Wahl der Methode ist abhängig von der Art, wie der Träger moduliert wurde. Die xdB-Methode ist definiert als diejenige Bandbreite, die sich zwischen dem unteren und oberen Frequenzpunkt ergibt, an welchem der Signalpegel jeweils um xdB unterhalb des Spitzenträgerwertes liegt. Die zweite Methode wird als N%-Methode bezeichnet. Die belegte Bandbreite nach dieser Methode berechnet sich als die Bandbreite, die N% von der ausgestrahlten Gesamtleistung beinhaltet.

Abb. 11.5 zeigt den Einsatz eines Spektrumanalysators für die Messung eines AM-Demodulators.

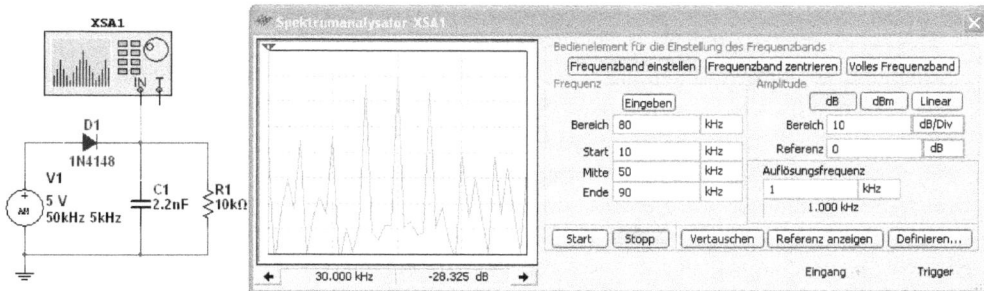

Abb. 11.5:   Messung eines AM-Demodulators

11.1.5   Messung eines AM-Demodulators

Zum Messen der Signalamplitude in Abhängigkeit von der Frequenz mit einstellbarem Frequenz- und Amplitudenbereich benötigt man einen Spektrumanalysator. Die AM-Spannungsquelle ist auf eine Trägerfrequenz von 50 kHz und die Modulationsfrequenz auf 5 kHz eingestellt worden. Das Verhalten der AM-Quelle wird mit der folgenden Gleichung beschrieben:

$$U_a = u_c \cdot \sin(2 \cdot \pi \cdot f_c \cdot \text{Zeit}) \cdot [1 + m \cdot \sin(2 \cdot \pi \cdot f_m \cdot \text{Zeit})]$$

u_c = Trägeramplitude in V
f_c = Trägerfrequenz in Hz
m = Modulationsindex
f_m = Modulationsfrequenz in Hz

Elektrische Signale können sowohl im Zeitbereich, mit Hilfe eines Oszilloskops, als auch im Frequenzbereich, mit Hilfe eines Spektrumanalysators betrachtet werden. Abhängig von der durchzuführenden Messung werden verschiedene Anforderungen hinsichtlich der maximalen Eingangsfrequenz an den Spektrumanalysator gestellt. Der Eingangsfrequenzbereich lässt sich angesichts der verschiedenen Realisierungsmöglichkeiten von Spektrumanalysatoren in folgende Bereiche gliedern:

- NF-Bereich < 1 MHz
- HF-Bereich < 3 GHz
- Mikrowellenbereich < 40 GHz
- Millimeterwellenbereich > 40 GHz

Der NF-Bereich bis ca. 1 MHz umfasst die niederfrequente Elektronik sowie Akustik und Mechanik. Im HF-Bereich finden sich vorwiegend Anwendungen der drahtlosen Nachrichtenübertragung wie z. B. mobile Kommunikation und Hör- und Fernsehrundfunk, während für breitbandige Anwendungen, wie z. B., digitaler Richtfunk, zunehmend Frequenzbänder im Mikrowellen- oder Millimeterwellenbereich genutzt werden.

Wenn man mit dem Spektrumanalysator misst, muss man einige Zeit warten, bis das Messergebnis in der Anzeige erscheint. Der Grund liegt im Aufbau eines Spektrumanalysators (FFT-Analysator). Die Anzahl der für die Fourier-Transformation erforderlichen Rechenoperationen kann durch Anwendung optimierter Algorithmen reduziert werden. Das hierbei am meisten verbreitete Verfahren ist die sogenannte „Fast-Fourier-Transformation" (FFT). Spektrumanalysatoren, die nach diesem Prinzip arbeiten, werden daher auch als FFT-Analysatoren bezeichnet.

Spektrumanalysatoren weisen in der Regel folgende elementare Einstellmöglichkeiten auf:

- **Darzustellender Frequenzbereich (Span Control):** Der darzustellende Frequenzbereich kann durch Start- und Stoppfrequenzen, also der niedrigsten bzw. höchsten darzustellenden Frequenz, der durch die Mittenfrequenz (Center Frequency) und den Darstellungsbereich (Span), zentriert um die Mittenfrequenz, eingestellt werden.
- **Pegeldarstellbereich (Zero Span):** Die Einstellung erfolgt über den maximal darzustellenden Pegel, dem sogenannten Referenzpegel (Reference Level), und den Darstellungsbereich. Der Referenzpegel von 0 dBm und ein Darstellungsbereich von 150 dB wird eingestellt. In der Praxis ist von dieser Einstellung auch die Dämpfung der eingangsseitigen Eichleitung (RF Attenuator) abhängig.
- **Frequenzauflösung (Full Span):** Bei Analysatoren nach dem Überlagerungsprinzip wird die Frequenzauflösung über die Bandbreite des ZF-Filters eingestellt. Man spricht daher auch von der Auslösebandbreite (Resolution Bandwidth, RBW).
- **Sweep-Zeit (nur bei Analysatoren nach dem Überlagerungsprinzip):** Die Zeit, die benötigt wird, um das gesamte interessierende Frequenzspektrum aufzunehmen, wird als Sweep-Zeit (Sweep Time) bezeichnet.

Solange die Nachricht in der hochfrequenten Trägerschwingung enthalten ist, ist sie über elektroakustische Wandler (Lautsprecher, Kopfhörer) hörbar, und sie muss noch von einem Verstärker für Niederfrequenz weiter aufbereitet werden. Dazu ist die Trennung von Nachricht und Trägerschwingung notwendig. Die Zurückgewinnung des Niederfrequenzsignals (NF-Signal) ist Aufgabe des Demodulators.

Dem Demodulator muss ein hochfrequentes Signal angeboten werden, das ausreichend verstärkt ist und keine wesentlichen Anteile anderer am Empfängereingang vorhandener, aber nicht für den Empfang bestimmter Signale enthält. Die am Demodulatorausgang erzeugte NF-Spannung ist relativ klein – bestenfalls mit dem Kopfhörer wahrnehmbar – und wird deshalb mit geeigneten Niederfrequenzverstärkern auf entsprechende Leistungen angehoben.

Jede Modulationsart erfordert verschiedene Schaltungstechniken zur Rückgewinnung des NF-Signals. Allen Modulatorschaltungen liegt die Forderung nach einer möglichst geringen Verfälschung der Nachricht zugrunde.

Die Nachricht ist in der Hüllkurve des hochfrequenten Signals enthalten. Da die Amplituden der Hüllkurve symmetrisch zur Zeitachse der HF-Schwingung verlaufen, werden die positiven und negativen Anteile in der Addition zu Null. Die Information kann aus der Hüllkurve wiedergewonnen werden, wenn man z. B. alle negativen Spannungsanteile unterdrückt. Dies ist einfach mit einer Gleichrichterschaltung möglich. Geeignet sind Bauelemente mit nicht linearer Kennlinie, wie z. B. Dioden.

Über ein Filter gelangt die modulierte Trägerschwingung UHF an die Diode. Durch die Diode und den Widerstand R_1 fließt ein pulsierender Strom, dessen Größe von der augenblicklichen Amplitude der Trägerschwingung abhängt. Um die Nachricht aus der Hüllkurve hinter der Diode zurückzugewinnen, muss die Trägerschwingung unterdrückt werden. Dies geschieht mit Hilfe des Kondensators C_1. Die Zeitkonstante $\tau = R_1 \cdot C_1$ ist so bemessen, dass die Ladespannung der Hüllkurve der modulierten Spannung folgt. Im Vergleich zur hochfrequenten Schwingung muss die Zeitkonstante groß sein, jedoch klein im Verhältnis zur Modulationsschwingung. Wählt man R_1 zu groß, so kann die Ladespannung der Modulationsschwingung nicht mehr folgen. Das RC-Glied stellt für die Trägerfrequenz einen sehr kleinen Widerstand dar.

Man kann den Widerstand R_1 und den Kondensator C_1 auch als Tiefpass betrachten, dessen Eigenschaften durch die Grenzfrequenz f_g beschrieben werden. Die Grenzfrequenz f_g gibt an, bei welcher Frequenz die Ausgangsspannung um 3 dB oder das 0,7fache abgesunken ist.

$$f_g = \frac{1}{2 \cdot \pi \cdot R_1 \cdot C_1}$$

Wählt man $R_1 = 10\ \text{k}\Omega$ und $C_1 = 100\ \text{pF}$, berechnet sich die Grenzfrequenz nach

$$f_g = \frac{1}{2 \cdot \pi \cdot R_1 \cdot C_1} = \frac{1}{2 \cdot 3,14 \cdot 10 k\Omega \cdot 100\, pF} \approx 1 kHz$$

Man sieht, dass höhere, über 5 kHz liegende Tonfrequenzen zunehmend bedämpft werden. Dies nimmt man für AM-Empfang in Kauf, weil dort die Trägerfrequenzen ohnehin nur 9-kHz-Abstand aufweisen und die NF-Bandbreite bestenfalls 4,5 kHz beträgt. Der HF-Anteil wird durch dieses RC-Glied ausreichend beseitigt. Das Beispiel ist eine in der Praxis übliche Dimensionierung.

11.1.6   Arbeiten mit Dezibel

Die Zahlen, mit denen der Techniker und Ingenieur täglich arbeitet, sind entweder riesig groß oder winzig klein. In der Praxis kommt es dabei auch nur auf das Verhältnis zweier Größen an. Eine Mobilfunkbasisstation sendet beispielsweise, Antennengewinn eingerechnet, mit ca. 80 W in Richtung Handy. Am Mobilfunkgerät kommen davon nur 0,000 000 002 W an, das sind 0,000 000 002 5 % der Sendeleistung.

Immer wenn man mit großen Zahlenbereichen arbeiten muss, rechnet man vorteilhaft mit dem Logarithmus der Zahlen. So sendet die erwähnte Basisstation beispielsweise mit +49 dBm, das Handy empfängt –57 dBm und der Pegelunterschied beträgt +49 dBm –(–57 dBm) = 106 dB.

Die in dB ausgedrückten Zahlen sind, wie man sieht, wesentlich handlicher. Außerdem sind Addition und Subtraktion der dB-Werte einfacher zu rechnen als die entsprechende Multiplikation oder gar die Division zweier linearer Werte. Das ist der wesentliche Vorteil für das Rechnen in dB.

Der Logarithmus zur Basis 10 ist das Verhältnis zweier Leistungen und eine dimensionslose Größe, die nach Bell (Erfinder des Telefons) benannt worden ist. Um noch einfachere Zahlen zu bekommen, wird nicht in B (Bel), sondern in dB (Dezi-Bel, dezi = ein zehntel) gerechnet. Man muss dazu die Bel-Werte mit 10 multiplizieren – genauso wie man die Länge einer

Strecke mit 1000 multiplizieren muss, wenn man nicht in Metern sondern in Millimetern misst.

Das Rechnen in dB bietet, wie schon erläutert, den Vorteil, dass die in der Hochfrequenz- und Nachrichtentechnik vorkommenden Größenordnungen mit handlichen Zahlenwerten dargestellt werden können.

Der Leistungsdämpfungsfaktor D_P, Spannungsdämpfungsfaktor D_U und Stromdämpfungsfaktor D_I ergibt sich aus

$$D_P = \frac{P_1}{P_2} \qquad D_U = \frac{U_1}{U_2} \qquad D_I = \frac{I_1}{I_2}$$

Beispiel: Die Eingangsleistung beträgt P_1 = 500 mW und die Ausgangsleistung ist P_2 = 25 mW. Welchen Leistungsdämpfungsfaktor D_P erhält man

$$D_P = \frac{P_1}{P_2} = \frac{500 mW}{25 mW} = 20$$

Der Leistungsübertragungsfaktor T_P, Spannungsübertragungsfaktor T_U und Stromübertragungsfaktor T_I ergibt sich aus

$$T_P = \frac{P_1}{P_2} \qquad T_U = \frac{U_1}{U_2} \qquad T_I = \frac{I_1}{I_2}$$

Das Dämpfungsmaß a_U bei Spannungen in Bel errechnet sich aus

$$a_U = \lg \frac{U_1}{U_2} \qquad \text{lg Zehnerlogarithmus}$$

Beispiel: Die Eingangsspannung ist U_1 = 500 mV und die Ausgangsspannung beträgt U_2 = 25 mV. Wie groß ist das Dämpfungsmaß a_U?

$$a_U = \lg \frac{U_1}{U_2} = \lg \frac{500 mV}{25 mV} = 1,3 Bel$$

Das Dämpfungsmaß a in dB ist

$$a_P = 10 \cdot \lg \frac{P_1}{P_2} \qquad a_U = 20 \cdot \lg = \frac{U_1}{U_2} \qquad a_I = 20 \cdot \lg \frac{I_1}{I_2}$$

Beispiel: Die Eingangsleistung ist P_1 = 500 mW und die Ausgangsleistung beträgt P_2 = 25 mW. Wie groß ist das Dämpfungsmaß a_P?

$$a_P = 10 \cdot \lg \frac{P_1}{P_2} = 10 \cdot \lg \frac{500 mW}{25 mW} = 13 dB$$

Bevor man die Leistungen dividiert, muss man sie auf die gleiche Einheit umrechnen, also entweder in W oder in mW.

Heute rechnet man ausschließlich mit dem Logarithmus zur Basis 10. Dieser Logarithmus wird mit dem Zeichen lg abgekürzt. Das Zurückrechnen auf lineare Werte ist auch möglich.

Man muss zunächst den dB-Wert auf Bel umrechnen. Das geschieht, indem man den Wert durch 10 teilt. Anschließend potenziert man die Zahl 10 mit dem neuen Wert

$$\frac{P_1}{P_2} = 10^{\frac{a/dB}{10}}$$

Beispiel: Das Dämpfungsmaß ist a = 23 dB. Wie groß ist P_1/P_2?

Man rechnet zuerst 23/10 = 2,3 und dann ergibt sich:

$$\frac{P_1}{P_2} = 10^{\frac{a/dB}{10}} = \frac{P_1}{P_2} = 10^{2,3} = 199,5$$

Bezieht man eine beliebige Leistung auf eine feste Bezugsgröße, wird aus dem logarithmischen Leistungsverhältnis eine Absolutgröße. Diese Größe bezeichnet man auch als Pegel. Die in der Hochfrequenz- und Nachrichtentechnik am häufigsten benutzte Bezugsgröße ist eine Leistung von 1 mW an 50 Ω. Zur Kennzeichnung dieses Bezugs schreibt man nach dB noch ein angehängtes m (mW), also dBm.

Aus dem allgemeinen Leistungsverhältnis P_1 zu P_2 wird das Verhältnis P_1 zu 1 mW, angegeben als Pegel in dBm.

$$P = 10 \cdot \lg\left(\frac{P_1}{1mW}\right) dBm$$

Nach der Norm IEC 27 sind Pegel mit einem dBm-Buchstaben L zu kennzeichnen und der Referenzwert ist explizit anzugeben. Damit wird diese Formel geschrieben:

$$L_{P(rel\,mW)} = 10 \cdot \lg\left(\frac{P_1}{1mW}\right) dB$$

oder in verkürzter Schreibweise:

$$L_P /_{1mW} = 10 \cdot \lg\left(\frac{P_1}{1mW}\right) dB$$

Die Angabe ist dann z. B. $L_P/_{1mW}$ = 7 dB. Der Ausdruck 7 dBm soll nach IEC 27 ausdrücklich vermieden werden.

Um ein Gefühl für die vorkommenden Größenordnungen zu geben sind hier einige Beispiele aufgeführt: Der Ausgangsleistungsbereich von Messsendern geht üblicherweise von −140 dBm bis ±20 dBm entsprechend 0,01 fW (Femto-Watt) bis 0,1 W. Mobilfunk-Basisstationen senden mit +43 dBm oder 20 W. Handys senden mit 10 dBm bis 33 dBm oder 10 mW bis 2 W. Rundfunksender arbeiten mit 70 dBm bis 90 dBm bzw. 10 kW bis 1 MW.

Der Wert dB ist das Verhältnis zweier Leistungen P_1 (Eingangsleistung) und P_2 (Ausgangsleistung). Jede Leistung lässt sich allerdings bei bekanntem Widerstand durch eine Spannung ausdrücken.

$$P_1 = \frac{U_1^2}{R_1} \qquad \text{und} \qquad P_2 = \frac{U_2^2}{R_2}$$

und damit errechnet sich das logarithmische Verhältnis zu:

$$a = 10 \cdot \lg\left(\frac{P_1}{P_2}\right) dB = 10 \cdot \lg\left(\frac{U_1^2}{U_2^2} \cdot \frac{R_2}{R_1}\right) dB$$

Wendet man die bekannten Rechenregeln von

$$\lg\left(\frac{1}{x}\right) = -\lg(x)$$

$$\lg = (x^y) = y \cdot \lg(x)$$

$$\lg = (xy) = \lg(x) + \lg(y)$$

an, so wird daraus

$$a = 10 \cdot \lg\left(\frac{P_1}{P_2}\right) dB = 10 \cdot \lg\left(\frac{U_1^2}{U_2^2} \cdot \frac{R_2}{R_1}\right) dB = 20 \cdot \lg\left(\frac{U_1}{U_2}\right) dB = 10 \cdot \lg\left(\frac{R_1}{R_2}\right) dB$$

Man beachte das Minuszeichen vor dem Widerstandsterm.

In den meisten Fällen ist der Bezugswiderstand für die beiden Leistungen gleich, also $R_1 = R_2$. Dann kann man

$$10 \cdot \lg(1) = 0$$

und vereinfacht schreiben:

$$a = 10 \cdot \lg\left(\frac{P_1}{P_2}\right) dB = 20 \cdot \lg\left(\frac{U_1}{U_2}\right) dB \qquad\qquad \text{gilt nur für } R_1 = R_2$$

Damit ist auch erklärt, warum man bei Leistungsverhältnissen mit $10 \cdot \lg$ und bei Spannungsverhältnissen mit $20 \cdot \lg$ rechnet.

Das Zurückrechnen auf lineare Werte wird einfach umgekehrt durchgeführt. Man muss bei Spannungsverhältnissen allerdings den Wert a durch 20 dividieren und man rechnet mit U^2 und dezi-Bel ($20 = 2 \cdot 10$, 2 von $U^2 \cdot 10$ von dezi) zurück.

$$\frac{P_1}{P_2} = 10^{\frac{a/dB}{10}} \qquad\qquad \text{und} \qquad\qquad \frac{U_1}{U_2} = 10^{\frac{v/dB}{20}}$$

Wie schon erwähnt, bezeichnet dBm den Bezug einer Leistung auf 1 mW. Andere häufig benutzte Bezugsgrößen sind 1 W, 1 V, 1 µV oder 1 A bzw. 1 µA. Die dazugehörigen Bezeichnungen sind dB (W), dB (V), dB (µV), dB (A) und dB (µA) sowie bei Feldstärkemessungen dB (W/m^2), dB (V/m), dB (µV/m), dB (A/m) und dB (µA/m). Ähnlich wie für dBm findet man auch hierfür die nach Norm eigentlich nicht korrekten Schreibweisen dBW, dBV, dBµV, dBA, dBµA, dBW/m^2, dBV/m, dBµV/m, dBA/m und dBµA/m.

Aus den Relativwerten ist die Leistung P_1 (Eingangsspannung U_1) bezogen auf Leistung P_2 (Ausgangsspannung U_2) bekannt und werden mit den angegebenen Bezugswerten nun Absolutwerte. Diese Absolutwerte bezeichnet man auch als Pegel. Ein Pegel von 10 dBm entspricht einem Wert von 10 dB über 1 mW, ein Pegel von -17 dB(μV) einem Wert von 17 dB unter 1 μV.

Bei der Berechnung der Größen muss man darauf achten, ob es sich um leistungsproportionale oder spannungsproportionale Größen handelt. Leistungsproportionale Größen (Leistungsgrößen) sind z. B. die Leistung selbst, Energie, Widerstand, Rauschzahl und Leistungsflussdichte. Spannungsproportionale Größen, auch als Feldgrößen bezeichnet, sind beispielsweise Spannung, Strom, elektrische und magnetische Feldstärke, Reflexionsfaktor.

Beispiele: Eine Leistungsflussdichte von 5 W/m² ergibt als Pegel

$$P = 10 \cdot \lg\left(\frac{5W / m^2}{1W / m^2}\right) dB(5W / m^2) = 7 dB(W / m^2)$$

Eine Spannung von 7 μV kann man auch als Pegel in dB(μV) ausdrücken:

$$U = 20 \cdot \lg\left(\frac{7\mu V}{1\mu V}\right) dB(\mu V) = 16,9 dB(\mu V)$$

Die Umrechnung von Pegel in lineare Werte geschieht nach den Formeln:

$$P = 10^{\frac{a / dB}{10}} \cdot P_{ref} \qquad \text{oder} \qquad U = 10^{\frac{a / dB}{10}} \cdot U_{ref}$$

Beispiel: Eine Leistungspegel von -3 dB(W) ergibt als Leistung

$$P = 10^{\frac{-3}{10}} \cdot 1W = 0,5 \cdot 1W = 500 mW$$

Beispiel: Ein Spannungspegel von 120 dB (μV) gibt eine Spannung von

$$U = 10^{\frac{120}{20}} \cdot 1\mu V = 10^6 \cdot 1\mu V = 1V$$

Die Leistungsverstärkung von Vierpolen ist das Verhältnis von Ausgangs- zu Eingangsleistung und sie wird im linearen Maßstab wie folgt angegeben:

$$a_{lin} = \frac{P_2}{P_1}$$

Normalerweise erfolgt die Angabe im logarithmischen Maßstab in dB:

$$a = 10 \cdot \lg\frac{P_2}{P_1} dB$$

Ist die Ausgangsleistung P_2 eines Vierpols größer als die Eingangsleistung P_1, ist das logarithmische Verhältnis von P_2 zu P_1 positiv. Man spricht von Verstärkung. Ist die Ausgangsleistung P_2 eines Vierpols kleiner als die Eingangsleistung P_1, wird das logarithmische Verhältnis von P_2 zu P_1 negativ. Man spricht dann von Dämpfung und kennzeichnet das Ergebnis mit einem Minuszeichen.

Die Berechnung des Leistungsverhältnisses bzw. des Spannungsverhältnisses aus dem dB-Wert erfolgt nach

$$\frac{P_2}{P_1} = 10^{\frac{a/dB}{10}} \qquad \text{oder} \qquad \frac{U_2}{U_1} = 10^{\frac{a/dB}{20}} \qquad \text{gilt nur für } R_a = R_e$$

Normalerweise verwendet man Verstärker bis zu 40 dB in einer Stufe, entsprechend Spannungsverhältnissen bis 100-fach bzw. Leistungsverhältnissen bis 10000-fach. Bei höheren Werten besteht die Gefahr, dass ein Verstärker schwingt. Größere Verstärkungswerte werden durch Reihenschaltung mehrerer Stufen realisiert. Die Schwingneigung lässt sich durch entsprechende Abschirmung vermeiden.

Praktische Dämpfungsglieder gibt es mit 3 dB, 6 dB, 10 dB und 20 dB. Das entspricht den Spannungsverhältnissen 0,7, 0,5, 0,3 und 0,1 bzw. den Leistungsverhältnissen 0,5, 0,25, 0,1 und 0,01. Auch hier kaskadiert man mehrere Dämpfungsglieder um höhere Werte zu erreichen. Versucht man höhere Dämpfungswerte in einer Stufe zu realisieren, besteht die Gefahr von Übersprechen.

Bei der Reihenschaltung (Kaskadierung) von Vierpolen lässt sich die Gesamtverstärkung (bzw. Gesamtdämpfung) einfach durch Addition der dB-Werte berechnen.

Prozent kommt aus dem Lateinischen „pro centum" und bedeutet wörtlich „von hundert". 1 % ist ein hundertstel eines Wertes und es gilt:

$$10\ \% \text{ von } x = 0{,}01 \cdot x$$

Beim Rechnen mit Prozenten muss man zwei Dinge berücksichtigen:
- rechnet man mit spannungsproportionalen Werten oder mit Leistungen?
- geht es um x % von einer Größe oder um x % mehr bzw. weniger einer Größe?

Spannungsproportionale Größen sind, wie bereits erwähnt, beispielsweise Spannung, Strom, Feldstärke oder Reflexionsfaktor usw. und leistungsproportionale Größen sind unter anderem die Leistung selbst, Widerstand, Rauschzahl und Leistungsflussdichte usw.

x % einer spannungsproportionalen Größe rechnet man wie folgt in dB um:

$$a = 20 \cdot \lg \frac{x}{100} dB$$

d. h. um einen Wert x % in dB zu erhalten, rechnet man den Prozentwert x zunächst in eine rationale Zahl um. Dazu dividiert man den Wert x durch 100. Zum Umrechnen in dB wird der Logarithmus dieser rationalen Zahl mit 20 multipliziert (spannungsproportional: 20).

Beispiel: Die Ausgangsspannung eines Vierpols beträgt 3 % der Eingangsspannung. Wie groß ist die Dämpfung a in dB?

$$a = 20 \cdot \lg \frac{x}{100} dB = 20 \cdot \lg \frac{3}{100} dB = -30{,}46 dB$$

Den dB-Wert a rechnet man folgendermaßen in Prozent um:

$$x = 100\% \cdot 10^{\frac{a/dB}{20}}$$

Beispiel: Wie groß ist die Ausgangsspannung eines 3-dB-Dämpfungsgliedes (a = –3 dB) in Prozent der Eingangsspannung?

$$x = 100\% \cdot 10^{\frac{-3}{20}} = 70,8\%$$

Die Ausgangsspannung eines 3-dB-Dämpfungsgliedes beträgt 70,8 % der Eingangsspannung. Man beachte, dass eine Dämpfung einen negativen dB-Wert hat!

x % einer leistungsproportionalen Größe rechnet man wie folgt in dB um:

$$a = 10 \cdot \lg \frac{x}{100} \, dB$$

Um einen Wert in dB zu erhalten, rechnet man den Prozentwert zunächst in eine rationale Zahl um. Dazu dividiert man den Wert durch 100. Zum Umrechnen in dB wird der Logarithmus dieser rationalen Zahl mit 10 multipliziert (leistungsproportional: 10).

Beispiel: Die Ausgangsleistung eines Vierpols beträgt 3 % der Eingangsleistung. Wie groß ist die Dämpfung a in dB?

$$3\% \cdot P = 0,03 \cdot P$$

$$a = 10 \cdot \lg \frac{3}{100} \, dB = -15,23 \, dB$$

Einen dB-Wert a rechnet man folgendermaßen in Prozent um:

$$x = 100\% \cdot 10^{\frac{a/dB}{10}}$$

Beispiel: Wie groß ist die Ausgangsleistung eines 3-dB-Dämpfungsgliedes (a = –3 dB) in Prozent der Eingangsleistung?

$$x = 100\% \cdot 10^{\frac{-3}{10}} = 50,1\%$$

Die Leistung am Ausgang eines 3-dB-Dämpfungsgliedes ist halb so groß (50 %) wie die Eingangsleistung. Das Ergebnis ist ein negativer dB-Wert, also eine Dämpfung.

x % mehr (bzw. weniger) eines Wertes bedeutet, dass man zum Ausgangswert den gegebenen Prozentsatz dieses Wertes dazu addiert (bzw. subtrahiert). Soll beispielsweise die Ausgangsspannung U_2 eines Verstärkers x größer als die Eingangsspannung U_1 sein, rechnet man wie folgt:

$$U_2 = U_1 + x\% \cdot U_1 = U_1 \left(1 + \frac{x}{100} \right)$$

Ist die Ausgangsspannung kleiner als die Eingangsspannung, ist x als negativer Wert einzusetzen. Die Umrechnung in einen dB-Wert erfolgt nach der Formel:

$$a = 20 \cdot \lg \left(1 + \frac{x}{100} \right) dB$$

Man beachte, dass bei spannungsproportionalen Größen der Faktor 20 zu verwenden ist.

Beispiel: Die Ausgangsspannung eines Verstärkers ist 12,2 % größer als die Eingangsspannung. Wie groß ist die Verstärkung in dB?

$$a = 20 \cdot \lg\left(1 + \frac{12,2}{100}\right) dB = 1 dB$$

Man beachte, dass bereits bei relativ kleinen %-Werten der identische Zahlenwert in % einen anderen dB-Wert ergibt als ein geringer %-Wert.

20 % mehr ergibt +1,58 dB

20 % weniger ergibt −1,94 dB

Analog zu den Betrachtungen für Spannungen gilt für Leistungen:

$$P_2 = P_1 + x\% \cdot P_1 = P_1\left(1 + \frac{x}{100}\right)$$

Die Umrechnung in einen dB-Wert erfolgt nach der Formel:

$$a = 10 \cdot \lg\left(1 + \frac{x}{100}\right) dB$$

Man beachte, dass bei leistungsproportionalen Größen der Faktor 10 zu verwenden ist.

Beispiel: Die Ausgangsleistung eines Dämpfungsgliedes ist 20 % kleiner als die Eingangsleistung. Wie groß ist die Dämpfung in dB?

$$a = 10 \cdot \lg\left(1 + \frac{-20}{100}\right) dB = -0,97 dB \approx -1 dB$$

Auch hier tritt eine Unsymmetrie der dB-Werte bereits bei kleinen %-Werten auf.

Was sind 30 dBm + 30 dBm = 60 dBm? Rechnet man die Leistungen in lineare Wert um wird schnell klar, dass 1 W + 1 W = 2 W sind. Die Leistung von 2 W ist dann 33 dBm und nicht 60 dBm. Das gilt allerdings nur, wenn die zu addierenden Signale unkorreliert sind. Unkorreliert bedeutet, dass die Momentanwerte der Leistungen keinen starren Phasenbezug zueinander aufweisen.

Leistungen, die im logarithmischen Maß angegeben sind, muss man vor der Addition immer delogarithmieren und dann die linearen Werte addieren. Wenn es praktischer ist, mit dB-Werten weiterzurechnen, muss man den Summenwert wieder in dBm umrechnen.

Beispiel: Drei Signale P_1, P_2 und P_3 mit 0 dBm, +3 dBm und -6 dBm sollen addiert werden. Wie groß ist die Gesamtleistung?

$$P_1 = 10^{\frac{0}{10}} = 1 mW \qquad P_2 = 10^{\frac{+3}{10}} = 2 mW \qquad P_3 = 10^{\frac{-6}{10}} = 0,25 mW$$

$$P = P_1 + P_2 + P_3 = 3,25 \text{ mW}$$

Diese Leistung kann man wieder in dBm umrechnen:

$$P = 10 \cdot \lg\left(\frac{3,25 mW}{1 mW}\right) dBm = 5,12 dBm$$

Die Gesamtleistung ist somit 5,12 dBm.

Das Blockschaltbild eines Spektrumanalysators wurde gezeigt und entspricht dem eines selektiven Pegelmessers, nur erfolgt die Frequenzabstimmung selbstständig und ist periodisch mit der Ablaufzeit T (scan time). Alle am Signaleingang anliegenden spektralen Komponenten werden, soweit sie nicht vom Spiegelfrequenztiefpass unterdrückt werden, zeitlich nacheinander umgesetzt, wobei sich auf dem Bildschirm eine Durchlasskurve abbildet. Mittels eines kalibrierten Teilers lässt sich der logarithmische Referenzpegel an die Rasterlinie legen. Häufig ist auch eine lineare Anzeige zur Erhöhung der Amplitudenauflösung vorgesehen.

Wie beim allgemeinen Wobbelmessplatz ist beim Betrieb des Spektrumanalysators auf die höchst zulässige Wobbelgeschwindigkeit zu achten. Da bei der Spektrumanalyse kein Messobjekteinschwingen zu beachten ist, lässt sich für die Mindestablaufzeit T_{min} eine einfache Abschätzung herleiten. Aus dem Zusammenhang zwischen Hub F, der zugehörigen Ablaufzeit T und der Bandbreite Δf ergibt sich die Verweilzeit t_v des Signals innerhalb der Bandbreite zu

$$t_v = \frac{\Delta f}{F} \cdot T$$

Die mindest notwendige Verweilzeit ist abhängig von der Bandbreite und der Flankensteilheit, die durch einen Faktor K berücksichtigt wird. Mit der Beziehung

$$t_v \geq K \cdot \frac{1}{\Delta f}$$

erhält man somit die Mindestablaufzeit zu

$$T_{min} \geq K \cdot \frac{F}{\Delta f^2}$$

Daraus ist ersichtlich, dass beim Reduzieren der Bandbreite die erforderliche Ablaufzeit sehr rasch ansteigt. Nach dem Zuschalten des Filters ist je nach dessen Zeitkonstante die Ablaufzeit noch weiter zu verlängern. Moderne Geräte verfügen über Automatiken zur Kontrolle der erforderlichen Ablaufzeiten. Die im Faktor K enthaltene Filtersteilheit wird vielfach durch den sog. Formfaktor als Verhältnis der 60-dB-Bandbreite zur 3-dB-Bandbreite des Filters spezifiziert. Filter für Spektrumanalysatoren weisen verrundete, nicht zu steile Durchlasskurven mit Formfaktoren bis etwa 10 auf, um extrem lange Mindestablaufzeiten zu vermeiden. Auf der anderen Seite werden Filter für selektive Pegelmesser mit deutlich kleinerem Formfaktor dimensioniert, da bei diesen Messgeräten die Trennschärfe im Vordergrund steht.

Ein weiterer Gesichtspunkt ist die nutzbare untere Grenzfrequenz von Spektrumanalysatoren, denn bei der Einstellung auf $f_S = 0$ ist nach der Mischergleichung der Oszillator gerade auf die Zwischenfrequenz f_Z abgestimmt. Wegen der endlichen Entkopplung zwischen LO-Eingang und ZF-Ausgang eines Mischers erscheint bei Einstellung auf $f_S = 0$ ein scheinbares Signal vom Oszillator als Nullanzeige. Ein tatsächlich anliegendes Signal mit $f_S \rightarrow 0$ würde demnach je nach Analysatorbandbreite von dieser Nullanzeige mehr oder weniger überdeckt, so dass eine genaue Messung erst ab einer unteren Grenzfrequenz möglich ist.

11.2   Netzwerkanalysator

Mit einem Netzwerkanalysator kann man die S-Parameter von Netzwerken mit den verschiedenen Smith-Diagrammen und die Stabilitätskreise ermitteln. Diese Instrumente erlauben eine genaue Impedanzanpassung. Hiermit können die S-Parameter von Netzwerken mit Smith-Diagrammen und Stabilitätskreisen ermittelt werden. Dieses Instrument ermöglicht die genaue Impedanzanpassung.

Man kann mit einem Netzwerkanalysator die Impedanz Z bzw. die daraus abgeleiteten Reflexionsfaktoren S_{11} und S_{22} und ein Übertragungsmaß bzw. die sich daraus ergebenden Übertragungsfaktoren S_{21} und S_{12} messen. Die Anzeige der gemessenen Größe erfolgte direkt auf dem Oszilloskop in Form eines Polar- oder eines Smith-Diagramms. Bei dem Netzwerkanalysator von Multisim können die Ergebnisse in vektorieller Darstellung als Ortskurve über der Frequenz, aber auch in anderen Formaten ausgegeben werden. Häufig wird eine Aufzeichnung nach Betrag und Phase gewünscht oder als Reflexionsdämpfung bzw. als Transmissionsdämpfung über der Frequenz. Aus dem Frequenzgang des Phasenwinkels des Übertragungsfaktors ermittelt der Computer die Abweichung von der linearen Phase oder die Gruppenlaufzeit.

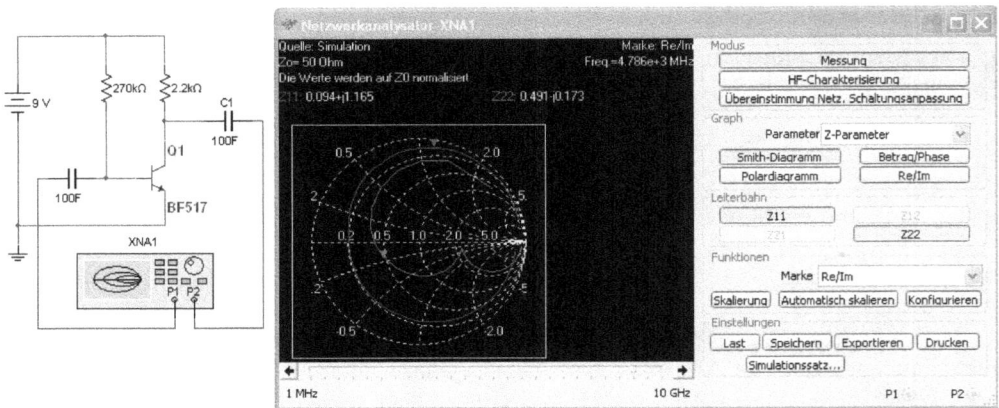

Abb. 11.6:   Netzwerkanalysator beim Smith-Kreisdiagramm zwischen 1 MHz und 10 GHz

Der Netzwerkanalysator von Abb. 11.6 erzeugt ein Smith-Kreisdiagramm und dieses besteht aus Kreisen und Kreisbögen. Zu den Kreisbögen gehört ebenfalls die gerade Durchmesserlinie, welche als „Kreisbogen" mit einem unendlichen Radius angesehen werden muss. Von 0.0 verläuft der Kreisbogen nach „∞". Diese Kreisbögen weisen folgende Bedeutungen auf: Die Kreise, deren Mittelpunkt auf der waagerechten Durchmesserlinie zu finden ist, sind Ortskurven von komplexen Größen mit jeweils konstantem Realteil. Der normierte Wert dieses Realteils ist an dem Schnittpunkt der Kreise mit der waagerechten Durchmesserlinie abzulesen. Dieser Zahlenwert gilt entlang der gesamten Kreislinie.

Die Kreisbögen, welche sich einerseits im Punkt unendlich (∞) (rechts von der waagerechten Durchmesserlinie) treffen, und andererseits auf dem äußersten, das Diagramm begrenzenden Kreis enden, sind Ortskurven von komplexen Größen mit jeweils konstantem Imaginärteil. Der normierte Wert des Imaginärteils ist auf dem Umfang des Diagramms begrenzenden Kreis dort bezeichnet, wo der betreffende Kreisbogen endet und den äußeren Kreis schneidet. Der äußere Begrenzungskreis des Kreisdiagramms und der waagerechte Durchmesser dieses Begrenzungskreises sind die beiden ausgezeichneten Linien des Kreisdiagramms, welches man mit den Achsen des Koordinatenkreuzes der Gaußschen Zahlenebene vergleichen kann. Auf dem äußeren Begrenzungskreis des Diagramms befinden sich alle rein imaginären Zahlenwerte, wozu auch der reelle Wert Null gehört. Auf der waagerechten Durchmesserlinie befinden sich alle reellen Werte, dazu gehört ebenso der imaginäre Wert Null.

Das Smith-Diagramm ist weder ein Widerstand- noch ein Leitwert-Diagramm, sondern wie die Gaußsche Zahlenebene ein Diagramm, welche sich auf reine Zahlen bezieht. Der Bereich der in der Praxis vorkommenden Zahlen ist in der Regel so groß, dass das Diagramm die Werte nicht aufnehmen kann, wenn man mit hinreichender Genauigkeit arbeitet. Aus diesem Grunde werden die vorliegenden Wirk- oder Blindkomponenten durch eine passende Größe dividiert, sodass eine reine Zahl entsteht, die in den Diagrammbereich mit optimaler Ablesegenauigkeit hineinpasst. Nach Lösung der Aufgabe mit dem Diagramm wird mit der gleichen Größe zurückgerechnet.

Man kann für Wirk- und Blindkomponenten unterschiedliche Größen zur Normierung und die entsprechenden zur Rücknormierung verwenden. Der Einfachheit halber wählt man aber in der Praxis die gleiche Normierungsgröße für die Wirk- und Blindkomponente.

In dem gleichen Smith-Kreisdiagramm können sowohl die Scheinwiderstände als auch die Scheinleitwerte eingetragen werden. Bei einer Reihenschaltung addiert man die Scheinwiderstände, bei der Parallelschaltung addiert man die Scheinleitwerte.

11.2.1   Smith-Kreisdiagramm

Das Smith-Kreisdiagramm besteht aus Kreisen und Kreisbögen. Zu den Kreisbögen gehört ebenfalls die gerade Durchmesserlinie, welche als „Kreisbogen" mit einem unendlichen Radius angesehen werden muss.

Einen Überblick über die Skalierung ist in Abb. 11.7 gezeigt.

Diese Kreisbögen weisen nach Abb. 11.8 folgende Bedeutung auf: Die Kreise, deren Mittelpunkte auf der waagerechten Durchmesserlinie zu finden sind, sind Ortskurven von komplexen Größen mit jeweils konstantem Realteil. Der normierte Wert dieses Realteils ist an dem Schnittpunkt der Kreise mit der waagerechten Durchmesserlinie abzulesen. Dieser Zahlenwert gilt also entlang der ganzen Kreislinie.

11.2.2   Messen mit dem Netzwerkanalysator

Der Netzwerkanalysator wird in der HF-Technik eingesetzt, um die Streuparameter (S-Parameter) zu messen. Die Streuparameter sind Reflexion und Transmission elektrischer Messobjekte. Der Netzwerkanalysator sendet ein Signal (hinlaufende Welle) auf das Messobjekt. Die Frequenz, Amplitude und Phasen sind bekannt und lassen sich beim Netzwerkanalysator einstellen. Das Messobjekt reflektiert einen Teil dieses Signals (weglaufende Welle am Eingang). Der Test läuft in dem Messobjekt und wird verändert, d. h. verstärkt, gedämpft und phasenverschoben. Am Ausgang des Messobjektes kann das so übertragene Signal (weglaufende Welle am Ausgang) erfasst werden.

Es treten folgende Verhältnisse auf:

- Aus dem Verhältnis von reflektiertem und gesendetem Signal lässt sich die Reflexion des Messobjektes messen.
- Aus dem Verhältnis von übertragenem zu gesendetem Signal wird die Transmission des Messobjektes gemessen.

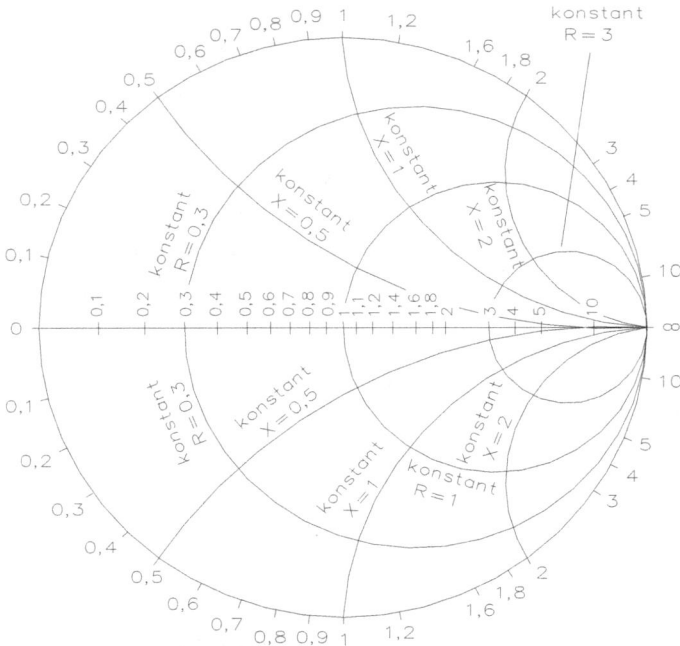

Abb. 11.7: Skalierung des Smith-Kreisdiagramms für die Elektronik
Innere Kreise: 0,3 – 1 – 3 → rein ohmsche Widerstandswerte → Skalierung auf der Geraden
Äußere Kreise: 0,5 – 1 – 2 → Blindwiderstände X_L oder X_C → Skalierung am äußeren Kreis.
Normierung für alle Skalen a = 1

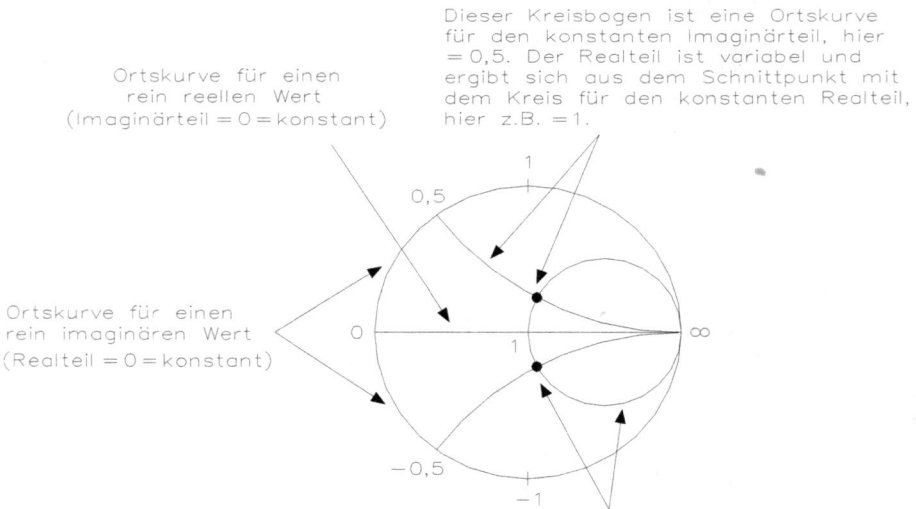

Dieser Kreisbogen ist eine Ortskurve
für den konstanten Imaginärteil, hier
= 0,5. Der Realteil ist variabel und
ergibt sich aus dem Schnittpunkt mit
dem Kreis für den konstanten Realteil,
hier z.B. =1.

Ortskurve für einen
rein reellen Wert
(Imaginärteil = 0 = konstant)

Ortskurve für einen
rein imaginären Wert
(Realteil = 0 = konstant)

Dieser Kreis ist eine Ortskurve
für den konstanten Realteil, hier
=1. Der variable Imaginärteil ergibt sich aus dem Schnittpunkt
mit dem Kreisbogen für den konstanten Imaginärteil, hier = −0,5.

Abb. 11.8: Bedeutung des Smith-Kreisdiagramms für die Elektronik

Der Netzwerkanalysator hat zwei Schnittstellen, die man als Messtore (Ports), P1 und P2, bezeichnet. Netzwerkanalysatoren zeigen die gemessenen Parameter als Amplituden- oder Phasengang bzw. in komplexer Darstellung in einem Smith-Diagramm an. Die Darstellung im Smith-Diagramm erfolgt aber nur bei der Eingangs- und Ausgangsreflexion (S_{11} und S_{12}). Sie dient dazu, die geeignete Impedanzanpassung (Matching) zur Übertragung der maximalen Leistung zu ermitteln.

Neben dem Smith-Diagramm hat der Netzwerkanalysator noch die Erstellung von Betrag/Phase, Polardiagramm und Re/Im (Real/Imaginär). Jede Veränderung der Messfrequenz oder der Wechsel der Messleitungen erfordert bei realen Messgeräten eine Netzkalibrierung. Beim simulierten Netzwerkanalysator muss man nur den Balken „Automatisch skalieren" betätigen. Es sind folgende Definitionen möglich:

Open

Bei einem („Open") ist die Messleitung definiert offen, d. h. sie ist weder über einen Widerstand, Kondensator oder Spule mit Masse oder der Betriebsspannung verbunden. Ein offenes Leitungsende bewirkt eine Totalreflexion des gesendeten Signals. Betrachtet man die komplexen Daten einer Reflexionsmessung am Tor im Smith-Diagramm, so definiert „Open" den Punkt „Unendlich" auf der X-Achse. Abb. 11.9 zeigt ein Beispiel.

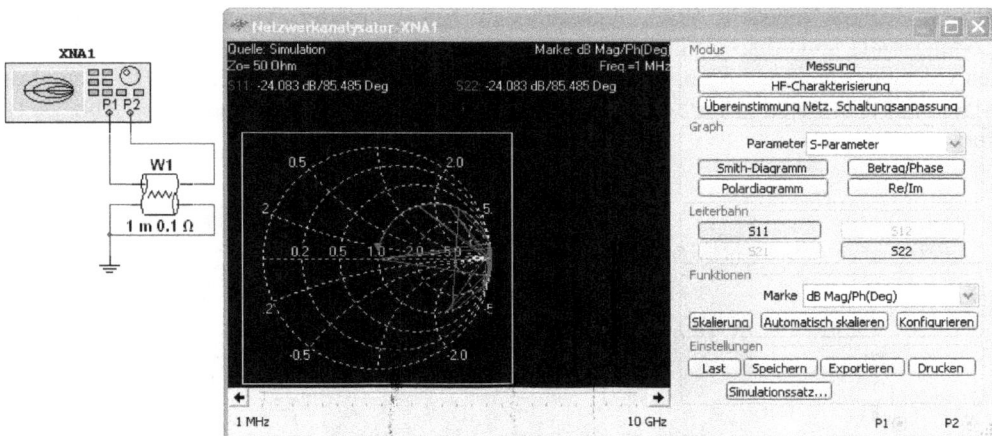

Abb. 11.9: Ein offenes Leitungsende bewirkt eine Totalreflexion des gesendeten Signals

Short

Mit Short (Kurzschluss) ist die Messleitung mit der Abschirmung des Messkabels verbunden. Ein kurzgeschlossenes Leitungsende bewirkt ebenfalls eine Totalreflexion des gesendeten Signals, aber die Phase des Signals ist gegenüber einer offenen Messleitung um $180°$ phasenverschoben. Im Smith-Diagramm ist der Kurzschluss auf dem Punkt „Null" der X-Achse. Abb. 11.10 zeigt ein Beispiel.

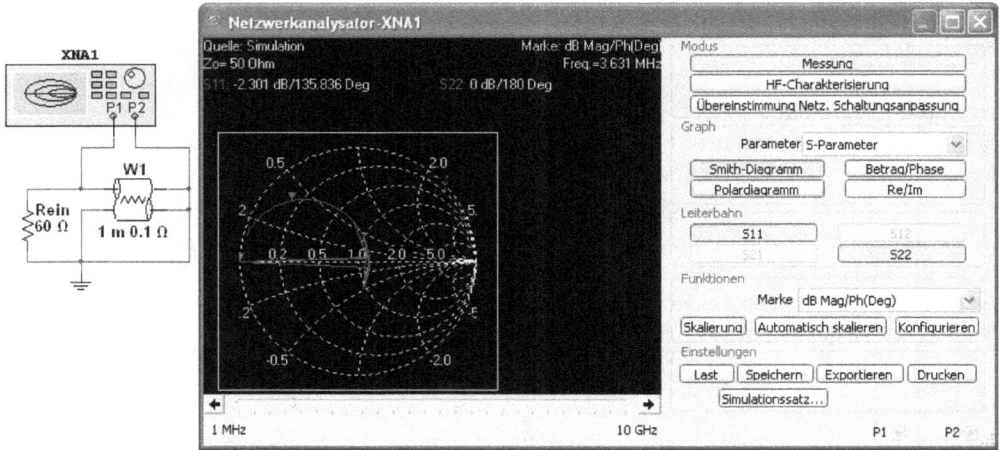

Abb. 11.10: Ein kurzgeschlossenes Leitungsende bewirkt eine Totalreflexion, aber mit 180° phasenverschoben

Match

Bei der Match-Kalibrierung (angepasst) wird die Messleitung mit dem Wellenwiderstand, in der HF-Technik meistens 50 Ω, abgeschlossen. Ein definierter Widerstand soll zwischen Leitungsseele und Abschirmung eingeschaltet werden. Ist die Messleitung mit einem Wellenwiderstand abgeschlossen, treten keine Signalreflexionen auf. Im Smith-Diagramm ist Match auf dem Punkt „Eins" der X-Achse, also im Mittelpunkt des Diagramms. Abb. 11.11 zeigt ein Beispiel.

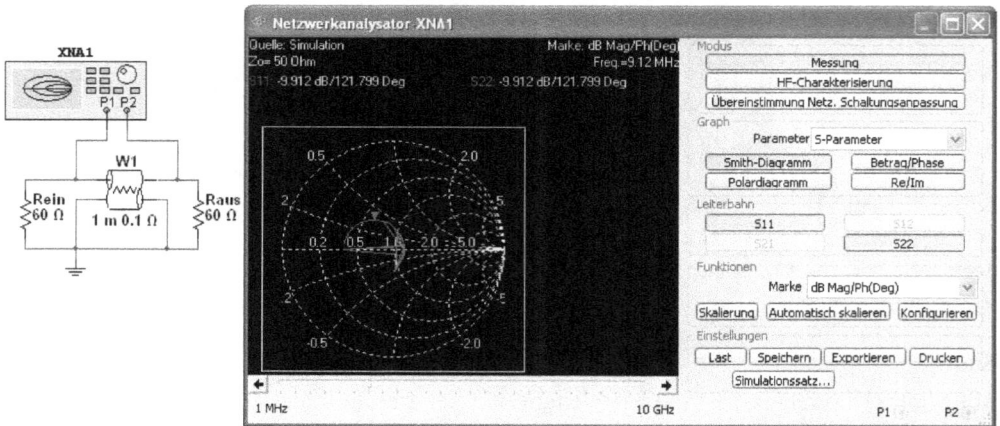

Abb. 11.11: Reflexionsfreie Übertragung durch den Wellenwiderstand

11.2.3   Messen eines Collins-Filters

Das π-Filter in Abb. 11.12 wird in der NF- und HF-Technik benutzt, um eine Widerstands-transformation der reellen Widerstände R_1 und R_2 vorzunehmen. Bei Senderendstufen ist dieses Koppelfilter für die Antennenzuführung als Collins-Filter bekannt. Um vernünftige Ergebnisse zu erhalten, ist der Balken „Automatisch skalieren" zu betätigen.

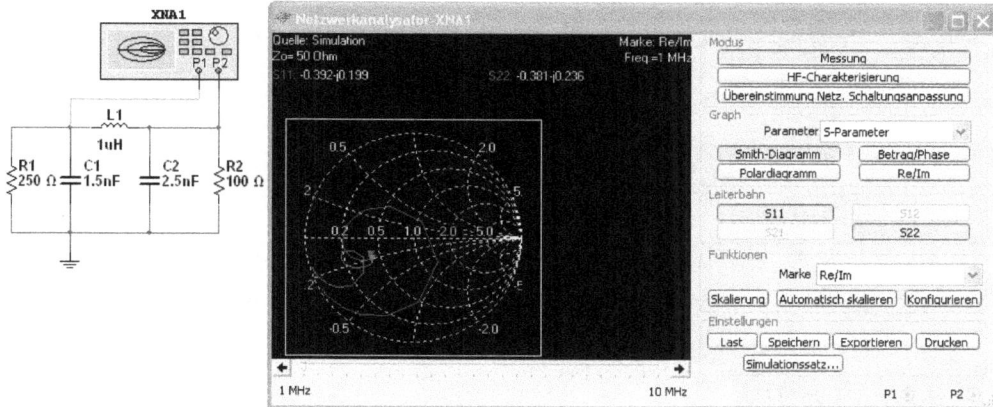

Abb. 11.12: Smith-Diagramm für ein Collins-Filter

Für die Berechnung des Filters wird zunächst die erforderliche Güte oder die Bandbreite Δf (-3 dB) gefordert. Soll das Filter für Oberwellen eine starke Dämpfung aufweisen, so muss versucht werden, mit großen Werten von $Q \approx 50$ zu arbeiten. Für die daraus resultierenden Werte von C_1, C_2 und L ist zu überlegen, ob realistische Größen erhalten werden. Im Allgemeinen wird mit $Q = 5 \dots 20$ gerechnet. Je größer R_1 und R_2 sind, je größere Werte können für Q verwendet werden.

Für die Berechnung eines Collins-Filters gelten die Formeln

$$C_1 = \frac{2 \cdot Q}{2 \cdot \pi \cdot f_{res} \cdot (R_1 + \sqrt{R_1 \cdot R_2})}$$

$$C_2 = \frac{2 \cdot Q}{2 \cdot \pi \cdot f_{res} \cdot (R_2 + \sqrt{R_1 \cdot R_2})}$$

$$L = \frac{R_1 + R_2 + 2 \cdot \sqrt{R_1 \cdot R_2}}{4 \cdot \pi \cdot f_{res} \cdot Q}$$

Ist die Bandbreite Δf vorgegeben, gilt

$$C_1 = \frac{1}{\pi \cdot \Delta f \cdot (R_1 + \sqrt{R_1 \cdot R_2})}$$

$$C_2 = \frac{1}{\pi \cdot \Delta f \cdot (R_2 + \sqrt{R_1 \cdot R_2})}$$

$$L = \frac{\Delta f \cdot (R_1 + R_2 + 2 \cdot \sqrt{R_1 \cdot R_2})}{4 \cdot \pi \cdot f_{res}^2}$$

Aus der Schaltung von Abb. 11.12 lässt sich die Bandbreite Δf ermitteln

$$\Delta f = \frac{1}{\pi \cdot f_{res} \cdot (R_1 + \sqrt{R_1 \cdot R_2}) \cdot C_1} = \frac{1}{\pi \cdot f_{res} \cdot (R_1 + \sqrt{R_1 \cdot R_2}) \cdot C_2} = \frac{4 \cdot \pi \cdot f_{res}^2 \cdot L}{R_1 + R_2 + 2 \cdot \sqrt{R_1 \cdot R_2}}$$

Die Güte Q errechnet sich aus

$$Q = \pi \cdot f_{res} \cdot C_1 \cdot (R_1 + 2 \cdot \sqrt{R_1 \cdot R_2}) \qquad Q = \pi \cdot f_{res} \cdot C_2 \cdot (R_1 + 2 \cdot \sqrt{R_1 \cdot R_2})$$

Das Übersetzungsverhältnis ist

$$\ddot{u} = \sqrt{\frac{R_1}{R_2}} = \frac{C_2}{C_1} = \frac{u_1}{u_2}$$

Die Resonanzfrequenz lässt sich ermitteln aus

$$f_{res} = \frac{1}{2 \cdot \pi \cdot \sqrt{L \cdot \dfrac{C_1 \cdot C_2}{C_1 + C_2}}}$$

Die Bandbreite ist dann

$$\Delta f = \frac{f_{res}}{Q}$$

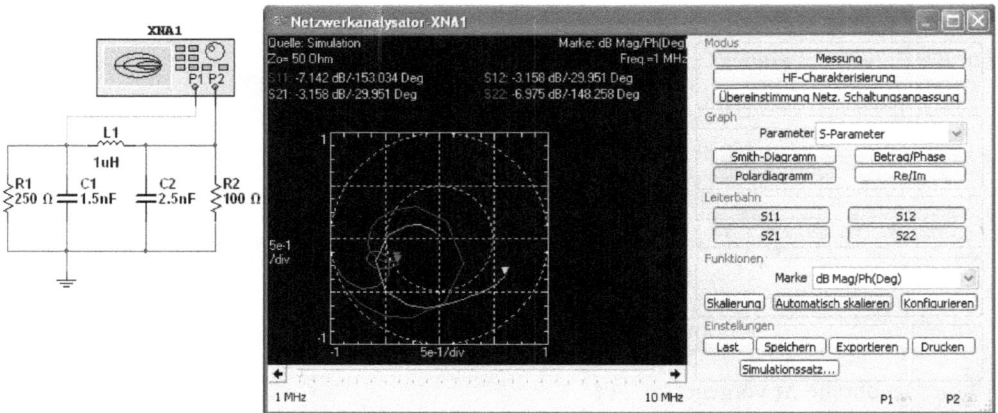

Abb. 11.13: Polardiagramm für ein Collins-Filter

Abb. 11.13 zeigt das Polardiagramm für ein Collins-Filter. Um vernünftige Ergebnisse zu erhalten, ist der Balken „Automatisch skalieren" zu betätigen. Es soll für dieses Filter eine Berechnung erfolgen, wenn Q = 10, u_1 = 2 V und f_{res} = 5 MHz ist.

$$C_1 = \frac{2 \cdot 10}{2 \cdot 3{,}14 \cdot 5MHz \cdot (250\Omega + \sqrt{250\Omega \cdot 100\Omega})} = 1{,}56nF$$

$$C_2 = \frac{2 \cdot 10}{2 \cdot 3{,}14 \cdot 5MHz \cdot (100\Omega + \sqrt{250\Omega \cdot 100\Omega})} = 2{,}46nF$$

$$L = \frac{250\Omega + 100\Omega + 2 \cdot \sqrt{250\Omega \cdot 100\Omega})}{4 \cdot 3{,}14 \cdot 5MHz \cdot 10} = 1\mu H$$

$$\ddot{u} = \sqrt{\frac{250\Omega}{100\Omega}} = \frac{2{,}46nF}{1{,}56nF} = 1{,}58 \qquad u_2 = \frac{u_1}{\ddot{u}} = \frac{2V}{1{,}58} = 1{,}26$$

Kontrolle der Rechenaufgabe:

$$C' = \frac{C_1 \cdot C_2}{C_1 + C_2} = \frac{1{,}56nF \cdot 2{,}46nF}{1{,}56nF + 2{,}46nF} = 0{,}995nF$$

$$f_{res} = \frac{1}{2 \cdot 3{,}14 \cdot \sqrt{L \cdot C'}} = \frac{1}{2 \cdot 3{,}14 \cdot \sqrt{1\mu H \cdot 0{,}995nF}} = 5MHz$$

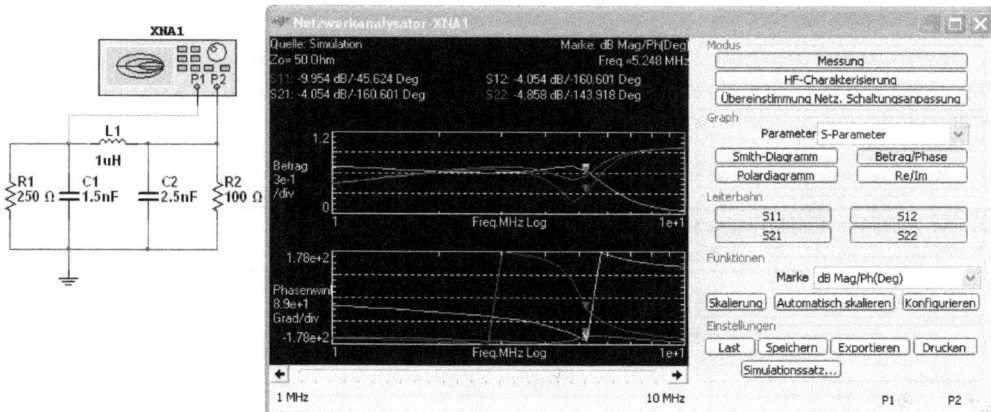

Abb. 11.14: Betrag und Phase für ein Collins-Filter

Abb. 11.14 zeigt den Betrag und die Phase für ein Collins-Filter in einem Frequenzbereich von 1 MHz bis 10 MHz. Diese Einstellung des Frequenzbereichs kann man wählen. Bei einem Frequenzbereich von 5,248 MHz ergibt sich:

S11: −9,954 dB/−45,624°
S12: −4,054 dB/−160,601°
S21: −4,054 dB/−160,601°
S22: −4,858 dB/−143,918°

Verändert man den Frequenzbereich von 1 MHz bis 10 MHz, erhält man bei ca. ⅔ diese Werte. Um vernünftige Ergebnisse zu erhalten, ist der Balken „Automatisch skalieren" zu betätigen.

11.2.4   Anpassschaltungen in der HF-Technik

HF-Transistoren müssen ein- und ausgangsseitig durch entsprechende LC-Netzwerke angepasst werden. Es soll eine spezielle HF-Verstärkerschaltung beschrieben werden. Außer der rechnerischen Erfassung ist oftmals die Darstellung im Smith-Diagramm eine Hilfe. Abb. 11.15 zeigt einen HF-Verstärker mit zwei 50-Ω-Wellenwiderständen.

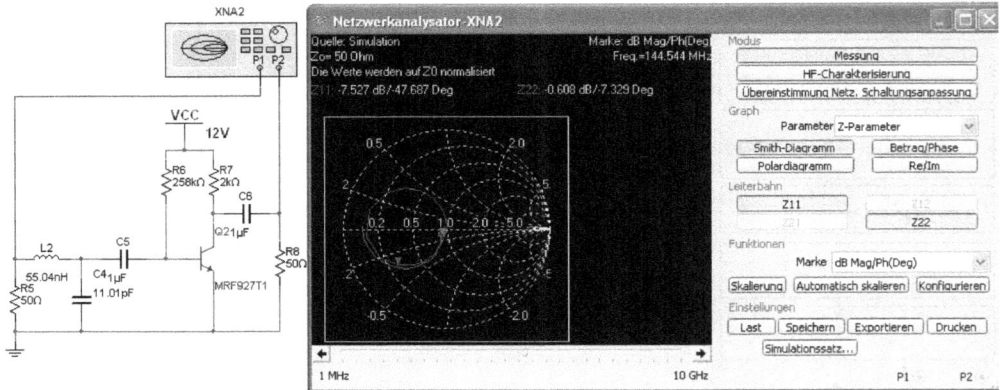

Abb. 11.15: Messung eines HF-Breitbandverstärkers

Die elektrischen Werte einzelner Bauelemente werden in das Smith-Diagramm für Scheinwiderstände und Scheinleitwerte eingetragen, wie Tabelle 11.1 zeigt.

Tab. 11.1:   Verlauf der einzelnen Bauelemente im Smith-Diagramm für Scheinwiderstände und Scheinleitwerte

Kurve verläuft im Smith-Diagramm		
	Diagramm	
Längs-L	Z	Konstantes Serien-R im Uhrzeigersinn
Längs-C	Z	Konstantes Serien-R entgegen Uhrzeigersinn
Parallel-L	Y	Konstantes Parallel-R (G) entgegen Uhrzeigersinn
Parallel-C	Y	Konstantes Parallel-R (G) im Uhrzeigersinn

In der Praxis ist der Aufbau einer Transistor-Senderendstufe im Wesentlichen ein Anpassproblem. Es handelt sich, im einfachsten Fall um eine Transformation des üblichen 50-Ω-Wellenwiderstands eines Normkabels auf den niedrigen Eingangswiderstand von etwa 1 Ω des Transistors mit zusätzlicher induktiver Komponente, die im Wesentlichen durch die Anschlüsse und Verbindungsdrähte hervorgerufen wird. An der Ausgangsseite stellt sich das entsprechende Problem, denn hier muss der Ausgangswiderstand von z. B. 1 Ω … 500 Ω je nach Leistung des Transistors auf 50 Ω transformiert werden. Die Anpassung des Transistors muss möglichst für alle in Betracht kommenden Betriebsfrequenzen vorhanden sein.

Als Anpasselemente werden oft mehrere zusammengeschaltete π-Glieder, bestehend aus einer Induktivität und zwei Kapazitäten, verwendet. Beim π-Glied handelt es sich um ein Tiefpassfilter, das zugleich zum Unterdrücken von Oberwellen dient. In erster Näherung wirkt die Kapazität C_1 als Kompensation der Leitungsinduktivität des Transistoreingangs. Um genügende Bandbreite zu erreichen, empfiehlt es sich, die Anpassschaltungen für Breit-

bandverstärker mit einer niedrigen Güte (z. B. Q = 2 ... 5) auszuführen, bei Schmalband-
schaltungen ist Q = 5 ... 20. Eine einfache Bestimmung der L_2- und C_2-Werte kann mit Hilfe
des Smith-Diagramms grafisch vorgenommen werden.

Bei hohen Transformationsverhältnissen und entsprechend entstehenden hohen Güten wird
das Anpassglied mehrstufig ausgeführt, um die Güten zu reduzieren.

In einem mehrstufigen Anpassnetzwerk sollte die Transformation entsprechend der harmonischen Teilung

$$Z = \sqrt{Z_0 \cdot Z_1}$$

vorgenommen werden. Dabei ist Z_1 die Impedanz einer Zwischenstufe, Z_1 die Impedanz des
Transistors und Z_0 der Wellenwiderstand der Eingangsleitung, z. B. 50 Ω. Für die Impedanz
der Zwischenstufe folgt z. B. mit $Z_1 = 4{,}5$ Ω, dann ist

$$Z = \sqrt{50\,\Omega \cdot 4{,}5\,\Omega} = 15\,\Omega$$

In einem Smith-Diagramm sind die Widerstände R, jX und Leitwerte G, jB als Realteil und
Imaginärteil in Kreisform angegeben. Je eine Kreisschar gilt für konstante R-, X-, G- und B-
Werte. Die Kreiskoordinaten X, R konst. stehen senkrecht aufeinander und bilden die
Z-Ebene (Impedanzebene), ebenso die B-, G-Koordinatenkreise welche die Y-Ebene (Admit-
tanzebene) aufspannen. Wird ein einzelnes Bauelement, z. B. eine Induktivität, eine Kapazität oder ein Widerstand, zur Schaltung hinzugefügt, so bedeutet dies, dass dabei jeweils eine
der Kreiskoordinaten unverändert bleibt.

Als Beispiel soll die Dimensionierung eines π-Anpassgliedes durchgeführt werden. Es werden nur die Transformationswege und Richtungen gezeigt. Die Werte der Bauelemente werden nicht bestimmt.

Zur Erläuterung der Methode wird zunächst auf die Bestimmung der gesuchten Größen L_1,
C_1, C_2 usw. verzichtet. Ausgangspunkt ist Z als der normierte Wert des Eingangswiderstands
mit $Z = 4{,}5$ Ω + j 2 Ω. Dieser Wert wird in das Diagramm eingetragen. Nun wird von Z aus-
gehend auf dem Kreis G = konst. die Strecke X_C, die der Parallelkapazität C_1 entspricht, in
Uhrzeigerichtung abgetragen, bis ein Punkt erreicht wird.

Als weiterer Schritt wird die Strecke X_L auf dem Kreis R = konst., der ja für Serienblind-
komponenten gilt, in Uhrzeigerrichtung bis zum nächsten Punkt durchlaufen. Der dritte
Schritt betrifft den parallel geschalteten Kondensator C_2. Der X_{C2} wird auf dem Kreis
G = konst. abgetragen, bis ein weiterer Punkt (15 Ω) erstellt wird. Um den zweiten Anpas-
sungszweig zu dimensionieren, wird von C aus X_{L2} auf einer R = konst. Kurve aufgetragen
(Uhrzeigerrichtung) bis zum nächsten Punkt. Danach wird X_{L3} auf dem Kreis G = konst.
abgetragen, bis man den 50-Ω-Punkt, also den Widerstand an den Eingangsklemmen (letzter
Punkt), erhält.

12   Simulierte Industriemessgeräte

Die Grundausstattung für einen Laborplatz soll bestehen aus einem Funktionsgenerator einem Digitalvoltmeter und einem Universaloszilloskop. Multisim bietet vier Messgeräte an:

- 15-MHz-Funktionsgenerator 33120A von Agilent
- 6,5-stelliges Standard-Digital-Multimeter 34401A von Agilent
- Analoges 2- und digitales 16-Kanal-Mixed-Signal-Oszilloskop 54622D bis 100 MHz von Agilent
- 4-Kanal-Digital-Echtzeit-Oszilloskop TDS2024 bis 200 MHz von Tektronix

12.1   HP-Funktionsgenerator 33120A

Hochgenaue Messfrequenzen (relativer Frequenzfehler unter etwa 10^{-7}) können nicht durch freischwingende RC- oder LC-Oszillatoren erzeugt werden, sondern müssen durch sogenannte Frequenzaufbereitungsverfahren von einer hochkonstanten Referenzfrequenz abgeleitet werden, z. B. von der Schwingfrequenz eines sehr hochwertigen Quarzoszillators. Geräte dieser Art nennt man Synthesizer, wegen ihrer im Allgemeinen dekadischen Einstellbarkeit auch Frequenzdekaden. Der 15-MHz-Funktionsgenerator 33120A basiert auf der Synthesizertechnik.

Bei dem Frequenzsyntheseverfahren wird die gewünschte Ausgangsfrequenz aus einer Reihe von Einzelfrequenzen, die alle ganzzahlige Vielfache oder Teile einer Referenzfrequenz sind, in entsprechend vielen Mischstufen zusammen addiert, subtrahiert, multipliziert und dividiert. Das zu synthetisierende Signal durchläuft eine Reihenschaltung von Mischstufen mit zwischengeschalteten Bandpässen und Frequenzteilern. In jeder Mischstufe wird die Frequenz um einen hinzugemischten Wert vergrößert oder verkleinert. Die hinzugemischten Frequenzen werden durch umschaltbare Bandpässe aus den Oberschwingungen der Referenzfrequenz ausgefiltert. Durch die zwischen den Mischstufen liegenden Frequenzteiler wird erreicht, dass für alle Dekaden dieselben Harmonischen der Referenzfrequenz benutzt werden können. Die Bandpässe zwischen den Mischstufen blenden jeweils die gewünschten Mischprodukte aus und nach der letzten Umsetzung ist nur noch ein Tiefpass erforderlich.

Wie dieses Verfahren nun im Einzelnen arbeitet, kann am 15-MHz-Funktionsgenerator 33120A erklärt werden. Hier ist eine Dekadenschalter-Stellung „10.000.000 kHz" gezeigt, wie diese Ausgangsfrequenz aus dem Bereich der 45-ten bis 54-ten Harmonischen von 100 kHz zusammengemischt wird. Die Bandpässe müssen jeweils unmittelbar hinter den Mischstufen liegen und bei diesem Beispiel jeweils den Bereich 5 MHz bis 6 MHz passieren lassen, der Ausgangstiefpass hat den Bereich 0 Hz bis 100 kHz.

Wenn gewünscht, kann bei einem solchen Verfahren von einer beliebigen Dezimalstelle an auf kontinuierliche Abstimmung umgeschaltet werden, wenn man den entsprechenden Mischereingang auf den vorgesehenen Interpolationsgenerator umschaltet. Legt man z. B. den

https://doi.org/10.1515/9783110544428-013

ersten Schalter (erste Stelle vor dem Dezimalpunkt) um, so kann zwischen 90,055 ... 90,056 kHz interpoliert werden, legt man den zweiten Schalter (erste Stelle nach dem Dezimalpunkt) um, so kann zwischen 90,050 ... 90,060 kHz interpoliert werden, usw., legt man den letzten Schalter um, so hat man eine freie kontinuierliche Abstimmbarkeit über den gesamten Bereich von 0 ... 100 kHz, wobei die präzise dekadische Ablesbarkeit und Stabilisierung nicht verloren geht. Man erkennt, dass man auf diese Weise auch Teil- oder Ganzbereiche wobbeln kann, und man erkennt, dass man eine Frequenzmodulation einspeisen kann, aber auch eine Amplitudenmodulation, da die Mischstufen bei geeigneter Dimensionierung auch Amplitudenschwankungen weitergeben.

Zusammenfassend ist erkennbar, dass das Verfahren der Frequenzsynthese ganz offensichtlich hinsichtlich der Umschaltbarkeit und der Modulierbarkeit große Freiheiten offen lässt. Da der 15-MHz-Funktionsgenerator 33120A nicht mit vielen benötigten Filtern (analoges Verfahren mit Widerständen, Kondensatoren und Spulen) arbeitet, sondern mit elektronischem Filter ausgestattet ist, ergibt sich ein kompakter Aufbau.

Beim anderen Verfahren der Frequenzanalyse wird die Ausgangsspannung nicht über Mischstufen, sondern direkt von einem Oszillator erzeugt, der über einen Phasenregelkreis mit einer Referenzfrequenz phasensynchronisiert und damit frequenzstarr verbunden wird. Nun liegt die Referenzfrequenz in der Regel um einige Dekaden tiefer als die Ausgangsfrequenz. Um den für die Phasenregelung notwendigen Phasenvergleich in einem Phasendiskriminator vornehmen zu können, muss deshalb die Oszillatorfrequenz entweder durch Zusetzen einer weiteren quarzstabilen Frequenz auf die Referenzfrequenz heruntergemischt werden oder sie muss durch einen Frequenzteiler heruntergeteilt werden.

Das Analyseverfahren kommt mit wesentlich geringerem Aufwand aus, da man nicht so viele Filter benötigt, und auch, da man einige Systemteile mit Hilfe von integrierten Schaltungen der Digitaltechnik realisieren kann, ist aber hinsichtlich der Frequenzumschaltung und hinsichtlich Modulationsmöglichkeiten von mancherlei Problemen begleitet. Den optimierten Synthesizer benutzen daher im Allgemeinen zweckmäßige Kombinationen des Frequenzsynthese- und -analyseverfahrens. Moderne Synthesizerkonzepte sind deshalb nicht mehr einfach zu überblicken, zumal gute Standardgeräte heute einen Dezimalstufenbereich von der 10-Hz-Stelle bis 10 MHz aufweisen.

Die relative Frequenzkonstanz eines derartigen Synthesizers ist gleich der Konstanz der Referenzfrequenz. Mit hochwertigen Quarzoszillatoren werden z. B. bei den Werten von $<2 \cdot 10^{-9}/°C$, $<2 \cdot 10^{-9}/\text{Tag}$ und $<5 \cdot 10^{-8}/\text{Monat}$ erreicht. Stabilere Frequenzen können von entsprechend stabileren externen Frequenznormalen abgeleitet werden.

Der Funktionsgenerator entspricht dem realen Messinstrument 33120A von Agilent (früher Hewlett Packard). Abb. 12.1 zeigt die Frontansicht und eine Anwendung als Sinusgenerator.

Wie beim Original-Messinstrument 33120A muss dieses Gerät eingeschaltet werden und erzeugt dann die Spannungen, über die Schaltfläche „POWER On/Off". Danach wählt man die Impulsform aus: Sinus, Rechteck, Dreieck und Sägezahn. Die Frequenz stellt man mit der Schaltfläche „Freq" ein und zwar mit der Schaltfläche „∧" für höher und mit „∨" kleiner. Wenn man die Stellen nach dem Dezimalpunkt ändert, drückt man „>" die Stellen wandern nach links und bei „<" nach rechts. Damit lässt sich die Frequenz nach dem Dezimalpunkt mit sieben Stellen justieren.

Die Ausgangsspannung wird über „Ampl" eingestellt und der Wert ist U_{PP}. Man kann mit den Schaltflächen „∧" die Ausgangsspannung erhöhen oder mit „∨" verkleinern. Eine sehr

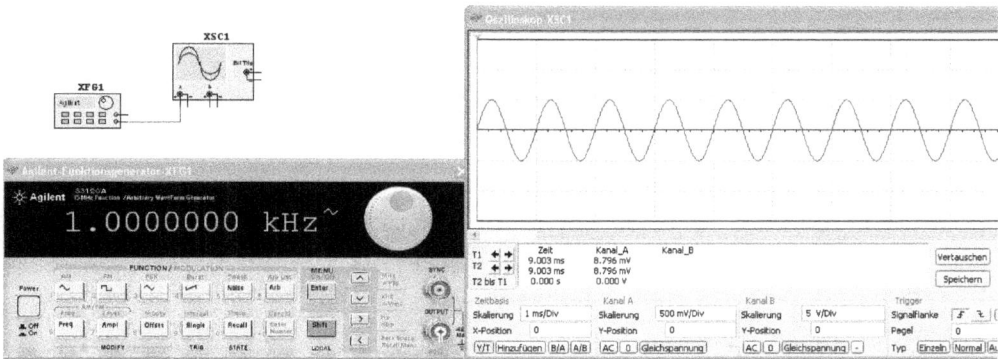

Abb. 12.1:   Frontansicht des Funktionsgenerators (Agilent 33120A) mit Oszillogramm einer Messspannung
(Rauschspannung)

schnelle Einstellung kann man vornehmen, wenn man den Drehknopf virtuell mit der Maus dreht. Bei 20 V_{PP} ist eine Begrenzung in positiver und negativer Richtung möglich. Mit der Schaltfläche „Offset" verschiebt man das Gleichstromverhältnis in positive und negative Richtung.

Wenn man das Oszilloskop anschließt und die Simulation startet, kann man alle Funktionen und Einstellungen testen. Bitte vergessen Sie nicht, dass das Gerät über die Schaltfläche „POWER" ein- und auszuschalten ist. Die Messung wird über die Simulation gestartet.

Der Funktionsgenerator erzeugt Sinus- und Rechteckfrequenzen bis 15 MHz. Die Ausgabe erfolgt im 12-Bit-Format für Sinus, Dreieck, Rampe, Rauschen und mehr. Die Frequenzerzeugung erfolgt nach DDS (Direct Digital Synthesis) und damit ist eine hervorragende Frequenzstabilität gewährleistet.

Durch einen Funktionsgenerator lassen sich Sinus-, Dreieck- und Rechtecksignale erzeugen, wobei man Amplitude, Frequenz, Tastverhältnis und Offset (Verschiebung des Gleichspannungsanteils in positiver bzw. negativer Richtung) einstellen kann.

Durch Anklicken einer der Tasten erhält man die Signalform für die Grundfrequenzen: Sinus, Dreieck und Rechteck. Die Frequenz lässt sich auf verschiedene Weisen ändern. Die erste Möglichkeit besteht darin, die Drehknöpfe (Spin-Controls) anzuklicken. Bei dieser Methode erhöht sich der Frequenzwert um jeweils 1. Diesen Vorgang kann man auch durch die Verwendung der beiden Pfeiltasten (Cursor-Tasten) der PC-Tastatur realisieren. Wenn man den Frequenzwert über die Tastatur eingibt, lässt sich der Frequenzwert mit einer Kommastelle (Dezimalpunkt) eingeben, z. B. 3,5 kHz. Klicken Sie hierzu mit der Maus in die Frequenzwertanzeige des Funktionsgenerators.

Die Frequenz bei einer sinusförmigen Wechselspannung gibt die Anzahl der Perioden pro Sekunde an. Die Frequenz und die Kreisfrequenz berechnen sich aus

$$f = \frac{1}{T} \qquad\qquad \omega = 2 \cdot \pi \cdot f$$

Der Funktionsgenerator erzeugt eine Wechselspannung mit 1 kHz. Berechnen Sie die Periodendauer und die Kreisfrequenz!

$$T = \frac{1}{f} = \frac{1}{1kHz} = 1ms \qquad \omega = 2 \cdot \pi \cdot f = 2 \cdot 3,14 \cdot 1kHz = 6280s^{-1}$$

Die Wellenlänge λ ist der Abstand zwischen zwei Stellen gleichen Schwingungszustandes, d.h. zweier Verdichtungsstellen. Die Berechnung erfolgt nach

$$\lambda = \frac{c}{f}$$

c = Ausbreitungsgeschwindigkeit (diese beträgt in Luft und Vakuum 300.000 km/s und in Kupferleitungen 240.000 km/s).

Bei den Wechselgrößen unterscheidet man zwischen Augenblickswert, Scheitelwert, Effektivwert, Gleichrichtwert, Scheitelfaktor und Formfaktor:

- Der **Augenblickswert** ist der Wert einer Wechselgröße zu einem bestimmten Zeitpunkt. Die Kennzeichnung erfolgt durch Kleinbuchstaben mit „u" für den Augenblickswert der Spannung oder „i" für den Strom.
- Der **Scheitelwert** ist der größte Betrag des Augenblickswerts einer Wechselgröße. Die Kennzeichnung erfolgt durch ein Dach über den Buchstaben mit „û" für die Spannung oder „î" für den Strom.
- Der **Effektivwert** ist der zeitliche quadratische Mittelwert einer Wechselgröße. Die Kennzeichnung erfolgt durch Großbuchstaben oder mit dem Index „eff", also U bzw. U_{eff} für die Spannung oder „I" bzw. I_{eff} für den Strom.
- Der **Gleichrichtwert** ist der arithmetische Mittelwert des Betrags einer Wechselgröße über eine Periode. Die Kennzeichnung erfolgt durch Betragsstriche und Überstrich wie $|\bar{u}|$, wobei man in der Praxis auf die Betragsstriche verzichtet. für die Spannung oder „$|\bar{i}|$" für den Strom.
- Der **Scheitelfaktor** einer Wechselgröße ist das Verhältnis von Scheitelwert zum Effektivwert. Es gilt

$$S = \frac{\hat{u}}{U} = \frac{\hat{i}}{I}$$

Der Scheitelfaktor ist von der entsprechenden Schwingungsform abhängig. Tabelle 12.1 zeigt die einzelnen Scheitelfaktoren.

Tab. 12.1:   Scheitelfaktoren in Abhängigkeit der Schwingungsform

Schwingungsform	Scheitelfaktor
Sinus	$\sqrt{2} = 1,414$
Dreieck	$\sqrt{3} = 1,732$
Sägezahn	$\sqrt{3} = 1,732$
Rechteck	1,00

- Der **Formfaktor** einer Wechselgröße ist das Verhältnis von Effektivwert zum Gleichrichtwert:

$$F = \frac{U}{\overline{u}} = \frac{I}{\overline{i}} \qquad F \geq 1$$

Tabelle 12.2 zeigt die einzelnen Formfaktoren, wobei man die Schwingungsform berücksichtigen muss.

Tab. 12.2:   Formfaktoren in Abhängigkeit der entsprechenden Schwingungsform

Schwingungsform	Formfaktor
Sinus	$\frac{\pi}{2\sqrt{2}} = 1,111$
Dreieck	$\frac{2}{\sqrt{3}} = 1,155$
Rechteck	1,00

Die Amplitude, also die Ausgangsspannung, kann man wieder mittels mehreren Methoden einstellen. Die erste Möglichkeit besteht darin, die Drehknöpfe (Spin-Controls) anzuklicken. Bei dieser Methode wird der Amplitudenwert jeweils um 1 erhöht bzw. verringert. Dieser Vorgang lässt sich auch durch die Verwendung der Pfeiltasten (Cursortasten) auf der PC-Tastatur realisieren. Auch kann man eine direkte Eingabe des Amplitudenwerts über die Tastatur vornehmen. Hierbei wird der Amplitudenwert mit einer Nachkommastelle (Dezimalpunkt) eingegeben, z. B. 7.2 Volt. Klicken Sie hierzu mit der Maus in die Amplitudenwertanzeige des Funktionsgenerators. Mit dem Offset verschiebt man den Gleichspannungsanteil des erzeugten Signals in positive bzw. negative Richtung.

Die AM-Quelle (Singularfrequenz-Amplitudenmodulationsquelle) erzeugt ein amplitudenmoduliertes Signal. Diese Quelle kann zum Aufbau und zur Analyse von nachrichtentechnischen Schaltungen verwendet werden. Die AM-Quelle lässt sich intern bzw. extern betreiben und programmieren.

Es lassen sich Trägeramplitude (Voreinstellung: 1 V), Trägerfrequenz (Voreinstellung: 1 kHz), Modulationsindex (Voreinstellung: 1) und Modulationsfrequenz (Voreinstellung: 100 Hz) einstellen. Das Verhalten der AM-Quelle kann mit der charakteristischen Gleichung wie folgt beschrieben werden:

$$U_A = u_C \cdot \sin(2 \cdot \pi \cdot f_C \cdot \text{Zeit}) \cdot (1 + m \cdot \sin(2 \cdot \pi \cdot f_m \cdot \text{Zeit}))$$

u_C = Trägeramplitude in V
f_C = Trägerfrequenz in Hz
m = Modulationsindex
f_m = Modulationsfrequenz in Hz

Die FM-Quelle (Singularfrequenz-Frequenzmodulationsquelle) erzeugt ein frequenzmoduliertes Signal. Diese Quelle kann zum Aufbau und zur Analyse von nachrichtentechnischen Schaltungen verwendet werden.

Es lassen sich Amplitudenspitzenwert (Voreinstellung: 5 V), Trägerfrequenz (Voreinstellung: 1 kHz), Modulationsindex (Voreinstellung: 5), Modulationsfrequenz (Voreinstellung: 100 Hz) und Offset (Voreinstellung: 0 V) einstellen. Die FM-Quelle lässt sich nur intern betreiben und programmieren. Das Verhalten der FM-Quelle kann mit der charakteristischen Gleichung wie folgt beschrieben werden:

$$U_A = u_a \cdot \sin(2 \cdot \pi \cdot f_C \cdot \text{Zeit} + m \cdot \sin(2 \cdot \pi \cdot f_m \cdot \text{Zeit}))$$

u_a = Spitzenamplitude in V
f_C = Trägerfrequenz in Hz
m = Modulationsindex
f_m = Modulationsfrequenz in Hz

Mit der FSK-Taste (Frequency Shift Keying) oder Frequenzumtastung werden die Geber für Fernschreibverbindungen bzw. Computernetzwerke umgetastet, indem die Trägerfrequenz in einem Bereich von wenigen hundert Hertz umgeschaltet wird. Die FSK-Quelle erzeugt die Anschaltfrequenz f_1, wenn am Eingang die binäre 1 erkannt wird, und die Raumübertragungsfrequenz f_2, wenn eine 0 erkannt wird. Die FSK-Quelle lässt sich intern bzw. extern betreiben und programmieren.

Der Arbiträrgenerator ist eine Besonderheit, denn es handelt sich um einen freiprogrammierbaren Funktionsgenerator. Mit Hilfe des Shift-Balkens kommt man in das Untermenü und erhält eine Liste von vorgegebenen Funktionskurven, z. B. NEG-RAMP. Dabei handelt es sich um eine negative Rampe, die sich nach Ihren Wünschen abändern lässt.

12.2   HP-Multimeter 34401A

Ein Digitalvoltmeter ist im Prinzip eine Kombination eines Analog-Digital-Umsetzers mit einer Ziffernanzeige und mit umschaltbaren Messbereichen. Die Digitalvoltmeter hinsichtlich messtechnischer Präzision und Bedienungskomfort können jedoch eine gewisse eigenständige Entwicklung durchlaufen.

Der eigentliche Umsetzungsteil, der den Miller-Integrator enthält, ist von einem Schirm umschlossen. Der Umsetzungsteil kann in einem solchen Falle vollkommen potentialfrei betrieben werden, und es lässt sich z. B. vermeiden, dass infolge von Ausgleichsströmen auf unübersichtlichen Erdverbindungen Fehlerspannungen in den Messkreis gekoppelt werden. Die Messklemmen verfügen in der Regel über eine „High-Seite" (HI) und eine „Low-Seite" (LO). Die „Low-Seite" hat gegenüber dem „Ground" im Allgemeinen eine beträchtlich höhere Kapazität als die „High-Seite" und natürlich auch einen gewissen endlichen Isolationsleitwert gegenüber dem Schirm. In der Regel soll deshalb „LO" und „Ground" verbunden sein, damit Fehlerströme nur zwischen Ground und Erde auftreten können, selbstverständlich unter Beachtung der höchstzulässigen Spannungen. Die Stromversorgung des erdfreien Schaltungsteils erfolgt über einen Transformator mit geschirmten Wicklungen, die Übertragung der Mess- und Steuersignale ebenfalls über einen Übertrager, durch den sich der Ground hindurchzieht.

Am Eingang ist vielfach ein Filter vorgesehen, durch das eine über den Integrationsprozess des Zwei- Drei- oder Vierrampenverfahrens hinausgehende, zusätzliche Störsignalunterdrückung erreicht werden kann; ein derartiges Filter kann oft nach Wunsch an- oder abgeschaltet werden. Eine Schutzschaltung sorgt dafür, dass überhöhte Eingangssignale begrenzt werden und es daher nicht zur Zerstörung des Verstärker- bzw. Integratoreingangs kommen kann. Dies ist von besonderer Bedeutung bei Geräten mit automatischer Messbereichsumschaltung, denn ein derartiges Messgerät muss nämlich stets im empfindlichsten Messbereich „warten", da andernfalls ein kleines Eingangssignal nicht erkannt werden könnte, es kann aber jederzeit ein Spannungspegel für den unempfindlichsten Messbereich angelegt werden!

Über die elektronischen Schalter legt die Steuerung jeweils abwechselnd die zu messende Spannung oder eine positive oder negative Referenzspannung an, je nachdem, welche Polarität die zu messende Spannung hatte. In den Messpausen wird über einen Schalter der Integriererereingang kurzgeschlossen und über einen Schalter ein Hilfsgegenkopplungskreis geschlossen, der den Ausgang des Systems auf Null stellt. Die hierbei dem nicht invertierenden Eingang des Integrierers zugeführte Stellspannung bleibt anschließend in einem Kondensator gespeichert und wird so als automatische Nullpunktkorrektur wirksam.

Außerhalb des potentialfreien Teils, also im Allgemeinen auf dem Potential der Schutzerde, befindet sich außer einem Teil der Steuerung der Zähler für das Zwei-, Drei- oder Vierrampenverfahren, der Zwischenspeicher einschließlich einer BCD-Ausgabe des Messergebnisses, der Anzeigedecoder sowie die Anzeige einschließlich einer Vornullenunterdrückung, die dafür sorgt, dass vor der höchsten signifikanten Ziffer alle Nullanzeigen dunkelgesteuert bleiben.

Ein Digitalmultimeter enthält außer Gleichspannungsmessbereichen verschiedene andere, durch Umschalter wählbare Messmöglichkeiten, z. B. auch Gleichstrom- und Widerstandsmessbereiche sowie Messbereiche für Wechselspannung und Wechselstrom. Hierbei werden Wechselspannungen durch einen Präzisionsgleichrichter oder durch einen Effektivwertumformer in Gleichspannungen umgewandelt. Aus diesem Grunde bleibt die Messgenauigkeit der Wechselgrößenbereiche in der Regel weit hinter der Genauigkeit der Gleichgrößenbereiche zurück, insbesondere bei steigender Frequenz. Es sind hierzu stets die Herstellerangaben genau zu beachten. Bei einigen Digitalmultimetern sind auch Temperaturmessbereiche für den Anschluss eines Thermoelements oder auch ein speziell zugeschnittener Temperaturaufnehmer vorhanden.

Digital arbeitende Geräte mit mehr als dreistelliger Anzeige sind, zumindest der Ablesbarkeit nach, ausgesprochene Präzisionsmessgeräte. Ein entsprechend genaues Messergebnis kann damit jedoch nur erzielt werden, wenn durch eine entsprechende Sorgfalt bei der Anschlussweise und Bedienung auch alle Fehlereinflüsse entsprechend klein gehalten werden. Es soll deshalb hier kurz zusammengestellt werden, worauf zu achten ist:

• Der Messbereich muss so gewählt sein, dass der Quantisierungsfehler relativ zum Messwert hinreichend klein ist.
• Bei Messungen an Schaltungen mit hohem Innenwiderstand ist zu beachten, dass die gemessene Spannung u. U. von der Leerlaufspannung nennenswert abweichen kann, einmal infolge der Belastung durch den Eingangswiderstand des Messgerätes, zum anderen aber auch durch Eingangsfehlströme des Messgerätes. Letzteres lässt sich prüfen, indem man die Eingangsklemmen des Messgerätes mit einem entsprechend hochohmigen passiven Widerstand abschließt, oder ist bei Eingangskurzschluss ein Offsetspannungsabgleich, bei hochohmigem Abschluss ein Offsetstromabgleich auszuführen, sofern diese Einstellmöglichkeiten vorgesehen sind.
• Ein Präzisionsmessgerät muss in mehr oder weniger regelmäßigen Zeitabständen überprüft und nachkalibriert werden, z. B. durch Vergleich mit Präzisionsspannungsquellen, bei Hochpräzisionsgeräten ggf. durch Vergleich mit einer Referenzspannung der PTB.
• Beim Anschluss der Eingangsklemmen des Messgerätes (HI, LO) ist darauf zu achten, dass keine Fremdspannungsfälle in den Messkreis eingreifen dürfen. Bei der Messung kleiner Gleichspannungen ist zu beachten, dass Fehler durch Thermospannungen entstehen können.
• Bei einem geschirmten Präzisionsmessgerät (HI, LO, Ground) ist ein Anschluss sinngemäß vorzunehmen.

- Bei einem netzversorgten Gerät ist auch zu prüfen, ob nicht über das Messgerät netzsynchrone Störströme in die Messschaltung eingespeist werden und dort an irgendeiner Stelle zu störenden Spannungsfällen führen.
- Sind einer Messgröße messartfremde Signale überlagert, z. B. einer zu messenden kleinen Gleichspannung eine Wechselspannung, so ist für eine ausreichende Filterung zu sorgen. Bei integrierenden Digitalmessgeräten wird eine besonders gute Unterdrückung von netzsynchronen Störsignalen erreicht, wenn die Integrationszeit ein ganzzahliges Vielfaches der Netzspannungsperiodendauer ist. Unter keinen Umständen darf ein messartfremdes Signal zu einer Verstärkerübersteuerung führen!
- Bei einem effektivwertbildenden Gerät ist stets darauf zu achten, dass die Signal-Scheitelwerte ein bestimmtes Vielfaches des als Effektivwert angegebenen Nennbereiches nicht überschreiten dürfen (Scheitelfaktor, crest factor). Andernfalls kommt es zu einer Verstärker-Übersteuerung durch das Messsignal selbst.

Das virtuelle Multimeter entspricht dem HP-Messgerät 34401A von Agilent (früher Hewlett Packard). Abb. 12.2 zeigt Symbol und Frontansicht des Multimeters.

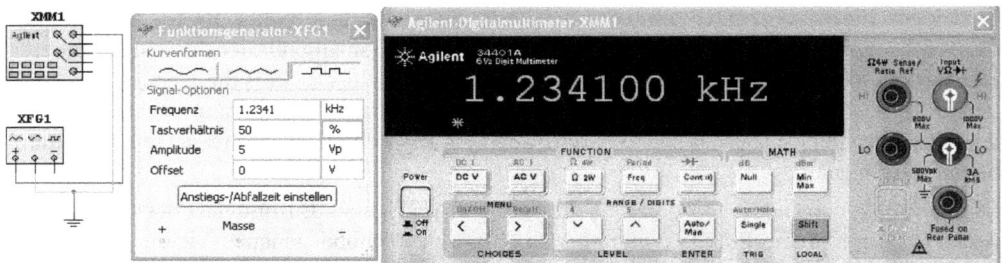

Abb. 12.2:   Symbol und Frontansicht des HP-Multimeters 34401A von Agilent

Wie beim Original-Messinstrument 34401A muss dieses Gerät über die Schaltfläche „POWER On/Off" eingeschaltet werden und dann kann man die DC- bzw. AC-Spannung, als Ohmmeter benützen und als Frequenzmesser einsetzen. Die Messung stellen Sie mit der entsprechenden Schaltfläche ein und zwar mit der Schaltfläche „∧" für höher und mit „∨" kleiner. Wenn Sie die Stellen nach dem Dezimalpunkt ändern, drücken Sie „>" die Stellen wandern nach links und bei „<" nach rechts.

Wenn Sie das Oszilloskop anschließen und die Simulation starten, können Sie alle Funktionen und Einstellungen testen. Bitte vergessen Sie nicht, dass das Gerät über die Schaltfläche „POWER" ein- und auszuschalten ist. Die Messung wird über die Simulation gestartet.

Arbeitet das HP-Multimeter mit seiner 4½-stelligen Auflösung können 1000 Messwerte pro Sekunde im ASCII-Format über die GPIB-Schnittstelle übertragen werden. Der interne Speicher kann bis zu 512 Messwerte abspeichern. Die zwölf Messfunktionen, darunter 4-Draht-Widerstand, Durchgangsprüfung und Diodentest ergänzen das Messgerät. Die AC-Bandbreite beträgt 3 Hz bis 300 kHz.

12.3   HP-Oszilloskop 54622D

Viele Entwickler arbeiten heute an Systemen, die sowohl analoge als auch digitale Funktionsblöcke enthalten. Eine solche „Mixed-Signal"-Umgebung stellt spezifische Anforderungen an die verwendeten Messgeräte. Insbesondere müssen Entwickler die Möglichkeit haben, analoge und digitale Signale zeitkorreliert zu untersuchen oder auch ein und dasselbe Signal gleichzeitig in analoger und digitaler Darstellung zu visualisieren. In der Vergangenheit verwendete man dafür zwei separate Messgeräte – ein Oszilloskop für die Analog-Analyse und einen Logikanalysator für die Digital-Analyse.

Früher waren die Grenzen zwischen „Analog-" und „Digitalsignalen" recht klar definiert. Mit zunehmender Komplexität und vor allem mit steigender Verarbeitungsgeschwindigkeit elektronischer Systeme verwischt diese Grenze jedoch immer mehr und es werden spezielle Messtechnik-Tools benötigt. Doch was ist bei der Mixed-Signal-Analyse besser ein Oszilloskop, ein Logikanalysator oder beides gleichzeitig?

Grundsätzlich gibt es drei Messvarianten für die Mixed-Signal-Analyse, die es ermöglichen, analoge und digitale Signale zeitkorreliert darzustellen:

- **Die Oszilloskop-basierte Lösung:** Ein Mixed-Signal-Oszilloskop (MSO) besitzt die gleichen Bedienungselemente und verwendet die gleiche Systemsoftware wie ein herkömmliches Digitaloszilloskop, verfügt jedoch zusätzlich über elementare Logikanalysatorfunktionen.
- **Die Logikanalysator-basierte Lösung:** Als Plattform dient in diesem Fall ein Logikanalysator, der zusätzlich mit einem Oszilloskop-Modul ausgestattet ist. Das Oszilloskop-Modul stellt die zur Erfassung und Analyse analoger Signale erforderlichen Funktionen bereit. Neuere Logikanalysatoren verfügen außerdem über eine „Eye-Scan"-Funktion zur Erfassung analoger Augendiagramme.
- **Die erweiterte Logikanalysator-basierte Lösung:** Sie besteht aus einem autonomen Oszilloskop und einem autonomen Logikanalysator, die über einen Zeitkorrelationsadapter miteinander synchronisiert werden. Dabei kann der Anwender sämtliche Funktionen und Leistungsmerkmale beider Messgeräte nutzen. Die Messdaten werden automatisch zwischen den beiden Geräten ausgetauscht, wobei ein etwaiger Zeitversatz kompensiert wird („De-Skewing").

Bei oberflächlicher Betrachtung bieten alle drei Lösungen den gleichen grundlegenden Vorteil: Sie erlauben die zeitkorrelierte Darstellung analoger und digitaler Daten auf dem gleichen Bildschirm. Vor der Kaufentscheidung sollte man sich jedoch unbedingt die Spezifikationen genauer anschauen, um zu verstehen, worin sich die verschiedenen Lösungen unterscheiden und welche davon für die unterschiedlichen Anwendungen optimal geeignet sind.

Ein Mixed-Signal-Oszilloskop (MSO) kombiniert zwei oder vier analoge Kanäle mit 16 digitalen Kanälen und ermöglicht dadurch die zeitkorrelierte Darstellung von bis zu 20 Signalen. Es verfügt über sämtliche Analog-Messfunktionen wie ein herkömmliches Digitaloszilloskop – Amplitude, Frequenz, Anstiegs-/Abfallzeit, Überschwingen usw. – und kann ein solches Oszilloskop vollständig ersetzen. Darüber hinaus bietet es elementare Timing-Analyse-Funktionen und einen tiefen Signalspeicher.

Durch seine größere Kanalbreite, größere Speichertiefe und vielfältigeren Triggermöglichkeiten erleichtert ein MSO die Analyse komplexer Mixed-Signal-Systeme ganz erheblich. Die wichtigsten Vorzüge sind gleichzeitige Darstellung analoger und digitaler Signale mit sehr präziser Zeitkorrelation, Triggerung über sämtliche Kanäle hinweg; vertraute Frontplatte und einfache Bedienbarkeit wie bei einem gewöhnlichen Digitaloszilloskop. Für das Debugging einfacherer Systeme auf der Basis eines 8- oder 16-Bit-Mikrocontrollers/Signalprozessors sind die 16 digitalen MSO-Kanäle meist völlig ausreichend. Die erweiterten Funktionen eines Logikanalysators werden in solchen Anwendungen nicht benötigt. Das MSO kommt natürlich an die Leistungsspezifikationen eines High-End-Logikanalysators nicht heran. Es ist jedoch eine hervorragende Ergänzung zu dieser High-End-Funktionalität.

Das Oszilloskop-Modul für Logikanalysatoren geht das Problem der Mixed-Signal-Analyse aus der umgekehrten Richtung an wie das MSO. Diese Lösung besteht aus einem Erweiterungsmodul, das in den Logikanalysator eingesteckt wird und mindestens zwei Analogkanäle bereitstellt, die mit den Digitalkanälen des Logikanalysators (das können Hunderte sein) zeitkorreliert sind. Durch Kombinieren mehrere Oszilloskop-Module können bis zu acht Analogkanäle mit gemeinsamer Zeitbasis realisiert werden. Bei dieser Lösung hat der Benutzer Zugriff auf die vielfältigen Digital-Analyse-Werkzeuge eines Logikanalysators und zusätzlich auf die vom Oszilloskop-Modul bereitgestellten elementaren Analog-Analyse-Funktionen – und dies alles mit einem einzigen Messgerät.

Die vom Oszilloskop-Modul erfassten Analogsignale können separat oder zusammen mit den vom Logikanalysator erfassten Digitalsignalen dargestellt werden. In diesem Fall erfolgt die Analogdarstellung mit stark verringerter Amplitudenauflösung, dafür ist jedoch die Zeitkorrelation zwischen den analogen und digitalen Signalen unmittelbar erkennbar.

Die wichtigsten Vorteile Logikanalysator-basierter Lösungen sind: hochgenaue Zeitkorrelation, große Anzahl von Digitalkanälen, kombinierte Analog/ Digital-Darstellung oder separate Oszillogramm-Darstellung, Korrelation analoger Signalcharakteristiken mit Ereignissen in einer Zustandsliste oder im Quellcode, einfache Cross-Triggerung, bis zu acht Analogkanäle. Ein Oszilloskop-Modul kann ein autonomes Digitaloszilloskop aber nicht vollständig ersetzen, weil es nicht über dessen erweiterte Analog-Analyse-Funktionen (beispielsweise Signalarithmetik-, FFT- und Histogramm-Funktionen) verfügt. Außerdem bietet ein Oszilloskop-Modul nicht die hohe Auflösung und trägheitslose Reaktion wie ein Standardoszilloskop.

Die erweiterte Logikanalysator-basierte Lösung verwendet eine Kombination aus einem autonomen Logikanalysator und einem autonomen Oszilloskop, d. h. beide sind dabei miteinander verbunden und tauschen untereinander Daten aus. Diese Kommunikation dient dazu, einen etwaigen Zeitversatz zwischen den Messdaten zu kompensieren (De-Skewing), die Zeitkorrelation zu gewährleisten und die von den beiden Geräten gelieferten Messergebnisse zu einem einzigen Messdiagramm zusammenzufassen. Zusätzlich ist ein Zeitkorrelationsadapter erforderlich, der die beiden Messgeräte durch eine gemeinsame Taktsignalflanke synchronisiert. Diese Lösung bietet außer der einfachen Korrelation von Logikanalysator- und Oszilloskop-Messdaten noch zwei weitere Vorteile. Erstens werden die vom Oszilloskop erfassten Signale auf dem Bildschirm des Logikanalysators dargestellt. Zweitens sind die globalen Logikanalysator-Marker mit den Oszilloskop-Zeitmarkern gekoppelt – wenn am Logikanalysator z. B. ein Marker verschoben wird, wandert auf dem Oszilloskop der Marker „Ax" an die entsprechende Stelle der Zeitachse, und umgekehrt.

Diese Lösung ist prädestiniert für anspruchsvolle Anwendungen, welche die leistungsfähigen Digital-Analyse-Werkzeuge eines Logikanalysators, die volle Analog-Funktionalität eines Oszilloskops und eine exakte Zeitkorrelation zwischen den beiden Geräten erfordern. Die

Stärke besteht darin, dass zwei vollwertige Messgeräte zu einem zeitkorrelierten Mixed-Signal-Analyse-Werkzeug kombiniert werden, das wesentlich vielfältigere und leistungsfähigere Funktionen für Analog- und Digital-Analysen bereitstellt als die alternativen Lösungen. Allerdings ist auch diese Lösung nicht frei von Nachteilen. Erstens ist die Zeitkorrelation nicht ganz so exakt wie bei einem MSO oder einem Logikanalysator mit Oszilloskop-Modul, bei denen die Signalerfassungs-Hardware und die zugehörige Analyse-Hardware im gleichen Gerät untergebracht sind. Zweitens ist das Einrichten der Messungen umständlicher und zeitaufwendiger, außerdem benötigen die zwei Messgeräte natürlich wesentlich mehr Platz als ein einziges. Drittens ist es nicht möglich, über sämtliche Digital- und Analogkanäle gleichzeitig zu triggern. Viertens ist die Funktionalität auf zwei separate Geräte mit völlig unterschiedlichen Bildschirm-Layouts und Bedienkonzepten aufgeteilt, wobei das System primär über den Logikanalysator gesteuert wird. „Power-User", die Tag für Tag mit dem System arbeiten, könnten dies als lästig empfinden. Das Oszilloskop simuliert das Mixed-Signal-Oszilloskop „Agilent 54622D", wie Abb. 12.3 zeigt.

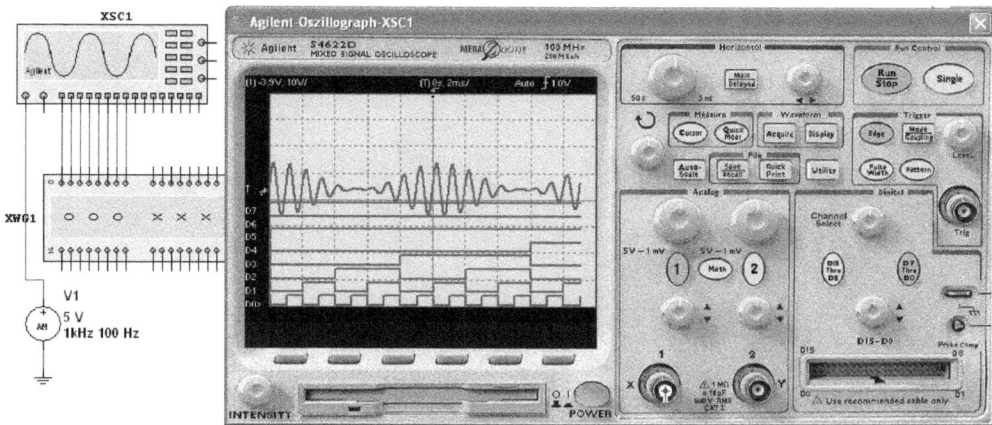

Abb. 12.3:   Mixed-Signal-Oszilloskop „Agilent 54622D"

Das Messgerät „Agilent 54622D" ist ein analoges und digitales Oszilloskop. Für den Analogbetrieb stehen zwei Eingänge zur Verfügung und für den Digitalbetrieb 16 Eingangskanäle. Wenn nur das Symbol im Bildschirm vorhanden ist, sieht man die Eingänge.

Die Anschlüsse der analogen und digitalen Signalquellen werden ausgeführt und dann das Messgerät eingeschaltet. Man erkennt aus der Messung, dass das analoge Signal aus einer sinusförmigen Wechselspannung mit 10 V/1 kHz stammt, wobei man die Einstellungen vornehmen muss. Die digitalen Eingänge sind an der Steckerleiste anzuschließen (D15 bis D0). Mit den Schaltflächen D7–D0 und D15–D8 gibt man die Eingangskanäle frei. Man erkennt in Abb. 12.3, dass nur die Eingänge von D0 (unten) bis D7 (Mitte) freigegeben wurden.

Bitte vergessen Sie nicht, dass das Gerät über die Schaltfläche „POWER" ein- und auszuschalten ist. Die Messung wird über die Simulation gestartet.

12.4   Tektronix-Oszilloskop TDS 2024

Das Tektronix-Oszilloskop TDS 2024 eignet sich für analoge und digitale Messungen. Das Oszilloskop hat vier Eingänge und wird in Abb. 12.4 mit dem Bitmustergenerator betrieben.

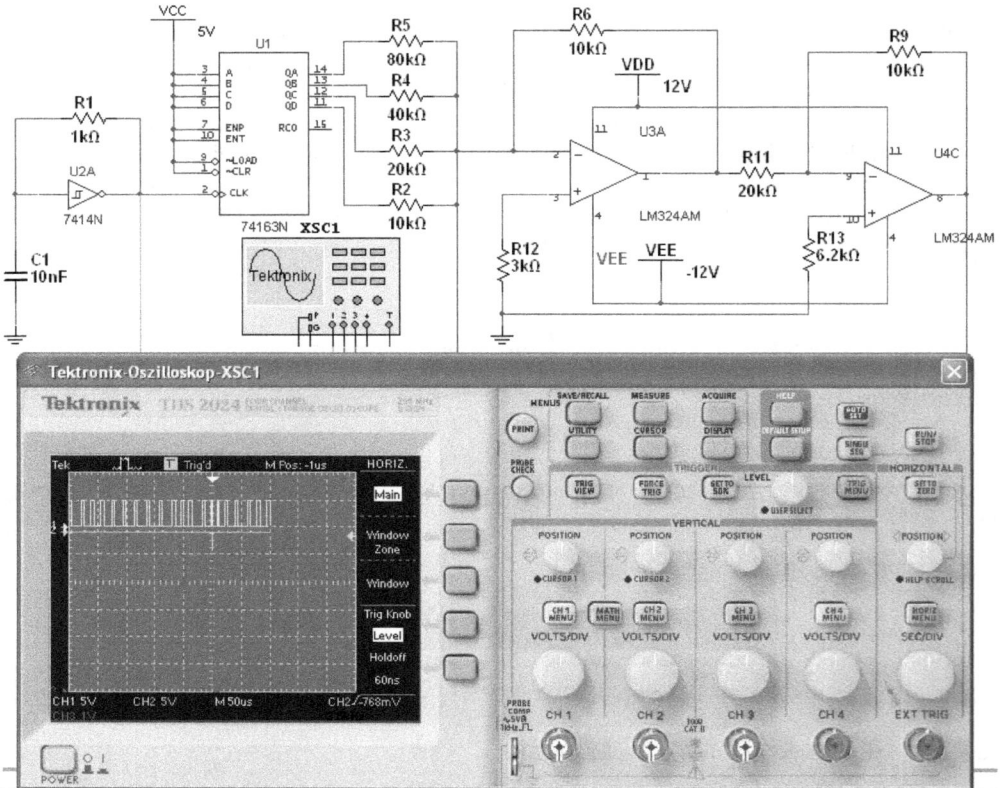

Abb. 12.4:   Tektronix-Oszilloskop TDS 2024 mit unterschiedlichen Frequenzen

Die beiden X- und Y-Verstärker in einem Oszilloskop bestimmen zusammen mit der Zeitablenkeinheit (Sägezahngenerator) und dem Trigger die wesentlichen Eigenschaften für dieses Messgerät. Das Tektronix-Oszilloskop enthält unter anderem den Sichtteil (Elektronenstrahlröhre) und die Stromversorgung. Für die Zeitablenkung (X-Richtung) und für die Y-Verstärkung gibt es spezielle Verstärker. Der Teil des Oszilloskops, der zuständig für die Ablenkung in dieser Richtung ist, wird aus diesem Grunde als „Zeitablenkgenerator" oder Zeitablenkung bzw. Zeitbasisgenerator bezeichnet. Außerdem befinden sich vor dem X-Verstärker folgende Funktionseinheiten, die über Schalter auswählbar sind:

• Umschalter für den internen oder externen Eingang
• Umschalter für ein internes oder externes Triggersignal
• Umschalter für die Zeitbasis
• Umschalter für das Triggersignal
• Umschalter für Y-T- oder X-Y-Betrieb

Außerdem lassen sich durch mehrere Potentiometer der X-Offset, der Feinabgleich der Zeitbasis und die Triggerschwelle beeinflussen.

Die X-Ablenkung auf dem Bildschirm kann auf zwei Arten erfolgen: entweder als stabile Funktion der Zeit bei Gebrauch des Zeitbasisgenerators oder als eine Funktion der Spannung, die auf die X-Eingangsbuchse gelegt wird. Bei den meisten Anwendungsfällen in der Praxis wird der Zeitbasisgenerator verwendet.

Bei dem X-Verstärker handelt es sich um einen Spezialverstärker, denn dieser muss mehrere 100 V an seinen Ausgängen erzeugen können. Eine Elektronenstrahlröhre mit dem Ablenkkoeffizienten AR = 20 V/Div benötigt für eine Strahlauslenkung von 10 Div an den betreffenden Ablenkplatten eine Spannung von $U = 20$ V/Div $\cdot$ 10 Div = 200 V. Da der interne bzw. der externe Eingang des Oszilloskops nur Spannungswerte von 10 V liefert, ist ein entsprechender X-Verstärker erforderlich. Der X-Verstärker muss eine Verstärkung von $v = 20$ aufweisen und bei dem Oszilloskop findet man außerdem ein Potentiometer für die direkte Beeinflussung der Verstärkung im Bereich von $v = 1$ bis $v = 5$. Wichtig bei der Messung ist immer die Stellung mit $v = 1$, damit sich keine Messfehler ergeben. Mittels des Potentiometers „X-Adjust", das sich an der Frontplatte befindet, lässt sich eine Punkt- bzw. Strahlverschiebung in positiver oder negativer Richtung durchführen.

Der Zeitbasisgenerator und seine verschiedenen Steuerkreise werden durch den „TIME/Div" oder „V/Div"-Schalter in den Betriebszustand gebracht. Wie bereits erklärt, ist eine Methode, ein feststehendes Bild eines periodischen Signals zu erhalten, die Triggerung oder das Starten des Zeitbasisgenerators auf einen festen Punkt des zu messenden Signals. Ein Teil dieses Signals steht dafür in Position A und B des Triggerwahlschalters „A/B" oder „extern" zur Verfügung. Bei einem Einstrahloszilloskop hat man nur einen Y-Verstärker, der mit „A" gekennzeichnet ist. Ein Zweistrahloszilloskop hat zwei getrennte Y-Verstärker und mittels eines mechanischen bzw. elektronischen Schalters kann man zwischen den beiden Verstärkern umschalten.

Die Triggerimpulse können zeitgleich entweder mit der Anstiegs- oder Abfallflanke des Eingangssignals erzeugt werden. Dies ist abhängig von der Stellung des +-Schalters am Eingangsverstärker. Nach einer ausreichenden Verstärkung wird das Triggersignal über einen speziellen Schaltkreis, dessen Funktionen von der Stellung des Schalters NORM/TV/MAINS auf der Frontplatte abhängig sind, weiterverarbeitet. Für diesen Schalter gilt:

- **NORM (normal):** Der Schaltkreis arbeitet als Spitzendetektor, der die Triggersignale in eine Form umwandelt, die der nachfolgende Schmitt-Trigger weiterverarbeiten kann.
- **TV (Television):** Hier wird vom anliegenden Video-Signal entweder dessen Zeilen- oder Bild-Synchronisationsimpuls getrennt, je nach Stellung des TIME/DIV-Schalters. Bildimpulse erhält man bei niedrigen und Zeilenimpulse bei hohen Wobbelgeschwindigkeiten.
- **MAINS (Netz):** Das Triggersignal wird aus der Netzfrequenz von der Sekundärspannung des internen Netztransformators erzeugt.

Der Zeitablenkgenerator erzeugt ein Signal, dessen Amplitude mit der Zeit linear ansteigt. Dieses Signal wird durch den X-Verstärker verstärkt und liegt dann an den X-Platten der Elektronenstrahlröhre. Beginnend an der linken Seite des Bildschirms (Zeitpunkt Null) wandert der vom Elektronenstrahl auf der Leuchtschicht erzeugte Lichtpunkt mit Geschwindigkeit entlang der X-Achse, vorausgesetzt, der X-Offset wurde auf die Nulllinie eingestellt. Andernfalls ergibt sich eine Verschiebung in positiver bzw. negativer Richtung. Am Ende des

Sägezahns kehrt der Lichtpunkt zum Nullpunkt zurück und ist bereit für die nächste Periode, die sich aus der Kurvenform des Zeitablenkgenerators ergibt.

13 Analysemethoden bei Simulationen mit MultiSim und PSPICE

Für die Simulation der einzelnen Schaltungen stehen zahlreiche leistungsstarke Analyseverfahren zur Verfügung. Damit ist es möglich, den Schaltungsentwurf in jeder erdenklichen Art und Weise zu testen. Die einzelnen Analysearten ruft man über das Menü „Analyse" auf. Beachten Sie, dass Sie die Analyse und Gesamtsimulation durch Ändern der Optionen im Dialogfeld „Analyse/Analyse-Optionen" beeinflussen können. Tabelle 13.1 zeigt die Beziehungen zwischen den Multisim-Analysen und den Haupt-SPICE-Analysen.

Tab. 13.1:   Beziehungen zwischen den Multisim-Analysen und den Haupt-SPICE-Analysen

Bei Wahl der Analyseoptionen...	führt Multisim folgendes aus...			Äquivalente SPICE-Anweisung
	DC-Analyse	AC-Analyse	Einschwingvorgangsanalyse	
DC-Arbeitspunkt	Ja			.OP
AC-Frequenz	1. Ordnung	2. Ordnung		.AC
Einschwingvorgang	1. Ordnung (wenn Sie „DC-Arbeitspunkt berechnen" wählen)		2. Ordnung (wenn Sie „DC-Arbeitspunkt berechnen" wählen)	.TRAN
Fourier			Ja	.FOUR
Rauschen	1. Ordnung	2. Ordnung		.NOISE
Verzerrung	1. Ordnung	2. Ordnung		.DISTO
Parameterdurchlauf	optionaler Durchlauf	optionaler Durchlauf	optionaler Durchlauf	keine
Temperaturdurchlauf	optionaler Durchlauf	optionaler Durchlauf	optionaler Durchlauf	keine
Pol-/Nullstellen	Ja			.PZ
Übertragungsfunktion	Ja			.TF
DC-Empfindlichkeit	Ja			.SENS
AC-Empfindlichkeit	1. Ordnung	2. Ordnung		.SENS
Monte Carlo	optional	optional	optional	keine
Worst Case	optional	optional	optional	keine

Gleichstrom-Arbeitspunktanalyse (DC-Arbeitspunkt)

Diese Analyseform berechnet alle Knotenspannungen innerhalb der Schaltung und gibt die berechneten Werte der Arbeitspunkte tabellarisch aus. Bei diesem Verfahren werden alle Ströme und Spannungen des Schaltungsnetzwerks als Funktion der variablen Größen, die über ein Fenster bestimmt werden, in einem festgelegten Frequenzbereich berechnet. Dieser

https://doi.org/10.1515/9783110544428-014

Frequenzbereich lässt sich entsprechend den Forderungen einstellen. Mittels der beiden Messcursors lassen sich die Messergebnisse für die Simulation exakt ablesen.

Wechselstrom-Frequenzanalyse (AC-Frequenz)

Der Signalgenerator erzeugt für dieses Analyseverfahren eine Spannung zur Eingangserregung der zu untersuchenden Schaltung. Bei dieser Analyse wird die Schaltung im eingeschwungenen Zustand berechnet und grafisch dargestellt. Zunächst berechnet dieses Verfahren die Strom-/Spannungsverteilung innerhalb des Schaltnetzwerks für ein Eingangssignal, das in der Frequenz variiert wird. Durch das Diagramm kann man die Frequenzabhängigkeit zwischen Ausgangs- zur Eingangsspannung ermitteln. Wenn man dieses Analyseverfahren aufruft, erscheint ein Fenster für die Eingabe der Start- und der Endfrequenz. Danach bestimmt man den Intervalltyp, ob der Bereich dekadisch, linear oder oktavisch ausgegeben wird. Wichtig für die Berechnung ist die Anzahl der Stützpunkte. Normalerweise reichen 100 Stützpunkte für die Berechnung aus, aber es lassen sich bis zu 10.000 Stützpunkte berechnen, was natürlich erhebliche Rechenzeit erfordert. Die vertikale Skaleneinteilung lässt sich in den Maßstäben linear, logarithmisch oder in Dezibel angeben.

Transientenanalyse

Bei dieser Analyseform wird das Verhalten der Schaltung als zeitliche Reaktion eines Schaltnetzwerks für ein Eingangssignal berechnet, das in der Frequenz variiert wird. Die zeitlichen Eigenschaften eines Netzwerks lassen sich über die Einschwinganalyse (Transientenanalyse, transient response) simulieren. Die Analyse startet zum Zeitpunkt t = 0 und berechnet die Spannungsverteilung als Funktion der Zeit bei den eingestellten Schaltungsknoten. Wenn man dieses Analyseverfahren aufruft, erscheint zuerst ein Fenster für die Einstellungen. Es sind drei Möglichkeiten für die Startbedingungen vorhanden, wobei man in der Praxis das Schaltfeld (Button) auf „Berechne DC-Arbeitspunkt" (bias point calculation) einstellt und die Ermittlung dieses Arbeitspunktes wird selbstständig durchgeführt. Danach bestimmt man die Startzeit (t = 0) und die Endzeit (t = 1 ms). Je kürzer man die Endzeit wählt, umso mehr Details erhält man nach der Startbedingung. Auch hier kann die Startzeit entsprechend verzögert gewählt werden, wenn man weitere Details benötigt.

Als wichtiges Anwendungsdetail ist auf diese Weise die Untersuchung einer Schaltung, die durch eine Sprungantwort entsteht, wenn die „erregende" Eingangsspannung sprungförmig von 0 V auf einen festen Wert (+1 V) ansteigt. Für den Fall der Erregung mit einer periodischen (z. B. sinusförmigen) Signalspannung und bei ausreichend großer Simulationsdauer liefert dieses Verfahren die Zeitfunktion des Ausgangssignals im eingeschwungenen Zustand mit Berücksichtigung der nicht linearen Schaltungseigenschaften, wenn z. B. ein Operationsverstärker seinen Sättigungszustand erreicht.

Fourier-Analyse

Diese Analyse ermöglicht die Untersuchung der DC-Anteile innerhalb einer Schaltung, der Grundwelle und der Harmonischen eines Zeitbereichssignals. Die Fourier-Analyse ermittelt, unter der Annahme, dass sich das System im eingeschwungenen Zustand befindet, die spektralen Anteile bis zur eingestellten Harmonischen, die in den berechneten Zeitfunktionen (Transientenanalyse) enthalten sind. Zu dem Zweck wird die letzte Periode dieser Funktion benutzt, um eine periodische Zeitfunktion zu definieren, die dann der Fourier-Analyse unterzogen wird. Voraussetzung für diese Berechnung ist eine vorausgegangene Transientenanalyse mit ausreichender Simulationszeit, sodass der eingeschwungene Zustand praktisch erreicht wird. Wenn man dieses Verfahren anklickt, erscheint ein Fenster für die Einstellungen. Hier wählt man den Ausgangsknoten innerhalb der Schaltung aus. Danach bestimmt man die Grundfrequenz und die Anzahl der Oberwellen.

Monte-Carlo-Analyse

Mit dieser statischen Analyse können Sie untersuchen, wie sich ändernde Bauteileigenschaften auf das Schaltverhalten auswirken. Hierbei werden mehrere Analysedurchläufe ausgeführt und bei jedem Durchlauf die Bauteilparameter entsprechend der eingestellten Verteilungsart und Toleranz variiert. Wenn man dieses Verfahren aufruft, erscheint ein Fenster für die Eingabe der Bedingungen. Zuerst bestimmt man die Anzahl der Durchläufe und in der Grundeinstellung arbeitet man mit zwei Analysedurchgängen. Danach gibt man die globale Toleranz an. Auch der Anfangswert der Berechnung lässt sich einstellen. Bei der Verteilungsart arbeitet man mit „gleichförmig" oder nach „Gauß". Wichtig für die Darstellung des Diagramms sind die Sortierfunktionen am Ausgang der Schaltung mit

- Maximalwert
- Minimalwert
- Zeit bei Maximalwert
- Zeit bei Minimalwert
- Zeitwert bei steigender (positive) Flanke
- Zeitwert bei fallender (negative) Flanke

Nach der Festlegung des Messpunktes für den Ausgangsknoten wählt man noch den Durchlauf für den DC-Arbeitspunkt, für die Transientenanalyse und für die AC-Frequenzanalyse aus.

Bei der Simulation ist es immer sinnvoll, mehrere gleichartige Simulationsläufe durchzuführen, bei denen jeweils nur der Wert eines Schaltungselements verändert wird. Wenn man ein Schaltungselement zum „globalen Parameter" erklärt, kann es mit einem Nennwert versehen und während der Simulation über einen festzulegenden Bereich durchgestimmt werden. Es ist auch möglich, mehrere Elemente miteinander zu verknüpfen und gemeinsam zu variieren. Als globale Parameter lassen sich unabhängige Spannungsquellen, passive Bauelemente und Modellparameter der aktiven Bauteile (Transistoren, Operationsverstärker usw.) wählen. Zu diesem Zweck werden die globale Toleranz und die Anzahl der Durchläufe in dem Simulationsfenster eingestellt. Für die Untersuchung der Messanalysen wählt man den Reihenschwingkreis von Abb. 13.1.

Der Sinusgenerator erzeugt eine Spannung von 1 V_{SS} und eine Frequenz von 1 kHz. Diese Spannung liegt an dem Reihenschwingkreis und es entstehen bestimmte Phasenlagen der einzelnen Spannungen. Um nun die einzelnen Analyseverfahren durchführen zu können, muss auf Analyse umgeschaltet werden und man erhält Abb. 13.2.

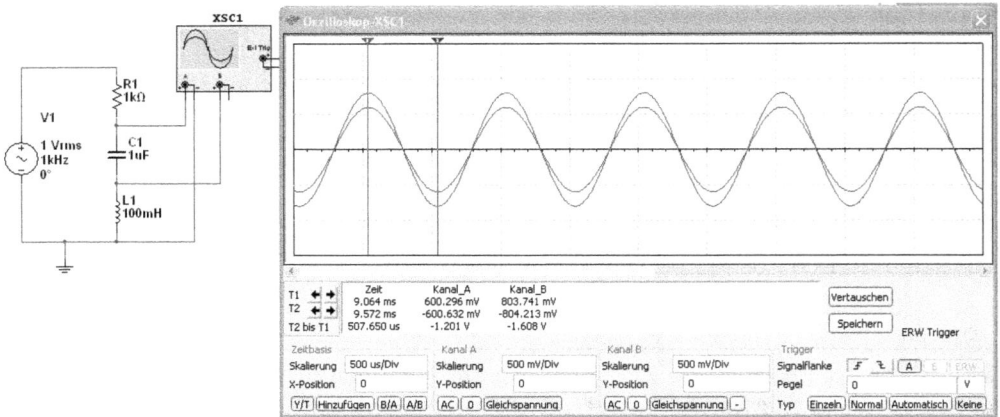

Abb. 13.1:   Reihenschwingkreis zur Untersuchung der Analyseverfahren

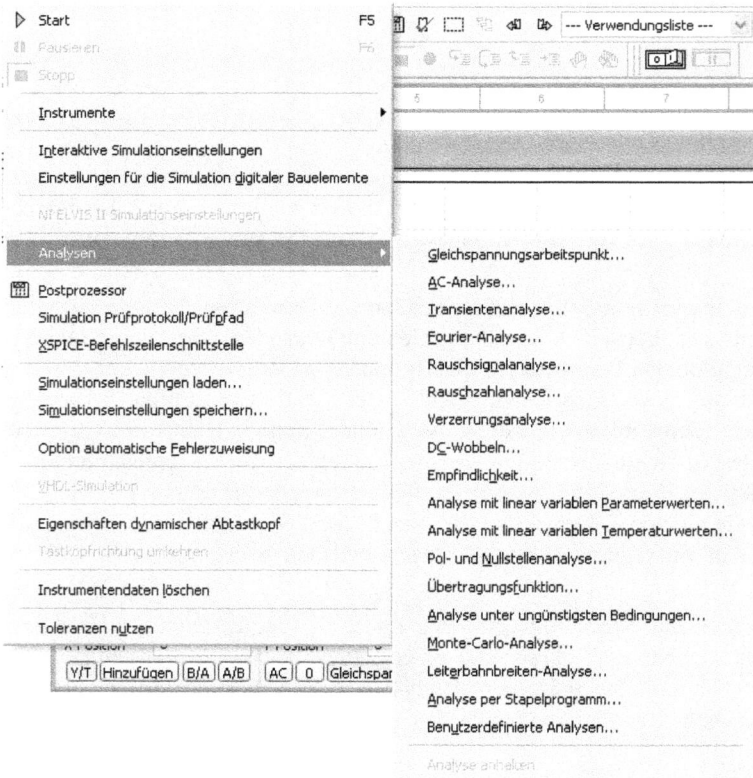

Abb. 13.2:   Aufruf der einzelnen Analyseverfahren

Klickt man die Gleichspannungsanalyse an, öffnet sich ein weiteres Fenster, wie Abb. 13.3 zeigt.

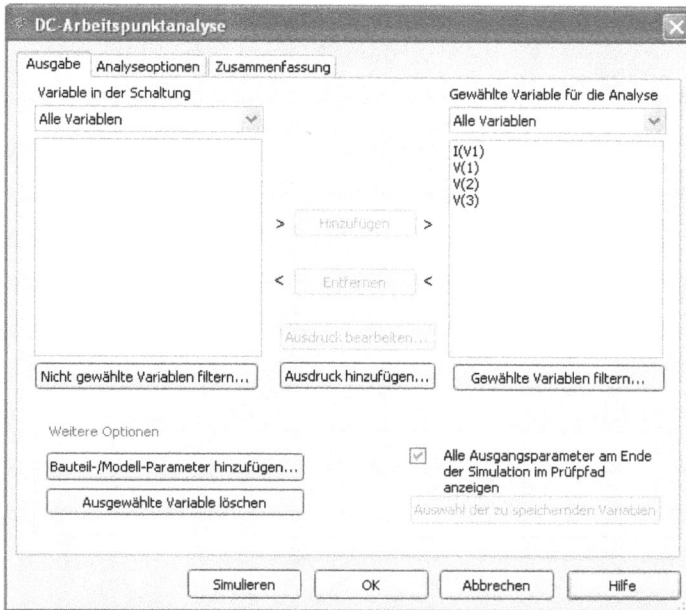

Abb. 13.3:   Fenster der DC-Arbeitspunktanalyse

Bei dem Reihenschwingkreis sind vier Variable ausgewählt worden, wie Abb. 13.3 zeigt. Diese Variablen sind einzeln anzuklicken und über den Balken „Hinzufügen" in die gewählte Variable für die Analyse zu übertragen. Die Variablen in der Schaltung lassen sich auch gemeinsam übertragen, wenn man diese gleichzeitig aktiviert. Nach dem Übertragen betätigt man den Balken „Simulieren" und es erscheint Abb. 13.4.

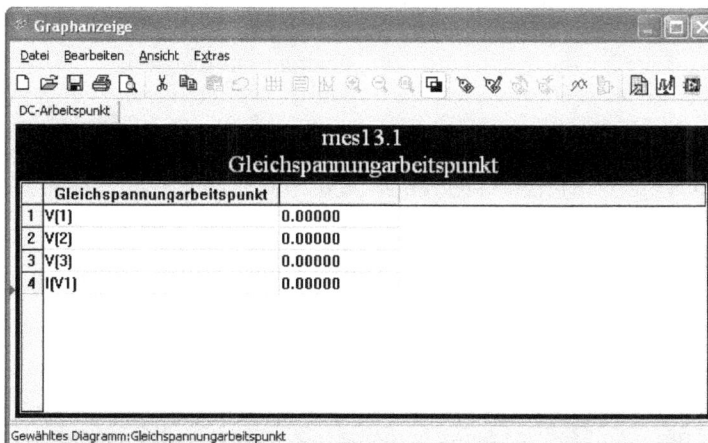

Abb. 13.4:   Ausgabe der DC-Arbeitspunktanalyse

Wie der Ausdruck von Abb. 13.4 zeigt, hat man keine Gleichspannungsanteile. Ändert man die Gleichspannung im Wechselspannungsgenerator von 0 V auf +1 V, ergeben sich Gleichspannungswerte in der Tabelle. Wenn man auf Oszilloskop in der dritten Leiste drückt, erscheint Abb. 13.5 mit der Sinusfunktion.

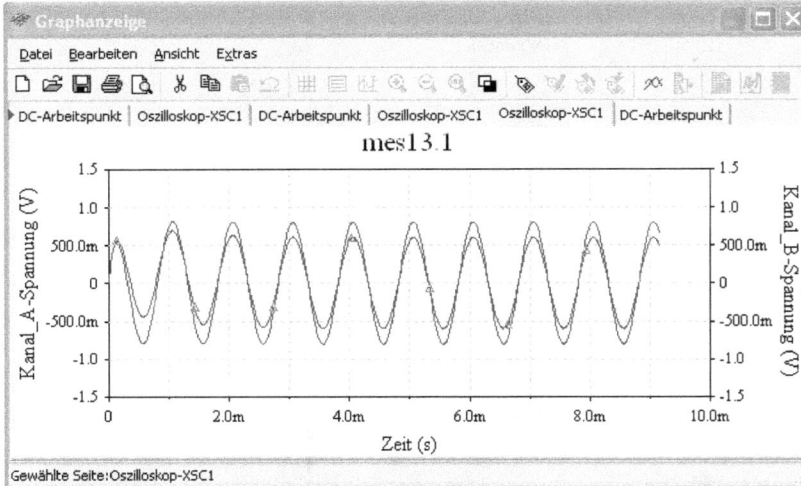

Abb. 13.5:   Oszillogramm von Kanal A und B

13.1   Analysiermethoden

Es sind folgende Analysiermethoden für Multisim vorhanden:

- **Rauschanalyse (Noise):** Damit lassen sich Rauschleistungen am Ausgang einer Schaltung sowie Rauschanteile von Widerständen und Halbleiterbauelementen berechnen.
- **Pol-/Nullstellenanalyse (Pole-Zero):** Mit Hilfe dieser Analyse werden Pole und Nullstellen der AC-Kleinsignal-Übertragungsfunktion einer Schaltung bestimmt.
- **Transferfunktionsanalyse:** Dieses Verfahren berechnet die DC-Kleinsignal-Übertragungsfunktion zwischen einer Eingangsquelle und dem Schaltungsausgang.
- **Verzerrungsanalyse (Distortion):** Hier werden die Produkte der Intermodulationsverzerrungen und der Klirrfaktor gemessen.
- **Parameter-Variationsanalyse (Sweep):** Hier können beliebige Bauteilwerte in der Schaltung schrittweise verändert werden. Für jeden Änderungsschritt wird dann das Schaltverhalten analysiert und dargestellt. So lässt sich z. B. das Ausgangskennlinienfeld eines Transistors darstellen.
- **Empfindlichkeitsanalyse (Sensitivity):** Diese Analyse berechnet die Empfindlichkeit einer Schaltung in Bezug auf die Parameter der Bauteile innerhalb der Schaltung.
- **Temperaturanalyse (statisch):** Die Schaltung kann statisch bei einer festen (frei definierbaren) Umgebungstemperatur analysiert werden. Es können auch gezielt die Temperaturen einzelner Bauelemente verändert werden, um z. B. Selbsterhitzungseffekte zu simulieren. Im unteren Informationsfenster steht immer der eingestellte Temperaturwert

der Schaltung und in diesem Fall wird mit einer Umgebungstemperatur von 27 °C gearbeitet.

- **Temperaturanalyse (sweep):** Mit dieser Analyse kann die Temperatur schrittweise verändert werden. Für jeden Änderungsschritt wird dann das Schaltungsverhalten analysiert und dargestellt.
- **Worst-Case-Analyse:** Diese Analyse zeigt das Schaltungsverhalten bei minimaler und maximaler Abweichung der Bauteilparameter in Bezug auf die vorgegebene Toleranz.

Die Ergebnisse aller Analysen werden in einem leistungsfähigen Diagrammfenster dargestellt. Das Diagrammfenster lässt sich individuell skalieren und die Anzahl der gleichzeitig darstellbaren Kurven ist beliebig. Für jede Achse stehen jeweils zwei unabhängige Messcursors zur Verfügung, mit welchen Sie Einzelpunkt- und Differenzmessungen durchführen können. Alle Diagramme lassen sich in Vektorqualität auf jedem Windows-Drucker (auch in Farbe) ausgeben.

13.2   Simulation und Analyse

Im Fenster „Analysediagramme" lassen sich die Diagramme betrachten, einstellen und speichern. Über dieses Fenster wird folgendes eingestellt:

- Die Ergebnisse der Multisim-Analysen in Diagrammen und Tabellen
- Oszilloskopkennlinien und Bode-Diagramme
- Fehlerprotokolle, die alle während einer Simulation erzeugten Fehler- und Warnmeldungen enthalten
- Simulationsstatistiken (wenn im Register „Einschwingvorgang" des Dialogfelds „Analyse/Analyse-Optionen" die „Statistische Daten anzeigen" aktiviert ist).

Im Fenster werden sowohl Diagramme als auch Tabellen angezeigt. In einem Diagramm werden Daten durch eine oder mehrere Kennlinien in einem Koordinatensystem mit vertikaler und horizontaler Achse dargestellt. In dieser Tabelle werden Textdaten in Zeilen und Spalten angezeigt. Das Fenster „Analysediagramme" besitzt mehrere Register.

Das Analysefenster finden Sie unter dem Menü „Analyse" und dieses Fenster erscheint, wenn Sie „Diagrammfenster anzeigen" anklicken. Dieses Fenster verfügt über eine eigene Werkzeugleiste mit mehreren Schaltflächen und es ergeben sich folgende Funktionen (von links nach rechts):

- Erstellung einer neuen Seite oder löscht alle Seiten
- Öffnet eine zuvor gespeicherte Diagrammdatei
- Speichert Diagramme und Tabellen in einer Diagrammdatei ab
- Druckt selektierte Seiten aus
- Zeigt eine Druckvorschau für entsprechende Seiten an
- Ausschneiden von Seiten, Diagrammen und Tabellen
- Kopieren von Seiten, Diagrammen und Tabellen
- Einfügen von Seiten, Diagrammen und Tabellen
- Öffnet Dialogfeld für die Seiteneigenschaften
- Fügt dem gewählten Diagramm ein Gitter hinzu
- Öffnet Legendenfenster für das gewählte Diagramm
- Ruft Cursor 1 und 2 auf und öffnet Cursorfenster für gewähltes Diagramm

Wenn Sie die vertikalen Cursors aktivieren, erscheinen zwei vertikale Messpfeile auf dem markierten Diagramm. Gleichzeitig wird ein Fenster aufgerufen, das eine Liste mit den Daten einer Kennlinie oder aller Kennlinien anzeigt. Tabelle 13.2 zeigt die Cursordaten, die man aufrufen kann.

Tab. 13.2:   Aufrufbare Cursordaten

Cursor	Funktionen
x_1, y_1	x- und y-Koordinaten für den linken Cursor
x_2, y_2	x- und y-Koordinaten für den rechten Cursor
dx	x-Achsendifferenz zwischen den beiden Cursors
dy	y-Achsendifferenz zwischen den beiden Cursors
1/dx	Reziprokwert der x-Achsendifferenz
1/dy	Reziprokwert der y-Achsendifferenz
min x, min y	x- und y-Minimalwerte innerhalb des Diagrammbereichs
max x, max y	x- und y-Maximalwerte innerhalb des Diagrammbereichs

Die Cursors lassen sich folgendermaßen aktivieren:

1. Markieren Sie ein Diagramm, indem Sie an beliebiger Stelle auf das Diagramm klicken.
2. Klicken Sie auf die Schaltfläche „Cursor ein-/ausblenden". Um die Cursors zu entfernen, klicken Sie erneut auf die Schaltfläche
   oder
3. Klicken Sie die Schaltfläche „Eigenschaften" an und das Dialogfeld „Diagrammeigenschaften" erscheint
4. Wählen Sie das Register „Allgemein"
5. Aktivieren Sie die Option „Cursor ein"
6. Wählen Sie „Einzelne Kennlinie", um die Cursordaten einer Kennlinie anzuzeigen oder „Alle Kennlinien", um die Cursordaten aller Kennlinien zu erhalten. Wenn Sie „Einzelne Kennlinie" anklicken und in dem Diagramm mehr als eine Kennlinie vorhanden ist, wählen Sie mit „Kennlinie" den gewünschten Typ.

Um einen Cursor zu verschieben, klicken Sie auf den Cursor und ziehen ihn horizontal auf den entsprechenden Platz.

Aus dem Feld „Statistics (Analog)" können Sie alle Funktionen für die Simulation erkennen. Das Simulationsprogramm löst Gleichungen für lineare und nicht lineare Schaltungen mit einem vereinheitlichten Algorithmus. Die Lösung einer linearen DC-Gleichung wird als Sonderfall allgemeiner nicht linearer DC-Schaltungen behandelt.

Durch Anklicken des Vergrößerungsschaltfelds in der Werkzeugleiste erscheint dieses vergrößert im Bildschirm. Während das Oszilloskop nach der Triggerung ein konstantes Bild aufzeichnet, läuft das Messfenster kontinuierlich weiter und die beiden Sinusschwingungen werden immer gedrängter dargestellt. Aus dem Messfenster erkennt man in diesem Fall die Phasenverschiebung zwischen Eingangs- und Ausgangsspannung.

Mit der LU-Faktorenzerlegung wird das modifizierte Sparse-Knotenmatrix-Gleichungssystem (ein Satz von simultanen, linearen Gleichungen) berechnet. Hierzu gehört die Zerlegung der Matrix A in zwei Dreiecksmatrizen (eine untere Dreiecksmatrix L bzw. eine obere U) und die Lösung der beiden Matrixgleichungen durch eine Vorwärts- und eine Rückwärtssubstitution. Durch mehrere effiziente Algorithmen werden numerische Probleme der modifizierten Knotenbildung vermieden, die numerische Berechnungsgenauigkeit erhöht und die Lösungseffizienz maximiert. Hierzu gehören:

- Ein partieller Vertauschungsalgorithmus, der den Rundungsfehler reduziert, der durch die LU-Faktorenzerlegung hervorgerufen wird.
- Ein Verordnungsalgorithmus, der die Matrixvoraussetzungen verbessert.
- Ein Neuordnungsalgorithmus, der zur Gleichungslösung die „Nicht-Null-Ausdrücke" minimiert.

Eine nicht lineare Schaltung wird gelöst, indem die Schaltung für jede Iteration in eine linearisierte äquivalente Schaltung transformiert wird und die transformierte Schaltung mit der oben beschriebenen Methode iterativ gelöst wird. Nicht lineare Schaltungen werden in lineare transformiert, indem alle nicht linearen Bauteile der Schaltung mit der modifizierten Newton-Raphson-Methode linearisiert werden.

Eine allgemein nicht lineare dynamische Schaltung wird in eine diskrete äquivalente nicht lineare Schaltung transformiert und mit den jeweiligen Zeitwerten berechnet. Dazu wird die oben beschriebene Methode für nicht lineare DC-Schaltungen verwendet. Eine dynamische Schaltung lässt sich in eine DC-Schaltung transformieren, indem alle dynamischen Bauteile der Schaltung mit einer geeigneten numerischen Integrationsregel in diskrete Bauteile transformiert werden.

Über das Menü „Analyse" können Sie das Fenster „DC-Arbeitspunkt" aufrufen. Mit dieser Analyse lassen sich die DC-Arbeitspunkte in der Schaltung bestimmen. Bei der DC-Analyse werden AC-Quellen nur Nullwerte zugewiesen und der stationäre Zustand wird angenommen, d. h. Kondensatoren bilden offene Kreise und Induktivitäten sind kurzgeschlossen. Die Ergebnisse der DC-Analyse sind in der Regel Zwischenwerte für weitere Analysen. Beispielsweise bestimmt der in der DC-Analyse gewonnene Arbeitspunkt näherungsweise linearisierte Kleinsignalmodelle für beliebige nicht lineare Bauteile wie Dioden und Transistoren. Diese Modelle werden für die AC-Frequenzanalyse verwendet. Diese Analyse besitzt keine einzustellenden Optionen. Nach Abschluss der Analyse werden die Ergebnisse in einer Tabelle angezeigt, die dann die Gleichspannungen und die entsprechenden Zweigströme enthält.

13.3   AC-Frequenzanalyse

Bei der AC-Frequenzanalyse (AC Analysis) wird zunächst der DC-Arbeitspunkt berechnet, um lineare Kleinsignalmodelle für alle nicht linearen Bauteile zu erhalten. Danach wird eine komplexe Matrix (mit Real- und Imaginärteil) erstellt. Um eine Matrix zu bilden, werden den DC-Quellen immer Nullwerte zugewiesen. AC-Quellen, Kondensatoren und Induktivitäten lassen sich durch die jeweiligen AC-Modelle darstellen. Nicht lineare Bauteile werden durch lineare AC-Kleinsignalmodelle nachgebildet, die aus der DC-Arbeitspunktberechnung abgeleitet werden. Für alle Eingangsquellen werden sinusförmige Signale angenommen, und die Frequenz der Quellen wird ignoriert. Wenn der Funktionsgenerator auf Rechteck- oder Dreiecksignalkurve eingestellt ist, wird dieser bei der Analyse intern auf Sinus umgeschaltet. Dann berechnet die AC-Frequenzanalyse das Schaltungsverhalten als Funktion der Frequenz. Abb. 13.6 zeigt das Einstellfenster für die AC-Frequenzanalyse.

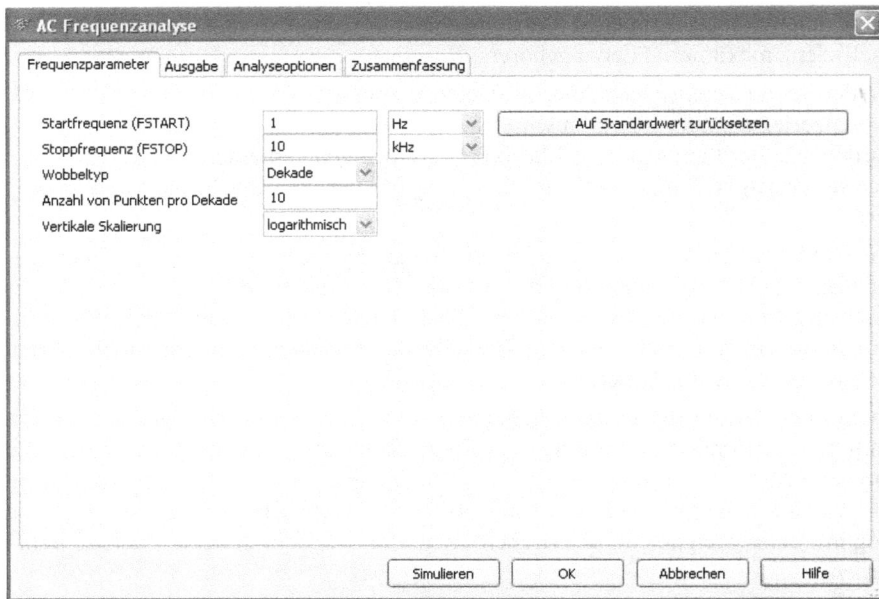

Abb. 13.6:   Einstellfenster für die AC-Frequenzanalyse

Das Einstellfenster zeigt die Startfrequenz von 1 Hz und die Stoppfrequenz ist 10 GHz. Soll der Schwingkreis von Abb. 13.1 analysiert werden, ist die Stoppfrequenz auf 10 kHz einzustellen.

Die AC-Frequenzanalyse führen Sie folgendermaßen aus:

1. Überprüfen Sie Ihre Schaltung und bestimmen die Analyseknoten. Sie können den Betrag und die Phase einer Quelle zur AC-Frequenzanalyse angeben, indem Sie auf die Quelle doppelklicken und dann auf Register „Analyse einstellen" klicken.
2. Wählen Sie „Analyse/AC-Frequenz" und es erscheint das Einstellfenster.
3. Nehmen Sie im Dialogfeld die Eingaben oder Änderungen vor.
4. Klicken Sie auf das Feld „Simulieren" oben rechts.

Die Optionen im Dialogfeld „AC-Frequenzanalyse" sind in Tabelle 13.3 aufgelistet.

Tab. 13.3:   Optionen im Dialogfeld „AC-Frequenzanalyse"

Option	Standard	Einheit	Hinweise
Startfrequenz	1	Hz	Startfrequenz für den Durchlauf
Endfrequenz	10	GHz	Endfrequenz für den Durchlauf
Intervalltyp	Dekade	–	Dekade/Linear/Oktave
Punktanzahl/ Punkt pro...	100	–	Bei „Lineare Punkteanzahl" zwischen Start und Ende
Vertikale Skala im Ausgangsdiagramm	Log	–	Linear/Logarithmisch/Dezimal. Definiert die Y-Achsenskalierung im Ausgangsdiagramm
Knoten für Analyse	–	–	Punkte in der Schaltung, für die die Ergebnisse angezeigt werden sollen und dies gilt nicht für den Knotenbezeichner

Für die AC-Frequenzanalyse wird beispielsweise ein Schwingkreis verwendet, wie Abb. 13.1 zeigt.

Die Startfrequenz ist in der Grundeinstellung auf 1 Hz und die Endfrequenz auf 10 GHz eingestellt. Da für die Schaltung des Reihenschwingkreises eine Resonanzfrequenz von $f_r \approx 500$ Hz zu erwarten ist, wird FSTART auf 1 Hz und FSTOP auf 10 kHz eingestellt. Mit dem Intervalltyp (Sweep type) „Dekade" wird ein dekadischer Wert gemessen und ausgegeben. Öffnet man dieses Fenster, kann man zwischen den verschiedenen Intervalltypen messen. Die Punktanzahl (Number of points per decade) für die berechneten Dekaden beträgt 10 Werte, die auch grafisch ausgegeben werden. Über die vertikale Skala (Vertical scale) gibt man den Maßstab an, wobei mehrere Möglichkeiten durch Öffnen des Fensters bestehen.

Wenn Sie danach sofort den Balken „Simulieren" (Simulate) mit der Maus anklicken, erscheint eine Fehlermeldung, wenn der Ausgang (Output) noch nicht festgelegt wurde. Es erscheinen vier Möglichkeiten:

V(1)   Messpunkt der Einspeisung
V(2)   Messpunkt zwischen Widerstand und Kondensator
V(3)   Messpunkt zwischen Kondensator und Spule
I(V1)   Messpunkt für den Strom

Selektieren Sie V(1) mit der Maus, wird „Hinzufügen" hervorgehoben und V(1) erscheint als Knoten für die Analyse. Sie können noch zusätzliche Informationen eingeben. Wenn Sie jetzt den Balken „Simulieren" mit der Maus anklicken, ergibt sich Abb. 13.7.

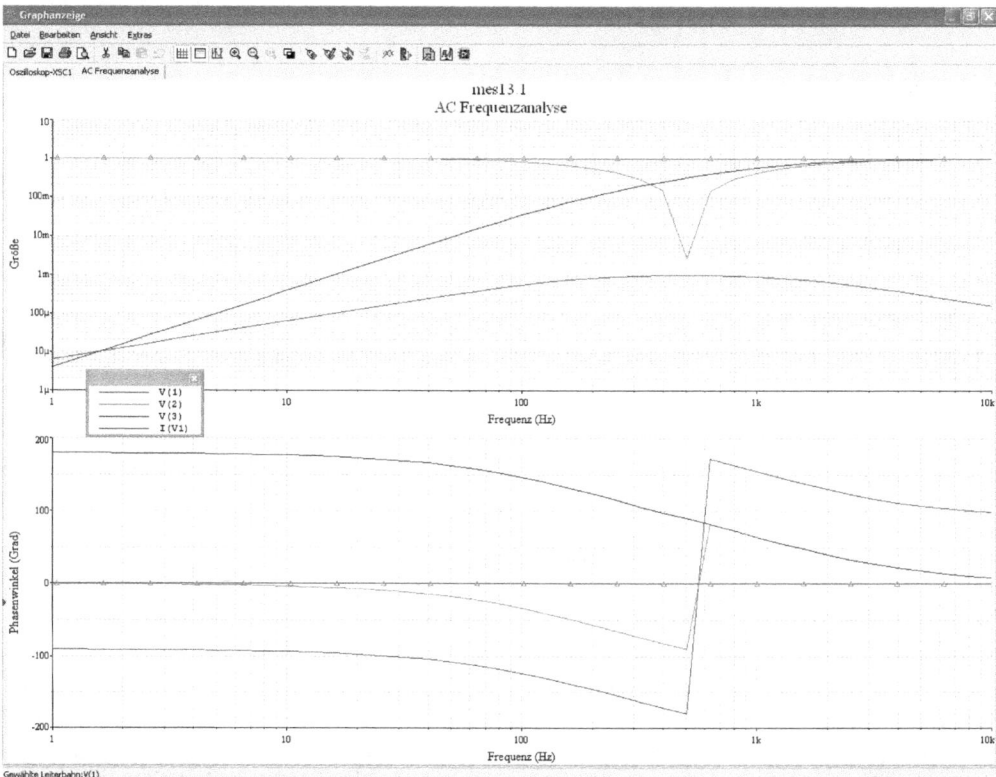

Abb. 13.7:   AC-Frequenzanalyse eines Schwingkreises

Das Ergebnis der AC-Frequenzanalyse wird in zwei Diagrammen dargestellt: Verstärkung über Frequenz und Phase über Frequenz. Diese Diagramme werden nach Abschluss der Analyse angezeigt. Die AC-Frequenzanalyse wird bei 1 Hz gestartet und bei 10 kHz gestoppt. Als Intervalltyp wurde die Dekade gewählt, die Punktzahl beträgt 10 und die vertikale Skala ist auf logarithmisch eingestellt.

Abb. 13.7 zeigt die Diagramme für die Amplitude und die Phase, die durch die AC-Frequenzanalyse eines Schwingkreises ermittelt wurde. Die Startfrequenz wurde mit 1 Hz und die Endfrequenz mit 10 kHz gewählt. Für die Amplitude wurde ein logarithmischer/logarithmischer Maßstab und für die Phase ein linearer/logarithmischer Maßstab gewählt. Aus den beiden Diagrammen kann man die einzelnen Spannungen und die Phasenverschiebung messen. Abb. 13.8 zeigt die sinusförmigen Spannungen im Schwingkreis, wenn man die Oszilloskop-Anzeige anklickt.

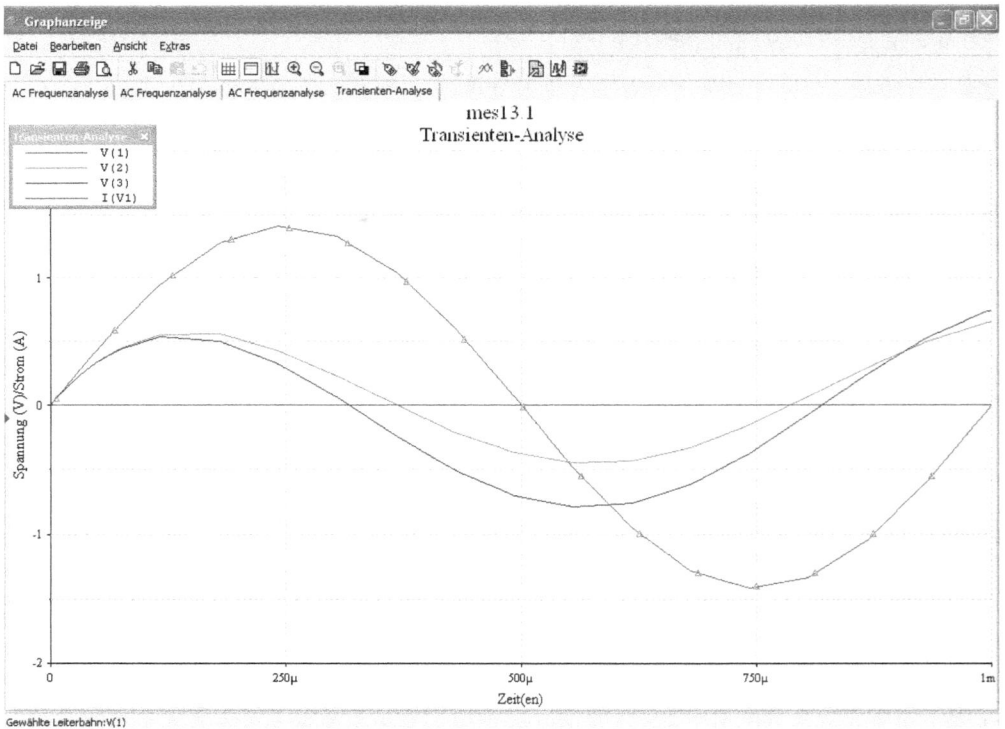

Abb. 13.8:   Sinusförmige Spannungen im Reihenschwingkreis

Wenn Sie die Messergebnisse in Excel, Mathcad oder in der virtuellen Instrumentierung verarbeiten wollen, drücken Sie auf einen der Buttons in der Befehlsleiste.

Mathcad ist eine Software, die Technikern, Lehrern, Dozenten und Studenten die Ausführung von Berechnungen ermöglichen soll. Mathcad stellt heute einen Industriestandard dar und wird häufig im Unterricht eingesetzt. Mathcad ist so flexibel und leistungsfähig wie eine Programmiersprache, jedoch nicht so einfach zu erlernen wie ein Tabellenkalkulationsprogramm.

Außerdem ist es in der Lage, die Vorteile des Internets und anderer Applikationen, die Sie täglich einsetzen, zu nutzen.

Mathcad ermöglicht Ihnen, Gleichungen so einzugeben, wie Sie sie kennen, und zwar in der korrekten Darstellung auf Ihrem Bildschirm. In einer Programmiersprache könnte eine Gleichung beispielsweise wie folgt aussehen:

$$x = (-B + SQRT (B ** 2 - 4 * A * C)) / (2 * A)$$

In einer Tabellenkalkulation sehen die Gleichungen, die Sie in Zellen eingeben, beispielsweise folgendermaßen aus:

$$x = (B1 + SQRT (B1 ** 2 - 4 * A * C)) / (2 * A1)$$

Dabei wird vorausgesetzt, dass Sie die Gleichungen überhaupt sehen. Normalerweise wird nur eine Zahl angezeigt.

In Mathcad sieht dieselbe Gleichung so aus, wie Sie sie auf einer Tafel oder in Ihren Notizen aufzeichnen. Sie brauchen keine schwierige Syntax zu erlernen. Sie zeigen und klicken und Ihre Gleichung erscheint:

$$x = \frac{-b + \sqrt{b^2 - 4 \cdot a \cdot c}}{2 \cdot a}$$

Aber die Mathcad-Gleichungen sehen nicht nur gut aus: Sie können sie einsetzen, um fast jedes mathematische Problem zu lösen, das Sie sich vorstellen können, symbolisch oder numerisch. Sie können an jeder beliebigen Stelle ergänzenden Text einfügen, um Ihre Arbeit zu dokumentieren. Außerdem können Sie die Gleichungen in zwei- und dreidimensionalen Grafiken anzeigen. Sie können Ihre Arbeit sogar mit Grafiken aus anderen Windows-Programmen ergänzen. Außerdem unterstützt Mathcad den Microsoft-Standard OLE 2 (Object Linking and Embedding) für die Zusammenarbeit mit anderen Programmen. Damit werden Drag&Drop sowie die Inplace-Aktivierung sowohl auf dem Client als auch auf dem Server möglich.

Mathcad beinhaltet ein eigenes Online-Hilfesystem, das sogenannte Informationszentrum. Dort haben Sie Zugriff auf viele praktische Formeln, Datenwerte, Referenzmaterial und Diagramme. Ein Mausklick genügt.

Mathcad vereinfacht die Dokumentation des Engineering-Prozesses, was für die Veröffentlichung und die Erfüllung von Geschäfts- und Qualitätssicherungsstandards ganz wesentlich ist. Durch die Kombination von Gleichungen, Text und Grafiken auf einem einzigen Arbeitsblatt bietet Mathcad Überblick auch über komplizierte Berechnungen. Die Funktionen für die Formatierung und Aufbereitung machen Ihnen die Arbeit noch einfacher. Das ausgedruckte Arbeitsblatt sieht genau so aus wie die Bildschirmausgabe. Durch den Ausdruck haben Sie damit eine dauerhafte und exakte Aufzeichnung Ihrer Arbeit.

Mathcad steht in mehreren Editionen zur Verfügung:

- **Mathcad Professional:** Dies ist der Industriestandard für angewandte Mathematik auf dem technischen Sektor. Er stellt alle Funktionen bereit, die erforderlich sind um vollständige Berechnungen auszuführen und Berichte daraus zu erzeugen. Die Professional Edition enthält die meisten Funktionen und stellt eine integrierte Umgebung für die Ausführung, die gemeinsame Nutzung und die Veröffentlichung technischer Arbeiten bereit.

- **Mathcad Professional Academic Edition:** Dies ist das Softwarepaket für Studenten und ihre Lehrer, die dasselbe Werkzeug einsetzen möchten wie die Profis. Die Academic Edition bietet die gesamte Leistungsfähigkeit und alle Funktionen der Professional Edition zusammen mit speziellem elektronischen Inhalt und Ressourcen.
- **Mathcad Standard Edition:** Dies ist das richtige Programm für alltägliche technische Berechnungen und stellt ein praktisches Werkzeug dar, wenn Papier und Bleistift, Taschenrechner und Tabellenkalkulationen nicht ausreichend sind.

Die wichtigsten Berechnungen sind:

- Auflösung linearer und nicht linearer Gleichungssysteme mit Hunderten von Variablen und Nebenbedingungen
- Anlegen und Bearbeiten von Vektoren und Matrizen
- Ausführung komplizierter linearer algebraischer Berechnungen, unter anderem für Cholesky-, QR-, LU- und SV-Zerlegung
- Anwendung von Laplace-, z- und Fourier-Integration und schnelle Fourier-Transformationen und ihrer Inversen
- Anwendung von Wellenform-Transformation und ihrer Inversen
- Anwendung komplexer Techniken zur Bearbeitung von Matrizen in Matrizen
- Ermittlung der Inversen, Transposition und Determinante einer Matrix, ebenso wie von Eigenwerten und Eigenvektoren
- Auflösung normaler Differentialgleichungen und Differentialgleichungssysteme partieller Differentialgleichungen und Grenzwertprobleme
- Ermittlung von Ableitungen und Integration durch zahlreiche eingebaute numerische und symbolische Methoden
- Algebraische Erweiterung, Faktorisierung und Vereinfachung von Ausdrücken
- Berechnung von Airy-, Bessel-Kelvin-, Bessel- und anderen speziellen Funktionen Grafische Darstellung von Populationen und Statistiken für große Datenmengen
- Anwendung statistischer Funktionen zur Unterstützung von Hypothesentests und Datenanalyse
- Ausführung von Datenglättungen, Regressionsanalysen und Kurvenanpassung für Ihre Datenmengen
- Reale, imaginäre und komplexe Zahlen und Dimensionswerte verarbeiten
- Mit Live Symbolics symbolische Mathematik dynamisch ausführen
- Ergebnisse dezimal, binär, oktal oder hexadezimal anzeigen

Die 3D-Grafik in Mathcad arbeitet komplett mit der OpenGL-Grafik-Engine und bietet unter anderem die folgenden Verbesserungen:

- Der 3D-Diagramm-Assistent vereinfacht die Entwicklung verschiedener 3D-Diagrammtypen
- Rotationen, Zoomen und Drehen können jetzt direkt mit der Maus vorgenommen werden
- Unterstützung mehrerer Oberflächen
- Es stehen umfassende Optionen zur Formatierung zur Verfügung (Beleuchtungsmodelle, Farbtabellen, Nebel, Oberflächenstrukturen, Umrisse, Achsen und Bezeichnungen usw.), ebenso wie komplexe Kommentare.

Für die Text- und Dokumentfunktionen sind folgende Hilfsmittel vorhanden:

- Kopf- und Fußnoten erlauben die Anzeige von Bitmaps, eine flexible Textformatierung und Seitennummerierung

- Sperrbare Bereiche in früheren Versionen wurden durch Bereiche ersetzt, die ausgeblendet, erweitert, gesperrt und durch ein Kennwort geschützt werden können.
- Im Text können jetzt Listen mit Nummerierung oder andere Absatzkennzeichner verwendet werden. Jeder Absatz kann einen anderen Formatstil erhalten. Die Seiten können die ganze Breite einnehmen, und es ist eine einfachere Auswahl von Textpassagen möglich.

13.4 Zeitbereichs-Transientenanalyse

Bei der Zeitbereichs-Transientenanalyse berechnet der Simulator das Schaltungsverhalten als Funktion der Zeit. Jede Eingangsperiode wird in Intervalle aufgespalten und für jeden Periodenzeitpunkt führt das Programm eine DC-Analyse durch. Die Spannungskennlinie an einem Knoten ergibt sich durch die Spannungswerte, die den Zeitpunkten innerhalb einer vollständigen Periode zugeordnet sind.

DC-Quellen besitzen konstante Werte, während die Werte von AC-Quellen zeitabhängig sind. Kondensatoren und Induktivitäten werden durch Ladungsspeichermodelle nachgebildet. Mit der numerischen Integration wird die übertragende Energiemenge in einem Zeitintervall bezeichnet.

Wenn im Dialogfeld die Option „DC-Arbeitspunkt berechnen" aktiviert ist, berechnet der Simulator zunächst den DC-Arbeitspunkt in der Schaltung. Anschließend werden die DC-Analyseergebnisse als Anfangsbedingungen für die Einschwingvorgangsanalyse verwendet. Wenn „Auf Null einstellen" aktiviert ist, wird die Transientenanalyse mit der Anfangsbedingung Null gestartet. Wenn „Benutzerdefiniert" aktiviert ist, startet die Transientenanalyse mit den in den Dialogfeldern der Bauteileigenschaften angegebenen Anfangsbedingungen.

Die Transientenanalyse führen Sie folgendermaßen durch:

1. Überprüfen Sie Ihre Schaltung, und bestimmen die Analyseknoten.
2. Wählen Sie „Analyse/Transientenanalyse".
3. Nehmen Sie im Dialogfeld die Eingaben oder Änderungen vor.
4. Klicken Sie auf „Simulieren".

Der Start beginnt bei TSTART = 0 s und man kann jeden Startpunkt wählen. Das Ende bestimmt man mit dem Parameter TSTOP = 0,001 s und dieser Punkt muss nur größer als der Startpunkt sein.

Für die Transientenanalyse in der Schaltung von Abb. 13.9 verwendet man zwei AM-Generatoren mit 1 kHz und 100 Hz, bzw. 3 kHz und 300 Hz. Durch die Reihenschaltung der beiden AM-Generatoren addieren sich die einzelnen Frequenzen zu einer Gesamtfrequenz.

Für die Analyse ist außerdem eine Grundfrequenz erforderlich, die auf den Frequenzwert einer AC-Quelle in der Schaltung eingestellt werden sollte. Wenn mehrere AC-Quellen in der Schaltung vorhanden sind, können Sie die Grundfrequenz auf den kleinsten gemeinsamen Faktor der Frequenzen einstellen. Wenn die Schaltung beispielsweise eine 10,5 kHz- und eine 7-kHz-Quelle enthält, stellen Sie die Grundfrequenz auf 500 Hz ein.

In Abb. 13.9 erzeugt eine AM-Quelle eine modulierte Spannung mit einer Trägerfrequenz von $f_T = 1$ kHz und einer Modulationsfrequenz von $f_M = 100$ Hz und die andere von $f_T = 3$ kHz und von $f_M = 300$ Hz. Die Schaltung stellt einen Operationsverstärker im invertierenden Betrieb dar und es ergibt sich eine Verstärkung von v = 5,1.

V1
5 V
3kHz 300 Hz

V2
5 V
1kHz 100 Hz

Oszilloskop-XSC1

	Zeit	Kanal_A	Kanal_B
T1	0.000 s	0.000 V	
T2	20.000 ms	4.484 mV	
T2 bis T1	20.000 ms	4.484 mV	

Vertauschen

Speichern

ERW Trigger

Zeitbasis		Kanal A		Kanal B		Trigger	
Skalierung	2 ms/Div	Skalierung	5 V/Div	Skalierung	5 V/Div	Signalflanke	F ʇ A B ERW
X-Position	0	Y-Position	0	Y-Position	0	Pegel	0 V
Y/T Hinzufügen B/A A/B	AC 0 Gleichspannung		AC 0 Gleichspannung -		Typ Einzeln Normal Automatisch Keine		

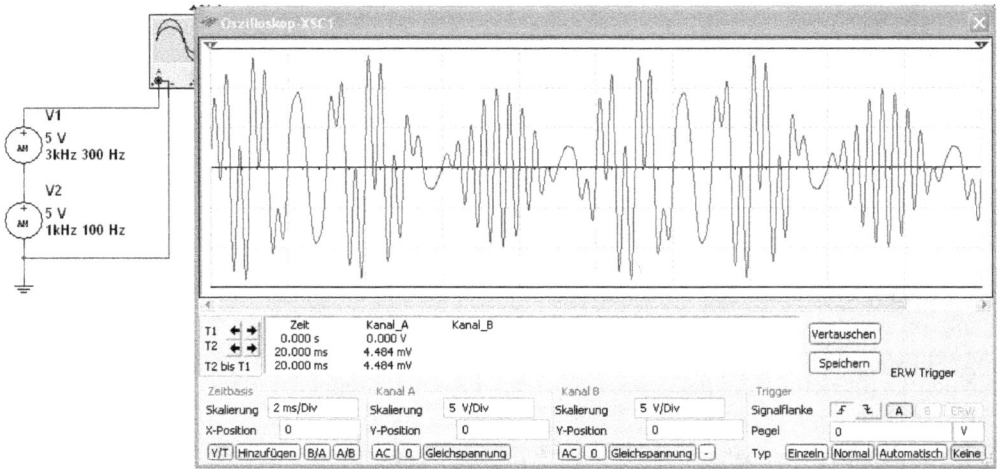

Abb. 13.9: Untersuchung von zwei AM-Quellen

Wenn man nun die Transientenanalyse anklickt, öffnet sich das Fenster von Abb. 13.10.

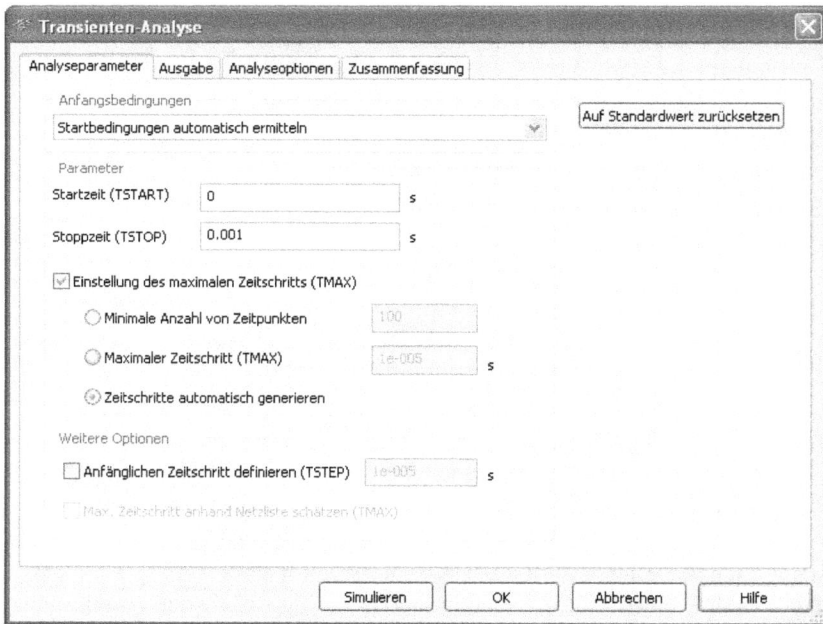

Transienten-Analyse

Analyseparameter | Ausgabe | Analyseoptionen | Zusammenfassung

Anfangsbedingungen

Startbedingungen automatisch ermitteln

Auf Standardwert zurücksetzen

Parameter

Startzeit (TSTART)   0   s

Stoppzeit (TSTOP)   0.001   s

☑ Einstellung des maximalen Zeitschritts (TMAX)

○ Minimale Anzahl von Zeitpunkten   100

○ Maximaler Zeitschritt (TMAX)   1e-005   s

◉ Zeitschritte automatisch generieren

Weitere Optionen

☐ Anfänglichen Zeitschritt definieren (TSTEP)   1e-005   s

☐ Max. Zeitschritt anhand Netzliste schätzen (TMAX)

Simulieren | OK | Abbrechen | Hilfe

Abb. 13.10: Einstellfenster für die Transientenanalyse

Die Optionen der Transientenanalyse sind in Tabelle 13.4 aufgelistet.

Tab. 13.4: Optionen der Transientenanalyse

Option	Standard	Einheit	Hinweise
Auf Null einstellen	Deaktiviert	–	Diese Option wählen, um Analyse mit Anfangsbedingung 0 zu starten
Benutzerdefiniert	Deaktiviert	–	Diese Option wählen, um Analyse mit benutzerdefinierten Anfangsbedingungen zu starten
DC-Arbeitspunkt berechnen	Aktiviert	–	Diese Option wählen, um Analyse mit DC-Arbeitspunkt zu starten
Startzeit	0	s	Start der Transientenanalyse. Der Wert muss größer oder gleich sein
Endzeit		s	Endzeit der Transientenanalyse. Der Wert muss größer als die Startzeit sein
Zeitschritte automatisch erzeugen	1e-05	–	Der Simulator wählt einen geeigneten Zeitschritt und den maximalen Zeitschritt zur Schaltungssimulation aus
Minimale Zeitpunktanzahl	Deaktiviert	–	Punktanzahl zwischen Start- und Endzeit für die Simulationsausgabe und -diagramme
Zeitschritt	1e-05	s	Zeitintervall für Simulationsausgabe und -diagramme drucken
Maximaler Zeitschritt	Deaktiviert	s	Maximal zulässiger Schritt für die Simulation
Knoten für Analyse	–	–	Punkte in der Schaltung, für die Ergebnisse angezeigt werden sollen

Ein an die Schaltung angeschlossenes Oszilloskop führt nach dem Einschalten des Simulationsschalters eine ähnliche Analyse aus. Nach der Einstellung kann die Transientenanalyse gestartet werden und es erscheint Abb. 13.11.

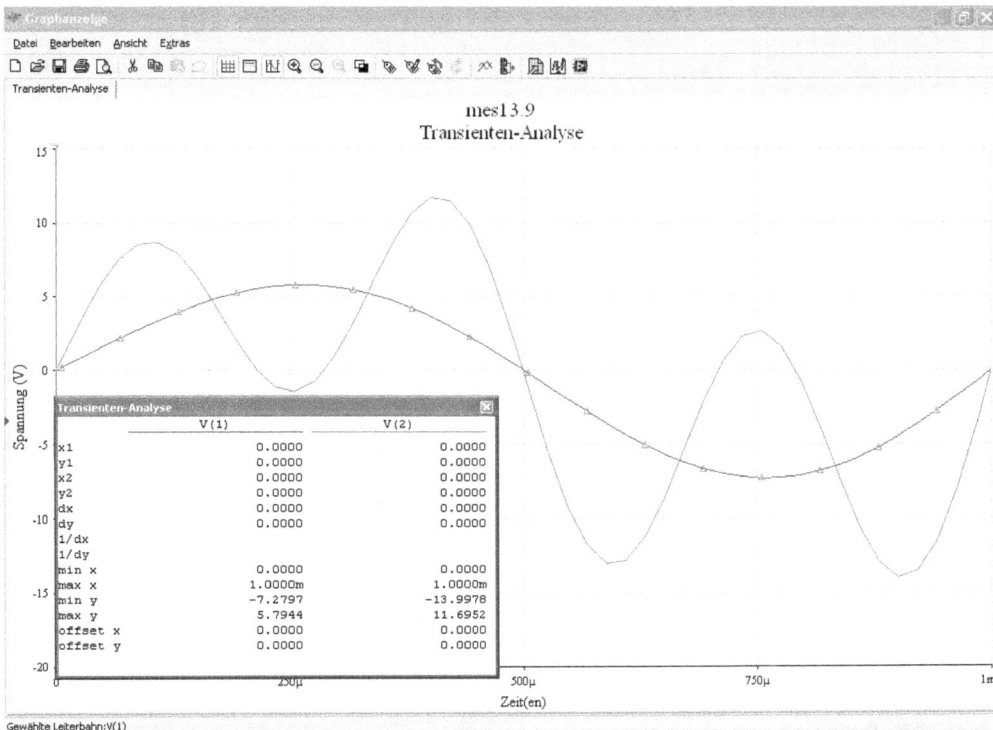

Abb. 13.11: Transientenanalyse der Schaltung von Abb. 13.9

13.5　　　Fourier-Analyse

Mit der Fourier-Analyse lässt sich der DC-Anteil, die Grundwelle und die Harmonische eines Zeitbereichssignals untersuchen. Bei dieser Analyse wird auf die Ergebnisse einer Zeitbereichsanalyse die diskrete Fourier-Transformation angewandt. Hierzu wird eine Zeitbereichs-Spannungskurvenform in deren Frequenzbereichsanteile zerlegt. Multisim führt automatisch eine Zeitbereichsanalyse durch, um die Fourier-Analyseergebnisse zu erzeugen. In der Schaltung müssen Sie einen Ausgangsknoten wählen. Die Ausgangsvariable ist der Knoten, aus dem bei der Analyse die Spannungskurve extrahiert wird. Abb. 13.12 zeigt die Einstellmöglichkeiten.

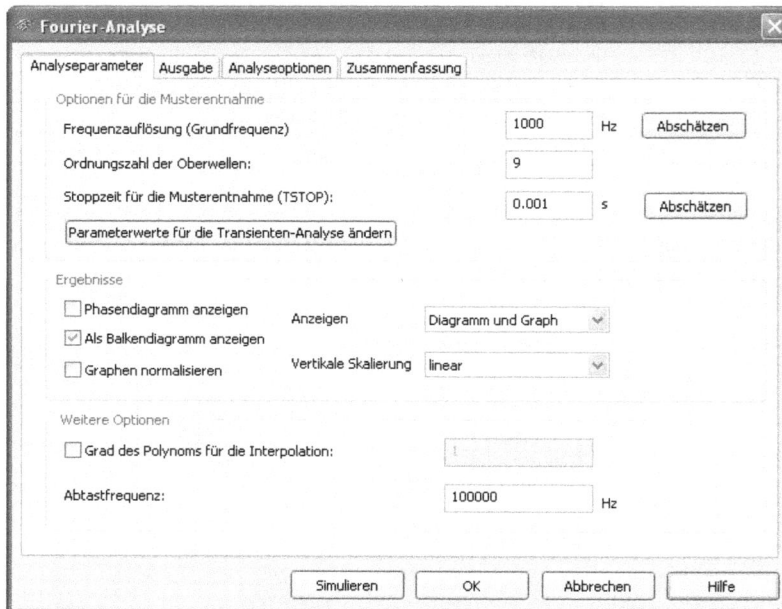

Abb. 13.12:　Einstellmöglichkeiten der Fourier-Analyse

Die Grundfrequenz (Frequency resolution oder Fundamental frequency) beträgt 1 kHz und die Ordnungszahl der Oberwellen (number of harmonics) ist mit „9" festgelegt. Über TSTOP wird die Zeit für das Ende der Messung eingestellt. Das Ergebnis kann entsprechend gewählt werden. Für die vertikale Skala wird eine lineare Darstellung eingestellt.

Die Ergebnisse werden in einem Balkendiagramm angezeigt und die vertikale Skalierung wurde auf „Linear" eingestellt. Die Grundwelle wurde von 9 auf 15 geändert. Die Fourier-Analyse ist als Tabelle und als Diagramm angegeben, wie Abb. 13.13 zeigt.

Aus dem Diagramm wird deutlich die Trägerfrequenz von $f_T = 1$ kHz mit 5 V und $f_T = 3$ kHz mit 5 V angezeigt. Rechts und links vor der Trägerfrequenz erkennt man die Modulationsfrequenz von $f_M = 100$ Hz und $f_M = 300$ Hz, die einen Betrag der Spannung von 2,5 V hat. Wem die beiden AM-Quellen zu unübersichtlich sind, arbeitet nur mit $f_T = 1$ kHz und $f_M = 100$ Hz. In der Tabelle erkennt man neben den Spannungswerten auch die Phasenverschiebung von $f_u = 900$ Hz mit $\varphi_u = +90°$, $f_M = 10$ kHz mit $\varphi_M = 0°$ und $f_o = 1{,}1$ kHz mit $\varphi_o = -90°$.

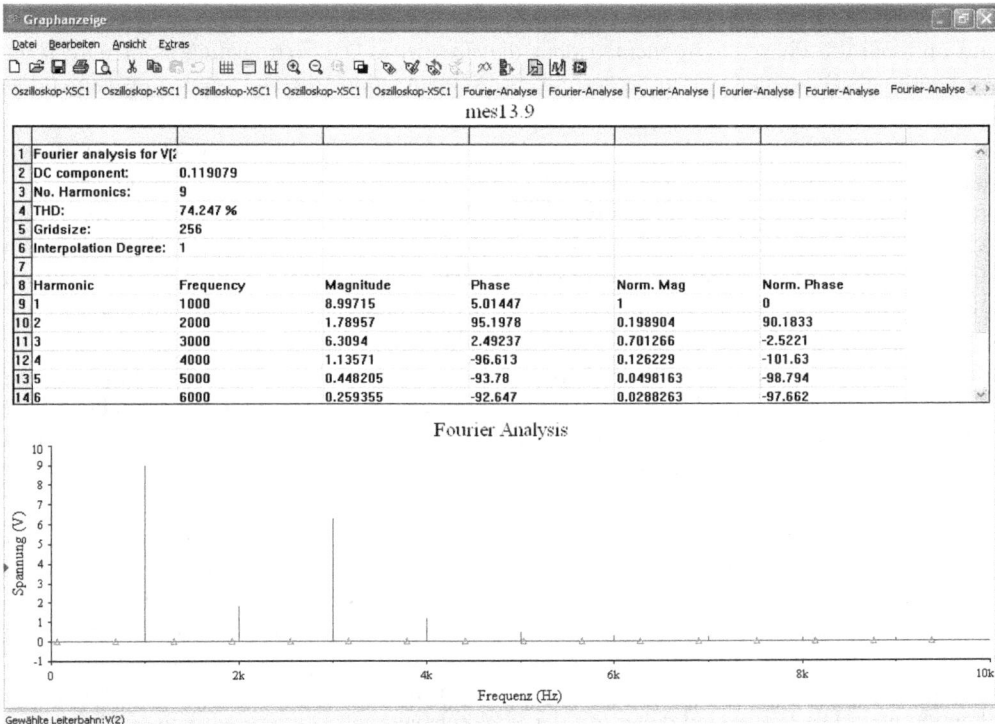

Abb. 13.13: Fourier-Analyse einer AM-Spannungsquelle

Wenn Sie danach sofort den Balken „Simulieren" (Simulate) mit der Maus anklicken, erscheint eine Fehlermeldung. Sie haben noch nicht Ihren Ausgang (Output) festgelegt.

Die Fourier-Analyse führen Sie folgendermaßen aus:

1. Überprüfen Sie Ihre Schaltung und bestimmen Sie die Analyseknoten
2. Wählen Sie „Analyse/Fourier"
3. Nehmen Sie im Dialogfeld die Eingaben oder Änderungen vor
4. Klicken Sie auf das Feld „Simulieren"

Die Optionen im Dialogfeld „Fourier-Analyse" sind in Tabelle 13.5 aufgelistet.

Tab. 13.5: Optionen im Dialogfeld „Fourier-Analyse"

Option	Standard	Einheit	Hinweise
Ausgangsknoten in der Schaltung	Ein Knoten	–	Punkte in der Schaltung, für die die Ergebnisse angezeigt werden sollen
Grundfrequenz	1 Hz	–	Frequenz, für die die Fourier-Analyse die Oberwellen bestimmt. AC-Quellenfrequenz oder kleinsten gemeinsamen Faktor verwenden
Anzahl der Oberwellen	9	–	Anzahl der berechneten Oberwellen für Grundwelle
Vertikale Skala	Linear	–	Linear/Logarithmisch/Dezibel
Phase anzeigen	Deaktiviert	–	Wenn diese Option aktiviert ist, werden Diagramme für die Phase über die Frequenz erzeugt
Ausgangssignal als Liniendiagramm	Deaktiviert	–	Wenn diese Option aktiviert ist, wird der Betrag als Liniendiagramm ausgegeben. Anstatt eines Liniendiagramms lässt sich die Ausgabe auch als Balkendiagramm darstellen

Die Fourier-Analyse erzeugt ein Diagramm mit Fourier-Spannungskomponentenbeträgen und optional die Phasenkomponenten über die Frequenz. Das Betragsdiagramm wird standardmäßig als Balkendiagramm dargestellt. Sie können jedoch die Darstellung als Liniendiagramm wählen.

Bei der Fourier-Analyse wird auch der Klirrfaktor berechnet. Wegen der starken Nichtlinearitäten der Übertragungskennlinie innerhalb einer elektrischen Schaltung treten Verzerrungen auf, wenn die Amplitude des Eingangssignals nicht sehr klein ist. Ein Maß für die Verzerrungen ist der Klirrfaktor. Der Klirrfaktor k ist das Verhältnis des Oberwelleneffektivwerts zum Gesamteffektivwert, einschließlich der Grundwellen. Der Klirrfaktor k wird in % angegeben und gibt das Effektivwert-Verhältnis der Oberschwingungen zur Grundschwingung am Ausgang an, wenn man den Eingang sinusförmig um den Arbeitspunkt aussteuert.

Interessant ist die Tabelle, die gleichzeitig ausgegeben wird. Die Trägerfrequenz mit 10.000 Hz erzeugt die Amplitude von 4,9398 V und eine minimale Phasenverschiebung. Die untere Seitenbandfrequenz bei 9.000 Hz hat noch eine Spannung von 2,47401 V bei einer Phasenverschiebung von 90°. Die obere Seitenbandfrequenz bei 1100 Hz hat noch eine Spannung von 2,46136 V bei einer Phasenverschiebung von −90°.

Die Vielfachen der Grundfrequenz bezeichnet man als „Harmonische" oder „Teilschwingung". Die Grundwelle selbst wird als erste Harmonische bezeichnet, 2f als zweite Harmonische usw. Die zweite Harmonische bezeichnet man auch als erste Oberwelle, die dritte Harmonische auch als zweite Oberwelle usw. Das Zerlegen von bestimmten Spannungsformen in ihre Harmonischen und die Bestimmung ihrer Amplitude ist die Fourier-Analyse. Tabelle 13.6 zeigt die Zusammensetzung einiger Kurvenformen und die Amplitude wird mit 1 angenommen. Die Werte sind daher mit der Scheitelspannung $\hat{U}$ oder dem Scheitelstrom $\hat{I}$ zu multiplizieren. Ein negatives Vorzeichen bedeutet eine um 180° verschobene Komponente.

Tab. 13.6:   Zusammensetzung von Kurvenformen und Amplitude wird mit 1 angenommen. Die Werte sind daher mit Scheitelspannung $\hat{U}$ oder Scheitelstrom $\hat{I}$ zu multiplizieren. Ein negatives Vorzeichen bedeutet eine um 180° verschobene Komponente.

| | Amplituden der Harmonischen | | | | | |
	0.	1.	2.	3.	4.	5.
Kurvenform	Gleichwert	f	2f	3f	4f	5f
Einweggleichrichter	$\dfrac{1}{\pi}$	$\dfrac{1}{2}$	$\dfrac{2}{3\pi}$	0	$\dfrac{2}{15\pi}$	0
Doppelweggleichrichter	$\dfrac{2}{\pi}$	0	$\dfrac{2}{3\pi}$	0	$\dfrac{2}{15\pi}$	0
Rechteck (symmetrisch)	0	$\dfrac{4}{\pi}$	0	$\dfrac{4}{3\pi}$	0	$\dfrac{4}{5\pi}$
Impulse $v = T/t_i$	$\dfrac{1}{v}$	$\dfrac{2}{\pi}\cdot\sin\dfrac{\pi}{v}$	$\dfrac{2}{2\pi}\cdot\sin\dfrac{2\pi}{v}$	$\dfrac{2}{3\pi}\cdot\sin\dfrac{3\pi}{v}$	$\dfrac{2}{4\pi}\cdot\sin\dfrac{4\pi}{v}$	$\dfrac{2}{5\pi}\cdot\sin\dfrac{5\pi}{v}$
Sägezahn	$\dfrac{1}{2}$	$+\dfrac{1}{\pi}$	$-\dfrac{1}{2\pi}$	$+\dfrac{1}{3\pi}$	$-\dfrac{1}{4\pi}$	$+\dfrac{1}{5\pi}$

Jede periodische Schwingung kann als Summe von sinusförmigen Teilschwingungen dargestellt werden. Die Funktionsgleichung lautet:

$$u = \frac{4\hat{u}}{\pi}\left(\sin \omega t + \frac{1}{3}\sin 3\omega t + \frac{1}{5}\sin 5\omega t + \frac{1}{7}\sin 7\omega t + ...\right) \qquad \omega = 2 \cdot \pi \cdot f$$

Für eine Rechteckspannung (Rechteckwechselspannung), die $\pm U_b$ hat, gilt

$$u = \frac{4\hat{u}}{\pi}\left(\sin \omega t + \frac{1}{3}\sin 3\omega t + \frac{1}{5}\sin 5\omega t + \frac{1}{7}\sin 7\omega t + ...\right)$$

Für eine Rechteckspannung (Rechteckmischspannung), die $+U_b$ und 0 V hat, gilt

$$u = \frac{\hat{u}}{2} + \frac{2\hat{u}}{\pi}\left(\sin \omega t - \frac{1}{3}\sin 3\omega t + \frac{1}{5}\sin 5\omega t - \frac{1}{7}\sin 7\omega t + ...\right)$$

Für eine symmetrische Dreieckspannung (Dreieckwechselspannung), die $\pm U_b$ hat, gilt

$$u = \frac{8\hat{u}}{\pi}\left(\sin \omega t - \frac{1}{3^2}\sin 3\omega t + \frac{1}{5^2}\sin 5\omega t - \frac{1}{7^2}\sin 7\omega t + ...\right)$$

Für eine symmetrische Dreieckspannung (Dreieckmischspannung), die $+U_b$ und 0 V hat, gilt

$$u = \frac{\hat{u}}{\pi} - \frac{4\hat{u}}{\pi^2}\left(\sin \omega t + \frac{1}{3^2}\sin 3\omega t + \frac{1}{5^2}\sin 5\omega t + \frac{1}{7^2}\sin 7\omega t + ...\right)$$

Für eine unsymmetrische Dreieckspannung (Sägezahnwechselspannung), die $\pm U_b$ hat, gilt

$$u = \frac{2\hat{u}}{\pi}\left(\sin \omega t - \frac{1}{2}\sin 2\omega t + \frac{1}{3}\sin 3\omega t - \frac{1}{4}\sin 4\omega t + ...\right)$$

Für eine unsymmetrische Dreieckspannung (Sägezahnmischspannung), die $+U_b$ und 0 V hat, gilt

$$u = \frac{\hat{u}}{2} - \frac{2\hat{u}}{\pi}\left(\sin \omega t + \frac{1}{2}\sin 2\omega t + \frac{1}{3}\sin 3\omega t + \frac{1}{4}\sin 4\omega t + ...\right)$$

Für eine Einweggleichrichtung gilt

$$u = \frac{\hat{u}}{\pi} + \frac{\hat{u}}{2}\sin t - \frac{2\hat{u}}{\pi}\left(\frac{1}{3}\cos 2\omega t + \frac{1}{15}\sin 4\omega t + \frac{1}{35}\sin 6\omega t + ...\right)$$

Für eine Zweiweg- und Brückengleichrichtung gilt

$$u = \frac{2\hat{u}}{\pi}\left(1 - \frac{2}{3}\cos 2\omega t + \frac{2}{15}\sin 4\omega t + \frac{2}{35}\sin 6\omega t + ...\right)$$

Aufgabe

Bei einer symmetrischen Dreieckspannung (Dreieckwechselspannung), die $\pm U_b$ hat, sind die Fourier-Koeffizienten U_0, $\hat{u}_{1n}$ und $\hat{u}_{2n}$ zu berechnen. Anschließend ist die Fourier-Reihe bis zur einschließlich 4.Oberschwingung zu bestimmen. Der Wert für die Eingangsspannung ist U = 1 V.

Lösung

Die Berechnung bis einschließlich zur 4.Oberschwingung bedeutet gemäß Fourier, dass die 5.Teilschwingung zu berücksichtigen ist. Für die allgemeine Fourier-Reihe gilt:

$$u(t) = \frac{8\hat{u}}{\pi}\left(\sin(\omega_1 t) - \frac{1}{3^2}\sin(3\omega_1 t) + \frac{1}{5^2}\sin(5\omega_1 t)...\right)$$

Der Gleichspannungsanteil ist Null, d. h. $U_0 = 0$. Sämtliche Cosinusglieder sind ebenfalls Null, also sind die Fourier-Koeffizienten $\hat{u}_{1n} = 0$. Da lediglich die ungeradzahligen Vielfachen von f_1 auftreten, sind nur die Fourier-Koeffizienten $\hat{u}_{21}$, $\hat{u}_{23}$ und $\hat{u}_{25}$ zu berechnen. Es ergibt sich

$$\hat{u}_{21} = \frac{8 \cdot U}{\pi^2} = \frac{8 \cdot 1V}{\pi^2} \approx 0,81V$$

$$\hat{u}_{23} = \frac{8 \cdot U}{\pi^2 \cdot 3^2} = \frac{8 \cdot 1V}{\pi^2 \cdot 3^2} \approx 0,09V$$

$$\hat{u}_{25} = \frac{8 \cdot U}{\pi^2 \cdot 5^2} = \frac{8 \cdot 1V}{\pi^2 \cdot 5^2} \approx 0,032V$$

Damit erhält man folgende Fourier-Reihe

$$u(t) = 0,81V \cdot \sin(\omega_1 t) + 0,09V \cdot \sin(3\omega_1 t) + 0,032V \cdot \sin(5\omega_1 t)$$

Aufgabe: Bei einer symmetrischen Rechteckspannung (Rechteckmischspannung), die $+U_b$ und 0 V hat, sind die Fourier-Koeffizienten U_0, $\hat{u}_{1n}$ und $\hat{u}_{2n}$ zu berechnen. Anschließend ist die Fourier-Reihe bis zur einschließlich 4.Oberschwingung zu bestimmen. Der Wert für die Eingangsspannung ist U = 1 V.

Lösung: Die Berechnung bis einschließlich zur 4.Oberschwingung bedeutet gemäß Fourier, dass die 5.Teilschwingung zu berücksichtigen ist. Für die allgemeine Fourier-Reihe gilt:

$$u = \frac{\hat{u}}{2} + \frac{2\hat{u}}{\pi}\left(\sin \omega t - \frac{1}{3}\sin 3\omega t + \frac{1}{5}\sin 5\omega t - ... +\right)$$

Der Gleichspannungsanteil ist 0,5 V. Sämtliche Cosinusglieder sind ebenfalls Null, also sind die Fourier-Koeffizienten $\hat{u}_{1n} = 0$. Da lediglich die ungeradzahligen Vielfachen von f_1 auftreten, sind nur die Fourier-Koeffizienten $\hat{u}_{21}$, $\hat{u}_{23}$ und $\hat{u}_{25}$ zu berechnen. Es ergibt sich

$$\hat{u}_{21} = \frac{2 \cdot U}{\pi^2} = \frac{2 \cdot 1V}{\pi^2} \approx 0,2V$$

$$\hat{u}_{23} = \frac{2 \cdot U}{\pi^2 \cdot 3^2} = \frac{2 \cdot 1V}{\pi^2 \cdot 3^2} \approx 0,022V$$

$$\hat{u}_{25} = \frac{2 \cdot U}{\pi^2 \cdot 5^2} = \frac{2 \cdot 1V}{\pi^2 \cdot 5^2} \approx 0,008V$$

Damit erhält man folgende Fourier-Reihe

$$u(t) = 0,5V + 0,2V \cdot \sin(\omega_1 t) + 0,022V \cdot \sin(3\omega_1 t) + 0,008V \cdot \sin(5\omega_1 t)$$ □

13.6   Rausch- und Rauschzahlanalyse

Zu den wichtigen Zeitfunktionen gehört noch der Rauschvorgang, der beispielsweise bei ohmschen Widerständen, bei elektrischen bzw. elektronischen Bauelementen auftritt und insbesondere in Verstärkerschaltungen mit hohem Verstärkungsfaktor zu beachten ist. Das Rauschen stellt einen „Zufallsprozess" oder „stochastischen Prozess" dar und kann dementsprechend im Zeitbereich nicht durch einen den Verlauf bestimmenden Ausdruck beschrieben werden. Im Frequenzbereich hingegen lassen sich die Eigenschaften von Rauschvorgängen anschaulich beschreiben.

Ein Rauschvorgang ist ein stochastischer Prozess, der ständig, aber nicht periodisch verläuft und nur mit Hilfe statistischer Kenngrößen beschrieben werden kann. Solche sind der lineare und der quadratische Mittelwert als Kennkonstanten, die Autokorrelationsfunktion und die Leistungsdichte P als Kennfunktionen im Zeit- und Frequenzbereich. Je nach dem Verlauf der Leistungsdichte unterscheidet man die folgenden Grundtypen von Schwankungsvorgängen:

- Weißes Rauschen mit konstanter (frequenzunabhängiger) Leistungsdichte als idealisierter Grenzfall.
- Breitbandiges Rauschen mit frequenzunabhängigem Verlauf der Leistungsdichte bis zu einer oberen Grenzfrequenz f_g.
- Farbiges Rauschen, durch lineare Filterung aus breitbandigem Rauschen entstanden (A (f)) ist der Frequenzgang des Filters.
- Schmalbandiges Rauschen, dessen spektrale Komponenten sich eng um eine Mittenfrequenz f_m gruppieren ($\Delta f \leq f_m$).
- Rosarauschen, wobei die Leistungsdichte umgekehrt proportional zur Frequenz ist.

Mit der Rauschanalyse in Multisim werden die Rauschleistungen am Ausgang einer elektronischen Schaltung und die Rauschanteile von Widerständen und Halbleitern berechnet und als Diagramm ausgegeben. Angenommen wird, dass zwischen den einzelnen Rauschquellen in einer Schaltung keine statistische Korrelation vorhanden ist. Der Simulator berechnet die Rauschwerte unabhängig voneinander, und die Gesamtrauschleistung wird aus dem quadratischen Mittelwert der Summe der einzelnen Rauschanteile gebildet. Abb. 13.14 zeigt eine Messschaltung für die Rauschanalyse bei einem realen Operationsverstärker 741.

Wenn beispielsweise U_1 als „Eingangsrauschbezugsquelle" im Dialogfeld „Rauschanalyse" gewählt wird und N_1 als „Ausgangsknoten", werden die Rauschanteile aller Rauschquellen bei N_1 summiert, um das Ausgangsrauschen zu erzeugen. Der Ausgangsrauschwert wird danach durch den Verstärkungsfaktor von U_1 nach N_1 dividiert, um den äquivalenten Eingangsrauschwert zu erhalten. Wenn dieses Eingangsrauschen an U_1 an eine rauschfreie Schaltung angelegt wird, würde dies den vorher berechneten Betrag des Ausgangsrauschens

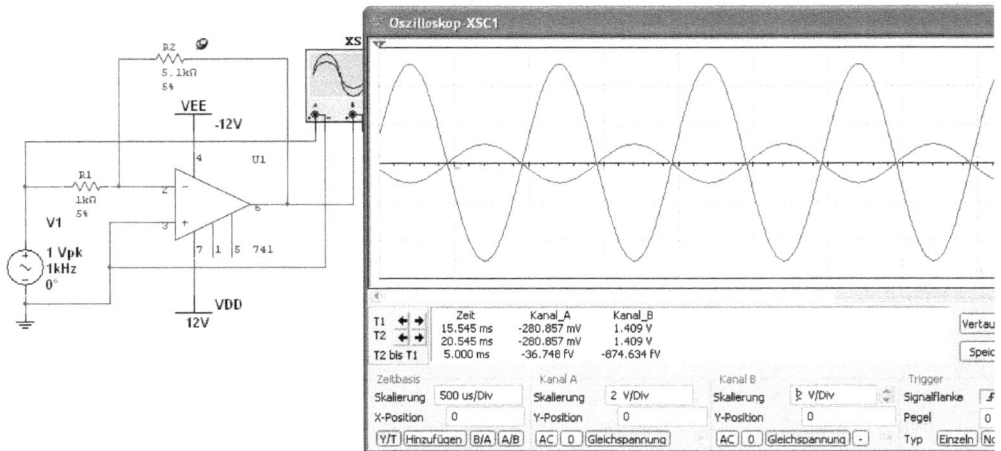

Abb. 13.14: Messschaltung für den Operationsverstärker 741

an N_1 verursachen. Hierbei handelt es sich um ein analoges Kleinsignalmodell und nicht konforme Bauteile werden automatisch von der Rauschanalyse ignoriert. Verwendet werden nur Rauschmodelle für die SPICE-Bauteile. Die Analyse wird folgendermaßen durchgeführt:

1. Überprüfen Sie die Schaltung und bestimmen die Eingangsrauschbezugsquelle sowie den Ausgangs- und Bezugsknoten.
2. Wählen Sie „Analyse/Rauschen".
3. Nehmen Sie im Dialogfeld die Eingaben oder Änderungen vor.
4. Klicken Sie auf „Simulieren".

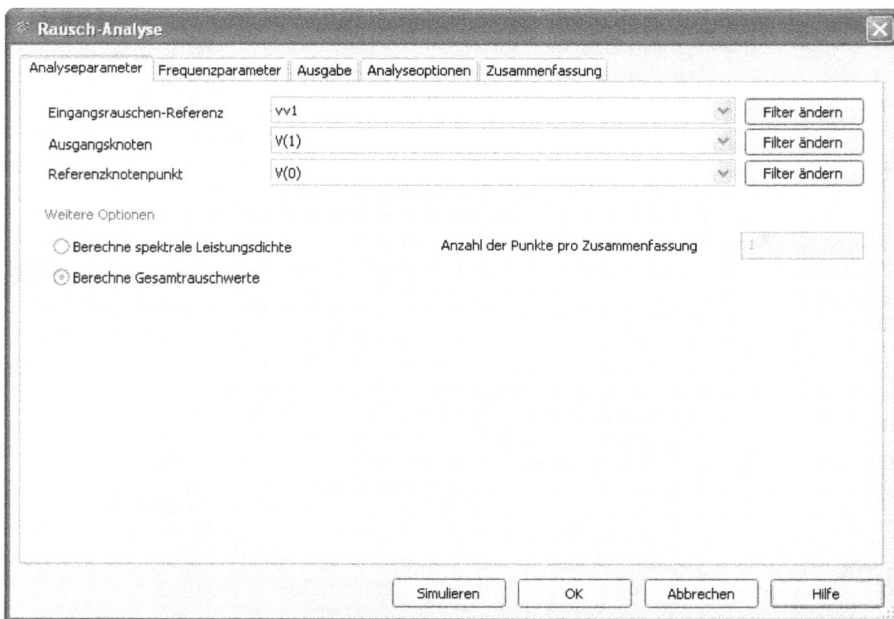

Abb. 13.15: Einstellfenster für die Rauschanalyse

Abb. 13.15 zeigt das Einstellfenster und die Optionen im Dialogfeld „Rauschanalyse" sind in Tabelle 13.7 gezeigt.

Tab. 13.7: Optionen im Dialogfeld „Rauschanalyse"

Option	Standard	Einheit	Hinweise
Eingangsrauschbezugs-quelle	Eine Quelle in der Schaltung	–	Wechselspannungsquelle als Eingangsquelle wählen
Ausgangsknoten	Ein Knoten in der Schaltung	–	An diesem Knoten werden alle Rauschanteile summiert
Bezugsknoten	0 (Masse)	–	Bezugsspannung
Startfrequenz	1	Hz	Startfrequenz für den Durchlauf
Endfrequenz	10	GHz	Endfrequenz für den Durchlauf
Intervalltyp	Dekade	–	Dekade/Linear/Oktave
Punktanzahl/ Punkte pro…	100	–	Bei linearer Punktanzahl zwischen Start und Ende
Vertikale Skala	Log	–	Linear/Logarithmisch/Dezimal
Punkte pro Summe ein-stellen	Deaktiviert	–	Wenn diese Option aktiviert ist, wird eine Rauschanteil-Kennlinie für das gewählte Bauteil erzeugt. Die Frequenzschrittanzahl wird durch die Punkte pro Summe dividiert, wodurch die Auflösung des Ausgangsdiagramms reduziert wird
Punkte pro Summe ein-stellen für einen Baustein	Ein Bauteil in der Schaltung	–	Wenn „Punkte pro Summe einstellen" aktiviert ist, kann der zu summierende Rauschquellenanteil gewählt werden

Die Rauschanalyse erzeugt ein Ausgangs- und ein Eingangsrauschspektrum und optional ein Bauteilverteilungsspektrum. Die Ergebnisse werden als Diagramm des Spannungsquadrats U_y^2 über die Frequenz dargestellt. Das Diagramm (Abb. 13.16) erscheint nach Abschluss der Analyse.

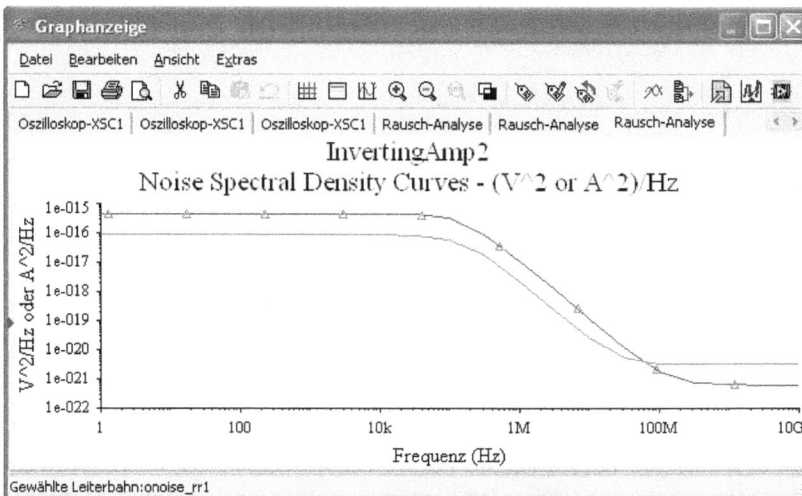

Abb. 13.16: Rauschanalyse des Operationsverstärkers 741 in invertierender Betriebsart

Rauschspannungen entstehen durch kleinste, unregelmäßige Spannungen, die sich in Widerständen, Transistoren, Operationsverstärker, Leitungen usw. ausbilden. Da Rauschspannungen durch eine große Anzahl unregelmäßiger Wechselspannungen verschiedener dicht an dicht liegender Frequenzen entstehen, reicht das Rauschspektrum von 0 Hz bis zu mehreren GHz. Das Spektrum der Rauschspannung beschränkt sich demnach nicht auf den Hörbereich. Wird die in den verschiedenen Frequenzgebieten entstandene Rauschleistung bewertet und stellt man dabei fest, dass diese je 1-Hz-Bandbreite gleich groß ist, so spricht man vom „weißen Rauschen".

Widerstandsrauschen

Die Rauschspannung eines Widerstandes entsteht durch einen unregelmäßigen, wärmeabhängigen Stromfluss der Elektronen innerhalb der Kristallstruktur des Aufbaues. Für Zimmertemperatur 20 °C ist

$$U_r \approx 0{,}13 \cdot \sqrt{R \cdot \Delta f}$$ U_r in µV, R in kΩ, Δf in kHz

Für gewählte Temperaturen ist

$$U_r \approx \sqrt{4 \cdot K \cdot T \cdot R \cdot \Delta f} \qquad U_r \approx 0{,}13 \cdot \sqrt{R \cdot \Delta f \cdot \frac{T}{T_0}}$$

Darin ist: K = 13,81 · 10^{-24} J/K (Boltzmannkonstante)

T = absolute Temperatur K (−273,16 °C)

R = Widerstand (Ω)

Δf = Bandbreite (Hz)

Beispiel

R = 10 kΩ, Δf = 20 kHz (T_0 = 300 °C), U_r = ?

$$U_r \approx 0{,}13 \cdot \sqrt{R \cdot \Delta f} \approx 0{,}13 \cdot \sqrt{10k\Omega \cdot 20kHz} \approx 1{,}84 \mu V$$

Der Rauschstrom, der durch eine Rauschquelle fließt ist gegenüber der Rauschspannung zu berechnen mit

$$I_r \approx 0{,}13 \cdot 10^{-4} \cdot \sqrt{R \cdot \Delta f}$$ I_r in µA, R in kΩ, Δf in kHz

In der Praxis wird auch die Rauschleistung auf den Wert einer normierten 1-Hz-Bandbreiten-Rauschleistung angegeben. Es wird dabei ferner davon ausgegangen, dass die zur Verfügung stehende Rauschspannung bei Anpassung an einen rauschfrei gedachten Widerstand sich halbiert. Die Rauschleistung P_r eines Widerstandes ist unabhängig von seiner elektrischen bzw. mechanischen Größe und beträgt

$$P_r \approx 4 \cdot K \cdot T \cdot \Delta f$$ K = 13,81 · 10^{-24} Ws/K

Für T = 300 K ergibt sich Δf in Hz und P_r in W

$$P_r = 1{,}6 \cdot 10^{-20} \cdot \Delta f$$

und damit für 1-Hz-Bandbreite

$$P_r = 1,6 \cdot 10^{-20} \text{ W}$$

Die Rauschanpassung und Bezugsrauschleistung kann berechnet werden für $U_r/2$ und dementsprechend ist $R_r = R_0$ für je 1-Hz-Bandbreite

$$P_{r\max} = 1KT_0 = 4 \cdot 10^{-21} \text{ für } 290 \text{ °C in W/Hz}$$

R_0 = Arbeitswiderstand (rauschfrei)

R_r = Widerstand mit Rauschspannung

Liegen mehrere Rauschgeneratoren z. B. Widerstände in Reihe, so werden die einzelnen Rauschspannungen geometrisch addiert. Somit ist bei drei Rauschspannungen die Summe:

$$U_{Rg} = \sqrt{U_{R1}^2 + U_{R2}^2 + U_{R3}^2}$$

Das lässt sich für die Serienschaltung berücksichtigen als

$$U_r \approx 0,13\sqrt{(R_1 + R_2 + R_3) \cdot \Delta f}$$

Für die Parallelschaltung von zwei Widerständen gilt

$$U_r \approx 0,13\sqrt{\frac{R_1 \cdot R_2}{R_1 + R_2} \cdot \Delta f}$$

Diese Gleichungen setzen voraus, dass sich die einzelnen Widerstände auf gleichem Temperaturpotential befinden.

Wird für die Messung einer Rauschspannung ein auf Sinusform eingestelltes Voltmeter benutzt, so ist bei der Rauschspannungsmessung der Crest-Faktor zu berücksichtigen. Mit u_r als abgelesener Wert ist die tatsächliche Rauschspannung

$$u_{rtat} \approx 1,125 \cdot u_r$$

Für die Ermittlung von Rauschgrößen einer Schaltung wird oft mit der Rauschzahl F gearbeitet. Dabei gibt die Rauschzahl F das Verhältnis der Rauschgrößen am Eingang zu denen am Ausgang der Schaltung an. Nach Abb. 13.14 erzeugt ein Vierpol eine eigene Rauschleistung P_E. Am Eingang des Verstärkers liegt eine Nutzleistung P_N sowie eine Störleistung (Rauschleistung) P_R. Mit $F_E = P_N/P_R$ ist für die Rauschzahl der Schaltung mit V_L als Leistungsverstärkung am Ausgang

$$F_A = 1 + \frac{P_E}{P_N \cdot V_P} \quad \text{oder} \quad F_A = 1 + \frac{P_N \cdot V_L}{P_R \cdot V_L + P_E}$$

F_E = Eingangsstörabstand

F_A = Ausgangsstörabstand

Steht im Datenblatt z. B. für einen Verstärker die Angabe F = 4, so bedeutet das, dass der Verstärker je 1-Hz-Bandbreite eine Nutzsignalleistung von $P_N \approx 4 \cdot K \cdot T_0 \cdot 16 \cdot 10^{-21}$ W benötigt, damit das Nutzsignal am Ausgang genauso stark wie das Rauschen ist. Da die Praxis Mindesterfahrungswerte für gute Musikübertragung $U_N/U_R > 30$ dB gibt, kann man ohne weiteres auf die Größe der erforderlichen Nutzeingangsleistung schließen.

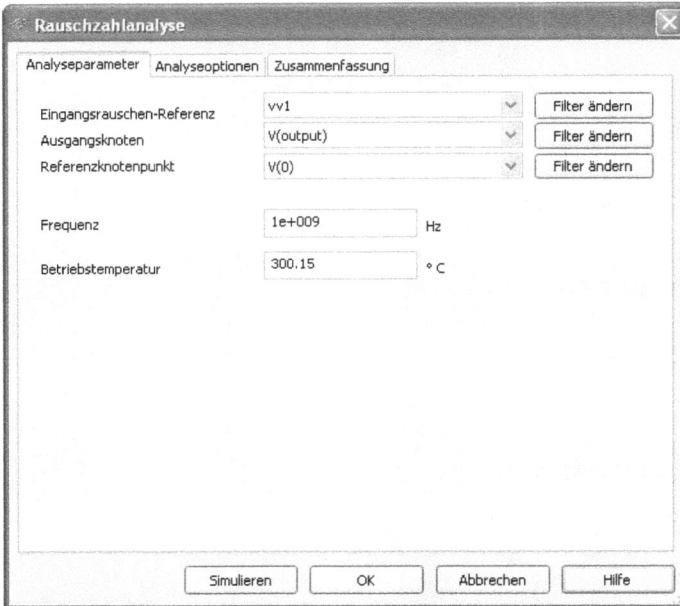

Abb. 13.17: Einstellfenster für die Rauschzahlanalyse

Abb. 13.17 zeigt das Einstellfenster für die Rauschzahlanalyse. Die Frequenz ist auf 1 GHz bei einem Temperaturwert von 300 °C in der Grundeinstellung. Diese Werte lassen sich einstellen. Abb. 13.18 zeigt die Rauschzahlanalyse des Operationsverstärkers 741 in invertierender Betriebsart.

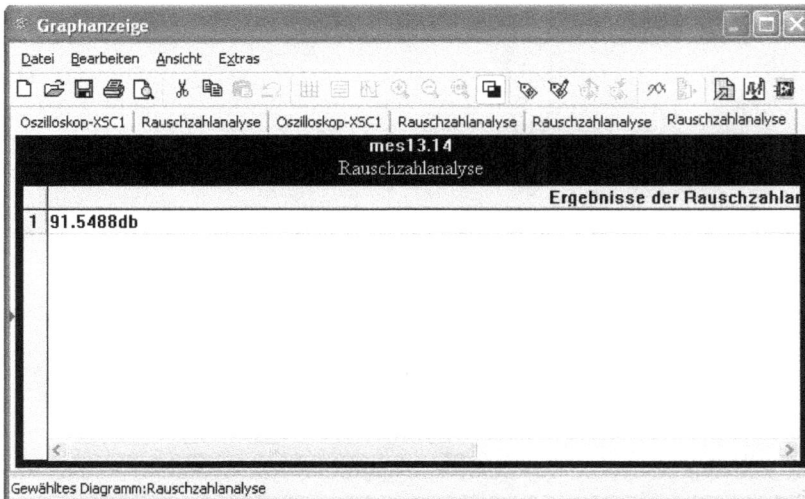

Abb. 13.18: Rauschzahlanalyse des Operationsverstärkers 741 in invertierender Betriebsart

Für den professionellen Schaltungseinsatz stehen entsprechende rauscharme Operationsverstärker zur Verfügung. So z. B. der Typ 741 unter einer bestimmten Betriebsbedingung ($R_G = 1$ kΩ, $\Delta f = 1$ kHz) eine Eingangsrauschspannung von 1 pV. Der Operationsverstärker NE 5533 hat etwa unter den gleichen Betriebsbedingungen eine Rauschspannung von 0,125 pV. Die Rauschspannung u_r eines Operationsverstärkers wird im Allgemeinen als

$$u_r = \frac{u}{\sqrt{\Delta f}} \quad \text{mit} \quad \text{nV}/\sqrt{\text{Hz}}$$

ermittelt, wobei u der spezifische Wert der Rauschspannung des Operationsverstärkers ist. Bei einem Operationsverstärker handelt es hier um zusammengefasste Daten der Rauschspannung, die – auf den Eingang bezogen – den Verstärkungsbedingungen unterliegen wie die Offsetgrößen. Für die Ausgangsspannung im invertierenden Betrieb gilt für $u_e = 3$ µV

$$u_a = u_e \cdot \frac{R_2}{R_1} = 3 \mu V \cdot \frac{5,1 k\Omega}{1 k\Omega} = 15,3 \mu V$$

Aus diesem Beispiel geht hervor, dass durch sorgfältige Wahl eines rauscharmen Operationsverstärkers im Zusammenhang mit einer auf geringes Rauschen optimierten Außenbeschaltung die Ausgangsspannung entsprechend zu beeinflussen ist.

Für den Δf-Bereich ist für das einfache Tiefpassverhalten eines Operationsverstärkers dieser zu vergrößern, wenn der Operationsverstärker bis in den Bereich der vollen Bandbreite ausgenutzt wird und eine Einschränkung der Bandbreite nicht durch die Beschaltung erfolgt. In der vorher angeführten Gleichung ist die Ermittlung von Δf bei der oberen Grenze f_g dann zu setzen

$$f_g' = \frac{\pi}{2} \cdot f_0 = 1,57 \cdot f_0$$

Bei der Rauschspannungsmessung ist zu berücksichtigen, dass ein auf Sinuskurvenform eingestelltes Wechselspannungsmessgerät aufgrund des Crestfaktors – ähnlich der Messung eines Rechtecksignals – einen um ca. 1 dB zu geringen Wert anzeigt. Ist u_{as} der abgelesene Wert, dann ist die tatsächliche Rauschspannung

$$u_r = 1,125 \cdot u_{as}$$

Für den Operationsverstärker 741 kann mittels des Bodeplotters das Verhalten von Rauschspannung und Rauschstrom als Funktion der Bandbreite sowie das Breitbandrauschen als Funktion des Generator-(Eingangs-)Widerstandes dargestellt werden.

13.7   Verzerrungsanalyse

Bei der Verzerrungsanalyse werden Klirrfaktor und Produkte der Intermodulationsverzerrung gemessen. Bei einer Schaltung mit einer Frequenz werden die komplexen Werte der ersten und zweiten Harmonischen an jedem Schaltungspunkt bestimmt. Besitzt die Schaltung dagegen zwei Frequenzen, werden die komplexen Werte der Schaltungsvariablen für drei verschiedene Frequenzwerte berechnet, d. h. für die Summe der Frequenzen, für die Differenz der Frequenzen und für die Differenz zwischen der kleineren Frequenz und der zweiten Harmonischen der höheren Frequenz.

Die Schaltung für die Verzerrungsanalyse ist vorhanden, aber nicht sichtbar. Nicht lineare Verzerrungen lassen sich messen, indem mittels selektiver Spannungsmesser oder Spektrumanalysatoren die Verzerrungsprodukte erfasst und ausgewertet werden. Heute verwendet man die Software eines Simulators zur Erstellung der Verzerrungsanalyse. Im Prinzip setzt man für diese Messung zwei sinusförmige Wechselspannungen ein, die über eine elektronische Weiche geschaltet werden, d. h. einmal wird eine höhere und einmal eine niedrigere Wechselspannung gemessen.

Bei der Verzerrungsanalyse wird die Kleinsignalverzerrung analysiert. Die Nichtlinearitäten im Arbeitspunkt werden mit einer mehrdimensionalen Volterra-Analyse, die mehrdimensionale Taylorsche Reihen anwendet, bestimmt. Bei der Reihenentwicklung verwendet man dagegen Ausdrücke bis zur dritten Ordnung. Die Verzerrungsanalyse ist zur Untersuchung kleiner Verzerrungsbeträge nützlich, die bei der Einschwingvorgangsanalyse in der Regel nicht zerlegt werden können.

Bei der Verzerrungsanalyse handelt es sich um ein analoges Kleinsignalmodell und nicht konforme Bauteile werden automatisch ignoriert. Verwendet werden nur Verzerrungsmodelle für SPICE-Bauteile. Die Analyse wird folgendermaßen durchgeführt:

1. Überprüfen Sie die Schaltung und bestimmen Sie, ob ein oder zwei Quellen und ein oder mehrere Knoten analysiert werden sollen. Zur Verzerrungsanalyse können Sie auch den Betrag und die Phase von Quellen ändern, indem Sie im Schaltungsfenster auf die Quellen doppelklicken und anschließend das Register „Analyse einstellen" wählen.
2. Wählen Sie „Analyse/Verzerrung".
3. Nehmen Sie im Dialogfeld die Eingaben oder Änderungen vor.
4. Klicken Sie auf „Simulieren".

Die Optionen im Dialogfeld „Verzerrungsanalyse" sind in Tabelle 13.8 gezeigt.

Tab. 13.8:   Optionen im Dialogfeld „Verzerrungsanalyse"

Option	Standard	Einheit	Hinweise
Startfrequenz	1	Hz	Startfrequenz für den Durchlauf
Endfrequenz	10	GHz	Endfrequenz für den Durchlauf
Intervalltyp	Dekade	–	Dekade/Linear/Oktave
Punktanzahl/ Punkte pro…		–	Bei linearer Punkteanzahl zwischen Start und Ende
Vertikale Skala	Log	–	Linear/Logarithmisch/Dezimal
Verhältnis f2/f1	Deaktiviert	0,9	Wenn diese Option aktiviert ist und Signale mit Frequenz f1 und f2 vorhanden sind, wird f2 auf dieses Verhältnis gesetzt und mit der Startfrequenz multipliziert, während die Messung durchläuft. Der Wert muss zwischen 0.0 und 1.0 liegen.
Knoten für Analyse	–	–	Punkte in der Schaltung, für die Ergebnisse angezeigt werden sollen

Wenn das „Verhältnis f2/f1" deaktiviert ist, wird der Klirrfaktor der Frequenz berechnet, die entsprechend den Angaben im Dialogfeld durchlaufen wird. Wenn das „Verhältnis f2/f1" aktiviert ist, lässt sich eine Spektralanalyse führen. Jede unabhängige Quelle in der Schaltung besitzt potenziell zwei (überlagerte) Verzerrungseingänge für sinusförmige Signale der Frequenzen f1 und f2.

Wenn das „Verhältnis f2/f1" deaktiviert ist, wird die zweite und dritte Harmonische grafisch dargestellt. Diese Diagramme erscheinen im Register „Verzerrung" von „Analyse/Diagramme anzeigen". Wenn das „Verhältnis f2/f1" aktiviert ist, wird die gewählte Spannung oder der Zweigstrom bei den Intermodulationsfrequenzen $f1 + f2$, $f1 - f2$, $2 \cdot f1 - f2$ über die durchlaufende Frequenz $f1$ dargestellt. Diese Diagramme erscheinen im Register „LM-Verzerrung" von „Analyse/Diagramme anzeigen".

Für den Betrieb des Leistungsverstärkers sind zwei Betriebsspannungen erforderlich und die Schaltung ist für die Verzerrungsanalyse geeignet. Beide Transistoren arbeiten in Kollektorschaltung, d. h. es tritt eine Spannungsverstärkung von $v_U < 1$ auf. Die beiden Emitter sind zusammengefasst und steuern den Lastwiderstand an. Die Kollektoren der beiden Transistoren sind mit der positiven (NPN-Transistor) und mit der negativen (PNP-Transistor) Betriebsspannung verbunden.

Die Wirkungsweise eines B-Verstärkers, ohne die beiden Dioden, ist einfach. Liegt kein Eingangssignal an, sind beide Transistoren gesperrt und es fließt damit kein Strom über den Lastwiderstand. Gibt man auf den Eingang eine positive Spannung, erfolgt die Aufsteuerung des NPN-Transistors und es fließt ein Kollektorstrom von der positiven Betriebsspannung über den Transistor und dem Lastwiderstand nach Masse ab. Der PNP-Transistor ist zu dieser Zeit gesperrt und es findet kein Stromfluss über diesen Transistor statt. Erhält der Eingang eine negative Spannung, sperrt der NPN-Transistor, während aus dem PNP-Transistor ein Basisstrom fließt. Damit steuert der PNP-Transistor entsprechend auf und es fließt ein Kollektorstrom von Masse über den Lastwiderstand, den Transistor zur negativen Betriebsspannung ab.

In dem Oszillogramm erkennt man deutlich die Übernahmeverzerrungen der beiden Transistoren mit $+U_{BE} = 0{,}7$ V beim BD135 und $-U_{BE}$ beim BD136. Wenn man eine Eingangsspannung mit $U_1 < 5$ V wählt, ergibt sich keine Linearität in der Ausgangsspannung. Erst bei Eingangsspannungen mit $U_1 > 5$ V sind die Übernahmeverzerrungen relativ gering gegenüber der Signalamplitude, trotzdem ist dieser Verstärkertyp nicht für hochwertige HiFi-Anlagen geeignet.

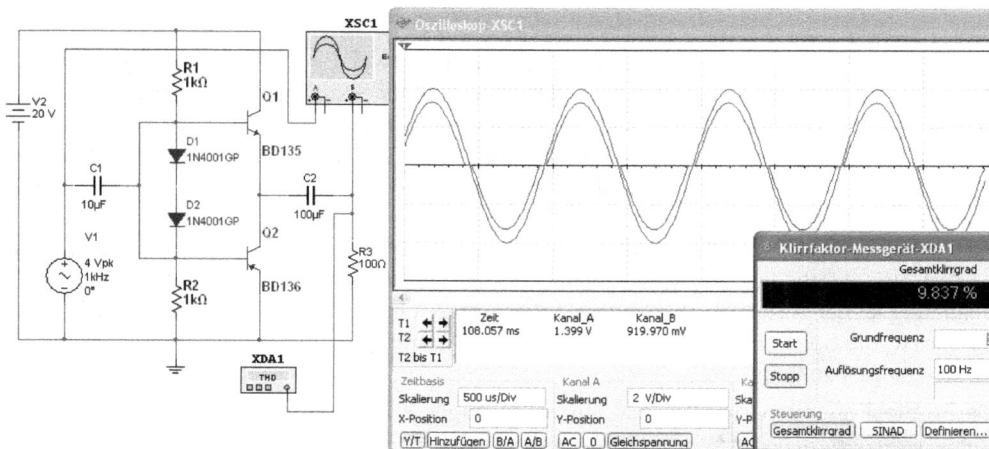

Abb. 13.19: Schaltung eines AB-Verstärkers zur Simulation der Verzerrungsanalyse

In der Praxis verwendet man keine zwei Netzgeräte, sondern einen Kondensator, der als Ersatzstromquelle arbeitet. Abb. 13.19 zeigt den Schaltungsaufbau für eine seriengespeiste Gegentaktendstufe. Ist der obere Transistor leitend, kann ein Strom von der Betriebsspannung über den Transistor, Kondensator und Lastwiderstand nach Masse abfließen. Dabei lädt sich der Kondensator entsprechend auf. Ist der untere Transistor dagegen leitend, arbeitet der Kondensator als Ersatzstromquelle und kann über den Transistor seine gespeicherte Energie entladen. Bedingt durch den Ladestrom fließt nach dem ohmschen Gesetz auch ein Strom durch den Lastwiderstand. Die Kapazität des Kondensators muss also groß genug gewählt werden, dass auch bei niedrigen Frequenzen noch keine allzu große Änderung der Lade- und Entladespannung auftritt. Dies würde sonst zu merklichen linearen Verzerrungen, d. h. Amplitudenverlusten des Ausgangssignals bei tiefen Frequenzen führen. Die Berechnung erfolgt nach

$$C_2 = \frac{1}{2 \cdot \pi \cdot f_u \cdot R_3}$$

Hat man einen Widerstand von $R_3 = 100\ \Omega$ und die untere Grenzfrequenz soll $f_u = 15$ Hz betragen, erhält man einen Wert von

$$C_2 = \frac{1}{2 \cdot 3,14 \cdot 15 Hz \cdot 100 \Omega} = 106 \mu F\ (100 \mu F)$$

Bei NF-Verstärkern mit eisenloser Endstufe entfällt die sonst durch den Ausgangsübertrager gegebene Möglichkeit, die Wechselspannung am Verstärkerausgang auf einen gewünschten von der Betriebsspannung unabhängigen Wert zu transformieren bzw. den Wechselstrom entsprechend dem Widerstand (Impedanz) des Lautsprechers festzulegen.

Bei der Dimensionierung von eisenlosen Gegentaktendstufen geht man immer davon aus, dass der Spitzenstrom und die maximale Betriebsspannung vom Netzgerät und Transistor bekannt sind. Um die Übernahmeverzerrungen im Betrieb eliminieren zu können, muss die Basis der beiden Transistoren vorgespannt sein, damit ein Basisstrom fließen kann. Der Arbeitspunkt AP wandert von B nach AB und befindet sich im linearen Teil der Eingangskennlinie.

Der komplementäre Leistungsverstärker arbeitet mit zwei Betriebsspannungen. Zwischen diesen beiden Betriebsspannungen befindet sich auch der Spannungsteiler, der aus zwei Widerständen und zwei Dioden besteht. Hat die Eingangsspannung den Wert $U_1 = 0$ V, bewirkt der Spannungsteiler an der oberen Diode einen Wert von $U_D \approx 0,7$ V und an der unteren Diode von $U_D \approx -0,7$ V. Damit sind die beiden Transistoren vorgespannt, da ein entsprechender Basisstrom bereits im Ruhestand fließen kann. Die beiden Dioden bewirken, dass die Basis-Emitter-Spannung der Transistoren bereits auf ±0,7 V angehoben bzw. abgesenkt ist. Ändert sich durch die Eingangsspannung das Stromverhältnis im Spannungsteiler, ist die Spannung an der Basis des oberen Transistors immer um 0,7 V größer als die Eingangsspannung bzw. die Spannung an der Basis des unteren Transistors immer um −0,7 V geringer als die Eingangsspannung.

Da im nicht angesteuerten Zustand nur ein geringer Ruhestrom durch den Spannungsteiler fließt, reduziert sich der Wirkungsgrad von $\eta = 78,5$ % beim B-Betrieb auf $\eta \approx 70$ % beim AB-Betrieb, wenn eine Vollaussteuerung vorliegt.

Wegen der aussteuerungsabhängigen Leistungsaufnahme setzt man diesen Leistungsverstärker meistens in tragbaren Systemen ein, jedoch nicht mit zwei separaten Netzgeräten. In dieser Schaltung arbeitet der Verstärker mit einer Betriebsspannung und der Kondensator am Ausgang ersetzt die zweite Betriebsspannung.

Im Ruhezustand des Verstärkers befindet sich der Mittelpunkt des Spannungsteilers auf $0{,}5 \cdot U_b$, also auf $+10$ V. Die Spannung an der Basis des oberen Transistors beträgt $+9{,}7$ V,

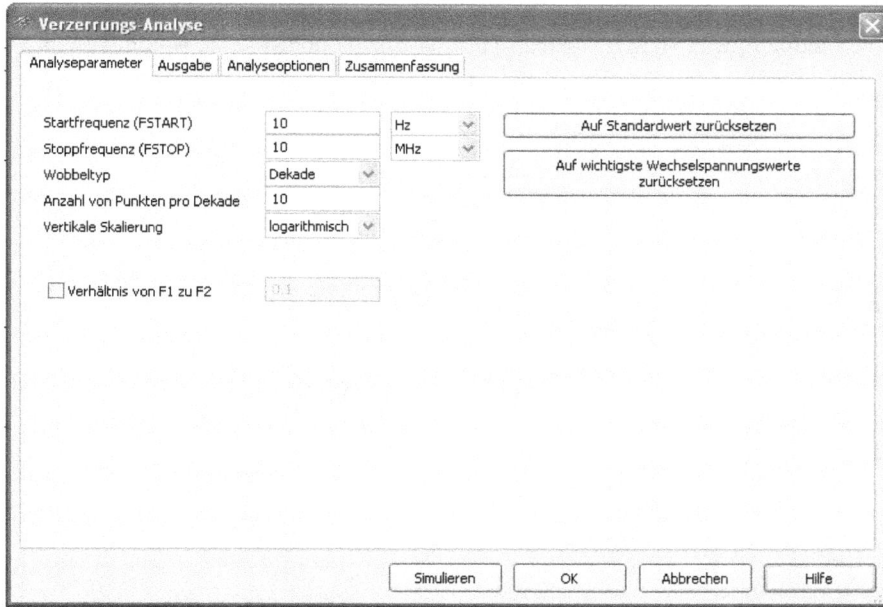

Abb. 13.20: Einstellfenster für die Verzerrungsanalyse

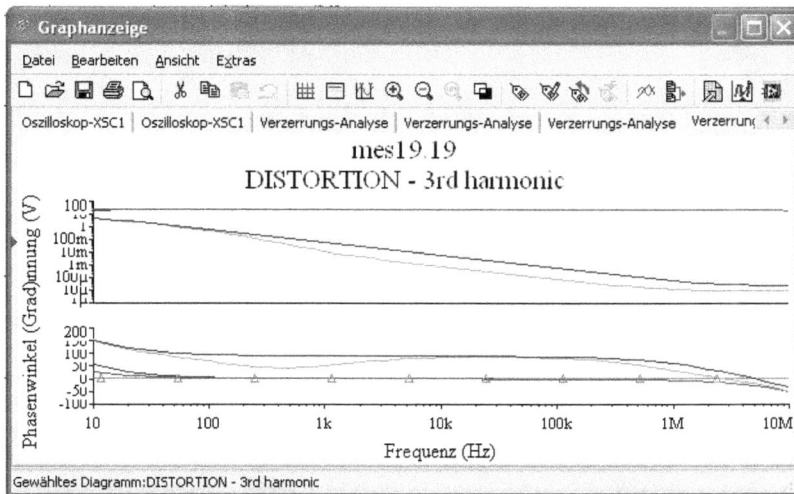

Abb. 13.21: Ergebnis der Verzerrungsanalyse

die am unteren Transistor dagegen +9,3 V. Damit hat die Ausgangsspannung einen Wert von $U_2 = 12$ V und der Ausgangskondensator kann sich auf $0,5 \cdot U_b$ aufladen. Steuert der obere Transistor auf, erhöht sich der Ladestrom und der Kondensator lädt sich entsprechend auf. Der Ladestrom stellt auch für den Lastwiderstand einen Stromfluss dar. Sperrt der obere Transistor, wird der untere Transistor leitend und es fließt ein Entladestrom über den unteren Transistor nach Masse ab. Auch in diesem Fall ist der Stromfluss bei der Entladung mit dem Strom durch den Arbeitswiderstand identisch, nur mit einem anderen Vorzeichen.

Abb. 13.20 zeigt das Einstellfenster für die Verzerrungsanalyse. Die Startfrequenz beträgt 10 Hz und die Stoppfrequenz 10 MHz. Wichtig bei der Einstellung sind die Anschlusspunkte. Startet man die Simulation, ergibt sich Abb. 13.21.

13.8   Analyse mit linear variabler Gleichspannung (DC-Wobbeln der Übertragungsfunktion)

Die Schaltung von Abb. 13.22 zeigt eine Gleichspannungsquelle, einen Widerstand R_1 und die Z-Diode D_1 zur dynamischen Untersuchung einer Z-Diode (5,1 V).

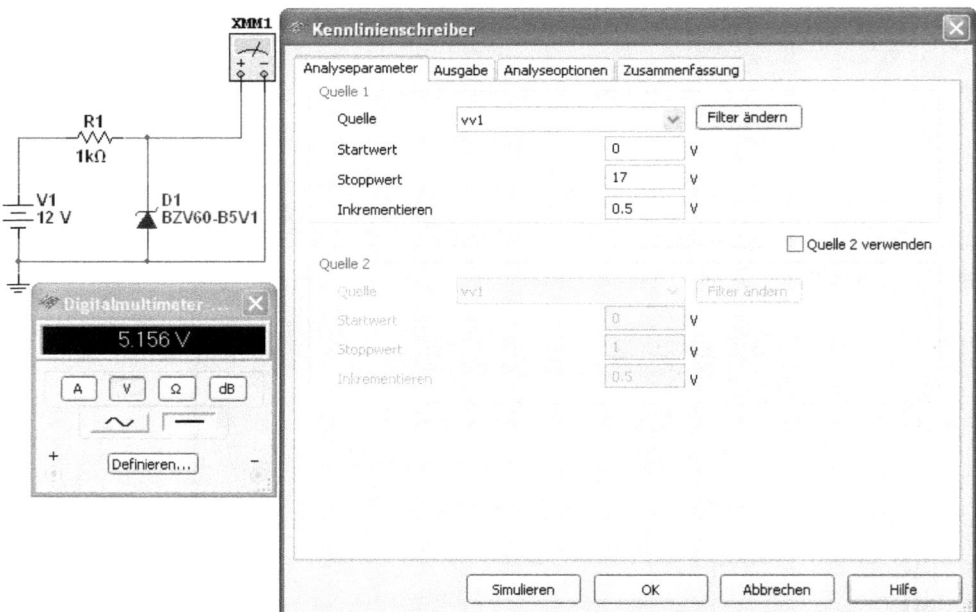

Abb. 13.22: Untersuchung der Z-Diode BZV-60-B5V1 mit $U_Z = +5,1$ V für die Analyse mit einer variablen Gleich-spannung und dem Einstellfenster

Der Startwert ist 0 V für die Analyse und der Stoppwert beträgt 17 V. Dabei wird die Spannung um jeweils 0,5 V inkrementiert, d. h. stufenweise erhöht. Damit erhält man das Diagramm von Abb. 13.23.

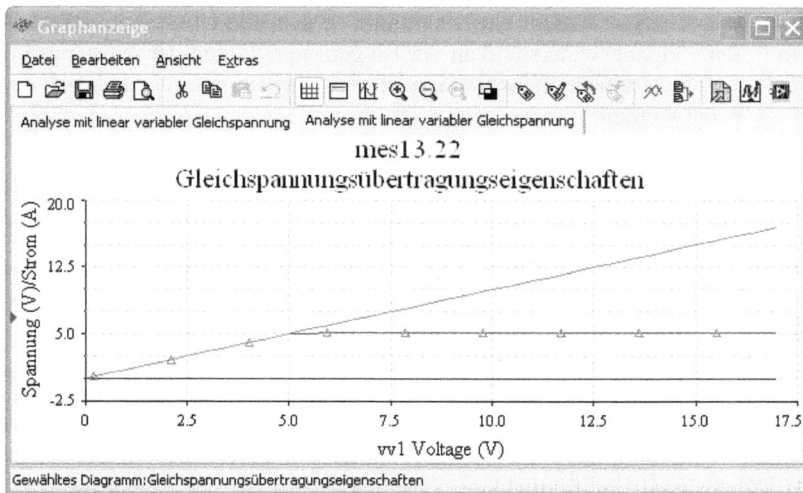

Abb. 13.23: Diagramm zur dynamischen Untersuchung einer Z-Diode

Während die Eingangsspannung von 0 V bis 17 V steigt, ergibt sich eine konstante Ausgangsspannung von 5,1 V, wie die Messung zeigt.

Diese Analyse berechnet in einer Schaltung die DC-Kleinsignal-Übertragungsfunktion zwischen einer Eingangsquelle und zwei Ausgangsknoten (für Spannung) oder eine Ausgangsvariable (für Strom). Außerdem wird der Eingangs- und Ausgangwiderstand berechnet. Alle
nicht linearen Modelle werden zunächst auf dem DC-Arbeitspunkt linearisiert, und anschließend wird die Kleinsignalanalyse durchgeführt. Die Ausgangsvariable kann eine beliebige
Knotenspannung sein, während als Eingang eine unabhängige Quelle in der Schaltung definiert sein muss. Die zu untersuchende Schaltung besteht aus einer Z-Diode und einem Vorwiderstand, der zur Strom- bzw. Leistungsbegrenzung dient. Die Eingangsspannung wird
von 0 V bis 15 V um 0,5 V geändert. So führen Sie die Analyse durch:

1. Überprüfen Sie Ihre Schaltung, und bestimmen Ausgangsknoten, Bezugsknoten und
   Eingangsquelle.
2. Wählen Sie „Analyse/Übertragungsfunktion".
3. Nehmen Sie im Dialogfeld die Eingaben oder Änderungen vor.
4. Klicken Sie auf „Simulieren".

Tabelle 13.9 zeigt die Möglichkeiten der Übertragungsfunktions-Analyse.

Tab. 13.9:   Optionen im Dialogfeld „Übertragungsfunktions-Analyse"

Option	Standard	Einheit	Hinweise
Spannung/Strom	Spannung	–	Zwischen Spannung/Strom wählen
Ausgangsknoten	Ein Knoten in der Schaltung	–	Nur für Spannung. Punkt in Schaltung, für den Ergebnisse angezeigt werden sollen
Ausgangsbezug	0 (Masse)	–	Nur für Spannung, Bezugsspannung
Ausgangsvariable	Eine Quelle in der Schaltung	–	Nur für Strom. Muss eine Quelle in der Schaltung sein.
Eingangsquelle	Eine Quelle in der Schaltung	–	Spannungs- oder Stromquelle wählen

Die Übertragungsfunktions-Analyse erzeugt ein Diagramm, in dem die Übertragungsfunktion (Ausgang/Eingang), der Eingangswiderstand an der Eingangsquelle und der Ausgangswiderstand zwischen den Ausgangsspannungsknoten oder der Ausgangswiderstand bei der Ausgangsvariablen angezeigt werden.

13.9   Empfindlichkeitsanalyse

Diese Analysen berechnen die Empfindlichkeit einer Ausgangsknotenspannung oder eines Ausgangsknotenstroms in Bezug auf den (die) Parameter aller Bauteile (DC-Empfindlichkeit) oder des Bauteils (AC-Empfindlichkeit). Bei beiden Analysen wird die Störungsmethode angewendet, bei der jeder Parameter unabhängig gestört und die resultierende Änderung einer Ausgangsspannung oder es wird der Ausgangsstrom berechnet und das Ergebnis in eine Tabelle übertragen. Bei der DC-Empfindlichkeitsanalyse wird zunächst der DC-Arbeitspunkt der Schaltung bestimmt und anschließend die Empfindlichkeit berechnet. Bei der AC-Analyse wird die AC-Kleinsignal-Empfindlichkeit berechnet.

Die RC-Kombination mit Phasendrehung um 180° (dreistufiger Spannungsteiler) berechnet sich nach

$$\underline{U}_a = -\underline{U}_e \frac{(\omega \cdot R \cdot C)^3}{[5 \cdot \omega \cdot R \cdot C - (\omega \cdot R \cdot C)^3] - j[1 - 6(\omega \cdot R \cdot C)^2]}$$

Bei einer Phasendrehung von 180° verschwindet der Imaginärteil

$$j[1 - 6(\omega \cdot R \cdot C)^2] \qquad \omega \cdot R \cdot C = \frac{1}{\sqrt{2}} \qquad \underline{U}_a = -\underline{U}_e \cdot \frac{1}{29}$$

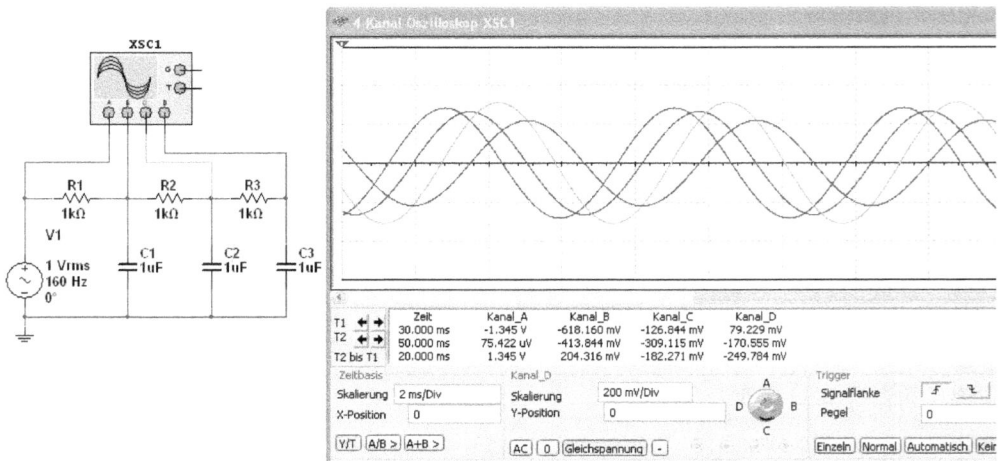

Abb. 13.24: Schaltung für einen dreistufigen Phasenschieber

Die Spannungsreduzierung bei einer Phasenverschiebung von 180° beträgt 1/29. Abb. 13.24 zeigt die Schaltung einer dreistufigen RC-Schaltung mit Tiefpassverhalten an einem Oszilloskop. An der dreistufigen RC-Schaltung liegt eine Spannung mit 1 V/160 Hz. Wie die Skala am Oszilloskop zeigt, ergibt sich eine Eingangsspannung von 1 V$_{SS}$ und eine Ausgangsspannung von 35 mV$_{SS}$. Gleichzeitig tritt eine Phasenverschiebung von $\varphi = 180°$ auf. Abb. 13.25 zeigt das Einstellfenster für die Empfindlichkeitsanalyse.

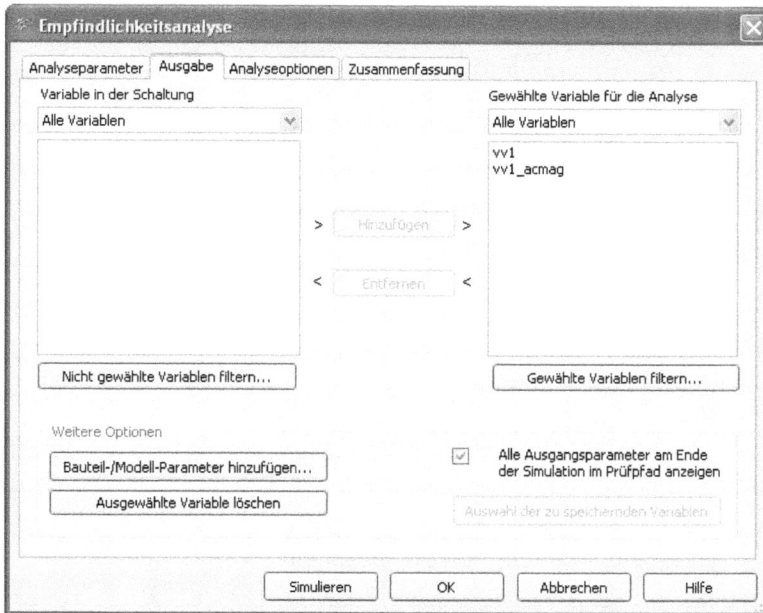

Abb. 13.25: Einstellfenster für die Empfindlichkeitsanalyse

Damit lassen sich alle Analogschaltungen und Kleinsignalverstärker untersuchen und alle Modelle werden linearisiert. So führen Sie die Analyse aus:

1. Überprüfen Sie Ihre Schaltung, und bestimmen Ausgangsspannung oder Ausgangsstrom. Für eine Ausgangsspannung wählen Sie die Knoten auf beiden Seiten des Schaltungsausgangs. Für einen Ausgangsstrom wählen Sie eine Quelle.
2. Wählen Sie „Analyse/Empfindlichkeit".
3. Nehmen Sie im Dialogfeld die Eingaben oder Änderungen vor.
4. Klicken Sie auf „Simulieren".

Für das Beispiel eines dreistufigen RC-Glieds ergibt sich Abb. 13.26 und Tabelle 13.10 zeigt die Optionen im Dialogfeld „Empfindlichkeitsanalyse". Neben der Ausgangsspannung wird auch die Phasenverschiebung zwischen 10 Hz und 10 kHz gezeigt.

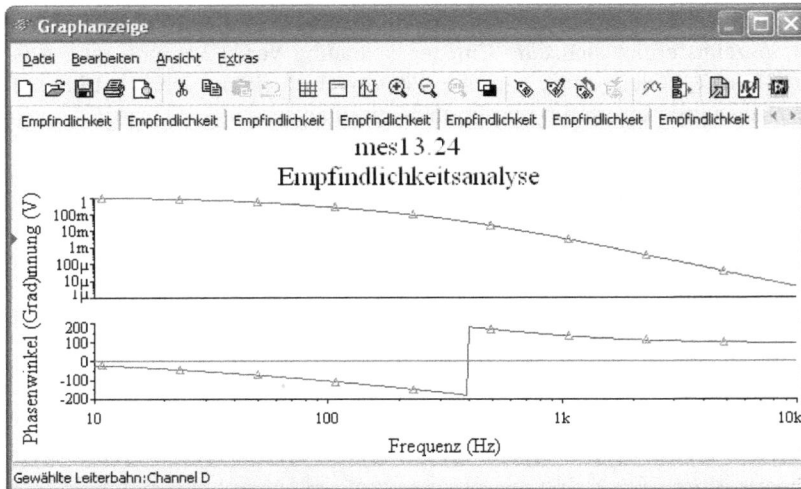

Abb. 13.26: Empfindlichkeitsanalyse eines dreistufigen RC-Glieds

Tab. 13.10: Optionen im Dialogfeld „Empfindlichkeitsanalyse"

Option	Standard	Einheit	Hinweise
Spannung/Strom	Spannung	–	Zwischen Spannung/Strom wählen
Ausgangsknoten	Ein Knoten in der Schaltung	–	Nur für Spannung. Punkt in der Schaltung, für den die Ergebnisse angezeigt werden sollen
Bezugsknoten	0 (Masse)	–	Nur für Spannung, Bezugsspannung
Ausgangsquelle	Eine Quelle in der Schaltung	–	Nur für Strom. Es muss eine Quelle in der Schaltung sein.
DC-Empfindlichkeit/ AC-Empfindlichkeit	DC-Empfind- lichkeit	–	Wenn Sie die AC-Empfindlichkeit wählen, können Sie AC-Frequenzanalyse-Optionen ändern
Bauteil	Ein Bauteil in der Schaltung	–	Nur bei AC-Empfindlichkeit wird die Spannungs- oder Stromempfindlichkeit bezogen auf den (die) Parameter des gewählten Bauteils gemessen

13.10   Parameterdurchlauf-Analyse (lineare variable Parameterwerte)

Mit der Analyse mit linearen variablen Parameterwerten können Sie schnell Ihren Schaltungsbetrieb überprüfen, indem Sie die Schaltung für einen Bauteilparameter-Wertebereich simulieren. Hierdurch erzielen Sie dieselben Resultate wie durch mehrere Simulationen mit jeweils anderen Werten. Die Parameterwerte legen Sie fest, indem Sie im Dialogfeld „Parameterdurchlauf" die Start-, End- und Schrittwerte angeben. Abb. 13.27 zeigt das Einstellfenster für die Parameterdurchlauf-Analyse und Abb. 13.28 zeigt die Analyse mit linear variablen Parametern für ein dreistufiges RC-Glied.

Die Parameterdurchlauf-Analyse basiert auf der DC- und AC-Arbeitspunkt-Analyse. Bei der DC-Arbeitspunkt-Analyse werden AC-Quellen Nullwerte zugewiesen und der stationäre Zustand wird angenommen, d. h. Kondensatoren bilden offene Kreise und Induktivitäten sind

Abb. 13.27: Fenster für die Analyse mit linear variablen Parametern

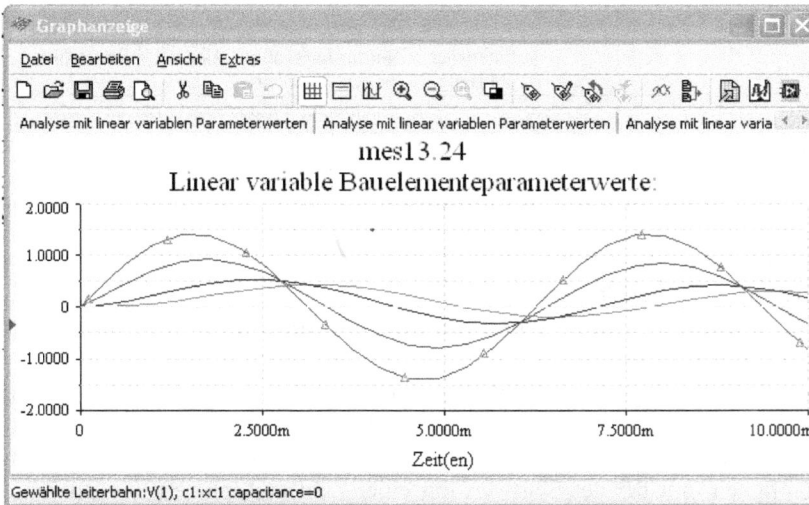

Abb. 13.28: Analyse mit linear variablen Parametern für ein dreistufiges RC-Glied

kurzgeschlossen. Die Ergebnisse der DC-Analyse sind in der Regel Zwischenwerte für weitere Analysen. Bei der AC-Arbeitspunkt-Analyse wird zunächst der DC-Arbeitspunkt berechnet, um lineare Kleinsignalmodelle für alle nicht linearen Bauteile zu erhalten. Danach wird eine komplexe Matrix mit Real- und Imaginärteil erstellt. Um eine Matrix zu bilden, werden DC-Quellen Nullwerte zugewiesen. AC-Quellen, Kondensatoren und Induktivitäten sind durch die jeweiligen AC-Modelle dargestellt. Nicht lineare Bauteile werden durch lineare AC-Kleinsignalmodelle dargestellt, die aus der Berechnung des DC-Arbeitspunkts abgeleitet werden. Für alle Eingangsquellen verwendet der Simulator nur sinusförmige Spannungssignale, die Frequenz der Quellen wird dagegen ignoriert.

Die Parameterdurchlauf-Analyse basiert auf der DC- und AC-Arbeitspunkt-Analyse und wird folgendermaßen durchgeführt:

1. Überprüfen Sie die Schaltung und bestimmen ein Bauteil und einen Parameter für den Durchlauf sowie einen Knoten für die Analyse.
2. Wählen Sie „Analyse/Parameterdurchlauf".
3. Wählen Sie zwischen DC-Arbeitspunkt-, Einschwingvorgangs- oder AC-Frequenzanalyse.
4. Nehmen Sie im Dialogfeld die Eingaben oder Änderungen vor.
5. Klicken Sie auf „Simulieren".

Die Optionen im Dialogfeld „Parameterdurchlauf-Analyse" sind in Tabelle 13.11 gezeigt.

Tab. 13.11: Optionen im Dialogfeld „Parameterdurchlauf-Analyse"

Optionen	Standard	Einheit	Hinweise
Bauteil	Ein Bauteil in der Schaltung	–	Baustein für den Durchlauf
Parameter	1. Parameter des Bauteils	–	Zu durchlaufender Bauteilparameter
Startwert	Parameterwert des gewählten Bauteils	–	Durchlauf-Startwert
Endwert	Parameterwert des gewählten Bauteils	–	Durchlauf-Endwert
Intervalltyp	Dekade	–	Dekade/Linear/Oktave
Schrittgröße	1	Parameter abhängig	Nur für Intervalltyp „Linear", Schrittgröße für den Durchlauf
Ausgangsknoten		–	Schaltpunkt, für den Ergebnisse angezeigt werden sollen
Durchlauf für Einschwingvorgang		–	DC-Arbeitspunktanalyse der Einschwingvorgangs- bzw. AC-Frequenzanalyse

Bei der Einschwingvorgangs- oder AC-Frequenzanalyse können Sie Parameter anzeigen und ändern, indem Sie auf die Schaltfläche „Transienten-Optionen einstellen" bzw. „AC-Optionen einstellen" klicken. Hierdurch wird ein weiteres Dialogfeld geöffnet, in dem Sie die Analyseparameter ändern können.

Bei der Parameterdurchlauf-Analyse werden die entsprechenden Kurven in Folge dargestellt. Beim Intervalltyp „Linear" ist die Kurvenanzahl gleich der Differenz zwischen dem Start- und Endwert dividiert durch die Schrittgröße. Beim Intervalltyp „Dekade" ist die Kurvenanzahl gleich der Häufigkeit, mit der der Startwert mit einer Zahl multipliziert werden kann, bevor der Endwert erreicht wird. Beim Intervalltyp „Oktave" ist die Kurvenanzahl gleich der Häufigkeit, mit der der Startwert verdoppelt werden kann, bevor der Endwert erreicht wird.

13.11   Temperaturdurchlauf-Analyse (variable Temperaturen)

Mit dieser Analyse können Sie schnell den Schaltungsbetrieb überprüfen, indem Sie die Schaltung für verschiedene Temperaturen simulieren. Hierdurch erzielen Sie dieselben Resultate wie durch mehrere Simulationen mit jeweils anderen Werten. Die Temperaturwerte legen Sie fest, indem Sie im Dialogfeld „Parameterdurchlauf" die Start-, End- und Schrittwerte angeben. Wenn der Temperaturdurchlauf nicht verwendet wird, wird die Schaltung bei der Standardtemperatur von 27 °C simuliert. Die Standardtemperatur können Sie im Register „Global" des Dialogfelds „Analyseoptionen" ändern.

Die Temperaturdurchlauf-Analyse basiert auf der DC- und AC-Arbeitspunkt-Analyse. Bei der DC-Arbeitspunkt-Analyse werden AC-Quellen Nullwerte zugewiesen und der stationäre Zustand wird angenommen, d. h. Kondensatoren bilden offene Kreise und Induktivitäten sind kurzgeschlossen. Die Ergebnisse der DC-Analyse sind in der Regel Zwischenwerte für weitere Analysen. Bei der AC-Arbeitspunkt-Analyse wird zunächst der DC-Arbeitspunkt berechnet, um lineare Kleinsignalmodelle für alle nicht linearen Bauteile zu erhalten. Danach wird eine komplexe Matrix mit Real- und Imaginärteil erstellt. Um eine Matrix zu bilden, werden DC-Quellen Nullwerte zugewiesen. AC-Quellen, Kondensatoren und Induktivitäten werden durch die jeweiligen AC-Modelle dargestellt. Nicht lineare Bauteile werden durch lineare AC-Kleinsignalmodelle dargestellt, die aus der Berechnung des DC-Arbeitspunkts abgeleitet werden. Für alle Eingangsquellen werden sinusförmige Signale angenommen, und die Frequenz der Quellen wird dagegen ignoriert. Abb. 13.29 zeigt die Schaltung mit einem Komparator und das Einstellfenster.

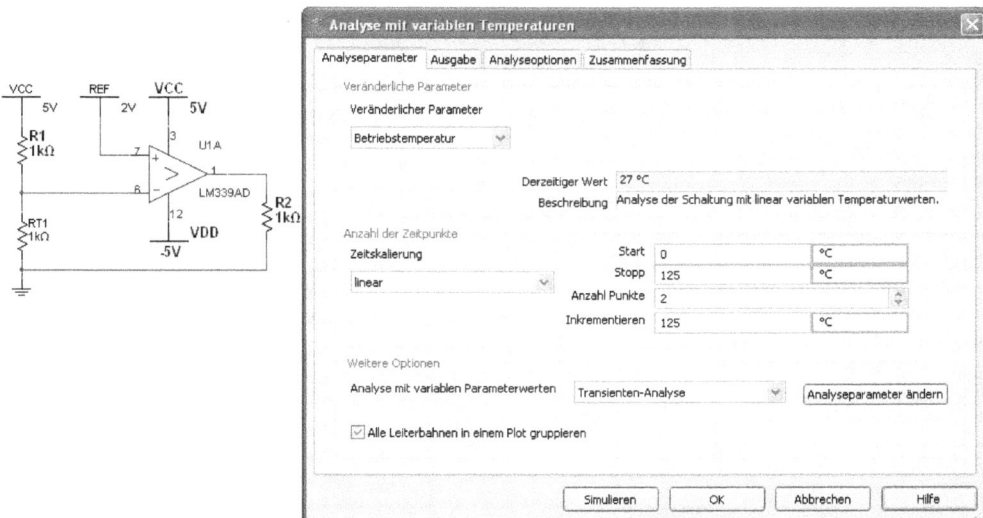

Abb. 13.29: Schaltung mit einem Komparator und Einstellfenster für die Temperaturdurchlauf-Analyse

Der Start beginnt bei 0 °C und endet bei 125 °C. Sie können jede Anfangs- und Endtemperatur bestimmen und über das Fenster die Anzahl der Messpunkte festlegen.

Die Temperaturdurchlauf-Analyse basiert auf der DC- und AC-Arbeitspunkt-Analyse und wird folgendermaßen durchgeführt:

1. Überprüfen Sie die Schaltung und bestimmen einen Knoten für die Analyse.
2. Wählen Sie „Analyse/Temperaturdurchlauf".
3. Nehmen Sie im Dialogfeld die Eingaben oder Änderungen vor.
4. Klicken Sie auf „Simulieren".

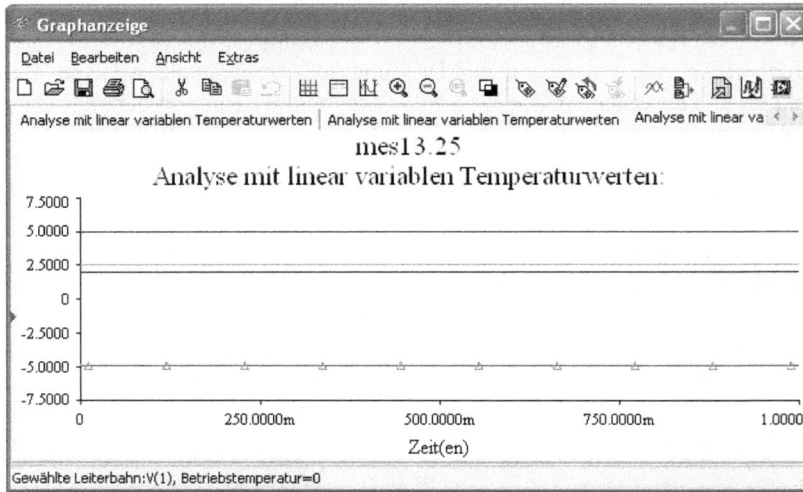

Abb. 13.30: Messkurve einer Temperaturdurchlauf-Analyse zwischen 0 °C und 125 °C

Abb. 13.30 zeigt die Messkurve für eine Temperaturdurchlauf-Analyse bei einem dreistufigen RC-Glied. Die Optionen im Dialogfeld „Temperaturdurchlauf-Analyse" sind in Tabelle 13.12 gezeigt.

Tab. 13.12: Optionen im Dialogfeld „Temperaturdurchlauf-Analyse"

Optionen	Standard	Einheit	Hinweise
Anfangstemperatur	27	°C	Durchlauf-Starttemperatur
Endtemperatur	27	°C	Durchlauf-Endtemperatur
Intervalltyp	Dekade	–	Dekade/Linear/Oktave
Schrittgröße	1	°C	Nur für Intervalltyp „Linear" Schrittgröße für den Durchlauf
Ausgangsknoten	Ein Knoten in der Schaltung	–	Schaltpunkt, für den Ergebnisse angezeigt werden sollen
Durchlauf für		–	DC-Arbeitspunktanalyse der Einschwingvorgangs- bzw. AC-Frequenzanalyse
DC-Arbeitspunktanalyse			

Bei der Einschwingvorgangs- oder AC-Frequenzanalyse können Sie Parameter anzeigen und ändern, indem Sie auf die Schaltfläche „Transienten-Optionen einstellen" bzw. „AC-Optionen einstellen" klicken. Hierdurch wird ein weiteres Dialogfeld geöffnet, in dem Sie die Analyseparameter ändern können.

Bei der Temperaturdurchlauf-Analyse werden die entsprechenden Kurven in Folge darge-stellt. Eine Erläuterung zur Kurvenanzahl finden Sie unter „Darstellung der Ergebnisse" der Parameterdurchlauf-Analyse.

13.12   Monte-Carlo-Analyse

Mit dieser statistischen Monte-Carlo-Analyse können Sie eine Schaltung untersuchen, wie sich ändernde Bauteileigenschaften innerhalb einer Schaltung auf das Gesamtverhalten aus-wirken. Es werden Mehrfachsimulationen ausgeführt, und bei jeder Simulation werden die Bauteilparameter entsprechend der Verteilungsart und Parametertoleranz, die in das Dialog-feld eingegeben wurden, statistisch verteilt. Abb. 13.31 zeigt die Schaltung und das Oszillo-gramm.

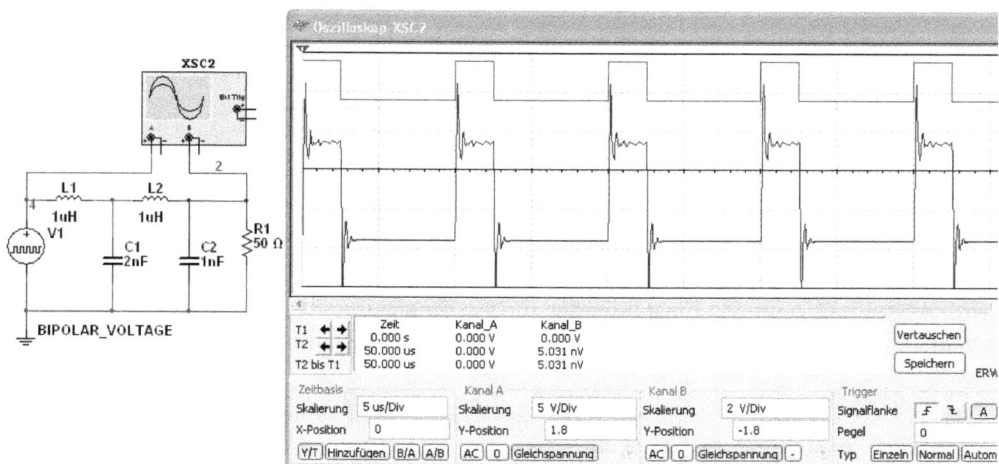

Abb. 13.31: LC-Schaltung mit Oszillogramm

Die erste Simulation wird immer mit Nennwerten durchgeführt. Bei den weiteren Simulatio-nen wird ein Deltawert statistisch zum Nennwert addiert oder vom Nennwert subtrahiert. Die Wahrscheinlichkeit der Addition eines bestimmten Deltawerts hängt von der Wahrschein-lichkeitsverteilung ab. Zwei Wahrscheinlichkeitsverteilungen stehen zur Verfügung:

- **Gleichmäßige Verteilung:** Bei dieser linearen Verteilung werden innerhalb des Tole-ranzbereichs gleichförmige Deltawerte erzeugt. Die Wahrscheinlichkeit gewählt zu wer-den, ist für jeden Wert im Toleranzbereich gleich.
- **Gaußsche Verteilung:** Diese Verteilung wird mit der folgenden Wahrscheinlichkeits-funktion erzeugt:

$$p(x) = \frac{1}{\sqrt{2 \cdot \pi}} e^{-\frac{1}{2}\left[\frac{u-x}{\sigma^2}\right]}$$

u = Nennparameterwert

x = unabhängige Variable

σ = Wert der Standardabweichung

Die Standardabweichung σ wird aus der Parametertoleranz wie folgt berechnet:

$$\sigma = \frac{\text{Toleranz (in \%)} \cdot \text{Nennwert}}{100}$$

Der Prozentwert für die im Toleranzband enthaltene Population lässt sich durch den Parameternennwert eines Bauteils plus oder minus σ mal die Standardabweichung SD im Toleranzband bestimmen. Die Standardabweichung SD hängt wie folgt mit dem Prozentwert für die enthaltene Population zusammen, wie Tabelle 13.13 zeigt.

Tab. 13.13: Prozentwert für die enthaltene Population nach der Gaußschen Verteilung

Standardabweichung SD	Prozentwert für enthaltene Population
1,0	68,0
1,96	95,0
2,0	95,5
2,58	99,0
3,0	99,7
3,29	99,9

Wenn Sie beispielsweise die Toleranz auf 5 % einstellen, beträgt σ für einen 1-kΩ-Widerstand 50 Ω. Eine Standardabweichung ergibt ein Toleranzband von 0,95 kΩ bis 1,05 kΩ (1 kΩ ± 50 Ω), und 68,0 % der Population ist enthalten. Bei einer Standardabweichung von 1,96 beträgt das Toleranzband 0,902 kΩ bis 1,098 kΩ (1 kΩ ± 98 Ω), und 95,0 % der Population ist enthalten. Beachten Sie, dass der Toleranzwert global auf alle Bauteile angewendet wird. Abb. 13.32 zeigt das Einstellfenster für den Kondensator C. Es lassen sich zahlreiche Schaltungspunkte und die Werte für die Strom- bzw. Spannungsversorgung wählen.

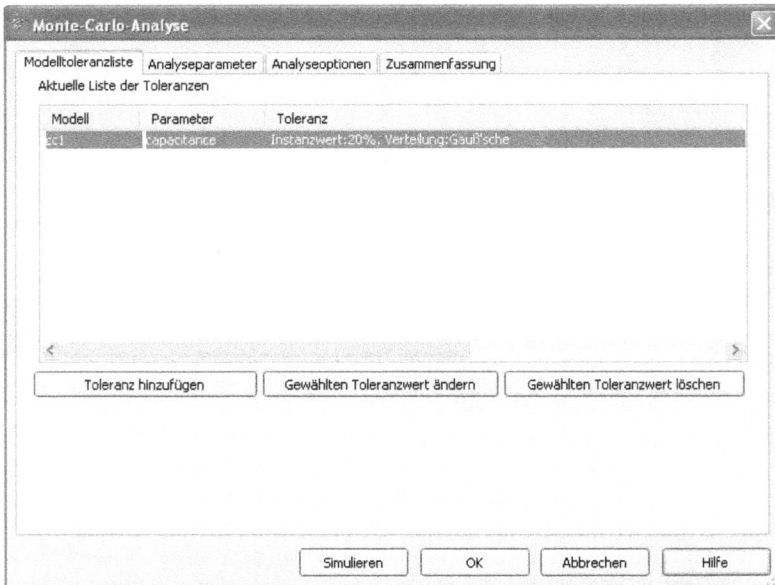

Abb. 13.32: Einstellfenster für die Monte-Carlo-Analyse des Kondensators C

Klickt man das Feld an, öffnet sich das Einstellfenster für die Toleranz. Abb. 13.33 zeigt eine Messkurve und die Beschreibung des dreistufigen RC-Glieds für die Monte-Carlo-Analyse.

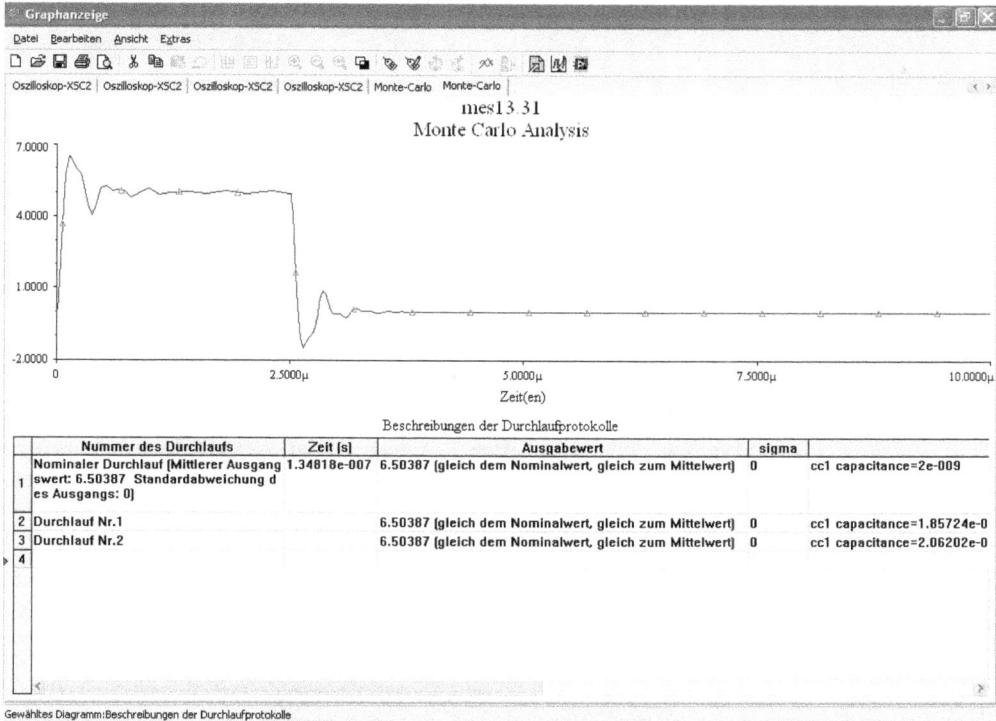

Abb. 13.33: Messkurve für die Monte-Carlo-Analyse eines dreistufigen RC-Glieds mit Toleranzwerten der Kondensatoren von +20 %

Die Monte-Carlo-Analyse führen Sie folgendermaßen aus:

1. Überprüfen Sie Ihre Schaltung und bestimmen einen Ausgangsknoten.
2. Wählen Sie „Analyse/Monte-Carlo".
3. Nehmen Sie im Dialogfeld die Eingaben oder Änderungen vor.
4. Klicken Sie auf das Schaltfeld „Simulieren".

Die Optionen im Dialogfeld „Monte Carlo" sind in Tabelle 13.14 aufgelistet.

Bei der Einschwingvorgangs- oder AC-Frequenzanalyse können Sie die Parameter anzeigen und ändern, indem Sie auf die Schaltfläche „Transienten-Optionen einstellen" bzw. „AC-Optionen einstellen" klicken. Hierdurch wird ein weiteres Dialogfeld geöffnet, in dem Sie die Analyseparameter ändern können. Mit dieser statistischen Analyse können Sie untersuchen, wie sich ändernde Bauteileigenschaften auf das Schaltungsverhalten auswirken. Hierbei werden mehrere Analysedurchläufe ausgeführt und bei jedem Durchlauf die Bauteilparameter entsprechend der eingestellten Verteilungsart und Toleranz variiert.

Tab. 13.14: Optionen im Dialogfeld „Monte Carlo"

Option	Standard	Einheit	Hinweise
Anzahl der Durchläufe	2	–	Muss größer oder gleich 2 sein
Toleranz	5 %	–	Dies ist die maximale Abweichung bei der gleichförmigen Verteilung bzw. der Prozentwert der Standardabweichung bei Gauß
Anfangswert	0	–	Startet Zufallsgenerator
Verteilungsart	Gleichförmig	–	Gleichförmig/Gauß
Ausgangsknoten	Ein Knoten in der Schaltung	–	Schaltungspunkt, für den Ergebnisse angezeigt werden können
Durchlauf für Einschwing-vorgangsanalyse		–	DC-Arbeitspunkt-/Analyse der Einschwingvorgangs/AC-Frequenzanalyse

13.13 Pol-/Nullstellenanalyse

Mit dieser Analyse werden die Pole und Nullstellen der Kleinsignal-AC-Übertragungs-funktion einer Schaltung bestimmt. Zunächst wird bei der Pol-/Nullstellenanalyse der DC-Arbeitspunkt und dann werden die linearisierten Kleinsignalmodelle für alle nicht linearen Bausteine bestimmt. Aus der resultierenden Schaltung werden Pole und Nullstellen der Über-tragungsfunktion berechnet.

Die Pol-/Nullstellenanalyse ist hilfreich bei der Bewertung der Stabilität von elektronischen Schaltungen. Eine Schaltung muss Pole mit negativem Realteil besitzen. Andernfalls könnte eine Schaltung eine unbeabsichtigt starke und potentiell schädliche Reaktion bei bestimmten Frequenzen zeigen.

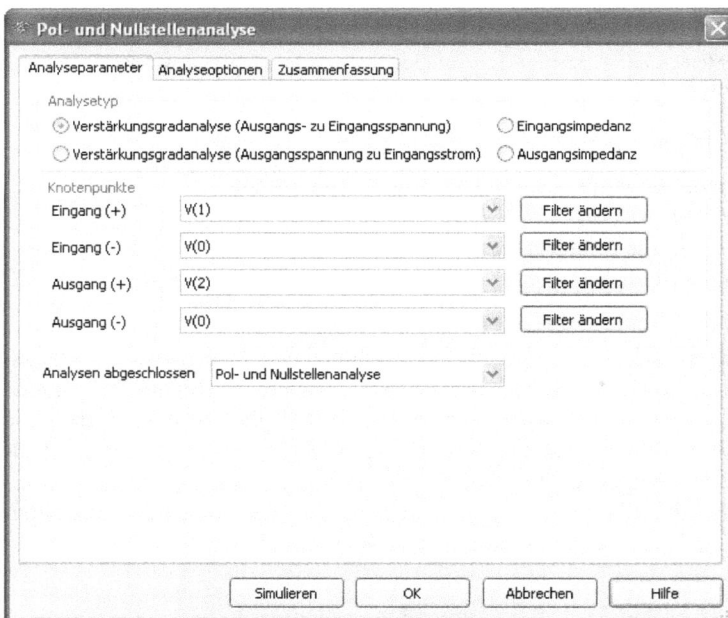

Abb. 13.34: Einstellfenster für eine Pol-/Nullstellenanalyse

Die Pol-/Nullstellenanalyse (Abb. 13.34) z. B. eines dreistufigen RC-Glieds, ermöglicht eine Charakterisierung der linearen, zeitinvarianten Systeme. Zähler und Nenner der Gleichung lassen sich in Linearfaktoren zerlegen.

$$G(s) = \frac{a_m}{b_n} \cdot \frac{(s - s_{01})(s - s_{02})...(s - s_{0m})}{(s - s_{X1})(s - s_{X2})...(s - s_{Xn})}$$

Die Werte s_0 sind die Nullstellen, s_X die Polstellen von G(s) und a_m/b_n ist ein Maßstabsfaktor. Die Nullstellen ergeben sich aus der Nullsetzung des Zählers und die Polstellen aus der Nullsetzung des Nenners der komplexen Übertragungsfunktion G(s). Die linearen, zeitinvarianten Systeme kann man in ein Koordinatensystem mit Real- und Imaginärteil einzeichnen und erhält folgende Merkmale:

- In stabilen Systemen befinden sich ihre Pole ausschließlich in der linken Halbebene der komplexen Ebene.
- In instabilen Systemen befinden sich auch die Pole in der rechten Halbebene.
- In Minimalphasensystemen findet man keine Nullstellen in der rechten Halbebene.
- Allpässe weisen spiegelbildliche Pol-Nullstellen-Paare (Pole in der linken, Nullstellen in der rechten Halbebene) auf.
- In allpasshaltigen Systemen befinden sich die Pole in der linken und die Nullstellen in der rechten Halbebene, die nicht spiegelbildlich sind, d. h. eine Zerlegung in einen Allpass und ein Minimalphasensystem ist möglich. Abb. 13.35 zeigt die Pol- und Nullstellendiagramme.

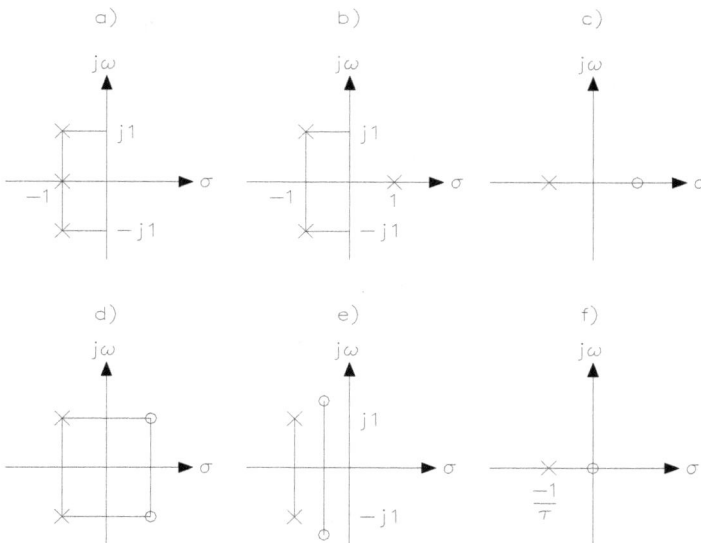

Abb. 13.35: Pol- und Nullstellendiagramme. a) stabiles System, b) instabiles System, c) Allpass 1. Ordnung, d) Allpass 2. Ordnung, e) Minimalphasensystem, f) RC-Hochpass 1. Ordnung

Ein Übertragungssystem, auf dem man die Pol-/Nullstellenanalyse anwenden kann, ist eine Schaltung mit zwei Eingängen und zwei Ausgängen, und wird im Frequenzbereich durch die komplexe Übertragungsfunktion G(s) beschrieben. G(s) ist das Verhältnis der Frequenzfunktionen von Ausgangs- und Eingangssignal. Allgemein lässt sich G(s) als gebrochen rationale Funktion schreiben.

$$G(s) = \frac{F_2(s)}{F_1(s)} = \frac{u_2(s)}{u_1(s)} = \frac{a_0 + a_1 s + a_2 s^2 + \dots a_m s^m}{b_0 + b_1 s + b_2 s^2 + \dots b_n s^n}$$

Im komplexen Ansatz für das RC-Glied in Abb. 13.35 wird formal $j\omega = s$ gesetzt.

$$G(s) = G(j\omega) = \frac{R}{R + \dfrac{1}{j\omega C}} = \frac{R}{R + \dfrac{1}{jsC}}$$

Eine weitere Umformung ergibt

$$G(s) = \frac{a_1 s}{1 + b_1 s} \qquad\qquad a_1 = b_1 = R \cdot C$$

Für die Nullstelle aus $a_1 s = 0$ folgt $s_0 = 1$. Die Polstelle ist $1 + b_1 s = 0$ und hieraus folgt

$$s_{x1} = -\frac{1}{b_1} = -\frac{1}{\tau}$$

Die Nullstelle liegt im Koordinatensprung der komplexen Ebene und eine Polstelle auf der negativen reellen Achse, d. h. man hat einen Hochpass 1. Ordnung.

Der bei der Pol-/Nullstellenanalyse verwendete SPICE-Algorithmus führt gelegentlich zu einer Fehlermeldung wie „Nullstellen-Iterations-Grenzwert erreicht; Abbrechen nach 200 Versuchen". Beachten Sie, dass trotz der angezeigten Fehlermeldung möglicherweise alle Pole und Nullstellen gefunden wurden.

Bei Analogschaltungen, Kleinsignalverstärkern und in der Regelungstechnik wird die Pol-/ Nullstellenanalyse benötigt. Digitale Pins werden wie große, an Masse gelegte Widerstände behandelt. Die Analyse führen Sie folgendermaßen durch: Überprüfen Sie Ihre Schaltung, und bestimmen den Eingangs- und Ausgangsknoten (positiv und negativ). Die Eingangsknoten sind der positive und negative Punkt in der Schaltung, die die Übertragungsfunktionseingänge darstellen. Entsprechend sind die Ausgangsknoten der positive und negative Punkt in der Schaltung, die die Übertragungsfunktionsausgänge darstellen. Sie können 0 (Masse) für beide positiven Knoten oder beide negativen Knoten verwenden.

1. Wählen Sie „Analyse/Pol/Nullstellen".
2. Nehmen Sie im Dialogfeld die Eingaben oder Änderungen vor.
3. Klicken Sie auf „Simulieren".

Tabelle 13.15 zeigt das Dialogfeld für die Pol-/Nullstellenanalyse.

Die Analyse erzeugt abhängig von der aktivierten Analyse eine Tabelle mit Real- und Imaginärteil der Pole und/oder Nullstellen.

Tab. 13.15: Dialogfeld für die Pol-/Nullstellenanalyse

Option	Standard	Einheit	Hinweise
Analyseart	Übertragungsfaktor	–	Wählen Sie zwischen ... – Übertragungsfaktor (Ausgangs-/Eingangsspannung) – Impedanzanalyse (Ausgangsspannung/Eingangsstrom) – Eingangsimpedanz (Spannung/Strom wie von den Eingangsanschlüssen aus gesehen) – Ausgangsimpedanz (Spannung/Strom wie von den Ausgangsanschlüssen aus gesehen)
+ Eingangsknoten	Ein Knoten in der Schaltung	–	Eingangsknoten gegenüber des Eingangs wählen
− Eingangsknoten	Ein Knoten in der Schaltung	–	Eingangsknoten gegenüber des Eingangs wählen
+ Ausgangsknoten	Ein Knoten in der Schaltung	–	Ausgangsknoten gegenüber des Ausgangs wählen
− Ausgangsknoten	Ein Knoten in der Schaltung	–	Ausgangsknoten gegenüber des Ausgangs wählen
Polanalyse	Aktiviert	–	Bestimmt Pole der Übertragungsfunktion
Nullstellenanalyse	Aktiviert	–	Bestimmt Nullstellen der Übertragungsfunktion

Abb. 13.36 zeigt die Pol- und Nullstellenanalyse für die Schaltung in Abb. 13.31. Löst man das unter der Voraussetzung verschwindender Anfangsbedingungen durch eine ansonsten vollständige Schaltungsanalyse gefundene charakteristische, algebraische Gleichungssystem nach $U_2(p)/U_1(p)$ auf, so erhält man für das in Betracht gezogene Eingangs-Ausgangs-Paar die Systemübertragungsfunktion $A(p)$ im Sinne von den Gleichungen. Man kann leicht weiter folgern, dass die Übertragungsfunktion $A(p)$ eines Netzwerks aus linearen, zeitunabhängigen, konzentrierten Elementen im allgemeinen Falle eine gebrochen rationale Funktion von p ist. Dies bedeutet, dass Analyse- und Syntheseprobleme auf dem Boden der Theorie der rationalen Funktionen, im Vergleich zu einigen anderen mathematischen Problemstellungen relativ einfach zu bearbeiten sind.

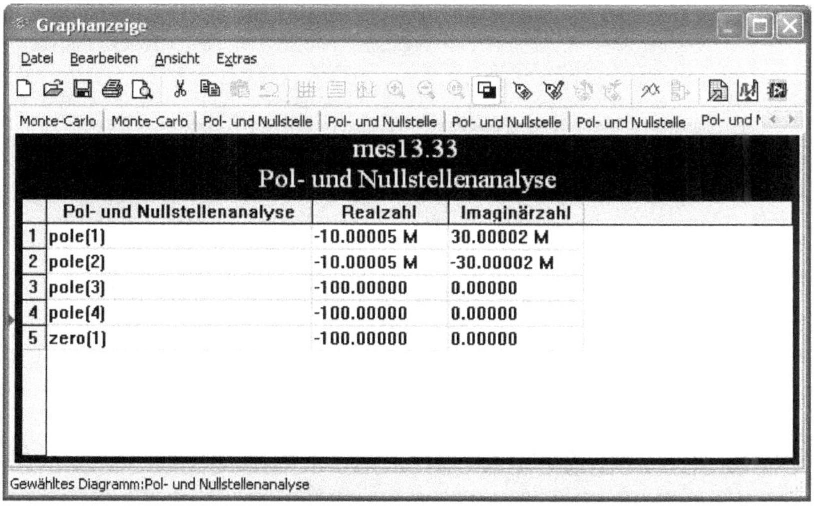

Abb. 13.36: Pol- und Nullstellenanalyse

Die Wurzeln des Nennerpolynoms von A(p) nennt man auch die Pole (Unendlichkeitsstellen), die Wurzeln des Zählerpolynoms die Nullstellen der Übertragungsfunktion. Zeichnet man die Lage der Pole und Nullstellen in eine komplexe Ebene $p = \sigma + j\omega$ ein, so erhält man das sog. Pol-Nullstellen-Schema (P-N-Schema), und dieses ist anschaulicher Ausgangspunkt verschiedener Syntheseverfahren. Man beachte, dass die Bezeichnungsweise in einigen Lehrbüchern vom Kehrwert 1/A(p) der Übertragungsfunktion ausgeht, so dass die Begriffe Pol und Nullstelle ihre Bedeutung vertauschen! Sogenannte Wurzelortskurven beschreiben die Verschiebung von Polen oder Nullstellen in der p-Ebene in Abhängigkeit von einem sich ändernden Parameter.

13.14   Worst-Case-Analyse (ungünstige Bedingungen)

Mit dieser statistischen Analyse können Sie die ungünstigen Auswirkungen der Bauteilparameter-Abweichungen auf das Schaltverhalten untersuchen. Die Worst-Case-Analyse simuliert man unter den ungünstigsten Bedingungen. Die erste Simulation wird mit Nennwerten durchgeführt. Danach wird ein Empfindlichkeitsdurchlauf (AC oder DC) durchgeführt. Dabei berechnet der Simulator die Empfindlichkeit vom jeweiligen Parameter. Nachdem alle Empfindlichkeitswerte berechnet wurden, liefert ein abschließender Durchlauf die Worst-Case-Analyseergebnisse.

Die Daten aus der Worst-Case-Simulation werden durch Sortierfunktionen gebündelt. Eine Sortierfunktion wirkt wie ein hochselektiver Filter, der nur die Daten einer Messgröße erfasst. Sechs Sortierfunktionen stehen zur Verfügung, wie Tabelle 13.16 zeigt.

Tab. 13.16:   Sortierfunktionen der Worst-Case-Analyse

Die Sortierfunktion…	erfasst …
Maximale Spannung	die Y-Achsen-Maximalwerte
Minimale Spannung	die Y-Achsen-Minimalwerte
Frequenz bei Maximum	den zum Y-Achsen-Minimalwert gehörenden X-Wert
Frequenz bei Minimum	den zum Y-Achsen-Maximalwert gehörenden X-Wert
Frequenz bei ansteigender Flanke	den X-Wert, der zum Y-Wert gehört, der das erste Mal den benutzerdefinierten Schwellenwert übersteigt
Frequenz bei abfallender Flanke	den X-Wert, der zum Y-Wert gehört, der das erste Mal den benutzerdefinierten Schwellenwert unterschreitet

Bei Analogschaltungen, Kleinsignalverstärkern und in der Regelungstechnik wird die Übertragungsfunktionsanalyse benötigt. Die Modelle werden linearisiert. Die Analyse führen Sie folgendermaßen durch:

1. Überprüfen Sie Ihre Schaltung und bestimmen Ausgangsknoten, Bezugsknoten und Eingangsquelle.
2. Wählen Sie „Analyse/Worst-Case".
3. Nehmen Sie im Dialogfeld die Eingaben oder Änderungen vor.
4. Klicken Sie auf „Simulieren".

Tabelle 13.17 zeigt die Optionen im Dialogfeld „Worst-Case-Analyse" und Abb. 13.37 das Einstellfenster.

Tab. 13.17: Optionen im Dialogfeld „Worst-Case-Analyse"

Optionen	Standard	Einheit	Hinweise
Toleranz	5	%	Bei der Analyse wird der Parameter um diesen Wert geändert.
Sortierfunktion	maximale Spannung	–	Wenn Sie den DC-Arbeitspunkt wählen, ist nur „maximale" Spannung und „minimale" Spannung zulässig.
			Hinweis: Wenn Sie die AC-Frequenzanalyse wählen, können Sie Analyseparameter anzeigen und ändern, indem Sie auf die Schaltfläche „AC-Optionen einstellen" klicken. Hierdurch wird ein weiteres Dialogfeld geöffnet, in dem Sie die Parameter für die Analyse ändern können.
Ausgangsknoten	Ein Knoten in der Schaltung	–	Nur für Spannung. Schaltpunkt, für den die Ergebnisse angezeigt werden sollen.
Durchlauf für DC-Arbeitspunkt		–	DC-Arbeitspunkt-/AC-Frequenzanalyse

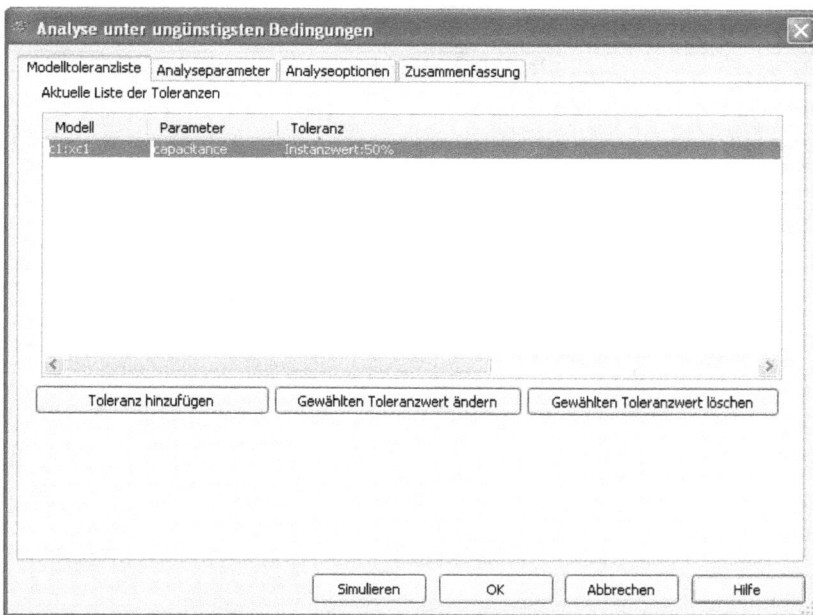

Abb. 13.37: Einstellfenster für die Optionen im Dialogfeld „Worst-Case-Analyse"

Abb. 13.38 zeigt das Ergebnis der Worst-Case-Analyse und dies wird in einem Diagramm dargestellt, das nach Abschluss der Analyse erscheint. Es kann das DC- und AC-Schaltungsverhalten für den jeweiligen Durchlauf gezeigt werden.

mes13.37
Analyse unter ungünstigsten Bedingungen

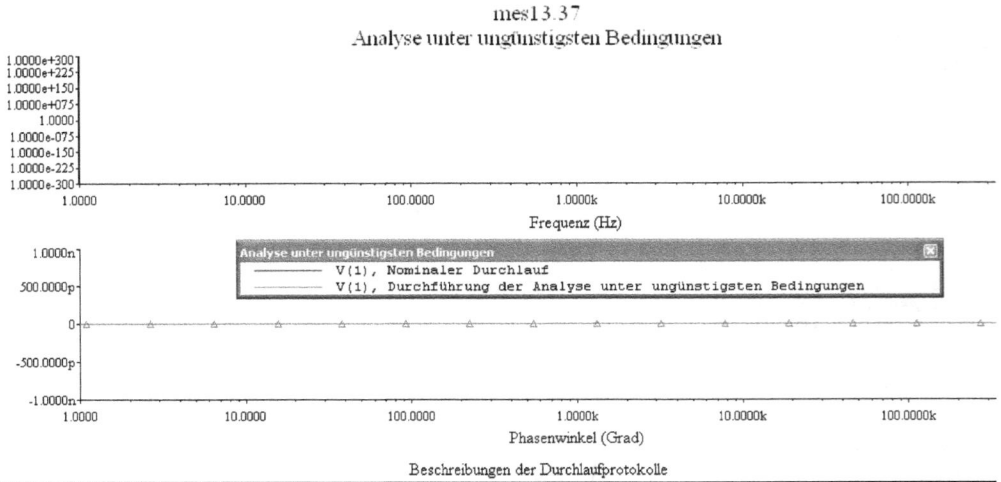

Frequenz (Hz)

Analyse unter ungünstigsten Bedingungen   [×]
————   V(1), Nominaler Durchlauf
————   V(1), Durchführung der Analyse unter ungünstigsten Bedingungen

Phasenwinkel (Grad)

Beschreibungen der Durchlaufprotokolle

Beschreibung der Durchläufe
1	Durchführung der Analyse unter ungünstigsten Bedingungen
2	Wechselspannungsanalyse für alle Bauelemente: 0 gleich bei der Frequenz = 1
3	
4	Um die ungünstigsten Bedingungen herzustellen, müssen die Toleranzen geändert werden:
5	c1:xc1 capacitance unverändert von 2e-009
6	

Abb. 13.38: Ergebnis der Worst-Case-Analyse eines dreistufigen RC-Glieds mit AC-Frequenzanalyse

Weiterführende Literatur

Bernstein, Herbert: Oszilloskop, Franzis, München

Bernstein, Herbert: Werkbuch der Messtechnik, Messen mit analogen, digitalen und PC-Messgeräten in Theorie und Praxis, Franzis, München

Bernstein, Herbert: Oszilloskope und Analysatoren: Grundlagen und Messaufbauten mit Multisim, Elektor, Aachen

Bernstein, Herbert: Messen mit dem Oszilloskop Springer, Wiesbaden

Meyer, Gerhard: Oszilloskope, Hüthig, Berlin

Beerens/Kerkhofs: 125 Versuche mit dem Oszilloskop, VDE-Verlag, Berlin

Tektronix (USA); Technik der Digitaloszilloskope

ABC der Oszilloskope, Fluke

https://doi.org/10.1515/9783110544428-015

Stichwortverzeichnis

https://doi.org/10.1515/9783110544428-016

www.ingramcontent.com/pod-product-compliance
Lightning Source LLC
Chambersburg PA
CBHW080907220326
41598CB00034B/5502